21 世纪全国本科院校土木建筑类创新型应用人才培养规划教材

房屋建筑学

主　编　董海荣
副主编　赵宇飞　黄　泽　郝慧敏
参　编　陈婷婷　崔英姿
　　　　黄开林　范占军
主　审　邵　旭

北京大学出版社
PEKING UNIVERSITY PRESS

内容简介

本书是为适应普通高等院校培养应用型人才而编写的，包括民用建筑和工业建筑两大部分，阐述了民用建筑与工业建筑设计和构造的基本原理、基本方法。本书主要内容有：建筑概论、建筑平面设计、建筑剖面设计、建筑体型和立面设计、民用建筑构造概论、基础和墙构造、楼地层构造、楼梯构造、屋顶构造、门窗和遮阳构造、变形缝、民用建筑工业化、工业建筑概论、工业建筑设计、单层工业建筑构造。

本书内容丰富，配有大量直观的插图，通俗易懂；结合建筑工程实践，理论联系实际；引用现行的建设工程规范、标准和相关的建设法规，注重反映新材料、新工艺、新技术；在内容的编排上，保证知识体系的完整性、系统性；为便于学生更好地掌握本课程的教学内容，在每章后附有习题。

本书既有较强的实用性，又有足够的理论深度，可作为大学本科土木工程、房屋建筑工程、工程管理、造价工程等专业的教材，也可作为建筑设计、建筑施工的技术人员和管理人员的参考用书，同时还可作为注册建造师、监理工程师等考试的复习参考用书。

图书在版编目(CIP)数据

房屋建筑学/董海荣主编. —北京：北京大学出版社，2014.9
(21世纪全国本科院校土木建筑类创新型应用人才培养规划教材)
ISBN 978-7-301-24807-2

Ⅰ. ①房… Ⅱ. ①董… Ⅲ. ①房屋建筑学—高等学校—教材 Ⅳ. ①TU22

中国版本图书馆CIP数据核字(2014)第210378号

书　　名：房屋建筑学
著作责任者：董海荣　主编
策 划 编 辑：吴　迪　王红樱
责 任 编 辑：王红樱　伍大维
标 准 书 号：ISBN 978-7-301-24807-2/TU·0434
出 版 发 行：北京大学出版社
地　　址：北京市海淀区成府路205号　100871
网　　址：http://www.pup.cn　新浪官方微博：@北京大学出版社
电 子 信 箱：pup_6@163.com
电　　话：邮购部62752015　发行部62750672　编辑部62750667　出版部62754962
印 刷 者：北京富生印刷厂
经 销 者：新华书店
787毫米×1092毫米　16开本　23.25印张　546千字
2014年9月第1版　2015年7月第2次印刷
定　　价：47.00元

前　言

本书是为适应普通高等院校培养应用型人才编写的，为方便学生、建筑管理人员及施工技术人员的学习，全书在内容安排上尽量精简，强化宏观控制，突出建筑构造，力求理论联系实际。

本书包括民用建筑和工业建筑两大部分，主要阐述了民用建筑与工业建筑设计和构造的基本原理、基本方法。本书主要有以下几个特点。

(1) 完全引用现行的建设工程规范、标准和相关的建设法规，注重反映新材料、新工艺、新技术。

(2) 内容精简、条理清晰、重点突出、语言通俗，增加了大量建筑实例和构造做法等的直观图片。

(3) 在内容的编排上，保证知识体系的完整性、系统性。

(4) 每章后附有习题，习题类型多样，习题的设计考虑与全国各类注册师考试挂钩。

(5) 拍摄和收集了大量工程实景照片以及施工过程的照片，一方面可充实教师讲课的实例，另一方面也方便学生学习，使学生能身临其境，加强实践，弥补学生不能随时到工地参观的缺陷。

本书由常州工学院董海荣任主编，广东石油化工学院赵宇飞、郝慧敏和南通大学黄泽任副主编。各章节的编写人员分别为：第 1 章、第 6 章、第 7 章由董海荣编写；第 2 章、第 3 章、第 11 章由南通大学陈婷婷编写；第 4 章、第 15 章由常州工学院黄开林编写；第 5 章由南通大学范占军编写；第 8 章由常州工学院崔英姿和南通大学范占军合编；第 9 章、第 12 章由赵宇飞编写；第 10 章由郝慧敏编写；第 13 章由黄泽编写；第 14 章由崔英姿和黄泽合编。

全书由河北建筑工程学院邵旭教授主审，在此表示衷心感谢。

本书在编写过程中，参考并引用了一些院校公开出版和发表的相关教材和文献，谨向相关作者表示诚挚的谢意。

本书在编写过程中，得到北京大学出版社的帮助，对相关编辑表示衷心感谢。

由于时间仓促及编者水平所限，书中难免有不妥之处，敬请广大读者给予及时的批评和指正。

编　者

2014 年 5 月

目　录

第1章 建筑概论

教学目标

本章主要讲解关于建筑的概述性的知识。通过本章学习，应达到以下目标：

(1) 熟悉建筑的构成要素及建筑方针；

(2) 掌握建筑的分类及分级；

(3) 熟悉建筑设计的内容和程序；

(4) 了解建筑设计的要求和依据。

教学要求

知识要点	能力要求	相关知识
建筑构成的要素	(1) 熟悉建筑构成的基本要素 (2) 熟悉建筑方针	(1) 建筑功能、建筑技术、建筑形象 (2) 建筑方针
建筑的分类和分级	(1) 掌握建筑的分类 (2) 掌握建筑的分级	(1) 根据使用性质分类 (2) 根据层数、承重结构等分类 (3) 耐火等级、耐火极限、燃烧性能 (4) 建筑类别
建筑设计内容和程序	(1) 熟悉建筑设计内容 (2) 熟悉建筑设计程序	(1) 建筑设计、结构设计、设备设计 (2) 两阶段设计、三阶段设计
建筑设计的要求和依据	(1) 了解建筑设计的要求 (2) 了解建筑设计的依据	(1) 人、家具等尺度、自然条件等 (2) 建筑模数

基本概念

民用建筑、居住建筑、公共建筑、低层建筑、多层建筑、高层建筑、超高层建筑、耐火等级、耐火极限、燃烧性能、两阶段设计、三阶段设计、基本模数、扩大模数、分模数

引例

2003年11月3日凌晨，湖南省衡阳市消防支队接到火灾报警，三分钟后20名官兵和两台消防车到达火灾现场。当时火势迅猛，无法控制，商住楼上400多名群众的生命受到威胁。消防指挥中心又紧急派出200多人赶赴火场，消防官兵迅速疏散被困群众并深入火场内部实施灭火。近3h左右，全部居民安全撤出，火势基本得到控制。正在此时，现场部分楼房突然倒塌，将正在灭火的几十名消防官

兵埋压在废墟中，造成11名官兵受伤，20名官兵牺牲的重大事故。根据勘查、鉴定，衡州大厦的设计、施工、使用管理都存在违法行为。我们的建筑建造不能仅仅追求新、奇、特，首先必须满足相关规范、标准的规定，考虑其安全、经济等问题。到底建筑的含义是什么？建造的设计、施工、管理又应注意些什么？

1.1 概　　述

“建筑”这个词的含义很广，既表示建造房屋和从事其他土木工程的活动，又表示这种活动的成果——建筑物。建筑物最初是人类为了遮风雨和防备野兽侵袭的需要而产生的。当初人们利用树枝、石块这样一些容易获得的天然材料，粗略加工，盖起了树枝棚、石屋等原始建筑物，如图1.1所示；为了满足人们精神上的需要，后来又建造了石环、石

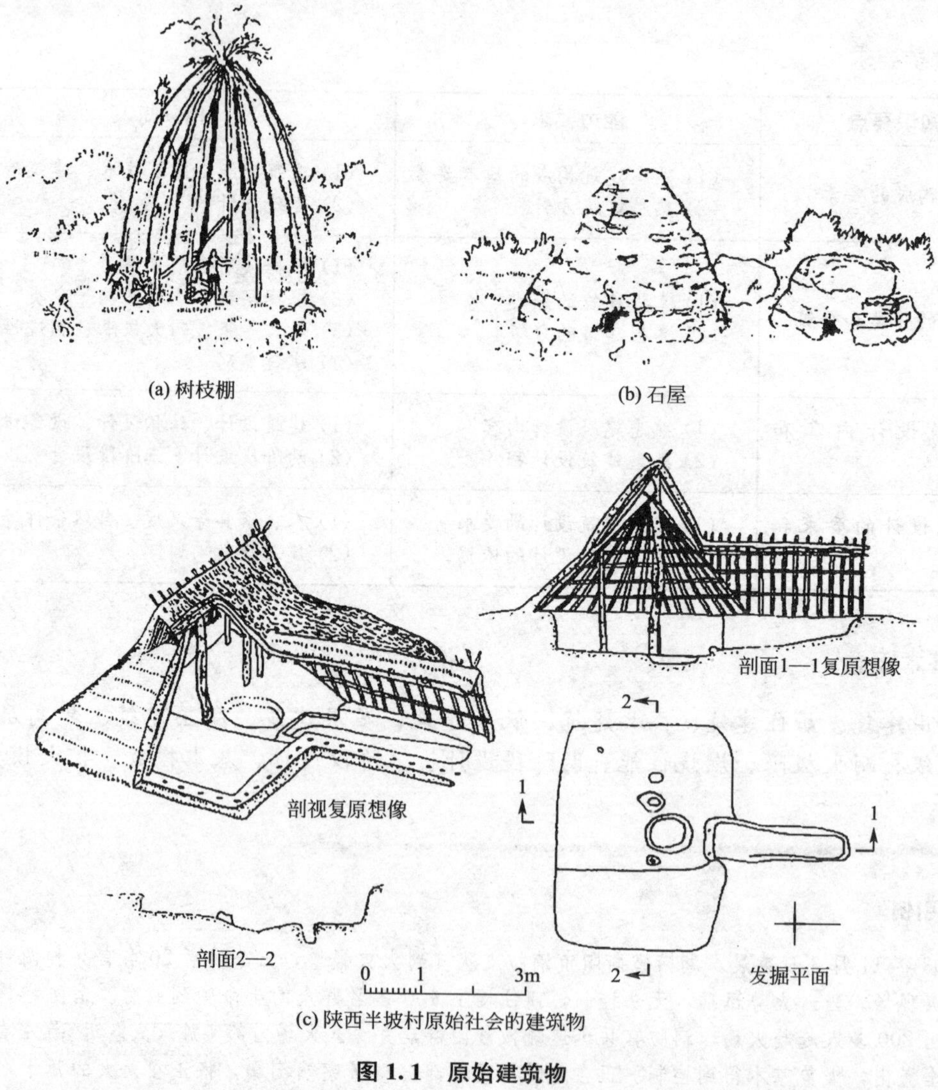

图1.1　原始建筑物

台等原始的宗教和纪念性建筑物，如图 1.2 所示。随着社会生产力的不断发展，人们对建筑物的要求也日益多样和复杂，出现了许多不同的建筑类型，它们在使用功能、所用材料、建筑技术和建筑艺术等方面，都得到了很好的发展。

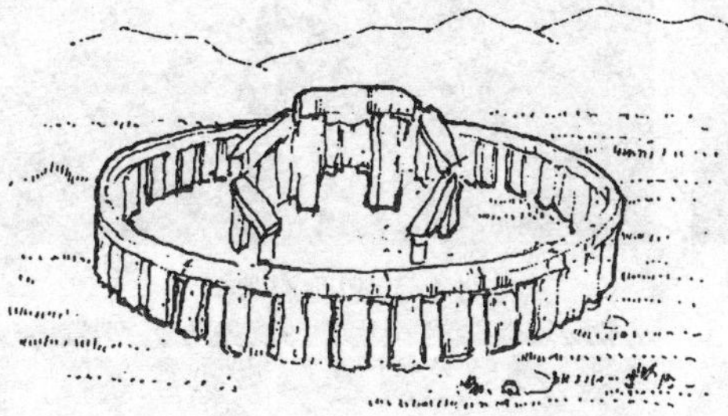

(a) 石环

(b) 石台

图 1.2 原始的宗教和纪念性建筑物

建筑学作为一门内容广泛的综合性学科，它涉及建筑功能、建筑技术、建筑经济、建筑艺术以及环境规划等多方面的问题。建筑首先是物质产品，其次是精神产品，建筑要满足物质功能方面的需求和艺术审美的需求。

1.2 建筑的构成要素和建筑方针

1.2.1 建筑的构成要素

构成建筑的基本要素主要有三个：建筑功能、建筑的物质技术条件和建筑形象。

(1) 建筑功能。是指建筑物的实用性，任何建筑都有为人所用的功能。例如：住宅供人们生活起居；宾馆、饭店供人们休息、居住、娱乐；学校宿舍供学生住宿；办公建筑是人们工作的场所等。

(2) 建筑的物质技术条件。包括建筑材料、建筑结构、建筑施工等。建筑物质技术条件的发展，必然为建筑功能和建筑形象带来新的变化。新技术的产生为建筑新功能提供了保证，如多功能大厅、超高层建筑；由于材料、结构的改变使新的建筑形象不断出现，如薄壳结构、悬索形式的建筑形象。

(3) 建筑形象。是指建筑除在满足人们使用要求外，以它不同的空间组合、建筑造型、细部处理，构成一定形象来反映建筑的性质、时代风采、民族风格及地方特色，以满足人们的精神需求。如图 1.3 所示为几个建筑实例。

(a) 故宫

(b) 流水别墅

(c) 深圳国贸大厦

(d) 高层住宅

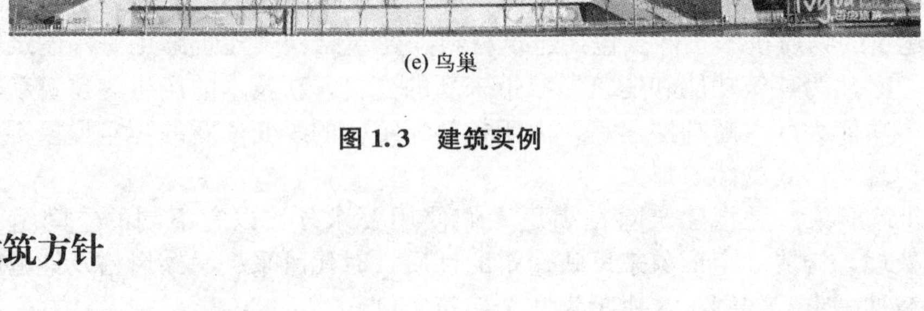

(e) 鸟巢

图 1.3　建筑实例

1.2.2　建筑方针

1986 年，我国在《建筑政策纲要》中提出“适用、安全、经济、美观”的建筑方针。适用是指确定恰当的建筑面积，合理的布局，必需的技术设备，良好的设施以及保温、隔热、隔声的环境。安全是指结构的安全度、建筑物耐火及防火设计、建筑物的耐久年限等。经济主要是指经济效益，它包括节约建筑造价，降低能源消耗，缩短建设周期，注意建筑物的经济、社会和环境综合效益。美观是指在适用、安全、经济的前提下，把建筑美和环境美列为设计的重要内容。

1.3 民用建筑的分类和分级

1.3.1 民用建筑的分类

1. 按建筑的使用性质分类

按建筑的使用性质通常可以将建筑分为生产性建筑(工业建筑、农业建筑)和非生产性建筑(民用建筑)。

民用建筑根据建筑物的使用功能，又分为居住建筑和公共建筑两大类。居住建筑是指满足家庭和集体生活起居用的建筑，如住宅、宿舍、公寓等。公共建筑是指满足人们进行政治、文化、福利、服务等社会活动的建筑。公共建筑按使用功能可分为以下建筑类型。

(1) 生活服务性建筑：食堂、菜场、浴室、服务站等。

(2) 文教建筑：学校、图书馆等。

(3) 托幼建筑：托儿所、幼儿园等。

(4) 科研建筑：研究所、科学实验楼等。

(5) 医疗建筑：医院、门诊所、疗养院等。

(6) 商业建筑：商店、商场等。

(7) 行政办公：各种办公楼等。

(8) 交通建筑：汽车站、火车站、地铁站等。

(9) 通讯广播建筑：邮电所、广播电台、电视塔等。

(10) 体育建筑：体育馆、体育场、游泳池等。

(11) 观演建筑：电影院、剧院、杂技场等。

(12) 展览建筑：展览馆、博物馆等。

(13) 旅馆建筑：各类旅馆、宾馆等。

(14) 园林建筑；公园、动植物园等。

(15) 纪念性建筑：纪念堂、纪念碑等。

工业建筑是指各种生产和生产辅助用房，如机械加工、修理车间等。

农业建筑是指农副业生产建筑，如农机站、种子仓库、粮食加工等。

2. 按建筑层数分类

民用建筑按建筑物层数可分为低层、多层、高层和超高层，见表1-1。

表 1-1　民用建筑高度与层数划分

类型	公共建筑	住宅建筑	
非高层	建筑物总高度 24m 以下	低层	1～3 层
		多层	4～6 层
		中高层	7～9 层
高层	建筑物两层以上　高度 24m 以上	10 层及 10 层以上	
超高层	建筑高度大于 100m		

3. 按建筑规模大小分类

1) 大量性建筑

是指建设量大，与人们生活密切相关的建筑，如住宅、学校、商店、医院等。

2) 大型性建筑

是指规模宏大而建设量有限的建筑，如大型文化馆、影剧院、体育馆等。

4. 按承重结构材料分类

(1) 砖木结构。用砖墙、木楼层或木屋架建造的房屋。这种结构耐火性能差、耗费木材多，已很少采用，主要用于古建复原、维修。

(2) 砖混结构。用砖墙、钢筋混凝土楼板层和钢筋混凝土屋面板建造的房屋，主要用于6层及6层以下的中小型民用建筑和小型工业厂房。

(3) 钢筋混凝土结构。建筑物的主要承重构件均用钢筋混凝土制作，主要用于公共建筑、高层等建筑。

(4) 钢结构。建筑物的主要承重构件均用钢材制作，主要用于超高层、大跨度等建筑。

5. 按建筑物承重结构体系分类

(1) 以墙承重的梁板结构(砖混结构、装配板材)。以部分或全部建筑外墙以及若干固定不变的建筑内墙作为垂直支承系统的一种结构形式，主要有砌体墙承重体系和钢筋混凝土墙承重体系，如图 1.4(a)、(b)所示。

(2) 骨架结构。框架结构是常用的骨架结构的一种，主要承重构件为板、梁和柱，内外墙均不承重，可以灵活布置和移动，如图 1.4(c)所示。该结构适用于需要灵活分隔空间，或内部需要空旷空间的建筑。全框架的结构体系在建筑物的空间刚度方面较为薄弱，用于高层建筑时往往需要增加抗侧向力的构件。如果平面是条形，一般增加剪力墙，通常称之为框剪体系；如果平面呈点状，则可以通过周边加密柱距使其成为框筒，或将垂直交通枢纽的楼、电梯等组合布置为刚性的核心筒。

(3) 空间结构。各向受力，可以较充分地发挥材料的性能，因而结构自重小，是覆盖大型空间的理想结构形式。常用的空间结构体系有薄壳、网架、悬索、膜等，如图 1.4(d)、(e)所示。

(a) 砌体墙承重体系

(b) 钢筋混凝土墙承重体系

(c) 骨架承重结构体系

大阪万国博览会富士馆

(d) 充气膜结构

(e) 网架结构

图 1.4 建筑物承重结构体系

1.3.2 民用建筑的分级

1. 质量类别

民用建筑的设计使用年限应符合表 1-2 的规定。

表 1-2 建筑耐久年限

类　别	设计使用年限/年	示　　例
1	5	临时性建筑
2	25	易于替换结构构件的建筑

(续)

类　别	设计使用年限/年	示　　例
3	50	普通建筑和构筑物
4	100	纪念性建筑和特别重要的建筑

2. 建筑的耐火等级

按我国现行《建筑设计防火规范》(GB 50016—2006)，建筑的耐火等级分为四级。按组成房屋的主要构件(墙柱、梁、楼板、屋顶等)的燃烧性能和其耐火极限划分，建筑物构件的燃烧性能和耐火极限、见表 1－3。

表 1－3　建筑物构件的燃烧性能和耐火极限(h)

构件名称		耐火等级			
		一级	二级	三级	四级
墙	防火墙	不燃烧体 3.00	不燃烧体 3.00	不燃烧体 3.00	不燃烧体 3.00
	承重墙	不燃烧体 3.00	不燃烧体 2.50	不燃烧体 2.50	难燃烧体 0.50
	楼梯间和电梯井的墙	不燃烧体 2.00	不燃烧体 2.00	不燃烧体 1.50	难燃烧体 0.50
	疏散走道两侧的隔墙	不燃烧体 1.00	不燃烧体 1.00	不燃烧体 0.50	难燃烧体 0.25
	非承重外墙	不燃烧体 0.75	不燃烧体 0.50	难燃烧体 0.50	难燃烧体 0.25
	房间隔墙	不燃烧体 0.75	不燃烧体 0.50	难燃烧体 0.50	难燃烧体 0.25
柱		不燃烧体 3.00	不燃烧体 2.50	不燃烧体 2.00	难燃烧体 0.50
梁		不燃烧体 2.00	不燃烧体 1.50	不燃烧体 1.00	难燃烧体 0.50
楼板		不燃烧体 1.50	不燃烧体 1.00	不燃烧体 0.75	难燃烧体 0.50
屋顶承重构件		不燃烧体 1.50	不燃烧体 1.00	难燃烧体 0.50	燃烧体
疏散楼梯		不燃烧体 1.50	不燃烧体 1.00	不燃烧体 0.75	燃烧体
吊顶(包括吊顶搁栅)		不燃烧体 0.25	难燃烧体 0.25	难燃烧体 0.15	燃烧体

注：二级耐火等级建筑的吊顶采用不燃烧体时，其耐火极限不限。

燃烧性能将构件分为燃烧体、非燃烧体、难燃烧体三种。

耐火极限是指对建筑构件按时间-温度标准曲线进行耐火试验，从受到火的作用时起，到失去支持能力或完整性破坏或失去隔火作用时为止的这段时间，用小时表示。

1.4 建筑设计的内容和程序

基本建设程序是指一栋房屋由开始拟定计划至建成投入使用所必须遵循的程序。基本建设程序一般经过以下几个环节：建设项目的可行性研究，计划任务书(包括设计任务书)的编制，主管部门和规划管理部门的批文，基地的选用、勘察和征用，建筑设计，建筑施工，设备安装及交付使用和回访总结等。

1.4.1 建筑设计的内容

建筑工程设计一般包括建筑设计、结构设计和设备设计三方面的内容。

1. 建筑设计

建筑设计一般由建筑师来完成，是在总体规划的前提下，根据设计任务书的要求，综合考虑基地环境、使用功能、材料设备、建筑经济及艺术等问题，着重解决建筑物内部各种使用功能和使用空间的合理安排，建筑物与周围环境、外部条件的协调配合，内部和外部的艺术效果，细部的构造方案等，创作出既符合科学性又具有艺术性的生活和生产环境。

2. 结构设计

结构设计一般由结构工程师来完成，主要是结合建筑设计选择切实可行的结构方案，进行结构计算及构件设计，完成全部结构施工图设计等。

3. 设备设计

设备设计由相关的设备工程师配合建筑设计来完成，主要包括给水排水、电器照明、通信、采暖、空调通风、动力等方面的设计。

1.4.2 建筑设计的程序

建筑设计的程序一般可以分为初步设计阶段、施工图设计阶段。对于一些大型和复杂的工程项目，还需要在初步设计和施工图设计阶段之间加上技术设计阶段。

1. 设计前的准备工作

首先，熟悉设计任务书，以明确建设项目的设计要求；其次，收集必要的设计原始数据，作为设计的依据；再次，设计前的调查研究，掌握与设计对象相关的具体要求；最后，学习有关方针政策以及同类型设计的文字、图纸资料，同时分析有关设计项目的国内外图纸文字资料等设计经验。

2. 初步设计阶段

初步设计是第一阶段，主要任务是提出设计方案，即在已有的基地范围内，按照设计任务书的要求，确定建筑物的总体布局，单体建筑平面，空间布局和外部形象。初步设计的图纸和设计文件有：建筑总平面、各层平面图、立面图、剖面图、说明书、工程概算书、建筑透视图或建筑模型。

3. 技术设计阶段

技术设计阶段是建筑设计的中间阶段，其主要内容为各工种相互提供资料、提出要求，并共同研究和协调编制拟建工程各工种的图纸和说明书，为各工种编制施工图打下基础。对于不太复杂的工程，把技术设计阶段的工作纳入初步设计阶段，称为“扩大初步设计”。

4. 施工图设计阶段

施工图设计是在初步设计的基础上，综合建筑、结构、设备电气等专业工种，各专业设计人员互提要求、相互交底、核实核对，了解材料供应、施工技术设备等条件，把满足工程施工的各项具体要求反映在图纸中，做到整套图纸齐全、统一，明确无误。

1.5 建筑设计的要求和依据

1.5.1 建筑设计的要求

1. 满足建筑功能要求

满足建筑的功能要求，为人们的生活和生产活动创造良好的环境，是建筑设计的首要任务。

2. 采用合理的技术措施

根据建筑空间组合的特点，选择合理的结构、施工方案，正确选用建筑材料。

3. 符合经济要求

根据总投资控制单方造价和建筑标准，因地制宜，就地取材，达到良好的经济效果。

4. 符合总体规划要求

充分考虑待建建筑与周围道路、原有建筑、需要保留的地形、地物的协调关系。

5. 考虑建筑美观的要求

考虑人们对建筑在美观方面的要求，考虑建筑所赋予人们在精神上的感受。

1.5.2 建筑设计的依据

1. 人体尺度与人体活动空间

人体尺度与人体活动空间直接或间接影响着建筑空间及建筑构件的尺度，成为建筑设计的依据之一。建筑物中家具、设备的尺寸，楼梯、走道的宽，门洞的高宽，栏杆扶手及窗台的高度等都是由人体尺度与人体活动空间决定的。人体活动和人体尺度所需的空间如图 1.5 所示。

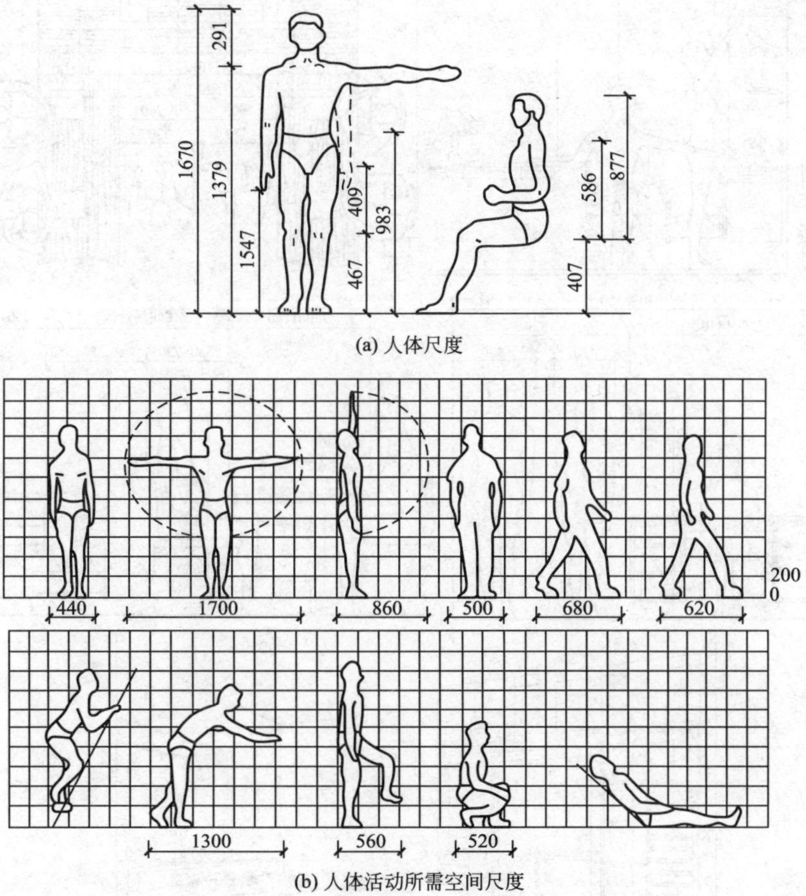

图 1.5　人体活动和人体尺度所需的空间

2. 家具、设备的尺寸和使用空间

家具、设备的尺寸，以及人们在使用家具和设备时必要的活动空间，是确定房间内部使用面积的重要依据。部分常用的家具尺寸如图 1.6 所示。

3. 自然条件

1）气象条件

温度、湿度、雨雪、风向、风速、日照等是建筑设计的重要依据，建筑设计应根据不同的气候条件，采用不同的布置措施。保证房屋适宜的间距和朝向，争取良好的日照、天然采光和自然通风等，是房屋总体和单体空间组合设计的主要任务。例如：在寒冷地区，建筑朝向可采取南向、南偏东、南偏西布置，应避免北向，以便在冬季获得必要的日照；又如为提供新鲜空气，降低室温，改善小气候环境，在平面设计、剖面设计和总平面设计中要合理安排进、排气口位置，确定好单体建筑和风向的位置关系。

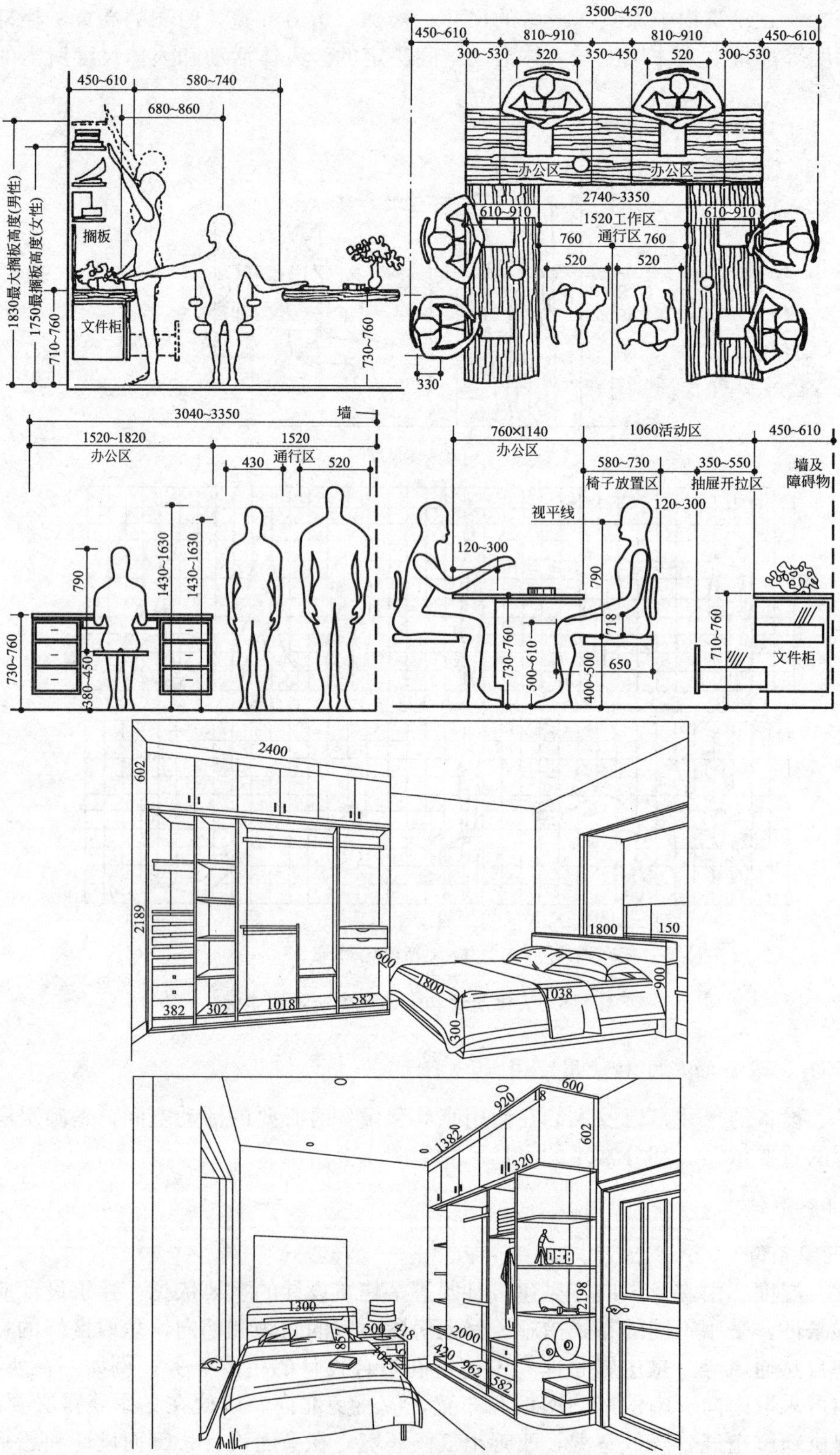

图 1.6　家具尺寸和使用空间示意图

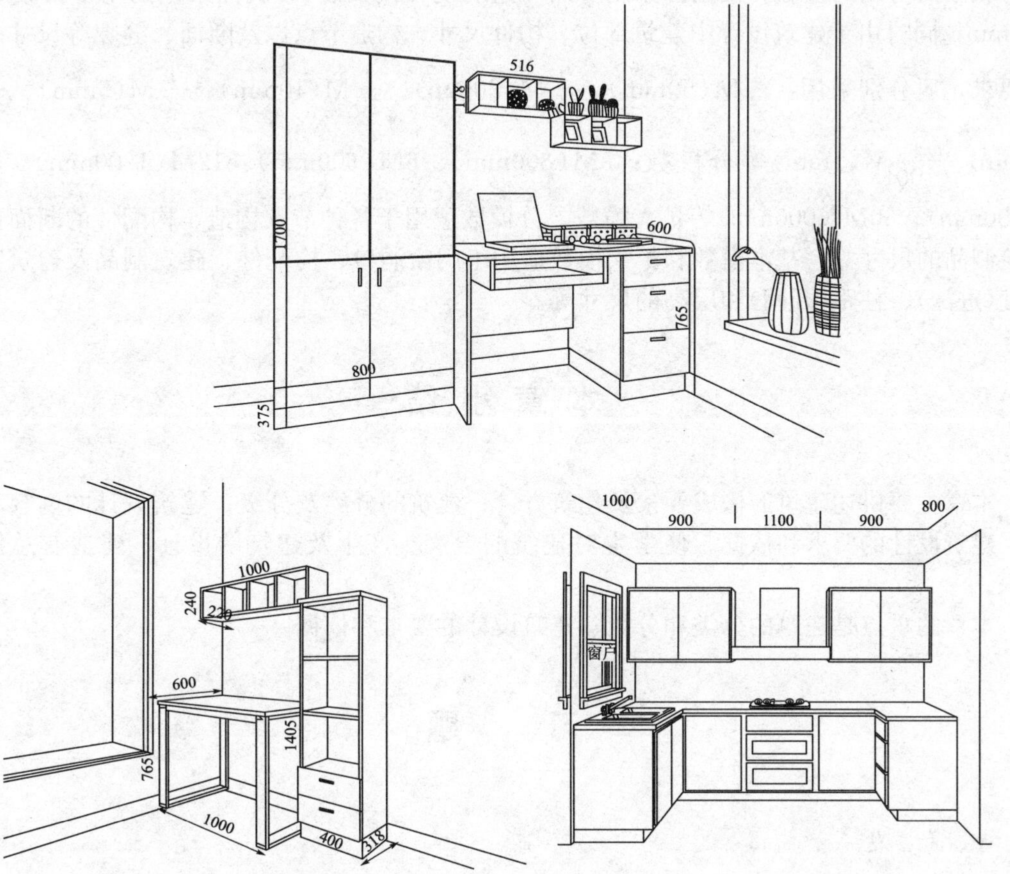

图 1.6 家具尺寸和使用空间示意图(续)

2）地形、水文地质及地震烈度

基地地形、地质构造、土壤特性和地耐力的大小，对建筑物的平面组合、结构布置、建筑构造处理和建筑体型都有明显的影响。

水文条件是指地下水位的高低及地下水的性质，直接影响建筑物基础及地下室。地震烈度表示当发生地震时，地面及建筑物遭受破坏的程度。按《建筑抗震设计规范》(GB 50011—2010)及《中国地震烈度区规划图》的规定，地震烈度为 6、7、8、9 度地区均需进行抗震设计。

4. 建筑的技术经济影响

从基地选址、总体布置、空间组合、材料和结构形式的选择，建筑形式的处理及设备选用等，都应考虑技术经济的影响。建筑技术经济是一项综合性经济问题，贯穿于房屋建造的全过程。

5. 建筑模数和模数制

为了建筑设计、构件生产以及施工等方面的尺寸协调，从而提高建筑工业化的水平，建筑设计应采用国家规定的建筑统一模数制。

建筑模数是选定的标准尺度单位，作为建筑物、建筑构配件、建筑制品以及有关设备尺寸相互间协调的基础。根据国家制订的《建筑统一模数制》，我国采用的基本模数 M=100mm，同时由于建筑设计中建筑部位、构件尺寸、构造节点以及断面、缝隙等尺寸的不同要求，还分别采用：$\frac{1}{2}$M(50mm)、$\frac{1}{5}$M(20mm)、$\frac{1}{10}$M(10mm)、$\frac{1}{20}$M(5mm)、$\frac{1}{50}$M(2mm)、$\frac{1}{100}$M(1mm)等分模数；3M(300mm)、6M(600mm)、12M(1200mm)、30M(3000mm)、60M(6000mm)等扩大模数。分模数适用于各种节点构造、构配件的断面以及建筑制品的尺寸等；基本模数和扩大模数适用于门窗洞口、构配件、建筑制品及建筑物的跨度(进深)、柱距(开间)和层高的尺寸等。

本章小结

本章主要讲述建筑的构成要素及建筑方针；建筑的分类及分级；建筑设计的内容和程序；建筑设计的要求和依据。使学生对建筑的含义、产生及建筑的设计、建造有总体的认识。

本章的重点是建筑的分类和分级、建筑设计的要求和依据。

习　　题

一、简答题

1. 建筑的含义是什么？构成建筑的基本要素是什么？

2. 建筑物按使用功能如何划分？按主要承重结构如何划分？按层数如何划分？

3. 建筑物的等级是如何划分的？

4. 建筑物的耐火等级是怎么确定的？建筑物的耐火等级分几级？什么是耐火极限？构件的燃烧性能分几类？

5. 建筑设计分几个阶段？主要内容是什么？

6. 建筑工程设计包括哪几方面的内容？

7. 什么是建筑模数协调统一标准？什么是基本模数及其数值与符号？什么是扩大模数？什么是分模数？

二、填空题

1. 构成建筑的三个基本要素是__________、__________和__________。

2. 民用建筑根据其使用功能分____________和____________两大类。

3. 建筑设计的程序一般包括____________、____________和____________设计阶段，对于大型复杂建筑需要增加____________设计阶段。

4. 建筑物的耐火等级是根据建筑物主要承重构件的__________和__________确定的，共分__________级。

5. 建筑的基本模数为________，用________表示。一般民用建筑房间的开间和进深符合________模数数列。

6. 建筑工程设计包括____________、____________和____________三方面的内容。

7. 高层公共建筑是指建筑高度在________m 以上的建筑。

8.《建筑模数统一制》中规定建筑中采用的模数有________、________和扩大模数。

9. 建筑物按用途的不同大致可分为________、________和________三类。

10. 建筑物的结构按其选用材料不同，常可分为________结构、________结构、________结构和钢结构四种类型。

三、选择题

1. 民用建筑包括居住建筑和公共建筑，其中(　　)属于居住建筑。

A. 托儿所　B. 宾馆　C. 公寓　D. 疗养院

2. 对于较简单的建筑设计不需要单独进行的设计过程是(　　)。

A. 设计前准备工作　B. 初步设计阶段

C. 技术设计阶段　D. 施工图设计阶段

3. 建筑物的设计使用年限为 50 年，适用于(　　)。

A. 临时性结构　B. 易于替换的结构构件

C. 普通房屋和构筑物　D. 纪念性建筑和特别重要的建筑结构

4. 住宅层高一般以(　　)为模数。

A. 1M　B. 3M　C. $\frac{1}{2}$M　D. 15M

5. 耐火等级为二级建筑物的承重墙体的燃烧性能和耐火极限需满足(　　)。

A. 不燃烧体，3.00h　B. 不燃烧体，2.50h

C. 不燃烧体，2.00h　D. 不燃烧体，1.50h

6. 对于多层商场适合选用下列哪一种结构形式？(　　)

A. 砖混结构　B. 框架结构　C. 剪力墙结构　D. 大跨度结构

7. 下列的建筑不适合采用砌体墙承重的是(　　)。

A. 住宅　B. 教学楼　C. 办公建筑　D. 商场

8. 适合于小开间的建筑结构体系是(　　)。

A. 砖混结构　B. 框架结构　C. 空间结构　D. 排架结构

第2章 建筑平面设计

教学目标

主要讲述建筑平面设计的内容和基本方法。通过本章学习，应达到以下目标：

(1) 掌握主要使用房间的设计内容，包括房间面积、形状、尺寸及门窗设计；

(2) 熟悉辅助房间中厕所的设计内容；

(3) 掌握走道和楼梯的设计内容和要求；

(4) 掌握建筑平面组合设计的形式；

(5) 了解建筑平面的功能分析；

(6) 了解建筑影响平面组合设计的因素；

(7) 熟悉电梯、扶梯和门厅的设计内容。

教学要求

知识要点	能力要求	相关知识
主要使用房间的平面设计	(1) 掌握房间面积、形状、尺寸的设计要求 (2) 掌握门窗设计的主要内容	(1) 房间面积的组成和确定 (2) 房间形状和尺寸的设计要求 (3) 门的宽度、数量和位置
辅助房间的平面设计	(1) 熟悉厕所设备的数量和平面布置 (2) 了解厨房的形式和平面设置	(1) 厕所设备的数量、平面尺寸和布置 (2) 厨房的平面布置形式
交通联系空间的平面设计	(1) 掌握走道和楼梯的设计内容和要求 (2) 熟悉电梯、扶梯和门厅的设计内容和要求	(1) 走道的宽度和长度 (2) 楼梯的形式、宽度、数量和位置 (3) 电梯的位置和布置方式 (4) 门厅的位置和布置方式
建筑平面的组合设计	(1) 掌握建筑平面组合设计的形式 (2) 了解建筑平面的功能分析 (3) 了解影响建筑平面组合设计的因素	(1) 建筑平面组合的五种形式 (2) 日照间距的计算

基本概念

窗地面积比、走道、疏散楼梯、功能分区、交通流线、走道式组合、套间式组

合、大厅式组合、单元式组合、混合式组合、日照间距、砖混结构、框架结构、空间结构

引例

当我们坐在鸟巢、学校教室或是自己家中的时候，是否会经常思考这些大小不一的建筑是如何设计出来的？我们正在使用的空间是处在一个什么样的位置？房间在哪里？出入口在哪里？楼梯在哪里？厕所在哪里？和周围建筑或道路之间的关系又是如何？这些都需要设计师在设计过程中进行周密地考虑和布置，那么如何确定这些空间的大小、形状、出入口位置、楼梯数量以及房间或空间之间的关系，这就是建筑平面设计所包含的内容。

2.1 概　　述

2.1.1 建筑平面的组成

各种不同类型的民用建筑，从组成平面各部分空间的使用性质来分析，均是由使用空间与交通联系空间组成，而使用空间又可以分为主要使用空间与辅助使用空间。

主要使用空间是指各类建筑物中的供主要使用活动的房间，是建筑物的主要部分，它决定了建筑物的性质，并表现出数量多或空间体量大的特点。例如，住宅中的起居室、卧室；办公建筑中的各种办公室；学校中的教室、实验室；商业建筑中的营业厅；体育建筑中的比赛大厅等。

辅助使用空间是为保证和服务于建筑物主要使用要求而设置的，是建筑物的次要部分。例如，辅助活动用的厕所、盥洗室；服务供应用的厨房、洗衣房等；贮存物品用的贮藏室、衣帽间等。

交通联系空间是建筑物中各个房间之间、楼层之间和房间的室内外之间联系通行的空间。例如，各类建筑物中门厅、走道、过厅、楼梯间、坡道，以及电梯间和自动扶梯等。

如图 2.1 所示是某幼儿园建筑平面，其中的活动室、卧室是主要使用空间，而一些盥洗室和厕所等，虽然也属于使用性质的空间，但居于次要位置，是辅助使用空间。走道、门厅、过厅、楼梯间则起着联系各个房间的作用。

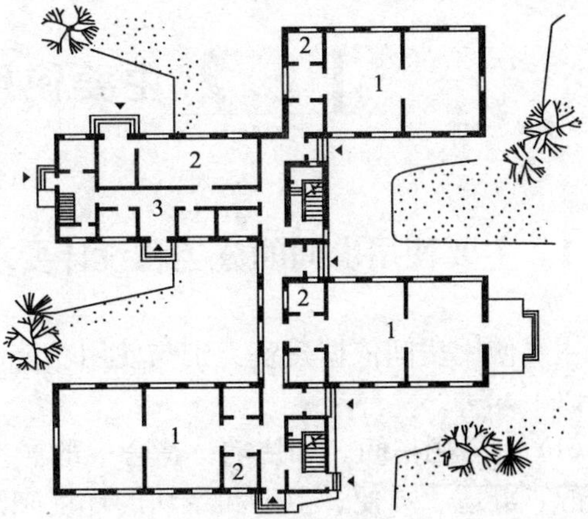

图 2.1　某幼儿园建筑平面

1—主要使用空间；2—辅助空间；3—交通空间

2.1.2 平面设计的内容

建筑平面设计的任务是指在对设计任务、建筑地点、周围环境及设计对象进行了较为深入的了解的基础上，进行场地总平面设计及建筑单体平面布置。

1）场地总平面设计内容

(1) 建筑布局。主要考虑建筑在总平面中的位置及与用地范围内室外环境的关系。同时，包括功能分区、建筑朝向与间距、建筑布局方式、外部空间设计、场地出入口位置、各种流线组织等。

(2) 道路交通组织。包括道路分段、路网布局与尺寸、停车场设置等。

(3) 绿化布置。绿化的布置形式、范围等。

(4) 竖向设计。地面坡度、设计标高确定、场地排水等。

2）建筑单体平面设计内容

建筑单体平面布置就是根据各种类型的建筑特点和功能要求，合理地组织确定各部分空间，使各房间有适宜的尺度、足够的面积及合理的形状，以适应内部家具布置和活动使用等要求。同时，各房间之间要有恰当的安排，以符合功能关系要求。其主要设计内容有以下几个方面。

(1) 单个房间的设计。包括房间平面形状、尺度、门窗大小、位置及数量、开启方向等几个方面。

(2) 交通联系部分的设计。其主要设计内容包括门厅、过道、楼梯等的尺度、形式、位置等。

(3) 平面组合设计。主要研究建筑整体与单个房间的关系、内部联系与总体环境的关系，以及功能要求和结构施工、水电设计安装等问题。

(4) 建筑物理要求。研究采光、通风、保温、隔热、日照等因素对单个房间及整体建筑的影响。

2.2 主要使用房间的平面设计

2.2.1 主要使用房间的分类和设计要求

主要使用房间依据建筑类别与使用功能的不同特点，空间形式上往往也是不同的，主要有以下几种。

(1) 生活用房间。如住宅、宿舍中的居室；旅馆的客房等。这些房间的功能主要是创造安静、舒适、方便、卫生和亲切的环境来满足人们的睡眠、休息等日常生活要求，虽然这种房间没有特别复杂的功能要求，但人们在其中停留的时间相对要多，因此在设计时应考虑有较好的朝向和通风。

(2) 工作用房间。如各种办公室、教室、阅览室、实验室、诊疗室，以及工业建筑中各种生产车间等。这类房间的功能要求比较复杂，而且不同的工作性质有不同的要求，因此，在设计时应根据具体功能要求，确定空间的大小和形状，并满足相应的构造和室内技术设备的要求。

(3) 公共活动房间。如集会、文娱、体育、观览、购物等活动用的观众厅、比赛厅、展览厅、营业厅等。这类房间具有使用人数多、空间体量大、使用要求高等特点，因此，人流组织以及相应的功能要求和技术要求是设计中比较重要的环节。

虽然主要使用房间有着不同的使用要求和空间形式，但归纳起来，都应满足以下要求。

(1) 适宜的尺度、足够的面积、恰当的形状。

(2) 良好的朝向、采光和通风条件。

(3) 方便的内外交通联系，疏散安全。

(4) 结构布局及构造合理，便于施工，所用材料要符合相应的建筑标准。

(5) 不仅要满足空间的使用，还要考虑人们审美方面的要求。

2.2.2 房间的面积

一个房间内部的面积，根据它们的使用特点分为以下几个部分。

(1) 家具和设备所占用的面积。

(2) 人们在室内的使用活动面积(包括使用家具以及设备时，近旁所需的面积)。

(3) 房间内部的交通面积。

如图 2.2 所示为一间教室与卧室的室内使用面积分析示意图。

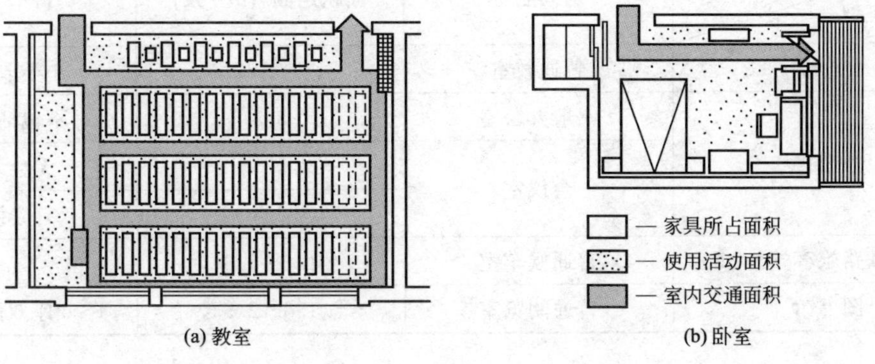

图 2.2 教室及卧室室内使用面积分析示意

不同用途的房间对于面积的要求是不同的。影响房间面积大小的因素概括起来有以下几点：①房间的使用性质；②房间内部使用人数的多少；③家具设备的配置情况；④人们在房间内活动的特点；⑤结构及经济的合理性。

为了能设计出符合人使用的、舒适的活动空间，我们必须熟悉一些常用家具、卫生设备及人体活动的基本尺度，如图 2.3 所示。

实际工作中，国家或所在地区设计主管部门，通过大量调查研究和设计资料的积累，规定了一系列面积定额参考指标，作为确定房间使用面积的依据。表 2-1 是部分民用建筑面积定额参考指标。

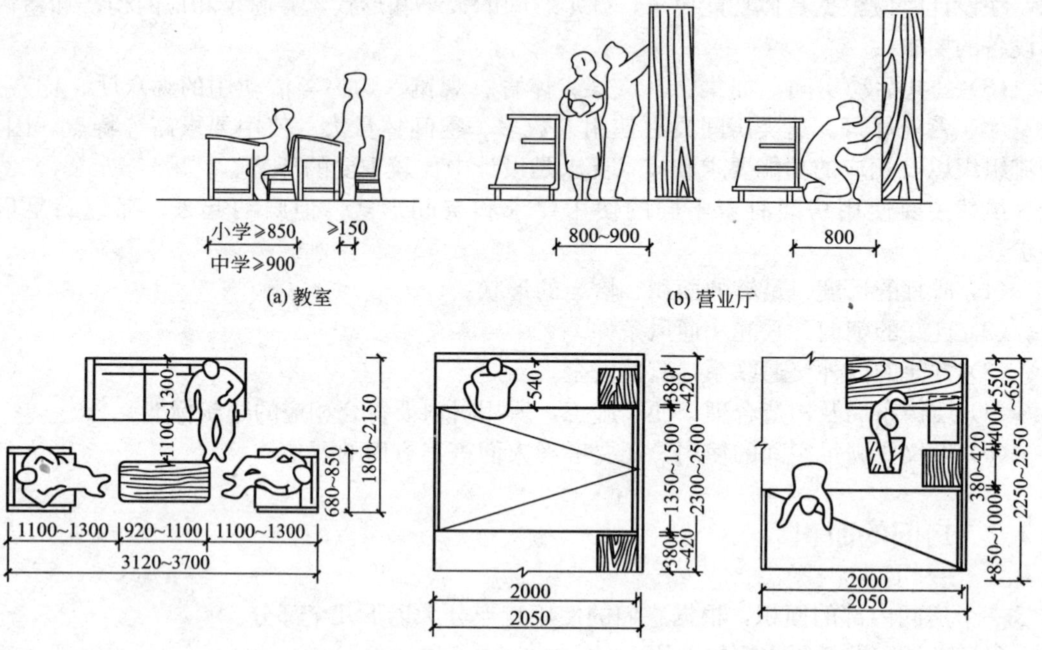

(a) 教室　(b) 营业厅　(c) 居室

图 2.3　教室、营业厅以及居室中的活动空间尺寸要求

表 2-1　部分民用建筑面积定额参考

建筑类型＼项目	房间名称	面积定额/(m^2/人)	备　注
中小学	普通教室	1～1.2	小学取下限
办公楼	一般办公室	3.5	不包括走道
	会议室	0.5	无会议桌
		2.3	有会议桌
铁路旅客站	普通候车室	1.1～1.3	
图书馆	普通阅览室	1.8～2.5	4～6 座双面阅览桌

2.2.3　房间平面的形状

房间形状的影响因素主要包括房间的使用要求、技术条件、经济条件以及人们对室内外空间视觉上的艺术要求等。

民用建筑中房间形状有矩形、方形、多边形、圆形以及不规则图形等。一般来讲，最常见的平面形状是矩形，其主要原因是：矩形平面简单，便于家具和设备的布置；结构布置简单，便于施工；矩形平面便于统一开间或进深，利于建筑平面及空间的灵活组合。

当然，矩形平面也不是唯一的形式。就中小学教室而言，根据普通教室视听质量的要求确定教室的平面形状：最远处座位距离黑板≤8.5m；边座和黑板面远端夹角控制在不少于

30°；第一排座位离黑板的最小距离为 2m 左右。教室平面形状及实例，如图 2.4 所示。

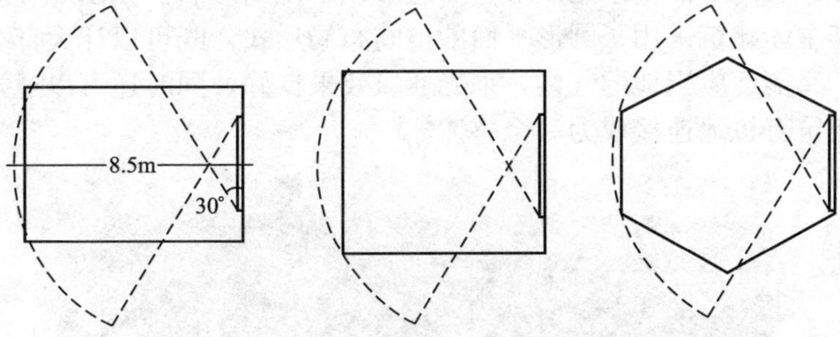

(a) 教室平面形状

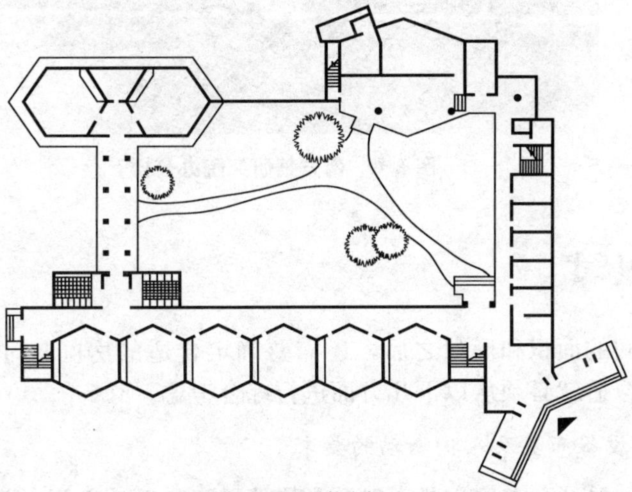

(b) 教室平面形状实例

图 2.4　教室平面形状及实例

对于一些单层大空间，如观众厅、杂技场、体育馆等房间，它的形状则首先应满足这类建筑的特殊功能及视听要求。如杂技场常用圆形平面，以满足演马戏时动物跑弧线的需要。观众厅要满足良好的视听条件，既要看得清也要听得好，在平面形状的选择上特别要注意良好的音质要求，观众厅的平面形状一般有矩形、钟形、扇形、六角形、圆形等，如图 2.5 所示。

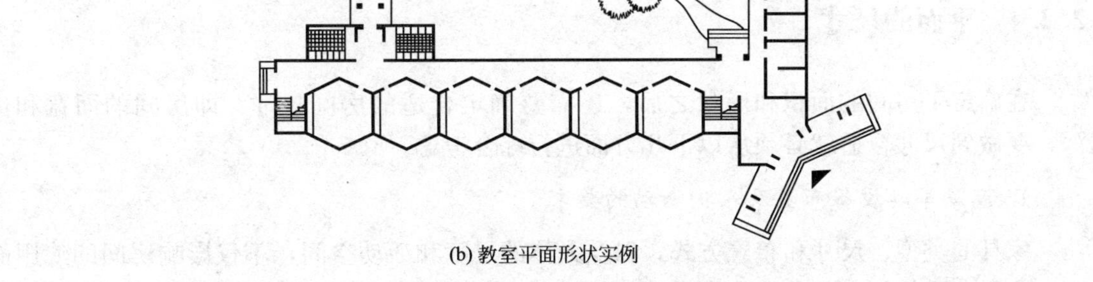

图 2.5　观众厅平面形状

有的建筑，为了改善房间朝向，避免东西日晒，或者为了适应地形及环境需要，表现一定的艺术构思，房间平面常采用圆形、多边形或不规则形状。如图 2.6 所示为南方某研究院办公楼，其主体建筑采用了圆形平面的空间布局形式，既可以让大部分的使用空间与环境融为一体，又能适应当地的气候，采光通风效果良好，同时还可以通过绿化及建筑小品处理把整个建筑有机地连接成为一个整体。

图 2.6　南方某研究院办公楼

2.2.4　平面的尺寸

在确定了房间的面积和形状之后，还需要确定合适的房间尺寸，即房间的面宽和进深，要做到尺寸合适就必须从以下几方面进行综合考虑。

1. 满足家具设备布置及人们活动的要求

家具的类型、尺寸和布置方式，以及人体的尺度和活动空间，不仅影响房间的使用面积，也影响房间的尺寸。在确定房间的开间、进深时，都必须考虑是否能够满足家具摆放要求和人对它的使用要求。例如卧室的平面尺寸应考虑床的大小、家具的相互关系，主卧室要求床能两个方向布置，主卧室净宽应大于床的长度加门的宽度，因此开间尺寸常取 3300mm。考虑布置两张床的可能性，主卧室的净长应大于一张双人床的宽度加一张单人床的长度再加一个床头柜的宽度，进深方向常取 3900～4500mm；小卧室开间尺寸常取 2400～3000mm，如图 2.7 所示。某住宅的各房间尺寸如图 2.8 所示。

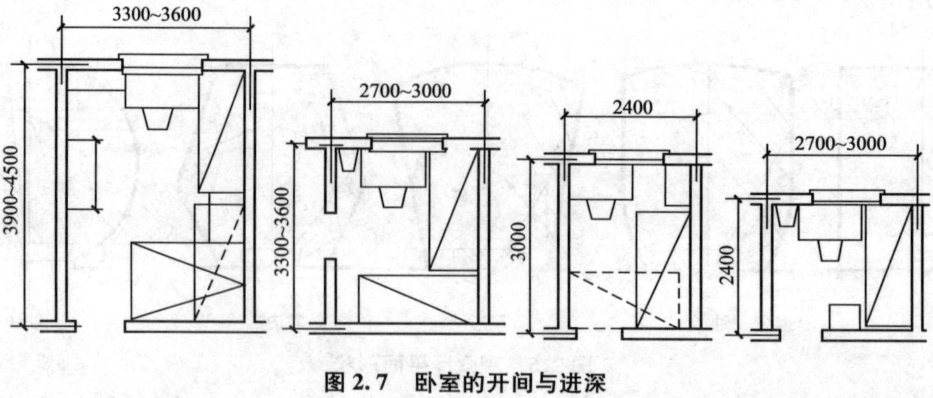

图 2.7　卧室的开间与进深

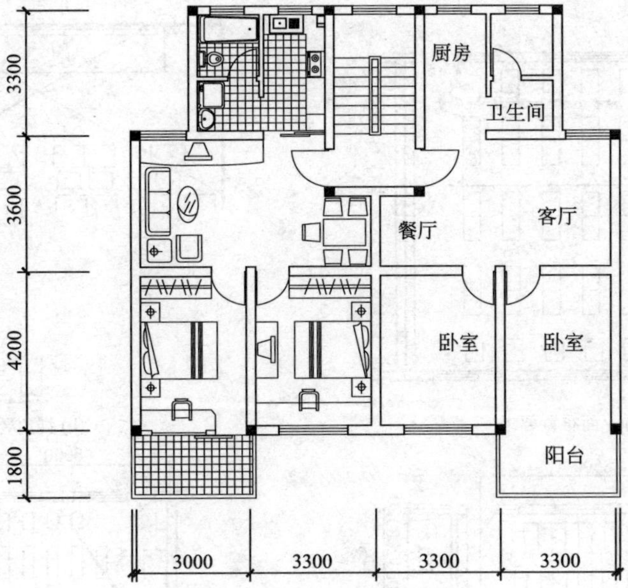

图 2.8 某住宅平面尺寸图

2. 满足视听要求

有的房间如教室、会堂、观众厅等的平面尺寸除满足家具设备布置及人们的活动要求外，还应保证有良好的视听条件，确定适合的房间尺寸。

例如：教室从视听功能考虑，结合家具设备布置、学生活动要求等，中小学教室的平面尺寸常取 6300mm×9000mm、7200mm×9000mm、8100mm×8100mm，如图 2.9 所示。

3. 满足自然采光要求

民用建筑除少数有特殊要求的房间(如演播室、观众厅等)以外，均要求有良好的天然采光。为保证室内采光的要求，一般单侧采光时房间进深不大于窗上口至地面距离的两倍，双侧采光时房间进深可较单侧采光时增大一倍。如图 2.10 所示为采光方式对房间进深的影响。

4. 经济合理的结构布置

房间的开间、进深尺寸应尽量使构件规格化、统一化，同时使梁板构件符合经济跨度要求，在墙体承重的梁板式结构或框架结构体系中，板的经济跨度一般为 2.4～4.2m，钢筋混凝土梁较经济的跨度不大于 9000mm。

5. 符合建筑模数协调统一标准的要求

为提高建筑工业化水平，必须统一构件类型，减少规格，房间开间和进深应符合建筑模数协调统一标准的规定，一般以 300mm 为模数。

房间长、宽初步确定之后，不能仅从使用要求出发，还要看房间长、宽比例是否合适，视觉观感如何，一般说来宜在 1∶1～1∶2 为好，最好能在 1∶1.5 左右为宜，如图 2.8 所示某住宅各房间尺寸。

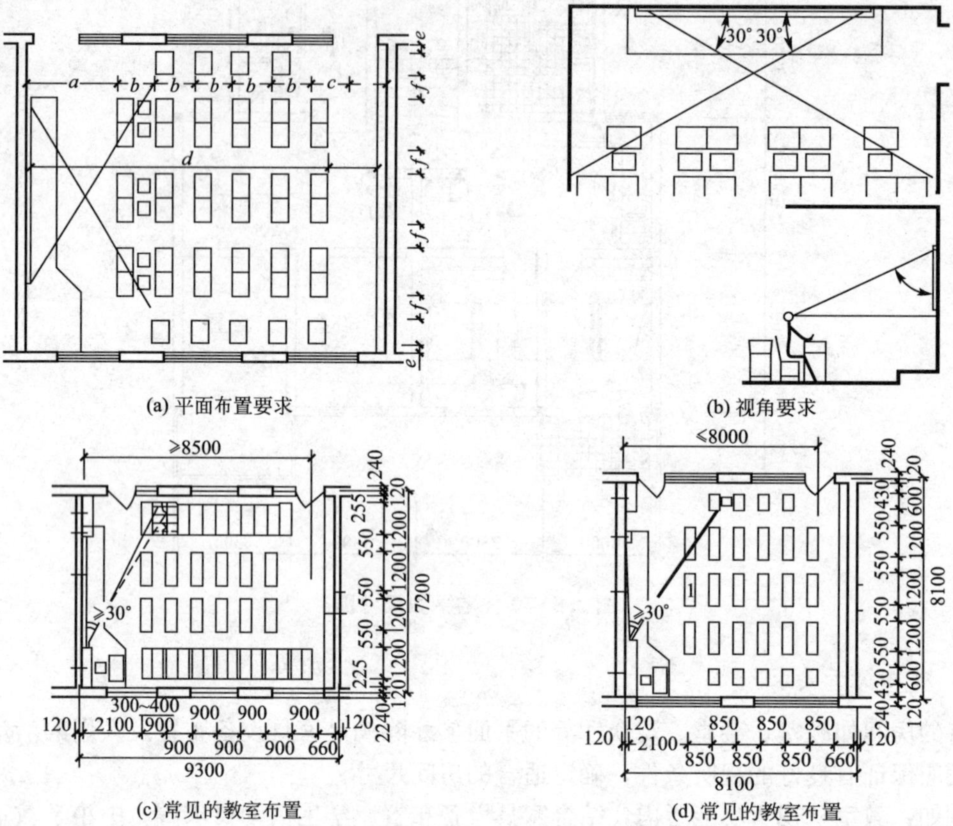

(a) 平面布置要求　(b) 视角要求

(c) 常见的教室布置　(d) 常见的教室布置

$a \geqslant 2000$; b(中学$\geqslant 900$; 小学$\geqslant 850$);
$c \geqslant 600$; d(小学$\leqslant 8000$; 中学$\leqslant 9000$); $e \geqslant 120$; $f \geqslant 550$

图 2.9　常见教室布置及有关尺寸

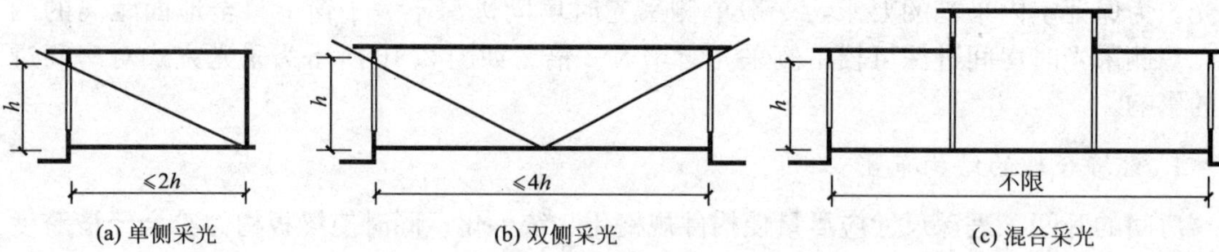

(a) 单侧采光　(b) 双侧采光　(c) 混合采光

图 2.10　采光方式对房间进深的影响

2.2.5　房间门窗的设计

1. 门的设计与布置

门是供人出入和交通联系之用，门的设计主要包括确定门的大小、数量、位置和开启方式等。

1）门的宽度

门的宽度根据不同的功能而异，主要取决于人流股数、安全疏散以及家具设备的大小等因素。在民用建筑中，一般其宽度常在900～1000mm左右，如图2.11所示；没有较大家具进出，而只供少数人出入的门，如住宅内通向阳台、卫生间、贮藏室的门，宽度一般为800mm；有较大的家具、设备出入的房间，如医院的病房，考虑担架或手推车出入，其净宽应在1100mm以上；在使用人数集中的厅堂，如电影院的观众厅，其总宽度一般以每100人600mm来计算，通常采用双扇门或多扇门的形式。门的净宽在1000mm以内的，一般采用单扇门。大于1000mm的门通常采用双扇门或多扇门，双扇门的宽度可为1200～1800mm，四扇门的宽度可为2400～3600mm，并保证门扇宽度在1000mm以内，以便于开启。

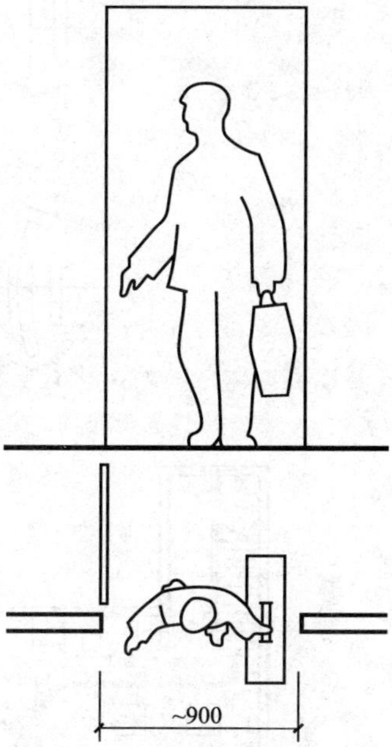

图2.11 住宅卧室门的宽度

2）门的数量

门的数量要根据联系、使用的具体要求以及《建筑设计防火规范》的有关规定来确定。使用人数集中，出入人流较大的公共活动厅堂，门的数量应以所需门的总宽度来确定。

3）门的位置

确定门的位置，应考虑家具设备布置、交通路线组织以及室内的通风组织等方面的要求。

对面积较大、人流较多，家具布置比较灵活的房间，如影剧院、餐厅等，门的位置主要应考虑人流的交通便捷与疏散安全，如图2.12所示。而对面积小、家具多、人流少的房间，如卧室等，门的位置则主要应考虑家具的布置。如图2.13所示，表示住宅卧室由于门的位置不同，给室内活动面积和家具布置带来的影响。有时门的不同位置，还可表现出房间的不同使用特点，如图2.14所示。

4）门的开启方式

门的开启方式，根据疏散和使用要求来确定。一般原则是外门外开，内门内开。人数较少的房间，门向房内开启。人流多的房间及疏散门的开启，应开向人流疏散方向或采用双向开启的弹簧门。

房间门位置集中时，应协调好几个门的开启方向，特别注意门扇开启时相互间是否会发生碰撞，如图2.15所示。

2. 窗的设计与布置

房间中窗的大小、形式和位置的确定，与室内采光、通风、日照和使用等功能要求，以及建筑物的立面构图都有很大关系，在设计时应根据各方面要求综合考虑。

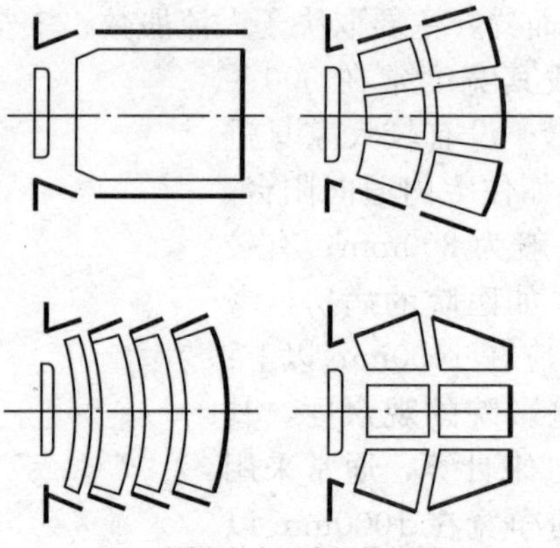

(a) 剧院观众厅中门的位置

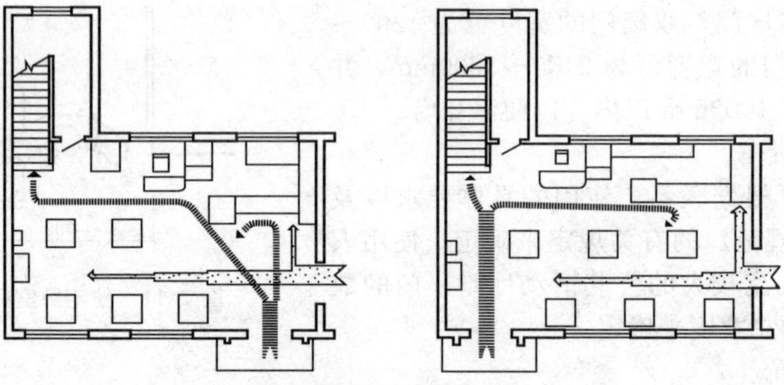

(c) 某食堂餐厅中门位置的分析

图 2.12　门的位置示例

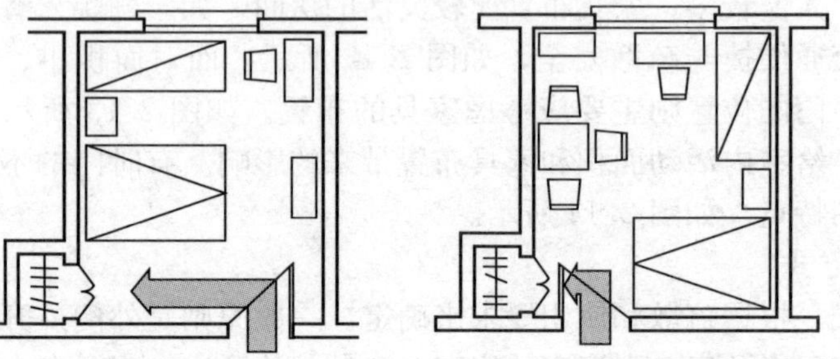

(a) 影响家具布置　　　(b) 布置较合理

图 2.13　门的位置对室内使用的影响

1）窗的大小

窗的面积大小主要取决于室内的采光要求。房间所需采光面积的大小，常参考实践经验所得的窗地面积比(也称采光面积比)，即窗口透光部分的面积与房间地面面积的比值来进行设计。窗地面积比随房间的使用要求和性质而不同，设计时应根据民用建筑设计规范中规定的建筑采光等级和相应的窗地面积比进行验算，来确定开窗大小。

窗子的大小、数量，还应考虑经济条件和当地的气候条件。窗的保温、隔热性能比墙差，所以窗子的大小和数量，应在满足采光、通风等需要的前提下，采用适当的面

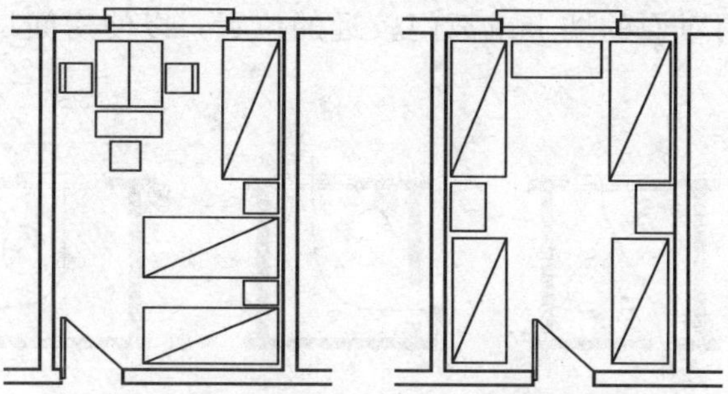

图 2.14　门的位置对房间的使用性质的反映

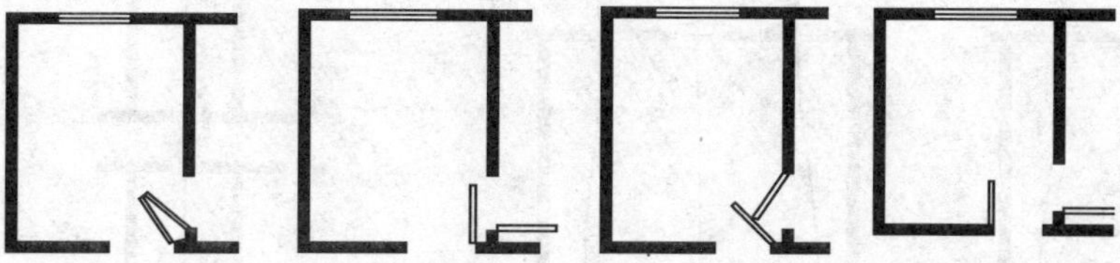

图 2.15　房间中门较集中时的开启方式

积，窗墙面积比应符合建筑节能标准的有关规定。

2）窗的位置

在考虑窗的位置时，应注意下列问题。

窗的位置应很好地考虑房间内部的采光要求，并注意有利于室内家具的布置。一般民用建筑的房间均要求室内光线均匀，避免产生暗角，采光要求较高的房间，更要注意窗子位置的恰当安排。例如：学校的教室，为了保证学生的视觉卫生要求，在一侧墙面采光的情况下，窗子应在学生的左边，窗间墙的宽度一般不应大于1200mm，以保证室内光线的均匀。同时，为了避免产生眩光，靠近黑板处最好不开窗，一般离开黑板的距离应不小于800mm，如图 2.16 所示。

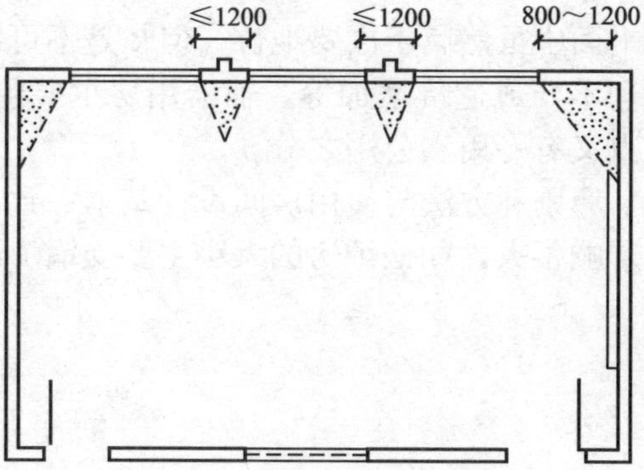

图 2.16　教室开窗位置要求

窗子大都具有通风的作用，因此一般生活、工作用房间的窗子位置要同门的位置一起考虑，最好把窗开在门对面的墙上或离门较远的位置，以使房间尽可能得到穿堂风，如图 2.17 所示。

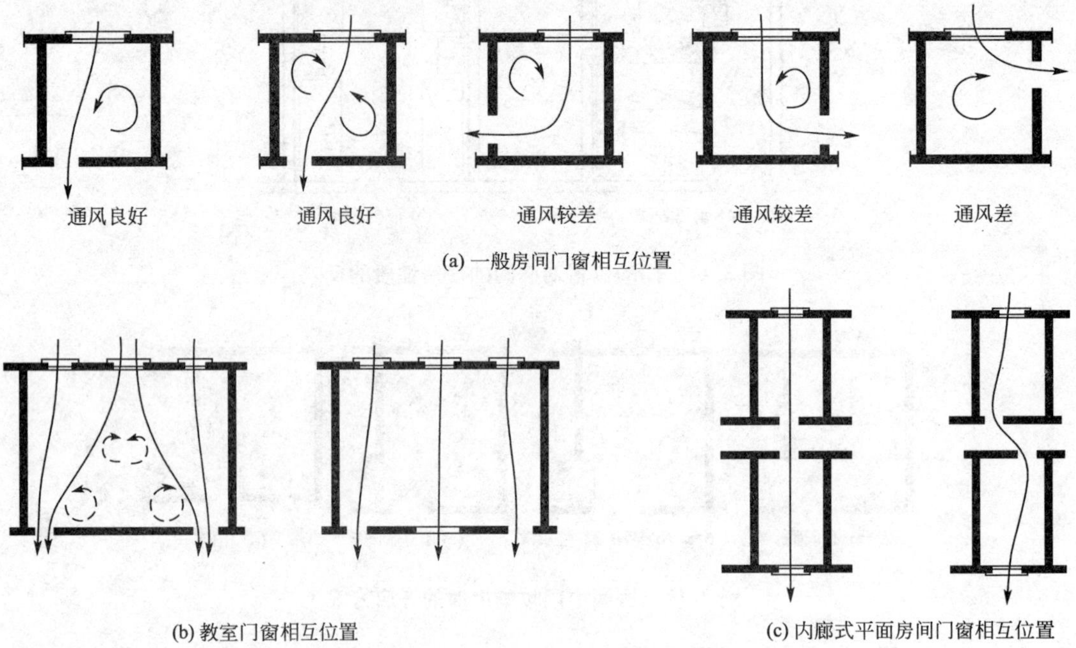

图 2.17　门窗位置对通风的影响

3）窗的形式

根据不同使用要求，窗户有很多形式，如图 10.1～图 10.4 所示。

窗的形式不仅要注意采光、通风等要求，而且还要注意比例造型的美观，因为它是建筑外形和室内艺术造型的重要内容。

2.3 辅助房间的平面设计

辅助房间在整个建筑平面中虽然属于次要地位，但却是不可缺少的部分，如果处理不当，会造成使用、维修管理不便或造价增加等。辅助用房主要包括厕所、浴室、盥洗室、厨房等，它们按其使用特点又有专用和公用之分。

辅助房间设计的原理、原则和方法与使用房间设计基本一致，所不同的是房间的空间大小和尺度受室内设备的影响很大，如锅炉房的大小主要受锅炉设备大小的影响。

2.3.1　厕所设计

1. 厕所设计的一般要求

(1) 位置隐蔽，而且使用方便。

（2）应有良好的自然通风和采光。

（3）为了使管道集中，厕所、盥洗室就近布置，上下相对。

（4）公共厕所应设置前室。

（5）地面、墙面应进行特殊处理，妥善解决防水、排水的问题。

2. 厕所设备与数量

厕所卫生设备主要是大便器、小便器、洗手盆、污水池等。如图 2.18 所示为厕所设备及组合所需尺寸。

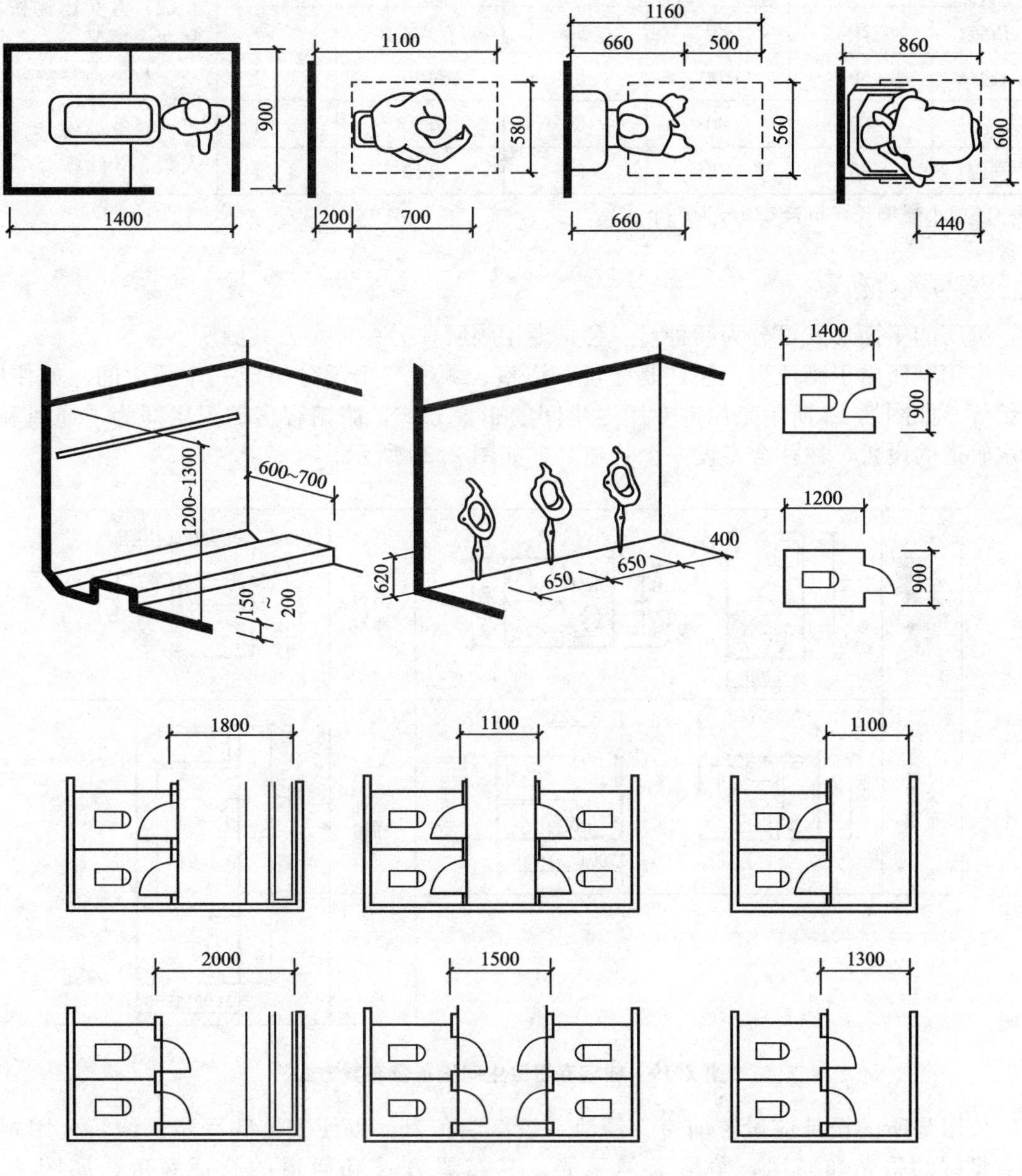

图 2.18 厕所设备及组合所需尺寸

卫生设备的数量及小便槽的长度主要取决于使用人数、使用对象、使用特点。经过实际调查和经验总结，对各类建筑有一个比较切合实际的计算指标供设计时参考，见表 2-2。

表 2-2　部分建筑类型厕所设备个数参考指标

建筑类别	男小便器/(人/个①)	男大便器/(人/个)	女大便器/(人/个)	洗手盆或龙头/(人/个)	男女比例	备　注
幼托		5～10	5～10	2～5	1∶1	(1) 小学数量应稍多 (2) 男女比例按实际使用情况 (3) 总人数按全日门诊人数计算 (4) 男旅客按旅客人数 2/3 计算
中小学	40	40	25	100	1∶1	
宿舍	20	20	15	15		
门诊所	50	100	50	150	1∶1	
火车站	80	80	50	150	2∶1	
剧院	35	75	50	140	3∶1	

① 或小便槽长，折合 0.6m 为一个。

3. 厕所的布置

厕所的平面形式可分为两种，一种是专用厕所，另一种是公共厕所。

专用厕所由于蹲位少，往往是盥洗、浴室、厕所三个部分组成一个卫生间，如住宅、旅馆等。如图 2.19 所示是住宅专用卫生间的布置方式，旅馆客房的卫生间为了通风和上下水管道的设置，往往会专设一个管道井，如图 2.20 所示。

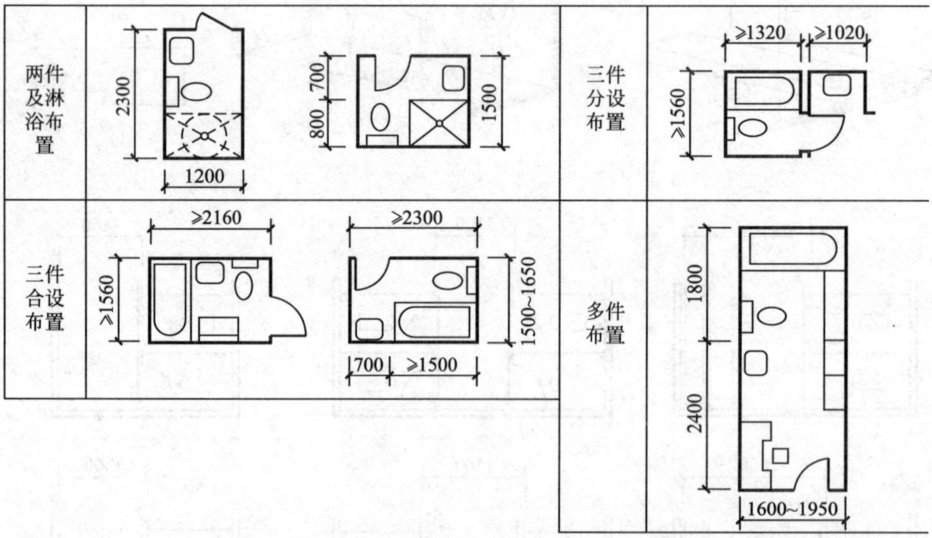

图 2.19　住宅专用卫生间设备及布置方式

公用厕所的设计应设置前室，便池一般靠墙布置，以便安装和固定管线，公用厕所要有良好的采光和通风，争取天然采光。其布置方式和通道的合适宽度，如图 2.21 所示。

2.3.2 浴室、盥洗间设计

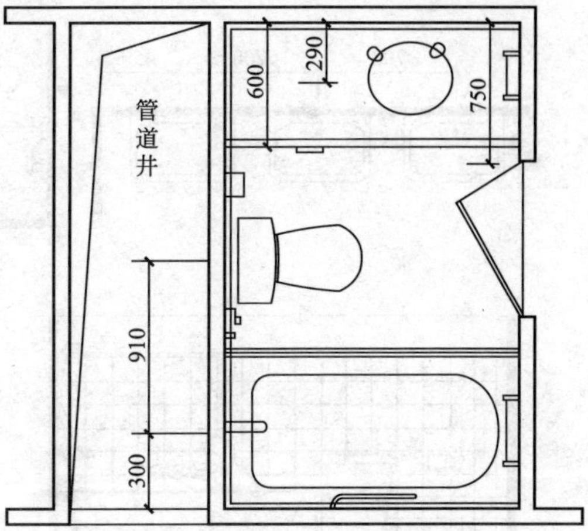

图 2.20 旅馆卫生间及管道井

浴室和盥洗间的设备主要有洗脸盆、污水池、浴盆、淋浴器等。除住宅、公寓、旅馆等标准较高，作为专用之外，一般宿舍、旅馆为了节约管道、设备，多设置公用的盥洗和浴室。卫生器具的数量可根据使用人数确定，见表 2-3。同时结合设备尺寸及人体活动尺度进行房间的布置，如图 2.22 所示。做整从前室进入更衣室。

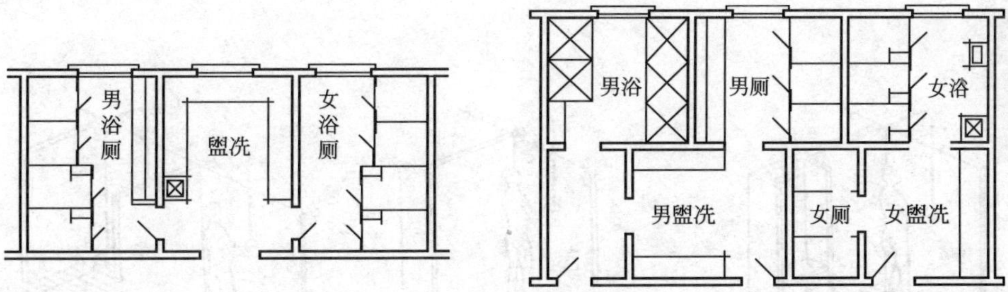

图 2.21 公共卫生间布置实例

表 2-3 浴室、盥洗室设备个数参考指标

建筑类型	男浴器 /(人/个)	女浴器 /(人/个)	洗脸盆或龙头 /(人/个)	备 注
旅馆	40	8	15	男女比例按设计
托幼	每班2个		2～5	

2.3.3 厨房设计

厨房有住宅、公寓内每户的专用厨房和食堂、旅馆餐厅、饭店、饭馆等的公用厨房，公用厨房情况比较复杂，但其基本原理和设计方法与专用厨房的设计基本相同。

1. 设计要求

(1) 炊事设备的布置及尺寸要方便操作。

(2) 应有良好的采光和通风。

(3) 有利于室内上下水、采暖、煤气等管道的合理布置。

(4) 布局位置合理，平面形状满足使用要求。

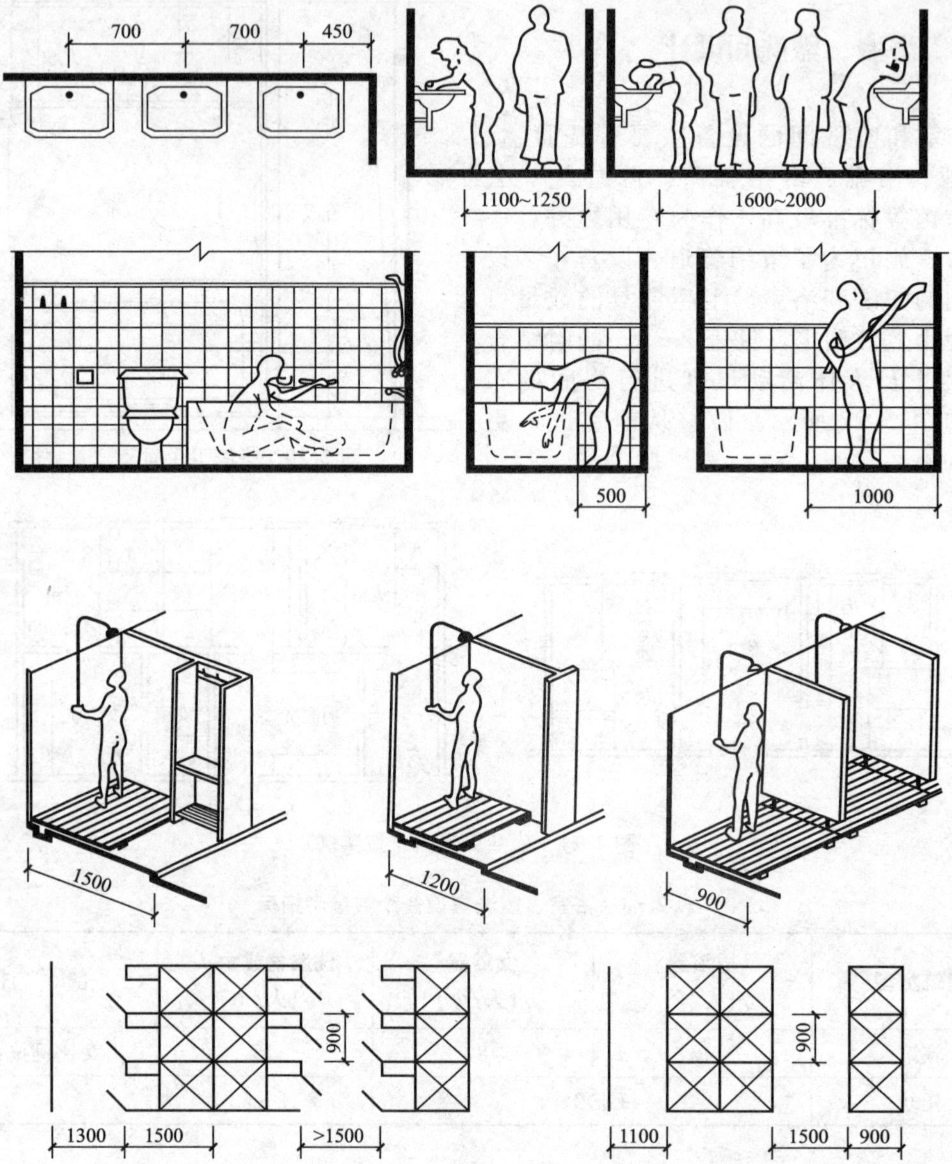

图 2.22　浴室盥洗设备及组合

2. 厨房设备及活动空间尺寸

家用厨房内的主要设备有炉灶、橱柜、案桌、洗涤池等，设计厨房还要考虑贮藏问题，应尽量利用空间而少占面积，可设计吊柜、嵌墙碗柜、搁板等贮藏设施。如图 2.23 所示为某厨房实例。

3. 厨房的形式及内部平面布置

目前我国城镇新建住宅中多采用独立式厨房。独立式厨房不与其他房间相套，除进门位置外，其余墙面均可布置设备。一般按洗、切、烧的顺序布置洗池、案桌、炉灶等。厨

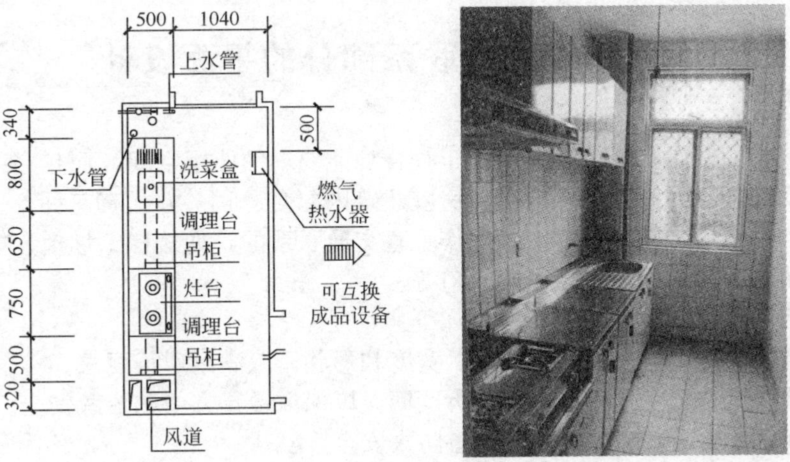

图 2.23　某厨房实例

房设备的布置有一字形、二字形、L 形、U 形几种方式，如图 2.24 所示。

(1) 一字形布置。适用于只能单排布置设备的狭长形平面，厨房净宽不宜小于 1.5m。

(a) 一字形布置

(b) 二字形布置

(c) L形布置

(d) U形布置

图 2.24　厨房设备布置方式

(2) 二字形布置。将设备分列两侧，此时厨房净宽不宜小于 2m。

(3) L 形、U 形布置。设备操作省力、便捷，并可布置较多的设备，适用于平面接近于方形的厨房。

2.4 交通联系部分的平面设计

一个建筑物的使用质量，不仅取决于符合功能要求的使用空间，而且在很大程度上还取决于交通联系部分的设计是否恰当。房屋建筑内部交通联系方式有三种：一是用作水平交通联系的，如走道、廊子等；二是用作垂直交通联系的，如楼梯、坡道、电梯等；三是作为交通枢纽的，如门厅、过厅、出入口等。

各种交通联系部分设计的主要要求如下。

(1) 交通联系空间应有适宜的高度、宽度和形状，以满足通行要求。

(2) 交通路线应简捷明确，防止曲折迂回，以保证通行方使和疏散安全。

(3) 应有良好的采光和照明，并注意防火安全。

(4) 应考虑空间的处理和造型。

(5) 应力求节省交通面积。

2.4.1 走廊的设计

1. 走廊的功能

走廊的主要功能是联系建筑物同一层内各使用空间的。但是在许多情况下，它还常常附带其他从属的功能，按照使用性质可分为以下几种功能。

1) 为交通和疏散而设置的过道和通廊

如影剧院中为疏散用的太平道，它主要是解决如何使人流疏散迅速而又安全，因此不容许有其他从属的功能，而且在走廊里不应设踏步。

2) 主要做交通联系空间兼为其他功能服务的过道和通廊

应根据交通和使用两方面要求来进行合理的布置，例如医院门诊部的宽走廊可以兼作候诊；小学校的过厅或者是过道可以兼作儿童课间休息之用。

3) 各种功能综合使用的走廊

例如某些展览陈列性质的建筑的走廊，就要满足观众边走边看的要求。

2. 走廊的空间尺度

1) 考虑使用的性质和流程的特点

专为人行使用的走廊，主要根据人流通行所必要的尺度来确定，通常一股人流所需的宽度约为 550～600mm，两股人流所需的宽度不宜小于 1100mm。住宅内部的走廊，由于通行人数少，它的宽度一般略大于主要房间门的宽度即可。在公寓式住宅中，公共走廊的宽度应保证两人对面行走时互不碰撞，通常在 1200mm 左右。在一般公共建筑中，走廊的宽度应不小于 1500mm，如图 2.25 所示。

2) 考虑走廊中附属功能的情况

当走廊兼有其他功能时，其宽度则应按具体情况适当增加，如中小学教学楼的走廊，当兼作学生课间休息活动场所时，宽度可增加到 2000～3000mm；又如门诊所，当走廊兼作候诊用途时，其宽度除考虑通行需要外，还应考虑布置候诊座位所需的尺寸，如图 2.26 所示。

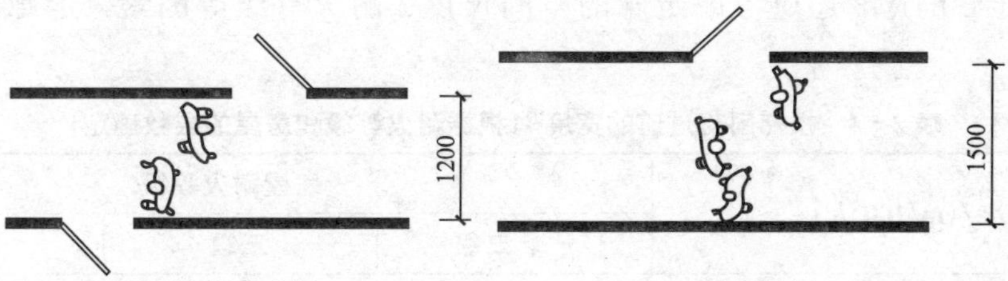

(a) 两人相对通过　　(b) 三人通过

图 2.25 一般走道的宽度

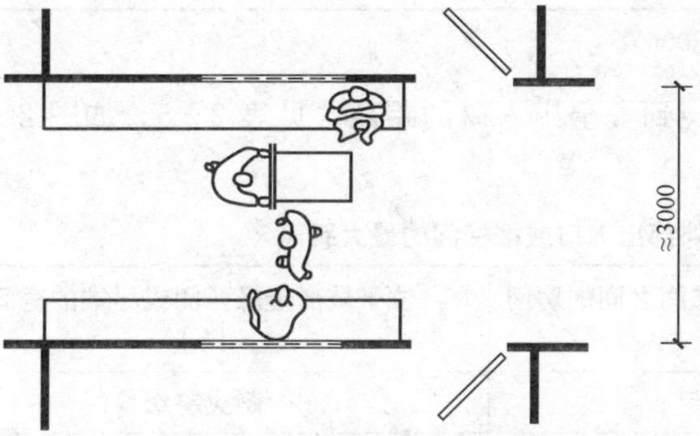

(a) 平面图

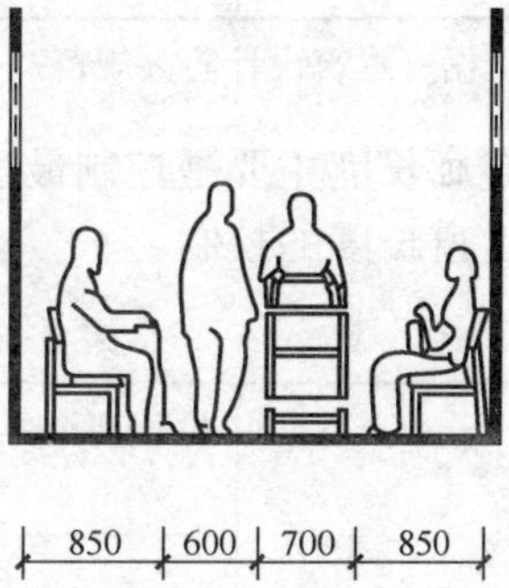

(b) 立面图

(c) 实景图

图 2.26 兼有候诊功能的过道宽度

3）考虑走廊两侧门的开启方向

通向走廊的房间门一般应避免开向走廊，以免影响走廊的实际使用宽度，当必须开向走廊时，走廊的宽度应适当增加，如图 2.27 所示。

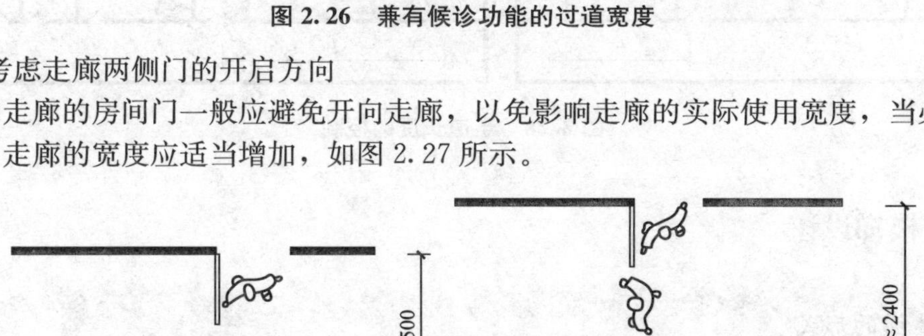

图 2.27 门扇开向走道对宽度的影响

此外，走廊的宽度还应考虑走廊的空间尺度、耐火等级等因素，走廊最小宽度见表2-4。

表2-4 楼梯门与过道的宽度①（根据耐火等级和房屋的层数确定）

宽度/(m/100人)		房屋耐火等级		
		一、二级	三级	四级
层数	一、二层	0.65	0.75	1.00
	三层	0.75	1.00	—
	≥四层	1.00	1.25	—

① 据《建筑设计防火规范》(GB 50016—2006)。

走廊长度主要是控制最远处房间的门到安全出入口的距离，见表2-5。如图2.28所示为走道长度的控制。

表2-5 房间门至外部出入口或楼梯间的最大距离

名称	位于两个外部出口或楼梯间之间的房间(l_1)			位于袋形走廊两侧或尽端的房间(l_2)		
	耐火等级			耐火等级		
	一、二级	三级	四级	一、二级	三、级	四级
托儿所、幼儿园	25(20)	20(15)	—	20(18)	15(13)	—
医院、疗养院	35(30)	30(25)	—	20(18)	15(13)	—
学校	35(30)	30(25)	—	22(20)	20(18)	—
其他民用建筑	40(35)	35(30)	25(20)	22(18)	20(18)	15(13)

注：① 敞开式外廊建筑的房间门至外部出口或楼梯间的最大距离可按本表增加5m。
② 设自动喷水灭火系统的建筑物，其最大疏散距离可按本表规定增加25%。
③ 表内括号内数值适用于非封闭楼梯间。

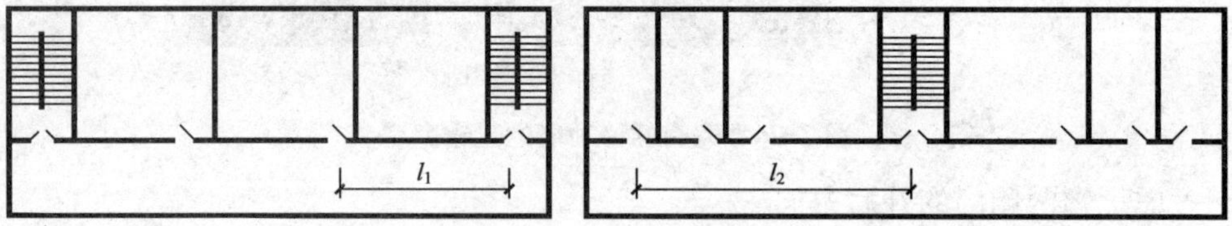

图2.28 走道长度的控制

2.4.2 楼梯设计

1. 楼梯的形式

楼梯是垂直交通最常用的手段，位于各层过厅、门厅等交通枢纽或者靠近枢纽的地方。楼梯按照梯段与休息平台的不同组成方式而有各种不同的形式，如图8.3所示。

2. 楼梯的尺寸

楼梯各方面尺寸，必须根据使用要求、通行能力，安全和防火规定来确定。具体参见8.3节。

3. 楼梯的位置和数量

楼梯的位置与防火疏散、出入口位置、建筑物平面关系和艺术要求有关。楼梯按使用性质可分为主要楼梯、辅助楼梯和疏散楼梯。主要楼梯一般布置在靠近主入口的位置或者建筑门厅内比较明显的位置；辅助楼梯布置在建筑的次要出入口或建筑的局部转折处，供较小的人流使用；疏散楼梯供紧急情况下消防救灾或安全疏散使用。由于楼梯间不是人们经常停留的地方，因此，它的位置通常安排在建筑物朝向较差的地方或转角处，以便利用黑房间等不利位置，如图2.29所示。

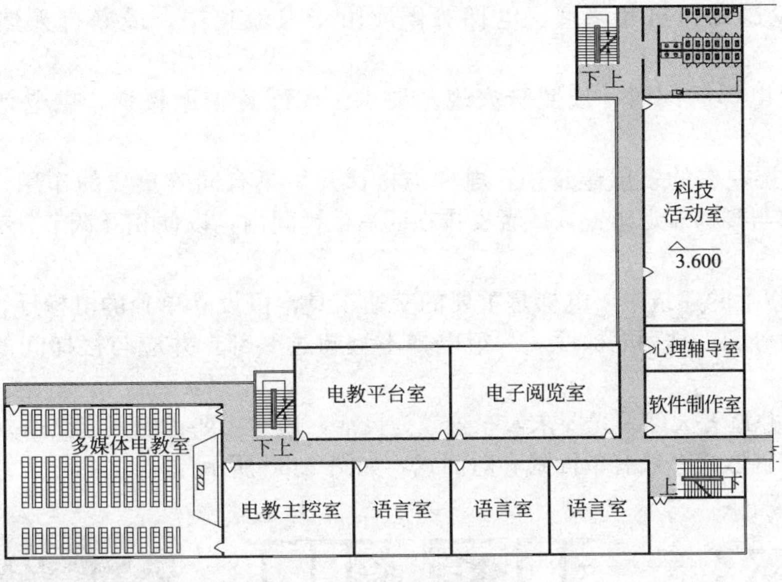

图2.29 楼梯的位置

楼梯的数量应根据使用人数及防火规范要求来确定，通常情况下，每一幢公共建筑至少应设置两部楼梯。对于使用人数少和除幼儿园、托儿所、医院以外的二、三层建筑符合要求时，也可以只设一个疏散楼梯，见表2-6。同时，必须满足关于走廊内房门至楼梯间最大距离的限制，见表2-5。

表2-6 设置一个疏散楼梯的条件

耐火等级	层数	每层最大建筑面积/m^2	人数
一、二级	二、三层	400	第二层和第三层人数之和不超过100人
三级	二、三层	200	第二层和第三层人数之和不超过50人
四级	二层	200	第二层人数不超过30人

此外，在建筑设计中，楼梯还往往成为建筑艺术重点处理的地方，需要用心考虑。

2.4.3 电梯、自动扶梯的设计

1. 电梯

随着城市多层及高层建筑的发展，电梯已成为不可缺少的垂直交通设施。高层建筑的垂直交通以电梯为主，其他有特殊功能要求的多层建筑，如大型宾馆、百货公司、医院等，除设置楼梯外，还需设置电梯，以解决垂直交通的需要。除此之外，层数为7层及7层以上住宅，或6层及6层以上办公建筑应设电梯。

电梯按其使用性质可分为乘客电梯、载货电梯、客货两用电梯及杂物电梯等几类。

确定电梯间的位置及布置方式时，应充分考虑以下几点要求。

(1) 电梯间应布置在人流集中的地方，如门厅、出入口等。电梯前面应有足够的等候面积，以免造成拥挤和堵塞。电梯等候厅由于人流集中，最好有天然采光及自然通风。

(2) 设置电梯的同时，按照防火规范要求，应配置辅助楼梯，供电梯发生故障时使用。

(3) 在8层左右的多层建筑中，电梯与楼梯几乎具有同等重要的作用。在这种情况下，可将电梯与楼梯靠近布置，或者安排在同一楼梯间内，以便相互调节，有利于安全疏散人流。

(4) 8层以上的建筑中，电梯是重要的交通工具，可设立单独的电梯厅，因为数目较多，可以成组分配、排列电梯厅，一组电梯不宜超过8部，并应与楼梯间的空间处理相适应。

(5) 电梯井道无天然采光要求，布置较为灵活，通常主要考虑人流交通方便、通畅。

电梯的布置形式一般有单面式和对面式，如图2.30所示。

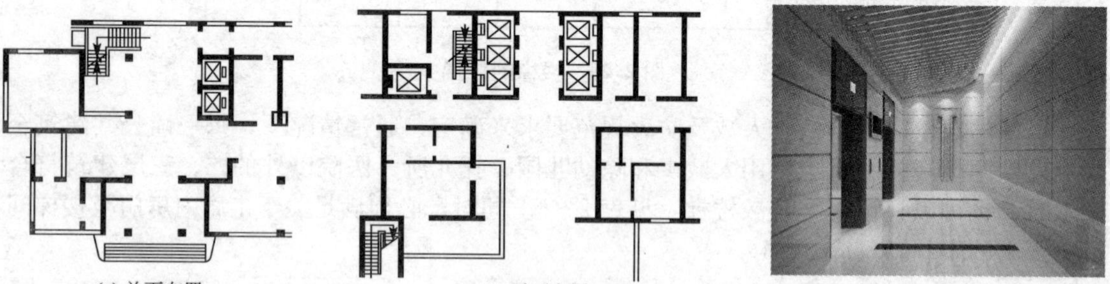

(a) 单面布置　(b) 对面布置　(c) 电梯间实例

图2.30　电梯间布置

2. 自动扶梯

自动扶梯是一种连续运输人流的活动楼梯，一般用于有连续不断人流的大型公共建筑，如车站、百货公司等，借以组织人流疏散问题。如图2.31所示，其宽度通常为600～1000mm，坡度常用30°。当运行的垂直方向升高速度为28～38m/min时，每小时运送人数约达到5000～6000人左右。

参考数据:

梯阶宽度: 1000mm左右

提升高度: $H \leqslant 8000$mm

运行速度: v=0.5m/s

每小时载客量: 8000人左右

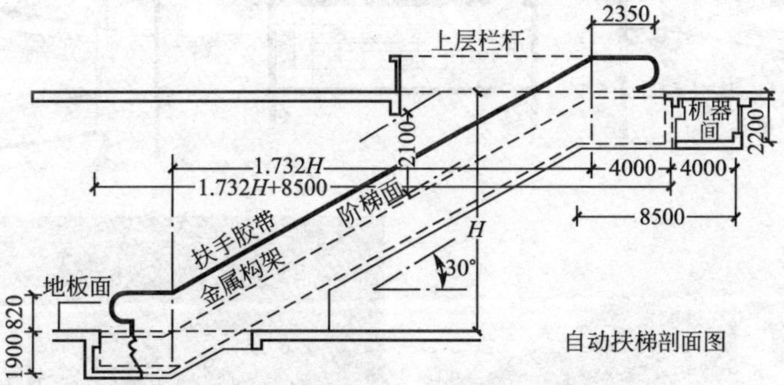

图 2.31　自动扶梯参考数据分析图

根据需要，自动扶梯在建筑中可以单独布置成上行的或下行的，也可以布置成上下行并列的，布置方式如图 2.32 所示，有单向布置、交叉布置、转向布置等几种。

2.4.4　坡道、台阶设计

坡道一般用于有大量人流出入的建筑物，如为儿童、残疾人、老人上下的建筑物，大型体育馆、火车站等的部分疏散通道可以用坡道来解决垂直交通联系。另外医院的病房楼有时也设有坡道，以方便病人手推车或担架车上下。

坡道的坡度一般为 8%～15%，在人流比较集中的部位常为 6%～12%。坡道的通行能力几乎与水平走道相同，但由于坡度小，因此所占的面积很大，出于经济上的考虑，为了减少它的占地面积，常采用对折形和螺旋形的坡道，如图 2.33 所示。此外，坡道表面要求作防滑处理。

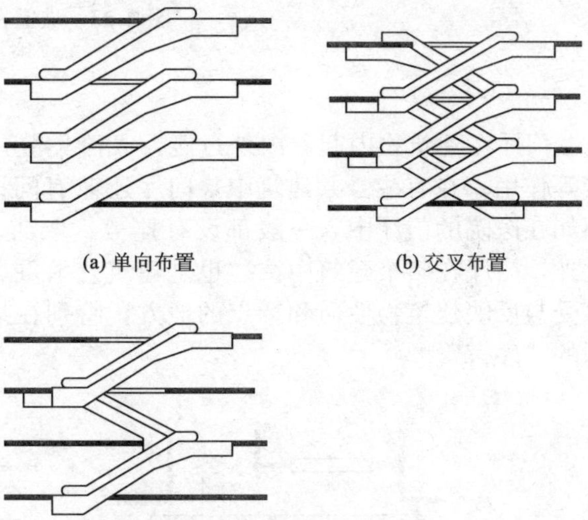

(a) 单向布置　(b) 交叉布置　(c) 转向布置

图 2.32　自动扶梯布置形式

一般民用建筑的出入口处，大多需要设置台阶，在有车辆通行及特殊的情况下，与坡道结合设置。

2.4.5　门厅、过厅设计

在公共建筑设计中，考虑到人流的疏散、方向的转换、空间的过渡以及与过道、楼梯等空间的衔接，需要安排门厅、过厅等形式的空间，以起到交通枢纽与空间过渡的作用。

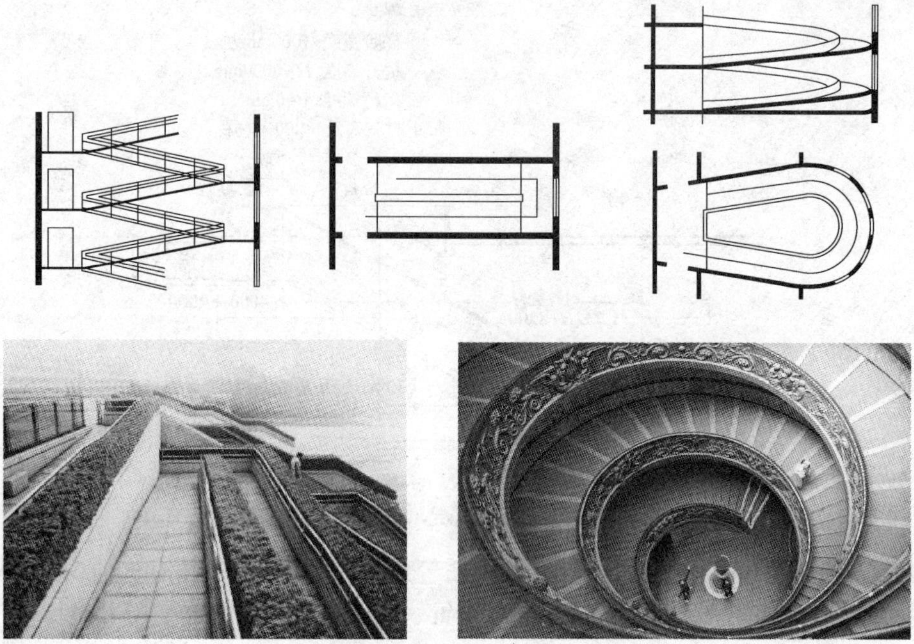

图 2.33　坡道布置方式

1. 门厅

门厅在建筑物内起着内外过渡，人流集散，转换方向，与走道、楼梯或其他房间连接等作用。在有些公共建筑中，门厅还兼有问讯、休息、陈列、小卖等功能(图 2.34)。例如在医院的门厅中，一般都设有挂号、取药、收费等内容，有时还作为候诊的地方。此外，门厅在整个建筑中往往也是建筑艺术重点处理的地方，是建筑物首先给人以艺术感受与反映建筑物性质和特点的地方，特别在某些公共建筑中，门厅常常被看做是建筑物的“序言”。

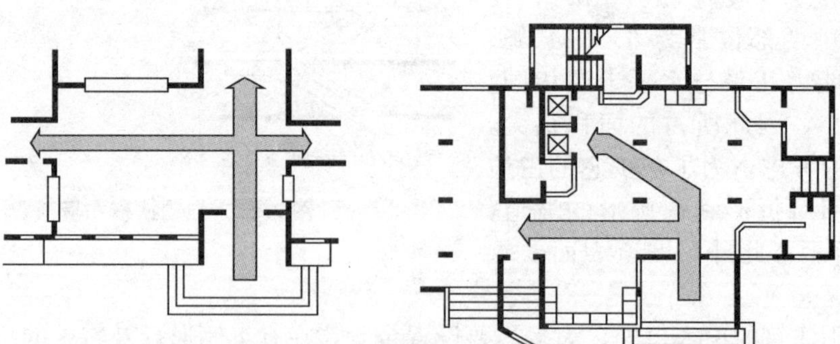

(a) 门诊所的门厅　　(b) 旅馆的门厅

图 2.34　兼有其他功能的门厅

门厅一般设置在建筑物主要出入口处。在较大的公共建筑中，一般可以设一个至几个门厅。有些建筑也可不设门厅，或只设简单的门斗。例如商店建筑，往往一进门就是营业厅。

门厅面积主要是由建筑物的使用性质和规模决定的，在具体设计时，除了考虑交通枢组作用外，还要参照其他的功能要求、经济条件以及美观等因素来确定。在实际工作中，不同建筑都有面积定额可供参考，例如中小学教学楼的门厅可按每人 0.06～0.08m^2 来计算；门诊楼的门厅考虑挂号、取药所要求的活动面积，一般以 10%～15%的门诊人次，每人以 0.8m^2 来计算等。

1）门厅布置的方式

从形式看，有对称式布置和不对称式布置两种。

（1）对称式门厅。其有明确的轴线，一般常将门廊、门厅和楼梯放在主要轴线上，走道放在次要轴线上，有时楼梯也可对称地布置在两边。对称式门厅一般比较庄重严肃，如图 2.35 所示。

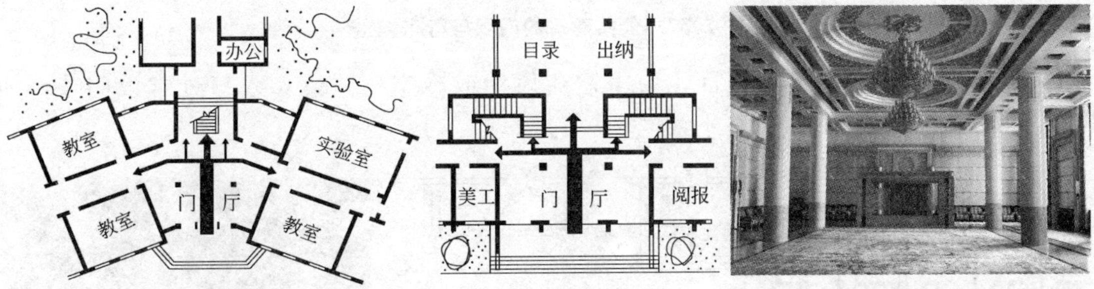

(a) 某中学教学楼门厅　(b)某图书馆门厅　(c)某图书馆门厅实景

图 2.35　对称式门厅

（2）不对称式门厅。其布置比较灵活，没有明显的轴线，楼梯可设在门厅的一旁，走道可以错开布置。不对称式门厅一般比较轻巧活泼，空间变化较多，功能组合比较自由，如图 2.36 所示。

(a) 某剧院门厅　(b) 门厅透视　(c) 某非对称式门厅实景

图 2.36　非对称式门厅

2）在设计门厅的各种各样布置形式时需注意以下几点

（1）必须把人流组织好，交通路线要简捷畅通，防止交叉拥挤。

（2）适当安排与分配休息、等候等其他功能要求的面积，防止堵塞交通。

（3）门厅应有较好的天然采光，并保证必要的层高。门厅采光，常常利用出入口处的玻璃门窗、楼梯间或走道窗户来解决。必要时可提高门厅高度，利用高窗来采光。提高门厅高度，要注意楼层地面标高的变化。

（4）门厅应注意防雨、防风、防寒等要求。为了入门前能遮雨，在平台上方要设置雨篷或门廊。有的建筑物，为了便于汽车开近门口，需设行车坡道，必要时，门廊或雨篷可以盖住停车位置，以便上下车时不受雨淋，如图 2.37 所示。

图 2.37　公共建筑的门廊与行车坡道

在多风沙或气候较冷的地区，为了避免风沙或冷空气进入，入口处常设门斗，如图 2.38 所示。

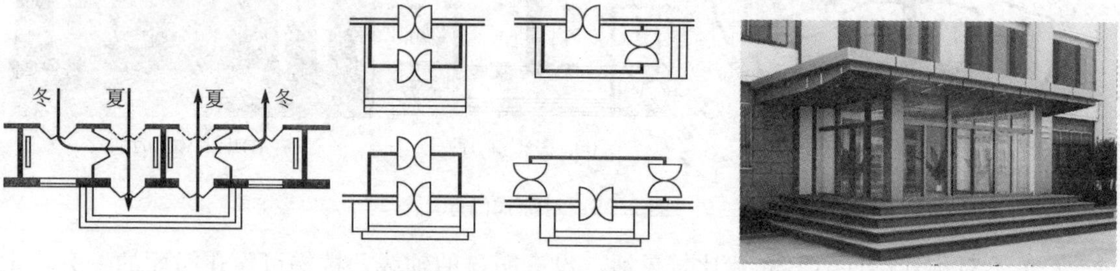

图 2.38　防沙门斗的形式

(5) 门厅(包括门廊、台阶、雨篷等)还应满足建筑空间艺术和立面美观的要求。

2. 过厅

除了门厅以外，建筑中还常常利用过厅来组织人流和处理空间与空间之间的关系，如图 2.39 所示。在下列地方，一般应设置过厅。

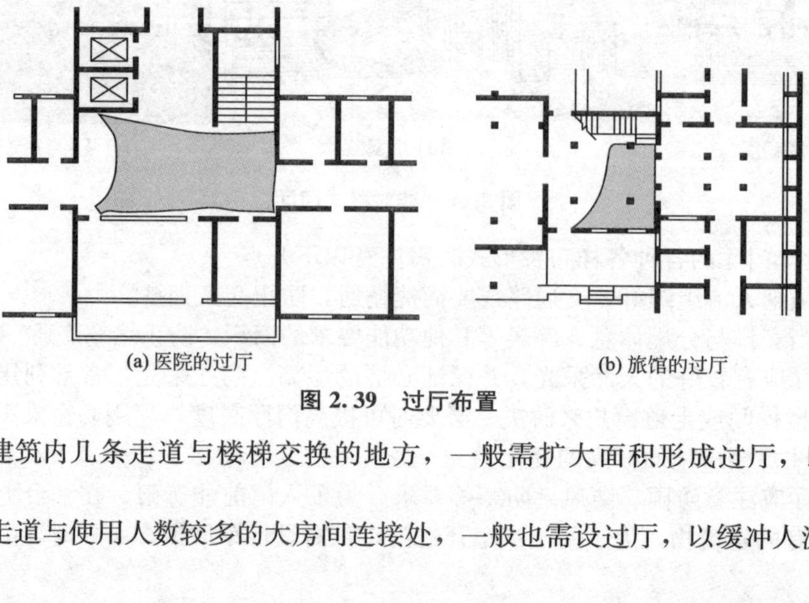

(a) 医院的过厅　　(b) 旅馆的过厅

图 2.39　过厅布置

(1) 在建筑内几条走道与楼梯交换的地方，一般需扩大面积形成过厅，以保证人流畅通。

(2) 在走道与使用人数较多的大房间连接处，一般也需设过厅，以缓冲人流。

（3）在几个大厅或大房间连接处，也可设过厅，以起到空间过渡的作用。

门厅主要是室外空间与室内空间的过渡空间，而过厅主要是室内各部分空间之间的过渡空间，在设计时，应注意空间与空间之间的关系、过渡、对比和顺序等问题。

2.5 建筑平面的组合设计

建筑空间组合设计就是根据建筑内部的功能要求和建筑外部的环境条件，把建筑各使用空间和交通联系部分加以适当地组织和安排，使其综合完善地解决建筑在总体和单体方面的功能、环境、结构、经济和美观等各方面问题。

建筑平面组合设计的内容主要如下。

（1）根据房屋的功能使用关系与自然环境、基地情况，合理地考虑房屋建筑在基地上的总体布置。

（2）恰当地安排房屋内部各部分空间的位置。

（3）组织各使用房间和房屋内外之间方便的交通联系，以及满足环境与卫生、防火与安全疏散等方面的功能要求等。

2.5.1 建筑平面的功能分析

在进行平面组合设计时，为了把握大的布局方向，使建筑平面布局简洁紧凑、功能合理、分区明确、联系方便和经济有效，必须先进行建筑物内部各使用空间功能关系的分析。

功能关系分析的方法通常用图解方法——功能分析图，即把建筑中各种不同性质的房间，用圆圈或方块来表示，它能够比较形象地展示出各个部分之间的联系、分隔、房间的使用顺序以及交通路线等。把性质相近，联系紧密，大小、形状接近的空间组合成不同的功能区，并按照水平方向、垂直方向组合。

1. 按照房间的主次关系进行功能分区

各种类型的建筑，内部组成的各房间有的是主要的，有的则比较次要。进行平面组合设计时，要根据各部分的主次关系，适当安排各部分的具体位置。一般说来，主要房间的位置应有较好的朝向，以取得较好的日照、采光和通风条件。在公共建筑中，主要部分一般使用人数较多，常布置在靠近主要人流通行的一边，或结合出入口位置布置在建筑物的主要轴线上，如图 2.40 所示。又如中学教学楼的教室、实

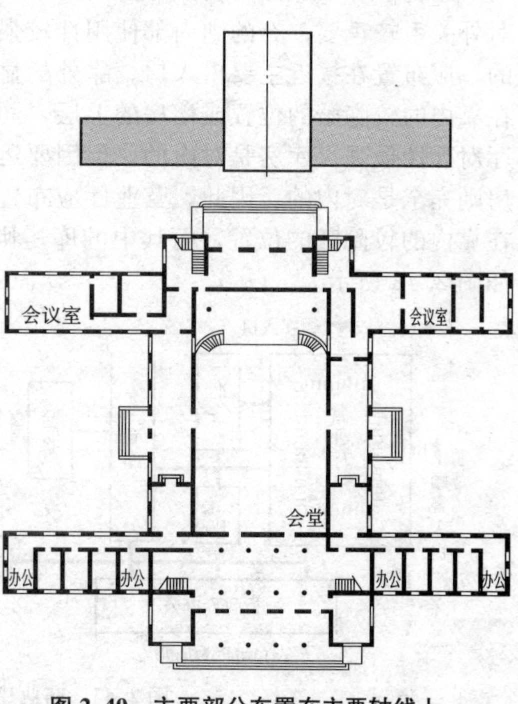

图 2.40 主要部分布置在主要轴线上

验室是主要教学使用房间，其余房间，如管理、办公、传达、厕所等房间，均属于次要房间或辅助房间。因此，在平面组合时，应将主要房间安排在朝向好的位置，以取得较好的日照。采光和通风条件，如图 2.41 所示。

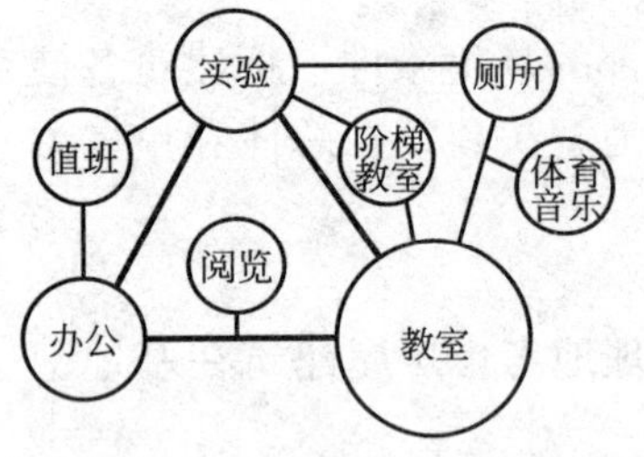

(a) 教学楼各房间的功能关系

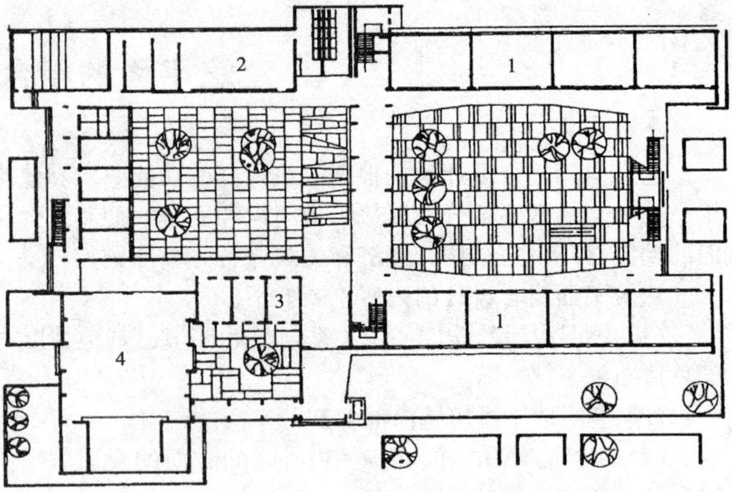

(b) 某庭院式中学教学楼底层平面

图 2.41 教学楼房间的主次关系

1—教室；2—实验室；3—办公室；4—礼堂兼风雨操场

2. 按照房间的内外关系进行功能分区

建筑中各个部分一般都有不同的“内”、“外”性质。有的部分公共使用性较强，或对外关系较重要；有的则内部使用性较强，或对内关系较重要。一般说来，对外性较强的，应布置在接近主要出入口、靠外的显著位置或楼房的底层。对内性较强的，应布置在靠内的较隐蔽的位置或楼房的上层，同时尽量避免人流穿越。如在商店建筑中，营业厅对外性最强，库房是对内的，但因要运进货物，又有一定的对外性，而办公、生活用房则完全是对内的。因此，营业厅应布置在靠近主要街道的显著地位，其他部分应布置在靠内的较隐蔽的位置，而其中的库房则应靠近次要出入口，对外应有较方便的联系，如图 2.42 所示。

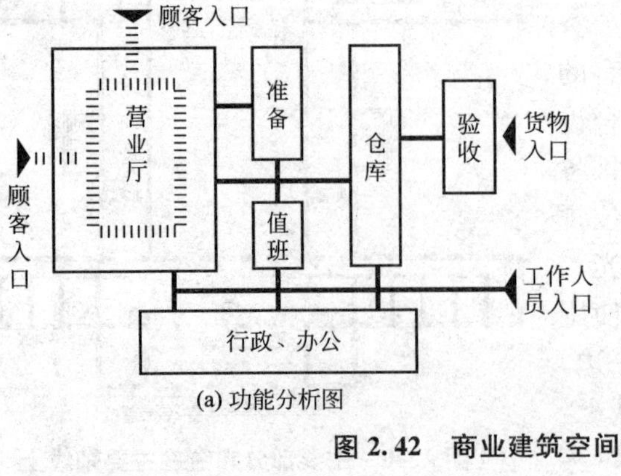

(a) 功能分析图

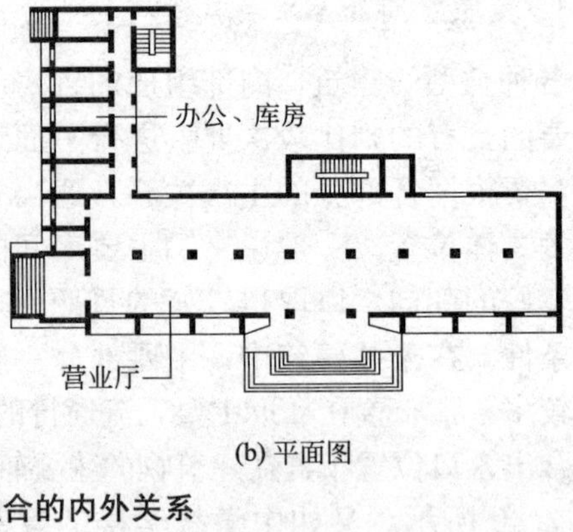

(b) 平面图

图 2.42 商业建筑空间组合的内外关系

又如住宅建筑，起居室对外性最强，卧室对内性最强，浴室、厨房、贮藏等辅助房间也是属于对内性的，但厕所有时要为来访的客人使用，因而具有一定的对外性质。厨房虽然是对内的，但它常常要与外部有方便的联系。因此，住宅的布置，起居室应接近主要出入口，卧室可通过走道或穿越起居室与外部相联系，或者布置在楼上，而厨房为避免对外联系穿越其他部分，也应靠近出入口，如图 2.43 所示。

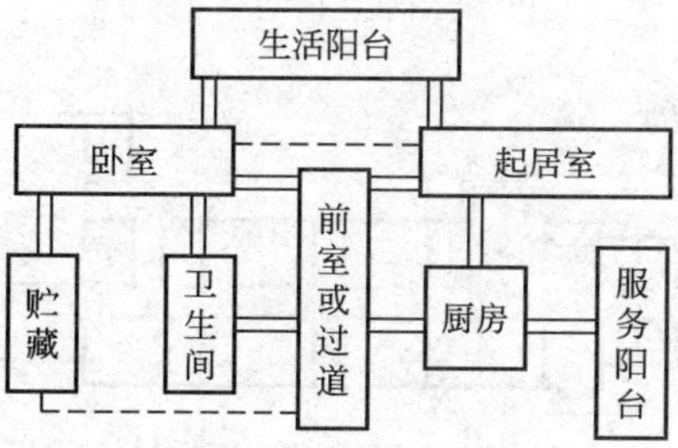

(a) 功能分析图

(b) 平面图

图 2.43 居住建筑空间组合的内外关系

3. 按照房间的分隔与联系关系进行功能分区

建筑内部各部分之间常常既有相互联系的关系，又有相互隔离的要求，而且，分隔与联系的关系，有时往往是同时存在的。例如，在住宅建筑中，起居室与厨房应有直接的联系，而起居室又希望与厨房离得远些，以避免气味和厨房内部活动对起居室的干扰，所以在进行空间组合设计时，应恰当地处理各种不同程度的分隔与联系的关系。在公共建筑中，因为房间一般都比较多，更要注意安排好各部分之间的关系。例如，在中小学教学楼中，常包括有普通教室，音乐、体育活动教室以及教学行政办公室等三个功能上有区别的部分，各个部分除了应有方便的相互联系外，声响较大的音乐、体育活动教室部分与要求安静的普通教室部分和办公部分在布置上应有适当的隔离，避免干扰，通常采用门厅、庭院来区分和联系这三个部分，或将声响较大的教室放在建筑物的尽端，用一些辅助房间与要求安静的部分隔离，也可以与主体建筑分开布置，用廊子来联系，如图 2.44 所示。

医院建筑中分隔与联系的要求更高。例如，传染病人与一般病人之间、成人与儿童之间、急诊与一般门诊之间等都有严格的隔离要求，以防止交叉感染，但它们之间又要有一定的联系。在平面布局上常常采用功能分区分组的方法，形成比较明确的、相对独立的几个部分，如图 2.45 所示。

4. 按照房间的使用顺序关系进行功能分区

建筑中有些部分要满足一定的使用顺序关系。例如：在车站建筑中，旅客从问讯、买票、托运行李、候车，最后通过月台上车就是一种使用顺序的联系关系，如图 2.46 所示。在进行这类建筑设计时，各部分的布局应符合使用顺序上的要求，而且顺序要简捷方便，

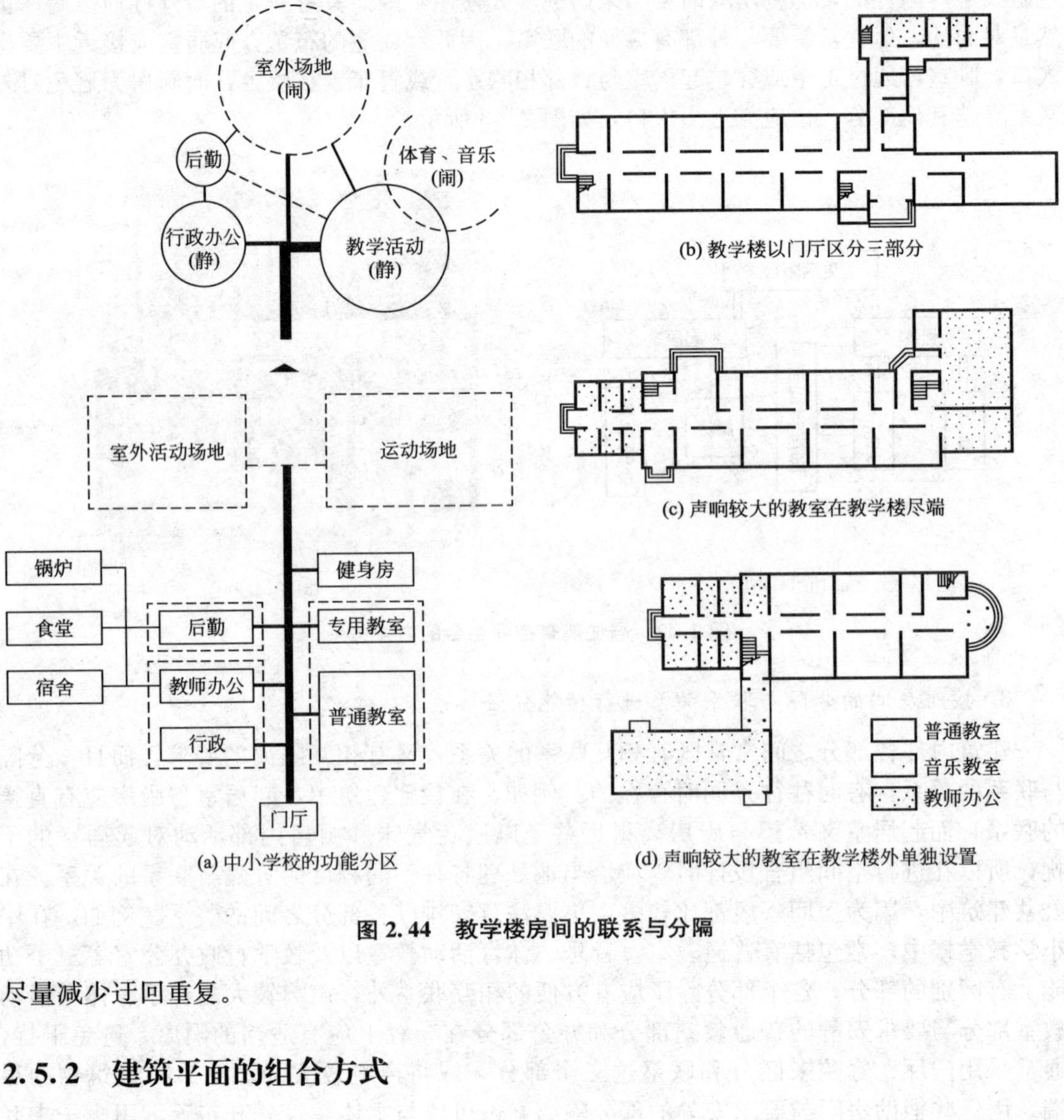

图 2.44　教学楼房间的联系与分隔

尽量减少迂回重复。

2.5.2　建筑平面的组合方式

根据建筑内部各部分使用房间的功能特点和交通联系的组织方式，建筑基本的平面组合形式有以下几种。

1. 走廊式组合

走廊式的组合形式是以走廊来组织各个房间的相互交通联系和内外交通联系，房间直接开门通向走廊，各个房间基本上不受交通路线的穿越，能较好地满足各个房间单独使用要求，如学校教学楼、办公楼、门诊所以及集体宿舍等。

走廊式组合形式如图 2.47 所示，通常有两侧布置房间的中间走廊式(或称内廊式)和一侧布置房间的单面走廊式(或称外廊式)两种。而在有些诸如实验、医疗等建筑中，由于设备发展和改善室内温湿度等环境的需要，也有采用内双走廊的平面组合方式的，如图 2.48 所

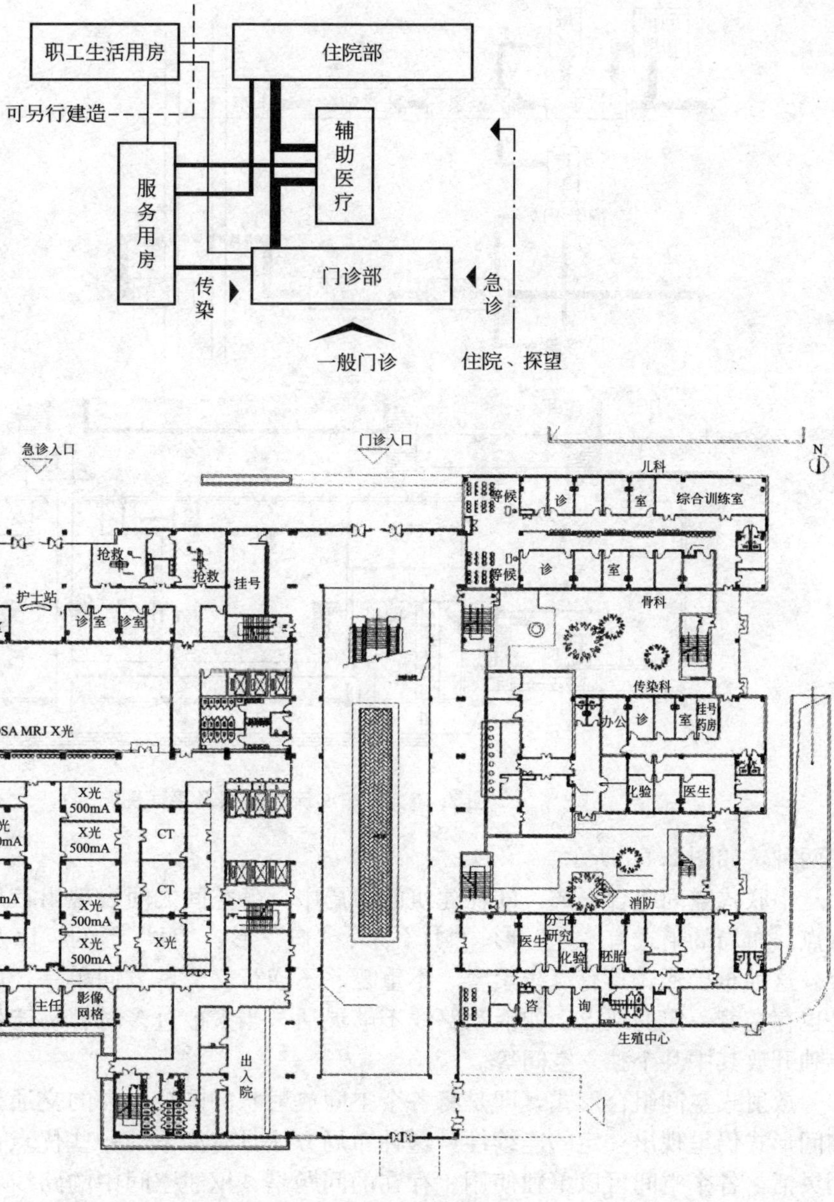

图 2.45 医院建筑空间组合的联系与分隔

示。在气候炎热地区，为了遮阳通风等需要，也可采用外双走廊平面组合方式，如图 2.49 所示。

2. 套间式组合

套间式组合形式的特点是各个房间通过门洞直接联系而形成相互贯通的平面布置。房间之间的联系最为简捷，而且交通面积与房间的使用面积结合起来，在面积利用上比较经济。这种组合方式常见于房间使用顺序性较强，人流连续活动的公共建筑，如商店、车站、浴室、展览馆等建筑物中。套间式组合按照其空间序列的不同又可分为串联式和放射

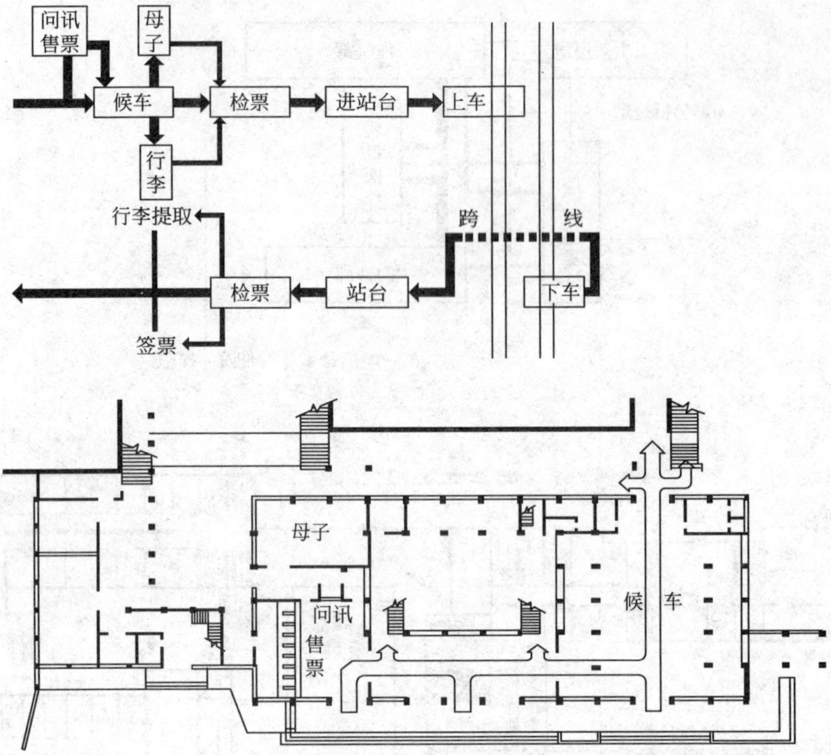

图 2.46　火车站流线关系及平面图

式两种，如图 2.50 所示。

串联式空间组合形式，即在建筑的布局中，各空间之间表现出首尾衔接、相互套穿的特点，布局的形式有“一”形、“II”形、“口”形、“日”形的，以及其他形式的空间组合。这种布局形式具有流线紧凑、不重复、不逆行交叉，方向单一，简捷明确等优点；但是也存在着一定的缺点，如活动路线不够灵活，当人数过多时容易产生拥挤现象，不利于单独开放其中某个独立空间等。

放射式空间组合形式，即是将各个空间放射状的围绕中央的交通枢纽进行组合，然而空间形式仍呈现出一定的连续性，这种布局方法具有如下的一些优点：流线简捷紧凑，使用灵活，各个空间可以单独使用。存在的问题是，枢纽空间中的路线不够明确，容易造成迂回交叉的问题。

3. 大厅式组合

大厅式组合形式的建筑物，一般有一个使用人数较多的公共活动大厅，其他辅助房间布置在大厅的周围，并要求它们之间有密切联系，使之构成完整的空间整体，如电影院、剧院，体育馆等就属于这种组合形式的建筑物，如图 2.51 所示。

4. 多组单元式组合

在有些建筑物中，若干房间组合成一组，每组又通过一个对外出入口与走道或楼梯间或交通厅联系，也可由一组或几组形成若干独立的单元，再通过厅、廊或其他过渡空间组

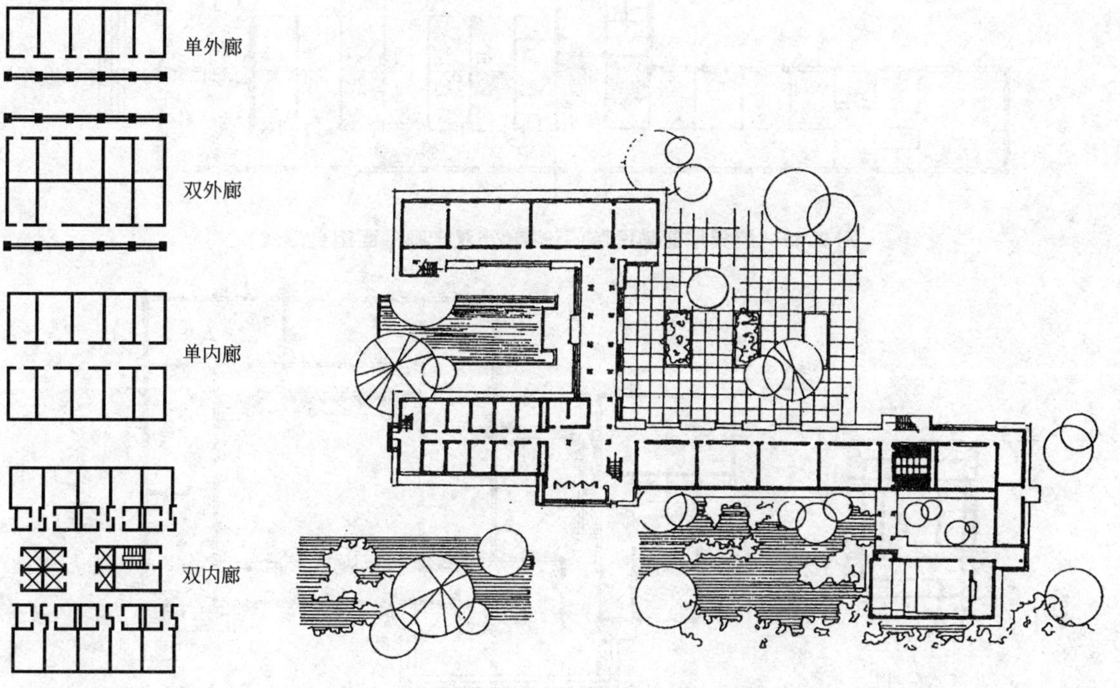

(a) 布置形式　　(b) 某中学教学楼平面

图 2.47　走廊式平面组合

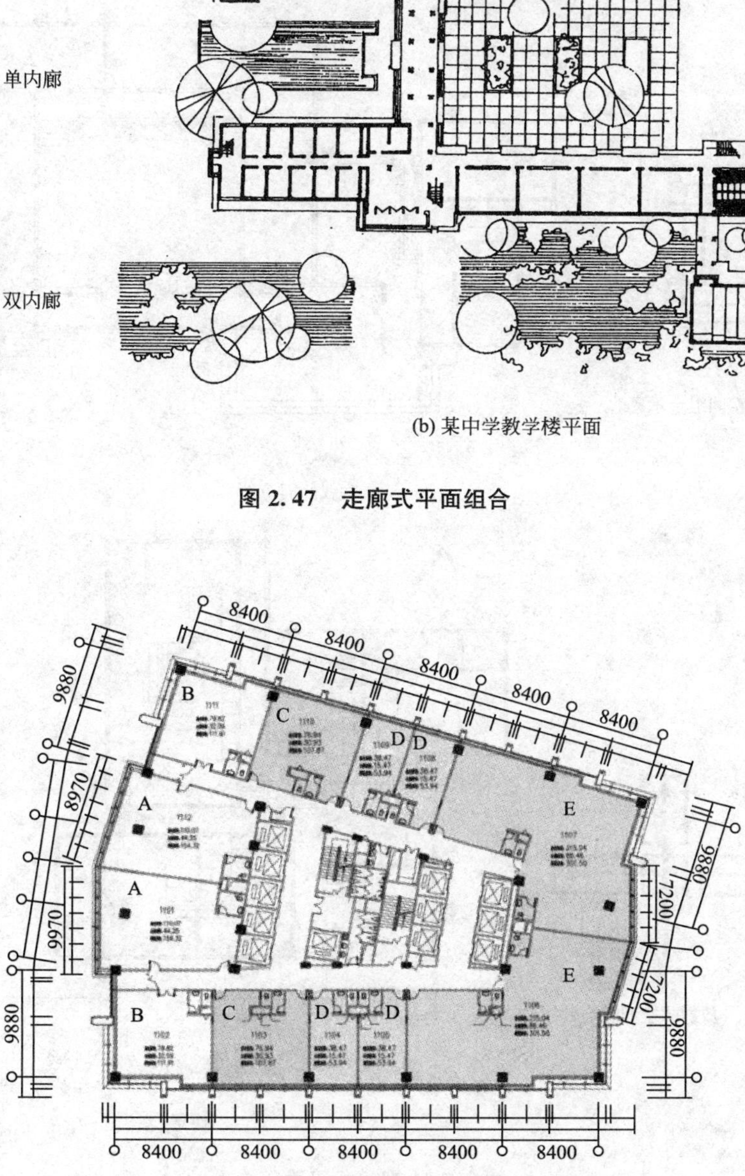

图 2.48　内双走廊平面组合形式

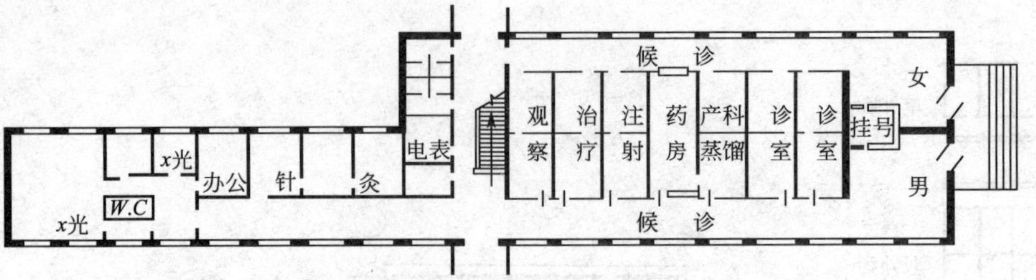

图 2.49　坦桑尼亚某医院门诊楼(外双走廊平面组合形式)

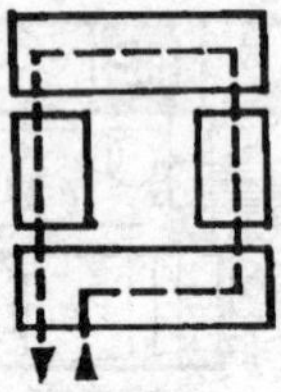

串联式空间组合示意

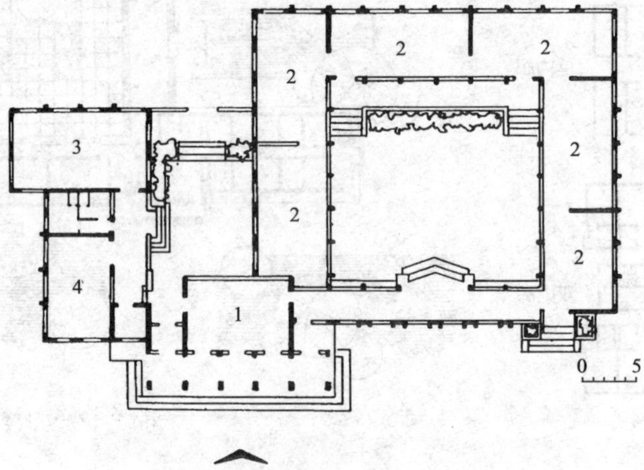

(a) 串联式的展览馆

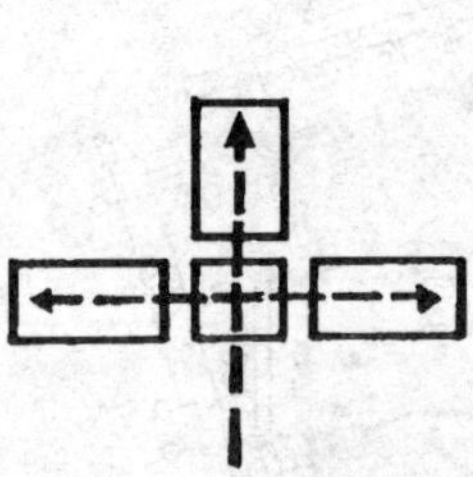

放射式空间组合示意

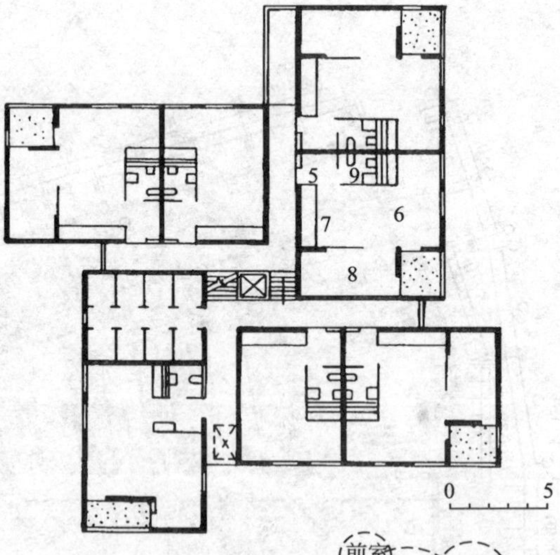

(b) 住宅单元的放射式套间布置

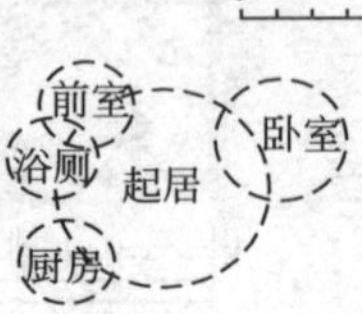

图 2.50　套间式平面组合

1—门厅；2—展览室；3—大接待室；4—小接待室；

5—前室；6—起居室；7—厨房；8—卧室；9—浴厕

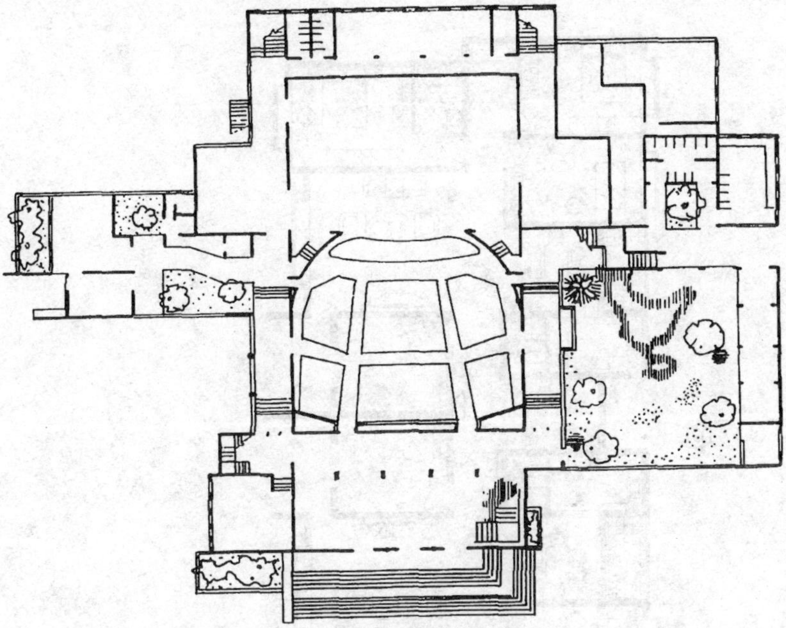

(a) 剧院平面组合

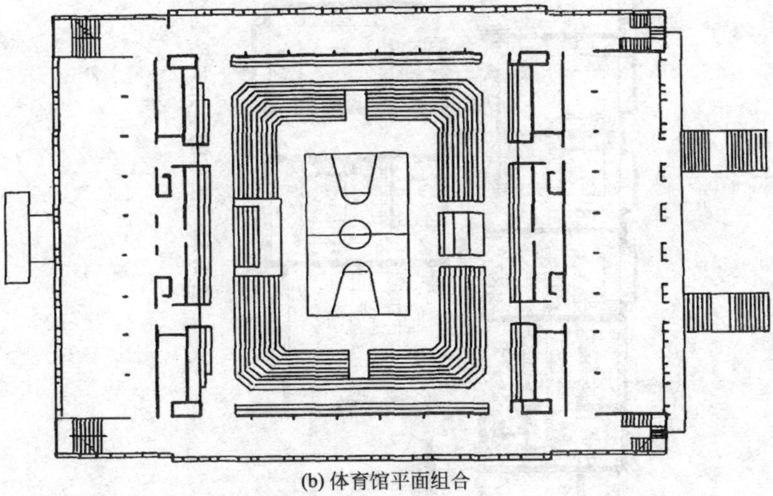

(b) 体育馆平面组合

图 2.51 大厅式平面组合

合在一起，如图 2.52 所示。这种组合方式的特点是能提高建筑标准化，节省设计工作量，简化施工；功能分区明确，空间布置紧凑，单元与单元之间相对保持独立，互不干扰；布置灵活，能适应不同的地形，形成多种不同组合形式。

5. 混合式组合

在有些功能使用比较复杂的建筑物中，可能同时具有上述几种组合形式。这种混合式的组合形式常见于一些规模较大的公共建筑中，如图 2.53 所示为深圳国际贸易中心 2～4 层平面布置，它包括有商场、餐厅、写字间等部分，就形成了这种混合式的组合形式。

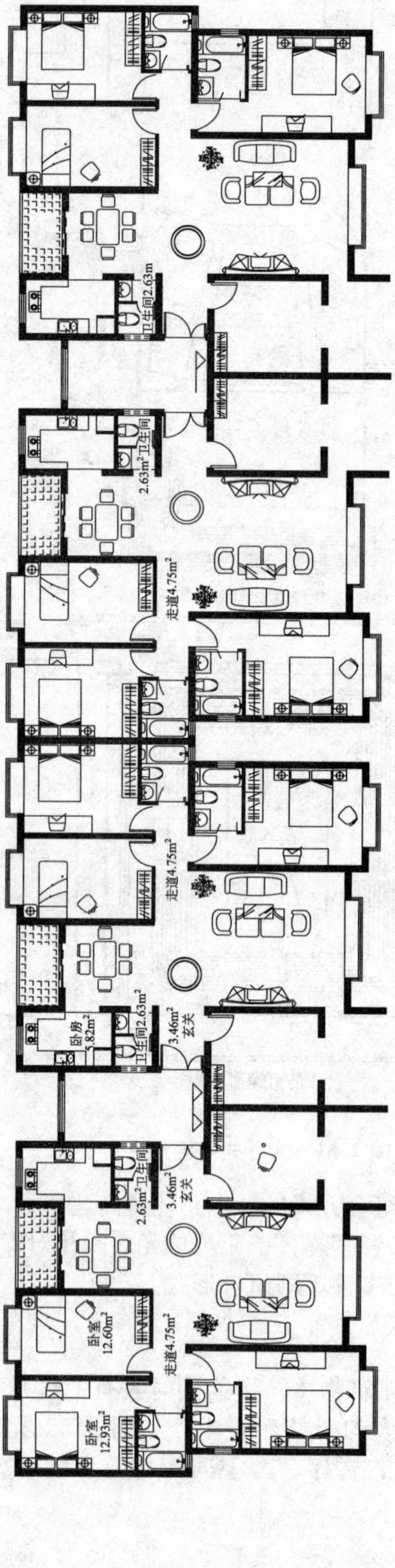

图 2.52 住宅的单元式平面组合

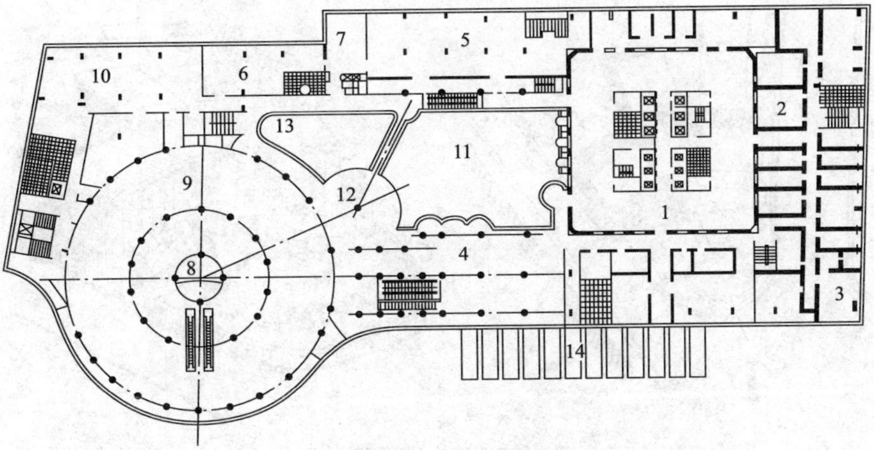

图 2.53 深圳国际贸易中心 2～4 层平面布置图

1—标准层平面；2—写字间；3—电话总机房；4—商场咖啡厅；
5—餐厅；6—厨房；7—备餐；8—机房；9—商场；10—库房；
11—中庭上空；12—圆形挑台、天桥；13—叠落瀑布；14—雨篷

2.5.3 建筑平面组合的影响因素

1. 基地环境对平面组合的影响

每幢建筑总是处于一个特定的环境之中，这个环境直接影响到建筑平面组合。这里主要涉及地形、地貌、建筑物朝向和间距、气候环境等对建筑组合的影响。

1）地形、地貌的影响

（1）基地的大小和形状。建筑平面组合的方式与基地的大小和形状有着密切的关系。一般情况下，当场地规整平坦时，对于规模小、功能单一的建筑，常采用简单、规整的矩形平面；对于建筑功能复杂、规模较大的公共建筑，可根据功能要求，结合基地情况，采取合适的等组合形式，如图 2.54 所示；当场地平面不规则，或较狭窄时，则要根据使用性质，结合实际情况，充分考虑基地环境，采取不规则的平面布置方式。如图 2.55 所

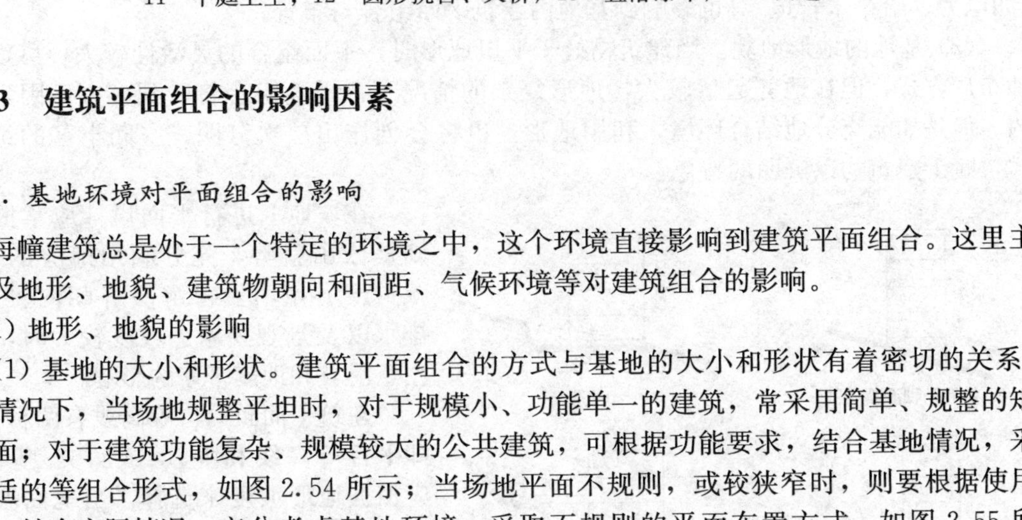

图 2.54 基地形状对建筑平面布局的影响

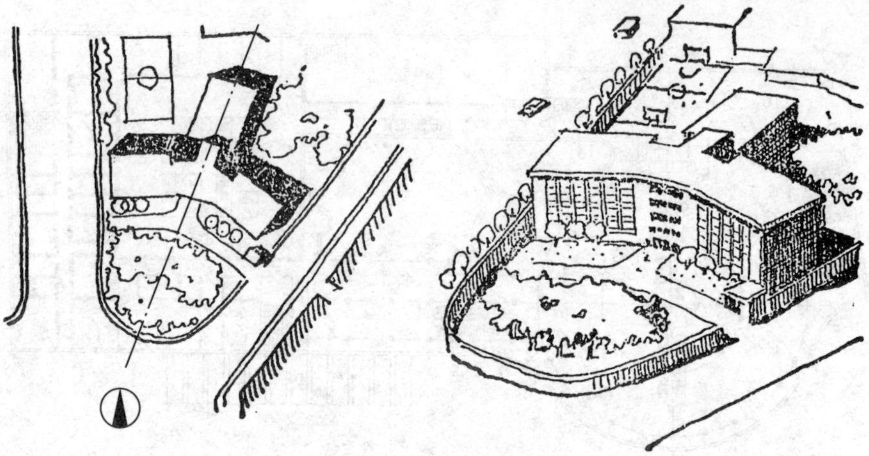

图 2.55　某中学平面布局

示为某中学平面布局，它位于道路交叉口弧形的三角形地段，教学楼采用Y形平面，既争取了好的朝向，又照顾了街景，起到了丰富室内外空间的作用。

另外，城市规划对建筑立面的需要，基地范围内需保留的古迹、树木和城市公共设施(如电力、给排水管道)等也影响到基地内建筑平面组合与布置。

(2) 基地的地形地貌。当建筑物处于平坦地形时，平面组合的灵活性较大，可以有多种布局方式，但在地势起伏较大，地形复杂的情况下，平面组合将受到多方面因素的制约。但是如能充分地结合环境，利用地形，也将会创作出层次分明、空间丰富的组合方式，赋予建筑物以鲜明的特色。

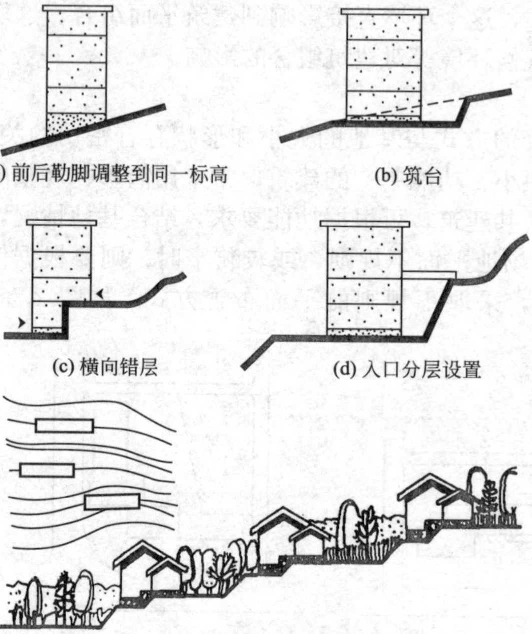

(a) 前后勒脚调整到同一标高　(b) 筑台

(c) 横向错层　(d) 入口分层设置

(e) 平行于等高线布置示意

图 2.56　建筑物平行于等高线的布置

在坡地上进行平面设计应掌握的原则是依山就势，充分利用地势的变化，减少土方量，妥善解决好朝向、道路、排水以及景观要求。坡度较大时，还应注意滑坡和地震带来的影响。

建筑平面布局与等高线有两种关系，即平行等高线和垂直(或斜交)等高线，应根据地形坡度来选择。当地面坡度小于25%时，房屋多平行于等高线布置，这种布置方式土方量少，造价经济。当基地坡度在10%左右时，可将房屋放在同一标高上，只需把基地稍作平整，或者把房屋前后勒脚调整到同一标高即可，如图2.56所示。当坡度大于25%时，此时宜将建筑物垂直于等高线布置，但是这种布置方式使房屋基础比较复杂，道路布置也有一定的困难。

除了上述两种基本形式外，为了争取良好的朝向和通风条件，综合其他因素，房屋还可与等高线成斜角布置，以弥补其他方面的不足，如图 2.57 所示。

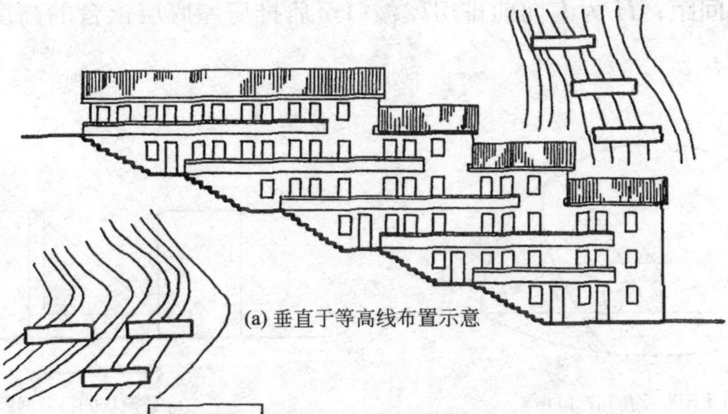

(a) 垂直于等高线布置示意

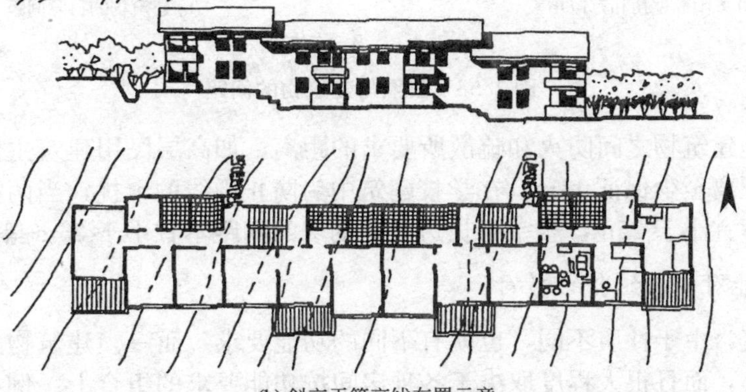

(b) 斜交于等高线布置示意

图 2.57 建筑物垂直或斜交于等高线的布置

2）建筑物朝向和间距的影响

(1) 朝向。影响建筑物朝向的因素主要有日照和风向。不同的季节，太阳的位置、高度都在发生有规律性的变化。太阳在天空中的位置，可以用高度角和方位角来确定，如图 2.58(a)所示。太阳高度角指太阳射到地球表面的光线与地面所成的夹角 α；方位角是太阳至地球表面的光线与南北轴之间的夹角 β。

在考虑日照对建筑组合平面的影响时，也不可忽视当地夏季和冬季的主导风向对房间朝向的影响。根据主导风向，调整建筑物的朝向，能改变室内气候条件，创造舒适的室内环境。如在住宅设计中合理地利用夏季主导风向是解决夏季通风降温的有效手段，这一点在我国南方地区尤其明显。在北方地区，公共建筑的北入口要考虑到冬季北风的侵入。

(2) 间距。影响建筑物之间间距的因素很多，如日照间距、防火间距、防视线干扰间距、隔声间距等。在民用建筑设计中，日照间距是确定房屋间距的主要依据，一般情况下，只要满足了日照间距，其他要求也就能得到满足。

日照间距是保证房间在规定时间内，能有一定日照时数的建筑物之间的距离。日照间距的计算一般以冬至日正午 12 时太阳光线能直接照到底层窗台为设计依据，如图 2.58(b)所示。

日照间距计算式为：

$$L=\frac{H}{\tan\alpha}$$

式中，L 为房屋间距；H 为南向前排房屋檐口至后排房屋底层窗台的高度；α 为冬至日正午的太阳高度角。

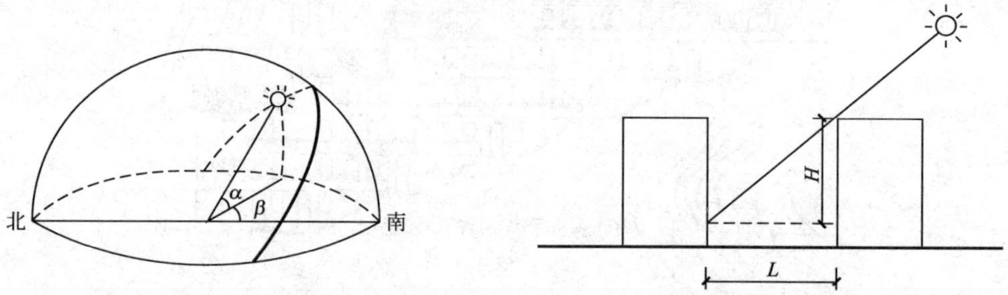

(a) 太阳高度角和方位角

(b) 建筑物的日照间距

α—高度角；β—方位角

图 2.58　日照与建筑物的间距

防火间距是建筑物之间防火和疏散所要求的距离，如高层民用建筑主体部分与其他民用建筑之间的距离至少保证 11m。在学校建筑中为防止视线的干扰，当两排教室的长边相对时，其间距不宜小于 25m，教室的长边与运动场的间距不宜小于 25m 等。

2. 使用功能对平面组合的影响

不同的建筑，由于性质不同，也就有不同的功能要求。而一幢建筑物的合理性不仅体现在单个房间上，而且很大程度取决于各种房间按功能要求的组合上。例如，教学楼设计中，虽然教室、办公室本身的大小、形状、门窗布置均满足使用要求，但它们之间的相互关系及走道、门厅、楼梯的布置不合理，就会造成不同程度的干扰、人流交叉和使用不便。因此，可以说使用功能是平面组合设计的核心。

3. 结构选型对平面组合的影响

进行建筑平面组合设计时，要认真考虑和重视结构对建筑组合的影响。它包括结构的可行性、经济性、安全性和结构形式带来的空间效果等。

目前，民用建筑常用的结构类型有砖混结构、框架结构、剪力墙结构、筒体结构、空间结构等。

4. 设备管线对平面组合的影响

民用建筑内设备管线主要是指给水排水、采暖、空调、煤气、电器、通信、电视等管线。平面组合时应将这些设备管线布置在房间合适的位置，并要求设备管线尽量相对集中，上下对齐，如住宅中的厨房、卫生间尽量毗邻以节约管道。对设备管线较多的房间应设置设备管道井，将垂直方向的管线布置在管道井内，它具有管道简捷集中、施工管理方便的特点。如图 2.59 所示是旅馆卫生间中的管道井布置。

5. 建筑造型对平面组合的影响

平面组合设计和立面及造型设计是建筑设计不可分割的整体，平面组合时房间之间的关系必然要反映到建筑形体上来，同时不同建筑的外部性格特征又会反过来影响到平面布

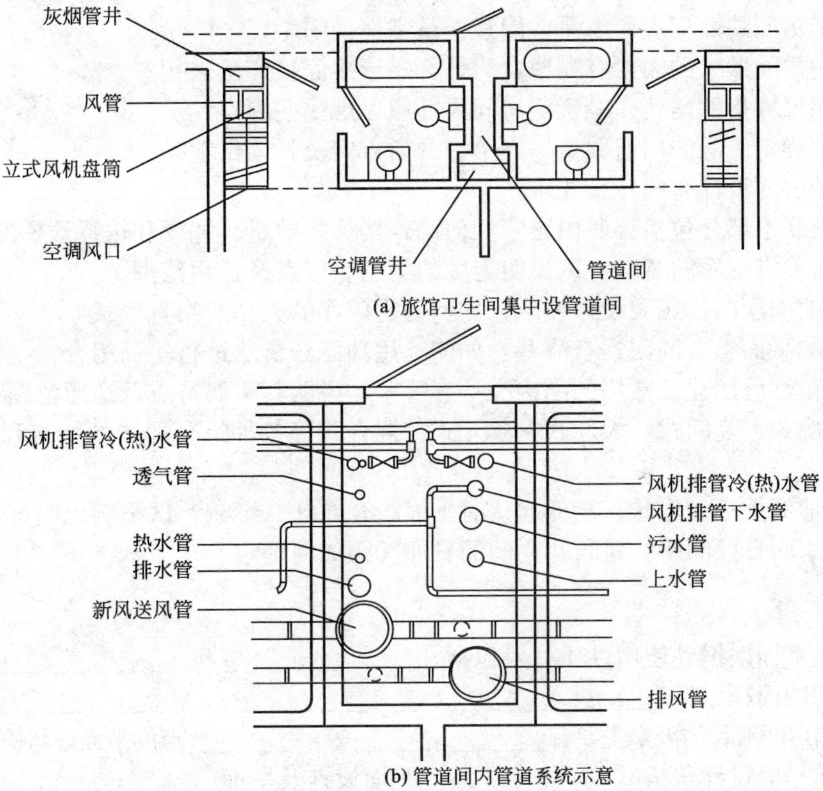

(a) 旅馆卫生间集中设管道间

(b) 管道间内管道系统示意

图 2.59 旅馆卫生间布置

局及平面形状。因此，在进行平面组合设计时不可忽视对建筑立面和造型效果的影响，为进一步进行体型和立面设计打下基础。建筑体型与立面设计详见第 4 章。

本章小结

本章主要讲述建筑平面设计中主要使用房间、辅助使用房间及交通联系空间三大部分的设计内容和要求，并讲述了在此基础上建筑单体进行平面组合时的影响因素以及常用的组合设计的方式。

本章的重点是主要使用房间的设计，辅助房间厨房和厕所的设计，走道和楼梯的设计，平面组合设计的影响因素及平面组合设计的方式。

习　题

一、简答题

1. 平面设计包含哪些基本内容？

2. 民用建筑由哪几部分房间组成？各部分房间的主要作用和要求有哪些？
3. 确定房间的面积应考虑哪些因素？试举例说明。
4. 影响房间形状的因素有哪些？为什么矩形平面被广泛采用？
5. 房间尺寸指的是什么？确定房间尺寸应考虑哪些因素？
6. 如何确定房间的门窗数量、大小、开启方向及具体位置？
7. 辅助房间设计有些什么要求？
8. 交通联系部分包括哪些内容？如何确定楼梯的数量、宽度和选择楼梯的形式？
9. 如何确定走廊的宽度？试说明走廊的类型、特点及适用范围。
10. 说明门厅的作用及设计要求，如何确定门厅的大小及布置形式？
11. 影响平面组合的因素有哪些？如何运用功能分析法进行平面组合？
12. 大量性民用建筑常用的结构类型有哪些？说明其主要特点及适用范围。
13. 走廊式、套间式、大厅式、单元式、混合式等各种组合形式的特点和适用范围是什么？
14. 基地的大小、形状、高低起伏对平面组合有什么影响？试举例说明。
15. 什么叫日照间距？建筑物之间的日照间距如何确定？

二、填空题

1. 建筑平面根据其使用性质一般包括________和________两部分。
2. 房间的面积包括________、________和________。
3. 影响房间形状的因素主要有________等，________形的平面形状被广泛采用。
4. 建筑平面设计包括________平面设计及平面的________设计。
5. 建筑中交通联系空间主要有________、________和________三类，分别如________、________和________。
6. “袋形走道”是指________。
7. 门厅是在建筑物的主要出入口起________、________作用的交通枢纽。
8. 建筑平面组合形式有________、________、________、________和________，办公建筑适合采用________组合形式。
9. 走道的宽度主要根据________、________、________和________等因素综合考虑。
10. 为了遮挡视线，在厕所的前部宜设置深度不小于1.5～2.0m的________。

三、选择题

1. 教室设计一般要求学生离黑板的最远距离不超过(　　)。
A. 6m　　B. 8m　　C. 8.5m　　D. 9.5m
2. 某学校建筑耐火等级为二级，位于两楼梯间之间的走道长度最大为(　　)。
A. 20m　　B. 22m　　C. 30m　　D. 35m
3. 一般房间主要的门宽度取(　　)。
A. 800mm　　B. 900mm　　C. 1200mm　　D. 1500mm
4. 体育馆建筑平面较适宜采用下列哪条所述的平面组合方式？(　　)
A. 走道式　　B. 大厅式　　C. 套间式　　D. 大空间灵活隔断

5. 展览馆建筑平面较适宜采用下列哪条所述的平面组合方式？(　　)

A. 走道式　　B. 大厅式

C. 套间式　　D. 大空间灵活隔断

6. 学校教学楼建筑平面较适宜采用下列哪条所述的平面组合方式？(　　)

A. 走道式　　B. 大厅式　　C. 套间式　　D. 大空间灵活隔断

7. 一、二级耐火等级建筑中，房间位于袋形走道两侧或尽端，其房间门到楼梯间的最大距离为(　　)。

A. 10～12m　　B. 30～35m　　C. 20～22m　　D. 60～70m

8. 影响窗洞口面积的主要因素是(　　)。

A. 房间的使用面积　　B. 房间的高度

C. 房间的进深　　D. 房间的形状

9. 走道宽度可根据人流股数并结合门的开启方向综合考虑，一般最小净宽取(　　)。

A. 550mm　　B. 900mm　　C. 1100mm　　D. 1200mm

10. 下列建筑物的交通部分被称为建筑的交通枢纽空间的是(　　)。

A. 走廊，过道　　B. 楼梯　　C. 电梯　　D. 门厅，过厅

四、绘图题

1. 对如图 2.60 所示的某建筑局部平面进行门窗布置。要求：(1)外墙采用 370mm，内墙采用 240mm，墙体画成双线，并开设门窗；(2)标注清楚门窗的位置尺寸和宽度(假设窗高为 2000mm)。

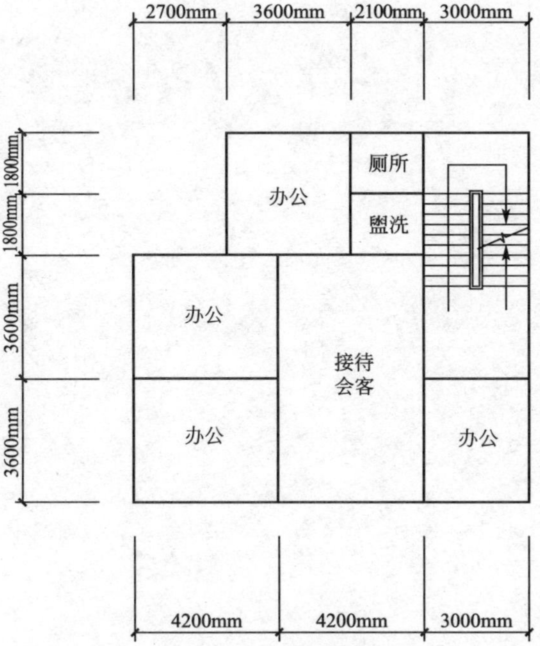

图 2.60　某建筑局部平面图

2. 确定如图 2.61 所示的教学楼建筑中的门厅及楼梯的理想位置(楼梯不能布置在走道中，需画出楼梯间的位置)。

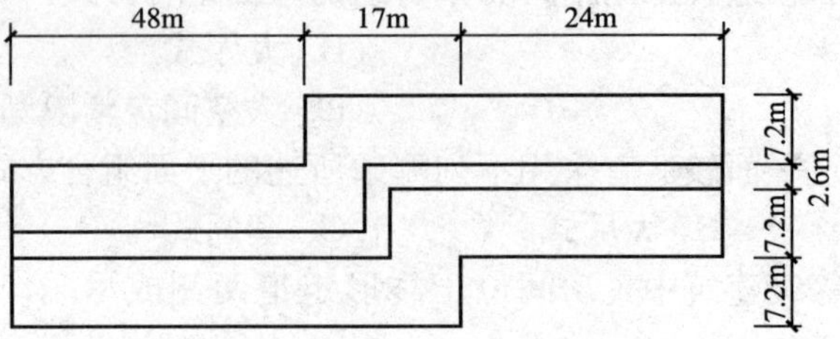

图 2.61　某教学楼建筑平面图

第3章 建筑剖面设计

教学目标

主要讲述建筑剖面设计的内容和基本方法。通过本章学习，应达到以下目标：

(1) 掌握建筑剖面形状和尺寸的合理确定；

(2) 掌握建筑各部分高度、层高的确定；

(3) 了解建筑层数的确定；

(4) 熟悉建筑空间的组合和利用。

教学要求

知识要点	能力要求	相关知识
房屋各部分高度和层数的确定	(1) 掌握房间的净高和层高的定义和区别 (2) 了解窗台高度和室内外高差的确定	(1) 房间的净高和层高 (2) 窗台高度、室内外高差的常用数值
建筑剖面形状的确定	(1) 掌握使用要求对剖面形状的影响 (2) 了解材料、结构、施工和采光、通风对剖面形状的影响	(1) 设计视点、音质要求和使用特点与剖面形状的关系 (2) 单侧采光和双侧采光与进深的关系
建筑空间组合和利用	(1) 了解不同高度的房间的组合形式 (2) 熟悉建筑空间的合理利用	(1) 不同高度房间的剖面组合 (2) 楼梯在剖面中的位置

基本概念

净高、层高、窗台高度、室内外高差、地坪升起、设计视点

引例

当我们坐在电影院或体育馆的观众厅内观看节目和比赛的时候，总是希望自己的位置能够得到良好的视线和声音效果，而如何让观众厅内的每个座位都能够视线无遮挡以及保证良好的视听质量？这就需要对建筑的剖面形状进行合理的分析和设计。

3.1 概　述

建筑物的各部分除了在水平方向有明确的组合关系外，在垂直方向也存在一定的组合关系，因此，在建筑设计的过程中，需要进行建筑剖面的研究，即通过在适当的部位将建筑物从上至下垂直剖切开来，令其内部结构得以暴露，得到剖切面的正投影图，就是剖面图，以便设计人员能够通过它对其高度方向的问题进行直观的研究，如图 3.1 所示。

图 3.1　某建筑的剖切图

建筑剖面设计主要分析建筑物各部分的高度、建筑层数、建筑空间的组合和利用，以及建筑剖面中的结构、构造关系等。它和房屋的使用、造价和节约用地等关系密切，也反映建筑标准的一个方面。其中一些问题需要平、剖面结合在一起研究，才能具体确定下来。

3.2 房屋各部分高度的确定

建筑剖面中，需要分别确定房屋层高，以及室内地坪、楼梯平台和房屋檐口等标高。

3.2.1　房间的层高和净高

层高是建筑物内某一层楼(地)面到其上一层楼面之间的垂直距离，包括该部分的使用高度、结构高度和有关设备所占用高度的总和。净高是指室内楼地面到吊顶或楼板底面之间的垂直距离，楼板或屋盖的下悬构件影响有效使用空间时，房间的净高应是室内楼地面到结构下缘之间的垂直距离，如图 3.2 所示。

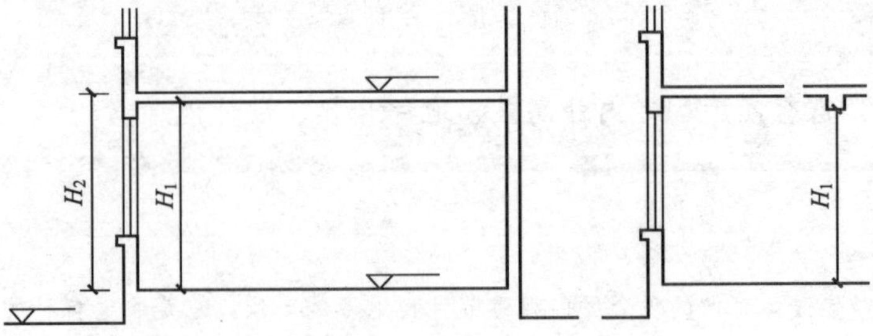

图 3.2　房间的层高(H_2)和净高(H_1)

1. 家具设备和人体活动需要的高度

房间净高应不低于 2.20m。生活用房间，如住宅的起居室、卧室等，室内人数少、房间面积小，从人体活动的尺度和家具布置等方面考虑，室内净高可以低一些，如图 3.3(a)所示；宿舍室内人数比住宅的居室稍多，又考虑到设置双层铺，因此房间所需的净高也比住宅的卧室稍高，如图 3.3(b)所示；学校的教室等学习用房，由于室内使用人数较多，房间面积更大，根据房间的使用性质和卫生要求，房间的净高也更高一些，如图 3.3(c)所示。

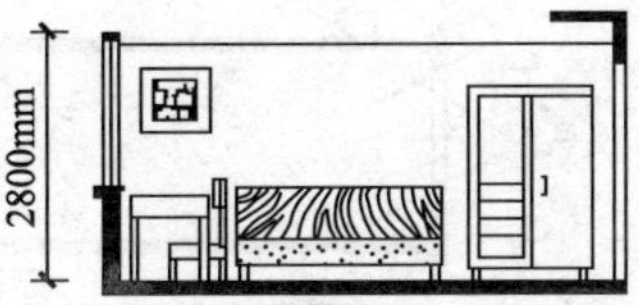

(a) 住宅的起居室、卧室

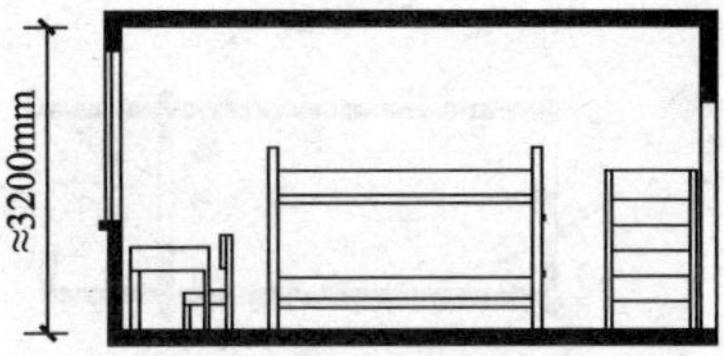

(b) 宿舍卧室

(c) 学校教室

图 3.3 房间的使用要求和净高的关系

此外，室内的家具设备配置对有些房间的净高有较大影响，设计时可根据家具设备的高度及人使用家具设备所需的活动尺寸来确定室内的使用高度。如医院的手术室，考虑手术台、无影灯高度及手术操作所需尺寸，室内净高一般为 3.0～3.2m；跳水馆比赛厅的净高应满足跳台高度及使用活动所需空间要求，如图 3.4 和图 3.5 所示。

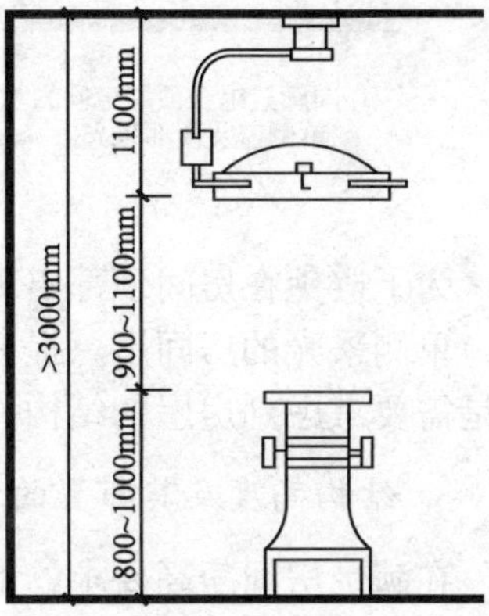

图 3.4 医院手术室净高要求

2. 采光、通风的要求

室内光线的强弱和照度是否均匀，除了和平面中窗户的宽度及位置有关外，还和窗户在剖面中的高低有关。房间里光线的照射深度，主要靠侧窗的高度来解决。进深越大，要求侧窗上沿的位置越高，即相应房间的净高也要高一些。学校教室的采光如图 3.6 所示。

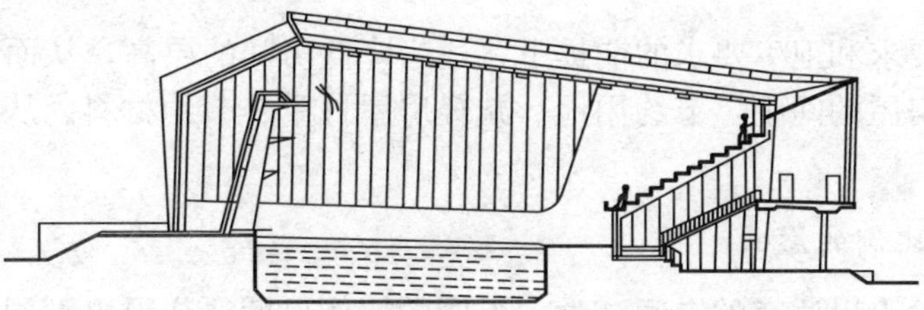
图 3.5 跳水馆高度要求

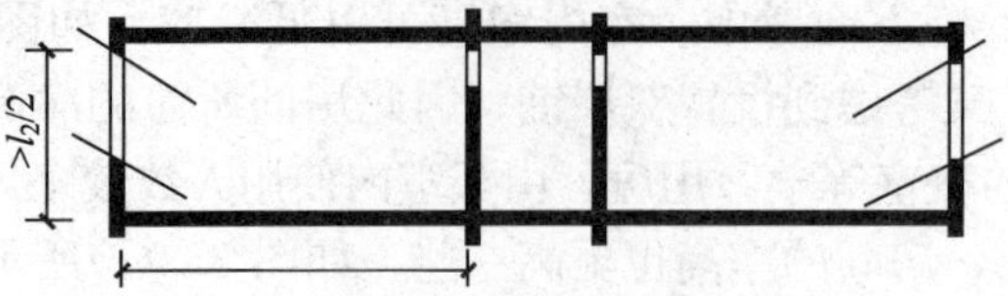

(a) 内廊式组合的单侧窗采光

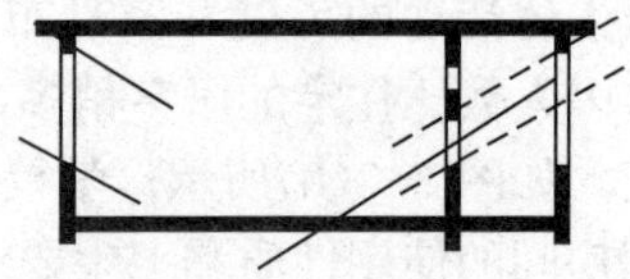

(b) 内廊式组合的单侧窗采光

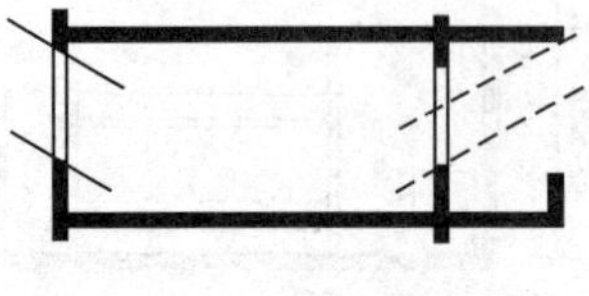

(c) 外廊式组合的双侧窗采光

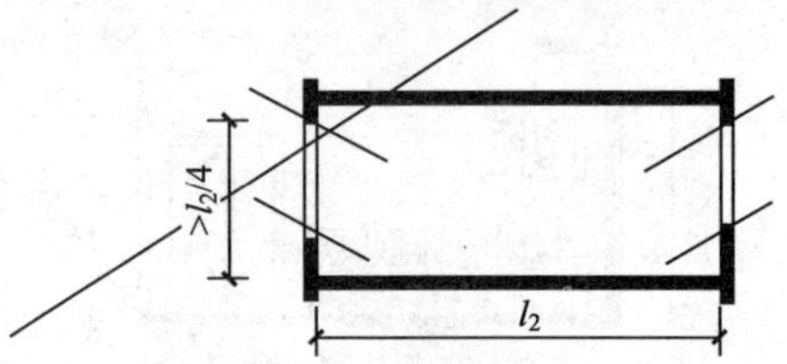

(d) 双侧窗采光

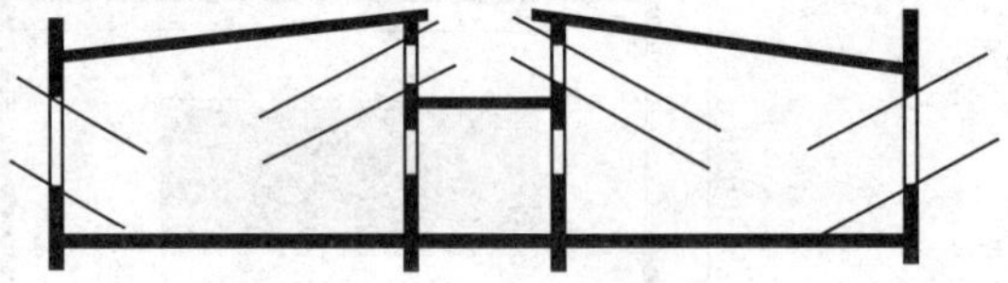

(e) 中廊式组合顶层房间的双侧窗采光

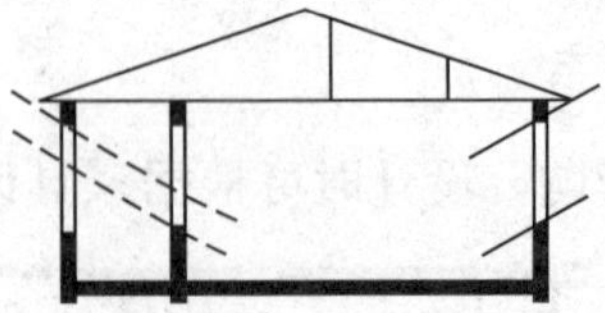

(f) 内廊式组合顶层房间的单侧窗及顶部采光

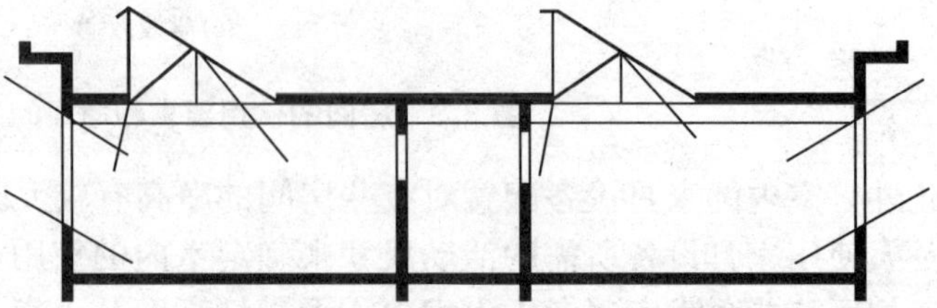

(g) 内廊式组合顶层房间的单侧窗及顶部采光

图 3.6　学校教室的采光方式

为了避免在房间顶部出现暗角，窗户上沿到房间顶棚底面的距离，应尽可能留得小一些，单侧采光的房间里，提高侧窗窗台、上沿高度，对改善室内照度的均匀性效果显著，但是需要考虑到房屋的结构、构造要求，即窗过梁或房屋圈梁等必要的尺寸。

3. 结构高度及其布置的影响

在满足房间净高要求的前提下，其层高尺寸随结构层的高度而变化。结构层愈高，则层高愈大；结构层高度小，则层高相应也小。如图 3.7 所示为梁板结构对高度的要求。

4. 节能要求

在满足使用要求和卫生要求的前提下，适当降低房间的层高，从而降低整幢房屋的高度，可相应减小房屋的间距，节约用地、减轻房屋自重、节约材料。从节约能源出发，层高也宜适当降低。

5. 室内空间比例的影响

房间比例应给人以适宜的空间感觉，不同的比例尺度往往得出不同的心理效果。例如宽而矮的空间给人压抑的感觉，高而窄的空间给人拘谨的感觉。

设计主管部门，常制订这些建筑主要使用房间的高度指标。例如：卧室层高常取 2.8～

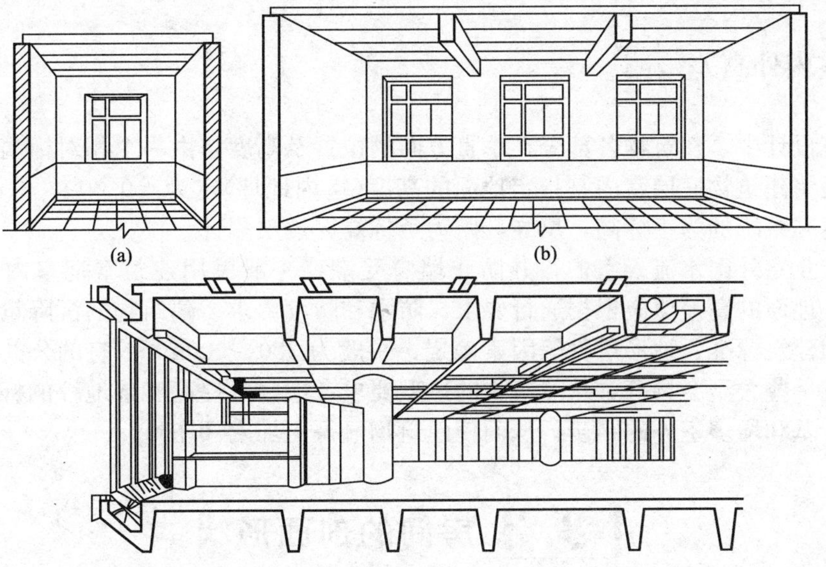

(a)　(b)　(c)

图 3.7　梁板结构对高度的要求

3.0m，净高不小于 2.4m，厨房、卫生间净高不小于 2.2m；教室净高取 3.1～3.4m；商店营业厅净高取 3.2～3.5m。

3.2.2　窗台的高度

窗台的高度主要根据室内的使用要求、人体尺度和家具或设备的高度来确定。一般民用建筑中生活、学习或工作用房窗台的高度常采用 900～1000mm，这样的尺寸和桌子的高度(约 800mm)、人坐时的视平线高度(约 1200mm)，相互的配合关系比较恰当，如图 3.8 所示。幼儿园建筑结合儿童尺度，活动室的窗台高度常采用 700mm 左右。对疗养建筑和风景区的一些建筑物，由于要求室内阳光充足或便于观赏室外景色，常降低窗台高度或做落地窗。一些展览建筑，由于室内利用墙面布置展品，常将窗台提高到 1800mm 以上，高窗的布置也对展品的采光有利，如图 3.9 所示。

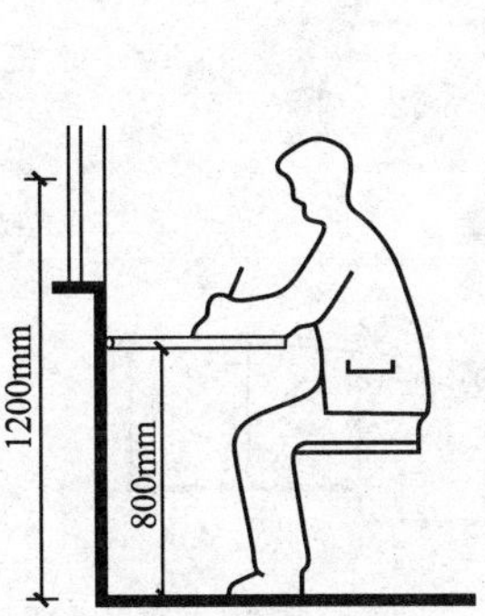

图 3.8　窗台高度和人体尺度、家具高度的关系

图 3.9　展览馆的高窗

3.2.3 室内外高差

在建筑设计中，建筑物各部分在垂直方向的位置及高度是由一个相对标高系统来表示的。一般是将建筑物底层室内某指定地面的高度(室内地坪)定为±0.000，单位是米(m)，高于这个标高系统的为正标高，反之，则为负标高，逐层累计。

为了防止室外雨水流入室内，并防止墙身受潮，一般民用建筑常把室内地坪适当提高。室内外地面的高差值应根据通行要求、防水和防潮要求、建筑物的沉降量、建筑物的使用性质和建筑标准、地形条件等因素确定，一般为300～600mm。有的公共建筑，如纪念性建筑或一些大型会场等，从建筑物的造型要求考虑，常提高底层地坪的标高，以增高房屋外的台基和增多室外的踏步，从而使建筑物显得更加宏伟庄重。

3.3 房间的剖面形状

房间剖面的设计，需要确定室内的房间剖面形状。房间剖面形状的确定主要考虑以下几方面。

3.3.1 使用要求

一些室内人数较多、面积较大具有视听等使用特点的房间，如学校的阶梯教室、电影院、剧院的观众厅、会场等，这些房间的剖面形状需要综合多方面的因素确定，例如仅以视线要求为例分析，为了在房间的剖面中保证有良好的视线，需要进行视线设计，使室内地坪按一定的坡度升起。地坪升起可用按比例绘制的图解方法求得。另外，对位排列，视线升高值为120mm，这种排列方式地面起坡较大，如图3.10所示；座位错位排列，每排座位升高60mm，这种排列地面起坡较小，如图3.11所示。

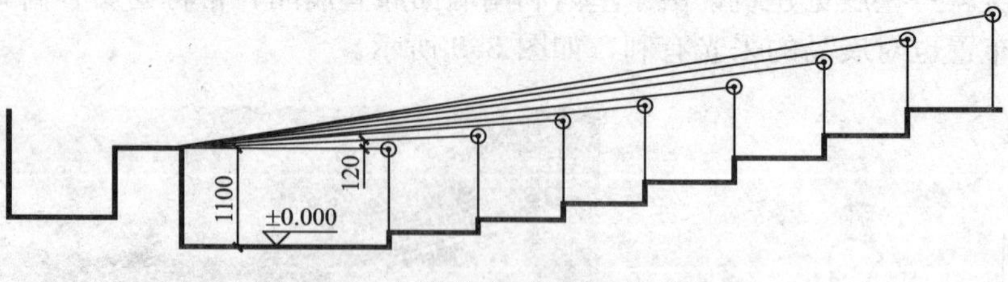

图3.10 中学教室对位排列起坡示意

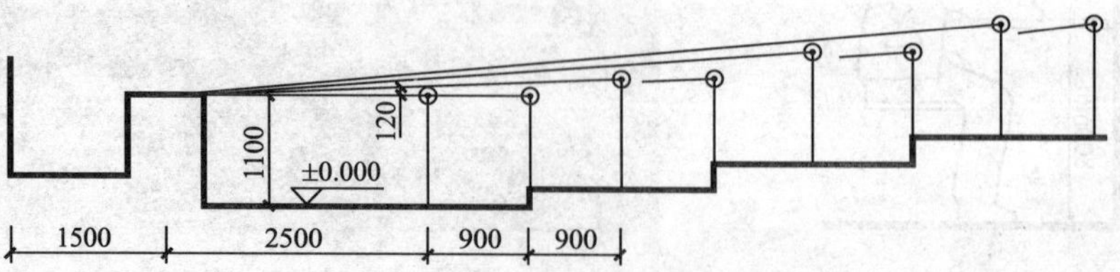

图3.11 中学教室错位排列起坡示意

观看对象的位置越低，即选定的设计视点越低，地坪坡度升起越高，如图 3.12 所示。

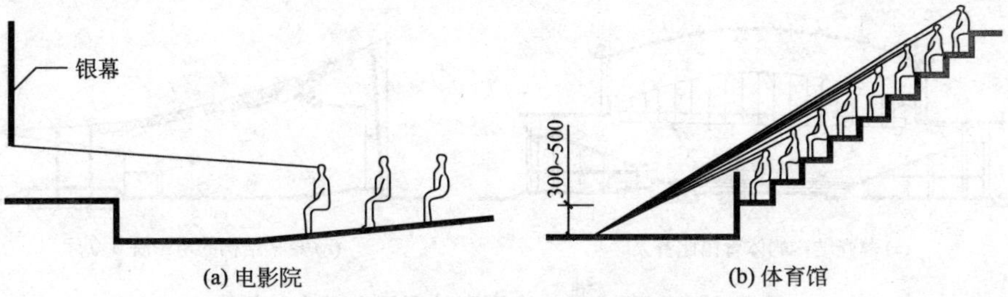

图 3.12　设计视点与起坡的关系

同时，房间中由于音质方面的要求，以及电影放映、体育活动等其他使用特点的考虑，也都对房间的高度、体积和剖面形状有一定的影响，如图 3.13 所示。

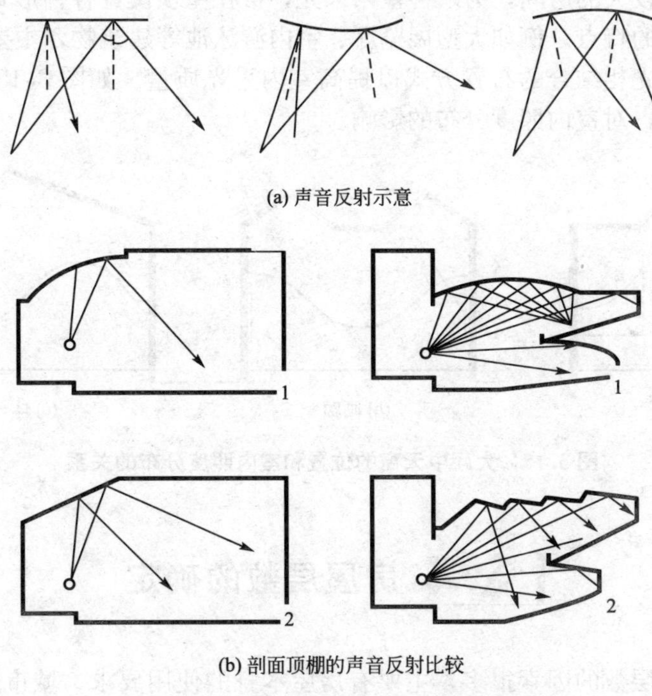

图 3.13　音质要求和剖面形状的关系

1—声音反射不均匀；2—声音反射均匀

3.3.2　材料、结构、施工的影响

在房间的剖面设计中，梁、板等结构构件的厚度以及空间结构的形状、高度对剖面设计都有一定影响。例如空间结构这种结构系统，它的高度和剖面形状是多种多样的。如图 3.14(a)所示为薄壳结构的体育馆比赛大厅，综合考虑了球类活动和观众看台所需要的

不同高度；如图 3.14(b)所示为悬索结构的电影观众厅，考虑了电影放映、银幕、楼座部分的不同高度要求。

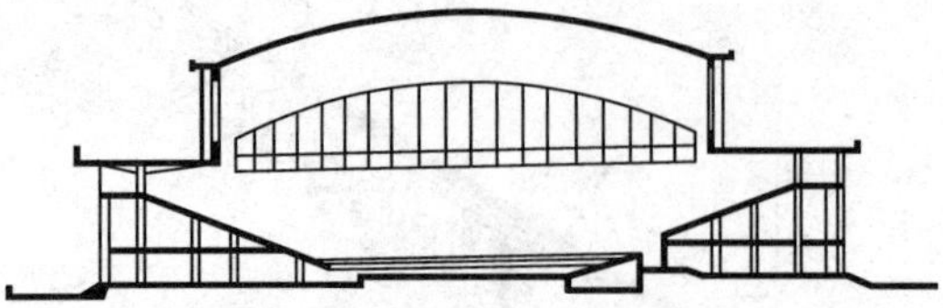

(a) 薄壳结构的体育馆比赛大厅

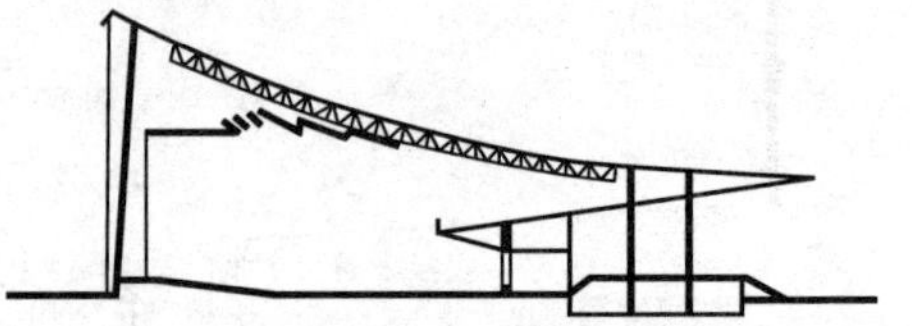

(b) 悬索结构的电影院观众厅

图 3.14　剖面中结构选型和使用活动特点的结合

3.3.3　采光、通风的要求

单层房屋进深较大的房间，为改善室内采光，常在屋顶设置各种形式的天窗，房间的剖面形状具有明显的特点。例如大型展览厅、室内游泳池等建筑物，主要大厅常以天窗的顶光，或顶光和侧光相结合的布置方式以提高室内采光质量。如图 3.15 所示为大厅中不同天窗的剖面形状，对室内照度分布的影响。

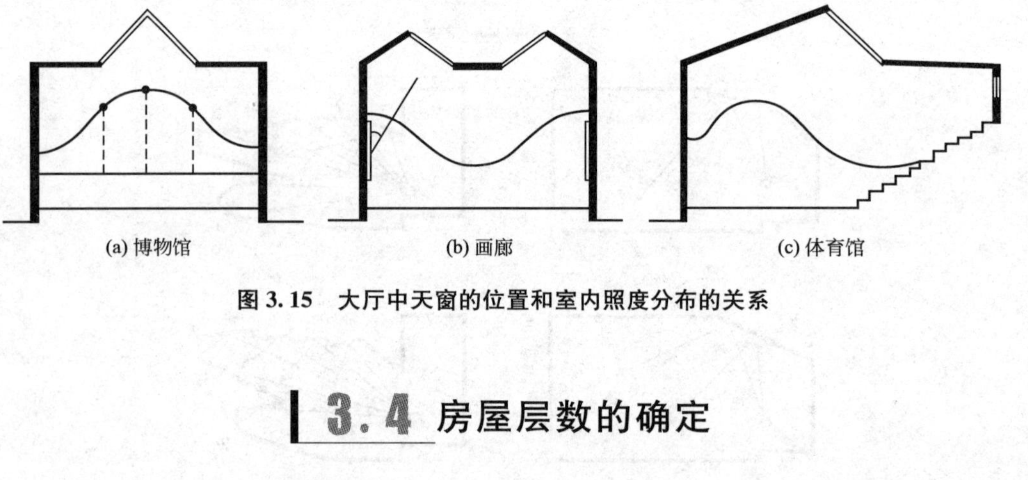

(a) 博物馆　　(b) 画廊　　(c) 体育馆

图 3.15　大厅中天窗的位置和室内照度分布的关系

3.4 房屋层数的确定

影响确定房屋层数的因素很多，主要有房屋本身的使用要求、城市规划(包括节约用地)的要求、选用的结构类型及建筑防火等。

3.4.1　使用要求

建筑物的使用性质，对房屋的层数有一定要求。对外联系密切且使用对象为幼儿、儿童、老人、病人的建筑，层数不宜太多。例如幼儿园为了使用安全和便于儿童与室外活动场地的联系，层数不应超过三层；小学教学楼的层数不应超过四层；使用人数很多、以大空间为主体的建筑，如影剧院、体育馆等宜采用低层。

3.4.2 建筑防火要求

城市消防能力体现在对不同性质和不同高度的建筑有不同的消防要求。例如各类建筑防火规范对建筑的耐火等级、允许层数、防火间距、细部构造等都作了详细的规定。这些成为在确定建筑物的层数和总高度时不可忽略的因素。

3.4.3 材料、结构、施工的影响

不同的建筑结构类型和所选用的建筑材料由于适用性不同，对建造的建筑层数和高度会产生影响。

3.4.4 城市规划和建筑基地环境的要求

考虑城市的总体面貌，城市规划对每个局部的建筑群体都有高度方面的设定。例如在某些风景区附近不得建造高层建筑，以免破坏自然景观。又如在临近飞机场附近的一些建筑，为了飞机起降的原因，也有限高的规定。

3.5 建筑空间的组合和利用

剖面设计着重从垂直方向考虑各种高度房间的空间组合、楼梯在剖面的位置，以及建筑空间的利用等问题。

3.5.1 建筑空间的组合

1. 高度相同或高度接近的房间组合

高度相同、使用性质接近的房间，如教学楼中的普通教室和实验室，住宅中的起居室和卧室等，可以组合在一起。高度比较接近，使用上关系密切的房间，考虑到房屋结构构造的经济合理和施工方便等因素，在满足室内功能要求的前提下，可以适当调整房间之间的高差，尽可能统一这些房间的高度。如图 3.16 所示的教学楼平面方案，其中教室、阅览室、贮藏室以及厕所等房间，从这些房间所在的平面位置考虑，要求组合在一起，因此把它们调整为同一高度；平面一端的阶梯教室，它和普通教室的高度相差较大，故采用单层剖面附建于教学楼主体；行政办公部分从功能分区考虑，平面组合上和教学活动部分有所分隔，这部分房间的高度可比教室部分略低，仍按行政办公房间所需要的高度进行组合，它们和教学活动部分的层高高差，通过踏步解决。这样的空间组合方式，使用上能满足各个房间的要求，也比较经济。

2. 高度相差较大房间的组合

高度相差较大的房间，在单层剖面中可以根据房间实际使用要求所需的高度，设置

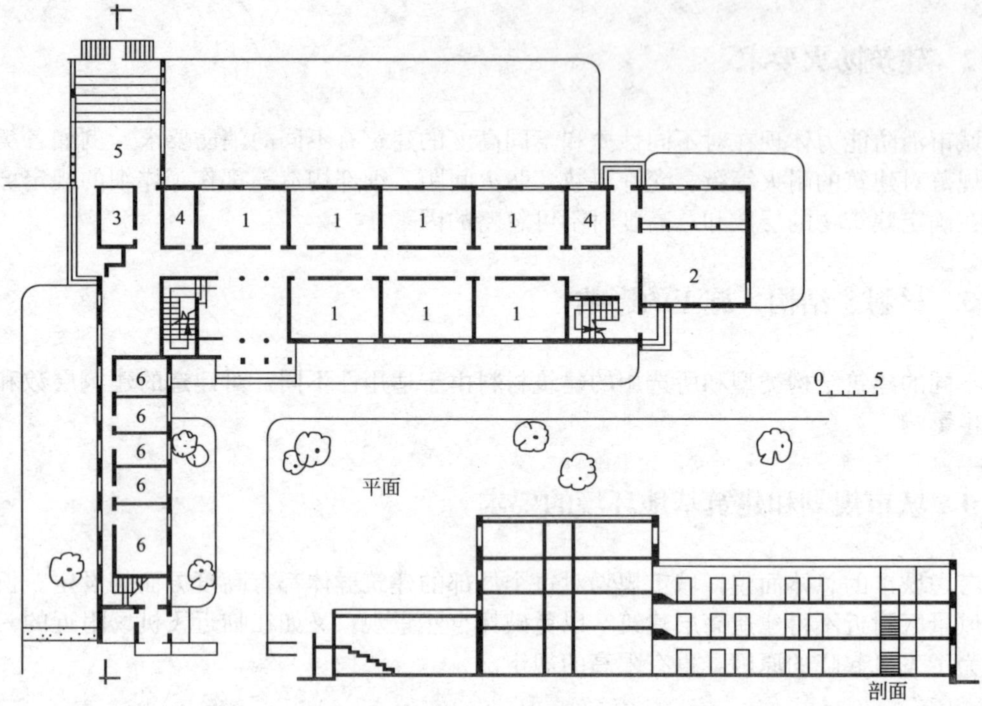

图 3.16　中学教学楼方案的空间组合关系

1—教室；2—阅览室；3—贮藏室；4—厕所；5—阶梯教室；6—办公室

不同高度的屋顶，如图 3.17 所示为一单层剖面的食堂不同高度房间的组合示意，餐厅部分由于使用人数多，房间面积大，相应房间的高度高，可以单独设置屋顶；厨房、库房以及管理办公部分，各个房间的高度有可能调整在一个屋顶下，备餐部分使用人数少，房间面积小，房间的高度可以低些，从平面组合使用顺序和剖面中屋顶搭接的要求考虑，把这部分设计成餐厅和厨房间的一个连接体，房间的高度相应也可以低一些。

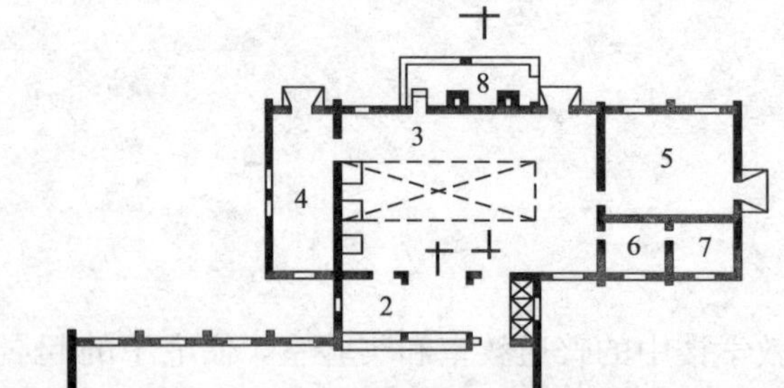

图 3.17　单层食堂剖面中不同高度房间的组合

1—餐厅；2—备餐；3—厨房；4—主食库；5—调味库；6—管理；7—办公；8—烧火间

在多层和高层房屋的剖面中，高度相差较大的房间可以根据不同高度房间的数量多少和使用性质，在房屋垂直方向进行分层组合。例如旅馆建筑中，通常把房间高度较高的餐厅、会客、会议等部分组织在楼下的一、二层或顶层，旅馆的客房部分相对来说它们的高度要低一些，可以按客房标准层的层高组合。高层建筑中通常还把高度较低的设备房间组织在同一层，成为设备层，如图 3.18

所示。

多层和高层房屋中少量高度较大的房间，根据这些房间和房屋中各部分使用联系上的具体情况，可以把高度较大的房间设置在顶层或附设在房屋的端部。如果基地条件允许，使用上也有可能，也可以把高度较大的房间单独设置或以走廊和主要房屋相连结。

在多层和高层房屋中，上下层的厕所、浴室等房间应尽可能对齐，以便设备管道能够直通，使布置较为经济合理。

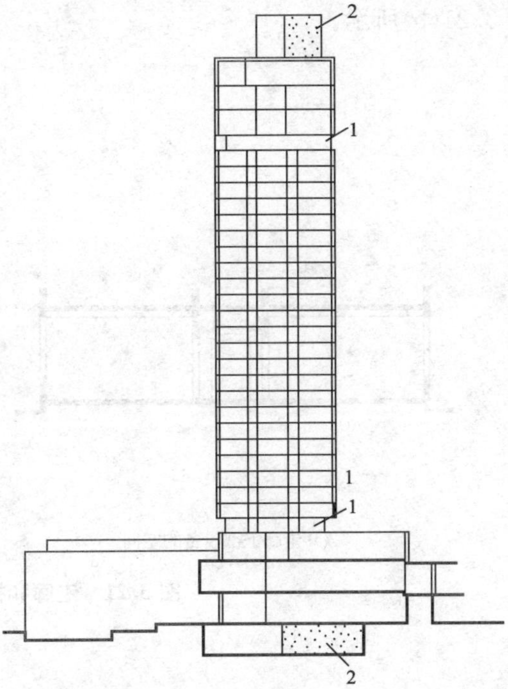

图 3.18 有设备层的高层建筑剖面

1—设备层；2—机房

3.5.2 建筑空间的利用

充分利用建筑物内部的空间，实际上是在建筑占地面积和平面布置基本不变的情况下，起到了扩大使用面积，充分发挥房屋投资的经济效果。

1. 房间内的空间利用

在人们室内活动和家具设备布置等必需的空间范围以外，可以充分利用房间内其余部分的空间。如图 3.19 所示为住宅卧室中利用床铺上部的空间设置吊柜，如图 3.20 所示为住宅中利用夹层空间。

图 3.19 卧室中的吊柜

图 3.20 住宅中利用夹层空间

2. 走廊、门厅和楼梯间的空间利用

由于建筑物整体结构布置的需要，房屋中的走廊，通常和层高较高的房间高度相同，这时走廊平顶的上部，可以作为设置通风、照明设备和铺设管线的空间，如图 3.21(a)所示。楼梯间的底部和顶部，通常都有可以利用的空间，当楼梯间底层平台下不作出入口用时，平台以下的空间可作贮藏或厕所等辅助房间，楼梯间顶层平台以上的空间高度较大时，也能用作贮藏室等辅助房间，但是需增设一个梯段，以通往楼梯间顶部的小房间，如

图 3.21(b)所示。

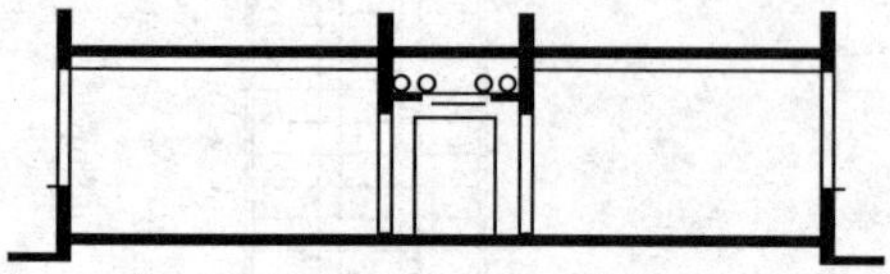

(a) 走廊上部设备的空间

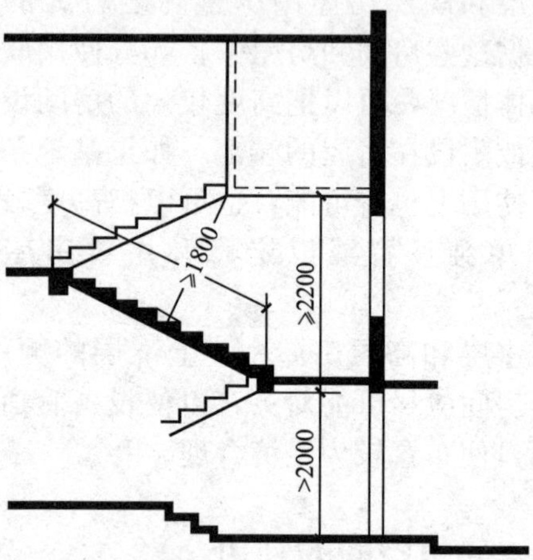

(b) 楼梯间的顶层平台上部设置房间

图 3.21　走廊和楼梯上部空间的利用

本 章 小 结

本章主要讲述使用要求、材料、结构施工、采光、通风等因素对建筑的剖面形状的影响，在此基础上讲述了如何确定房屋各部分的高度和层数，最后讲述了建筑不同高度的房间如何合理进行组合以及建筑空间的合理利用。

本章的重点是使用要求对建筑剖面形状的影响，建筑中不同高度的房间如何合理地进行组合。

习　　题

一、简答题

1. 什么是房间的层高、净高？举例说明确定房间高度应考虑哪些因素。
2. 窗台高度和室内外地面高差的常用数值范围是什么？
3. 建筑层数与哪些因素有关？
4. 不同高度的房间在剖面组合中应如何处理？

二、填空题

1. 建筑物的净高考虑的因素主要有________、________、________、________等。
2. 在天然采光中，建筑空间的进深 A 和窗洞口高度 B 的关系为：当为单侧窗采光时________，当为双侧窗采光时________，窗台高度一般为________。
3. 建筑空间组合方式有____________和____________。

三、选择题

1. 建筑设计时，一般假定首层室内地面标高为±0.000，这个标高是(　　)。
   A. 相对标高　　B. 绝对标高
   C. 相对标高，绝对标高　　D. 相对标高和绝对标高的关系
2. 窗台高度一般常取(　　)。
   A. 700mm　　B. 900mm　　C. 1200mm　　D. 2100mm
3. 民用建筑的主要楼梯一般布置在(　　)。
   A. 建筑物次要入口附近　　B. 门厅中位置明显的部位
   C. 一定要在房屋的中间部位　　D. 一定要在房屋的端部
4. 建筑物室内外地面的高差一般为(　　)mm。
   A. 300～900　　B. 100～300　　C. 300～600　　D. 300～1000
5. 单侧采光房间窗户上沿离地高应大于房间进深长度的(　　)。
   A. 1/2　　B. 1/4　　C. 2倍　　D. 4倍

四、填图题

补全(图3.22)中的各个标高。资料如下：
首层地面比室外地面高0.6m；
首层层高为3.6m；
二层层高为3.3m；
各层窗台高为0.9m；
各层窗高为1.8m；
基础埋深为1.2m；
女儿墙顶比室外地面高8m。

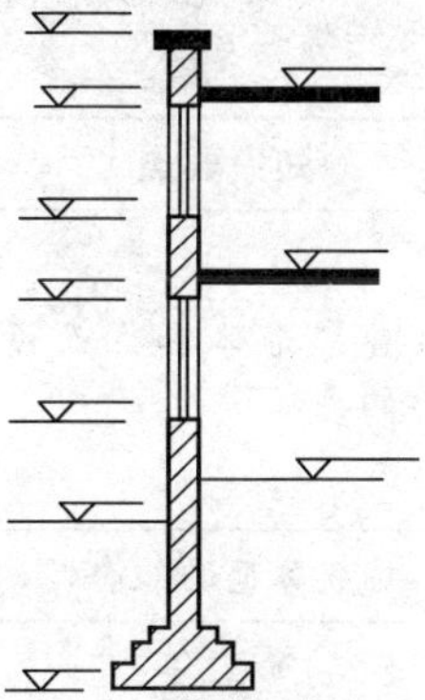

图3.22　某建筑局部剖面示意图

第4章
建筑体型和立面设计

教学目标

主要讲述建筑形体组合的基本原则和建筑立面设计的基本原理和方法。通过本章学习，应达到以下目标：

(1) 了解影响建筑形体和立面设计的因素以及建筑构图的基本法则；

(2) 了解建筑体型组合的方式，含单一体型、单元组合体型、复杂体型；

(3) 熟悉建筑立面处理的方法。

教学要求

知识要点	能力要求	相关知识
建筑形体和立面设计的要求	(1) 了解影响建筑形体和立面设计的因素 (2) 了解建筑构图的基本法则	(1) 建筑功能、建筑材料、结构、施工、建筑标准和相应的经济指标、城市规划和基地环境 (2) 建筑构图的基本法则
建筑体型的组合	了解建筑体型组合的方式	单一体型、单元组合体型、复杂体
建筑立面设计	熟悉建筑立面处理的方法	(1) 立面的尺度和比例、虚实和凹凸、材料质感和色彩搭配 (2) 立面的线条处理以及重点和细部的处理

基本概念

统一与变化、稳定与均衡、对比与微差、韵律、比例、尺度、单一体型、单元组合体型、复杂体型

引例

不管是由于地域的差别还是由于建筑功能的差别，不同的建筑总会形成不一样的外部形象，而这些不一样的外部形象又主要是通过不同的建筑体型的组合和不同的立面设计来实现的。例如设计一旅馆，其体型的组合方式会受到用地环境、自身功能等一系列客观条件的影响；其立面设计除了要符合功能需要外，还要满足人的审美等要求。所以建筑不管选择什么样的体型组合，也不管选择什么样的立面设计，却都遵循着相同或相似的内在逻辑。

4.1 概 述

建筑物在满足使用要求的同时，它的体型、立面以及内外空间组合等，还会给人们在精神上以某种感受。比如故宫、天坛的雄伟壮丽，江南园林建筑的轻巧幽雅，地方民居的简朴亲切。也就是说，建筑物除要满足物质方面，即使用上的要求外，还需考虑精神方面，即人们对建筑物的审美要求。

建筑物的美观问题在一定程度上反映社会的文化生活、精神面貌和经济基础。也就是说建筑的体型和立面设计要受到使用功能、材料、结构施工技术、经济条件和周围环境的制约，因此，每一幢建筑物除应具有独特的形式和特点外，其建筑外形还应具有时代气息、民族风格和地区特色，只有这样，才能创造出真实、纯洁、具有强烈感染力的建筑形象。

建筑的体型和立面设计是建筑外形设计的两个主要组成部分，它们之间有着密切联系，贯穿于整个建筑设计始终。建筑体型设计主要是对建筑外形总的体量、形状、比例、尺度等方面的确定，并针对不同类型建筑采用相应的体型组合方式，立面设计主要是对建筑体型的各个方面进行深入刻画和处理，使整个建筑形象趋于完整。

4.2 建筑体型和立面设计的要求

4.2.1 满足建筑功能要求

不同功能要求的建筑，具有不同的内部空间组合特点，建筑的外部体型和立面应该正确表现这些建筑类型的特征，采用适当的建筑艺术处理来强调建筑的个性，使其更鲜明、突出，有效地区别于其他建筑。比如住宅建筑，其内部功能是满足人们日常生活、起居及保持私密性，其外部表现为较简单的体型，层高低，较小的窗户和入口，成组排列的楼梯和阳台，反映出住宅建筑的时代气息，如图 4.1 所示；教学楼由于室内采光要求高，人流出入多，在立面上常采用高大明快、成组排列的窗户和宽敞的入口，如图 4.2 所示；影剧

图 4.1 单元式住宅体型

院建筑由于声响和灯光设施的要求，以及观众所需的空间，在体型上通过高大的观众厅、高耸封闭的舞台及宽广的门厅、休息厅三大部分的体量组合，如图 4.3 所示。

图 4.2　教学楼建筑体型

图 4.3　影剧院建筑体型

4.2.2　满足材料、结构、施工的要求

建筑不同于一般的艺术品，它必须运用大量的材料并通过一定的结构施工技术等手段才能完成，因此，建筑体型及立面设计必然在很大程度上受到物质技术条件的制约，并反映出结构、材料和施工的特点。

一个好的建筑作品，不仅功能和建筑形象完美，还必须符合结构要求。不同的结构类型将产生不同的外部形象和建筑风格。如混合结构和钢筋混凝土框架结构，由于结构特点不同，前者形成较为厚重、封闭、稳重的外观形象，如图 4.4 所示；后者更多显示出简洁、明快、轻巧的外观形象，如图 4.5 所示；各种形式的空间结构不但为建筑创造了大空间的可能性，同时也极大地丰富了建筑的外部形象，呈现出千姿百态的建筑造型，如图 4.6 所示。

图 4.4　某住宅楼(砖混结构)

图 4.5　某展览建筑(框架结构)

材料和施工技术对建筑体型和立面也有一定的影响，如清水墙、混水墙、贴面砖墙和玻璃幕墙等形成不同的外形，给人以不同的感受，如图 4.7 所示。

(a) 双曲面薄壳结构

(b) 网架穹隆形薄壳结构

(c) 折板结构

(d) 悬索结构

图 4.6　空间结构

(a) 芝加哥约翰·汉考克中心(玻璃幕墙)

(b) 清水砖墙住宅

图 4.7　不同材料墙面的建筑

4.2.3　符合建筑标准和相应的经济指标

在建筑体型和立面设计中，必须正确处理适用、安全、经济、美观几方面的关系。对于大量性民用建筑、大型公共建筑或国家重点工程等不同项目，应加以区别对待，严格掌握国家规定的建筑标准和相应的经济指标，充分施展设计师的主观能动性，在一定的经济条件下，巧妙地运用物质技术手段和构图法则，努力创新，设计出适用、经济、美观的建筑物。

4.2.4　符合城市规划和基地环境的要求

空间环境是构成该处景观的重要因素，一幢好的建筑，在其创作立意时，不能脱离环境而孤立进行，需从环境入手，充分考虑人与自然环境的关系。如著名美国建筑师赖特设计的流水别墅，如图4.8所示。别墅建于幽雅的山泉峡谷之中，造型多变，平台纵横错落，互相穿插，与山石、流水、树木巧妙的结合使建筑寓于环境之中，成为建筑与环境相协调的成功实例之一。

图4.8　流水别墅

城市总体规划是全局性和整体性的控制措施，它决定了一座城市、一个区域或一组建筑群未来的组合、布局、面貌及特色。单体建筑必须符合总体规划的要求，才能成为城市群体的一个有机组成部分。例如，沿街的建筑体型组合及设计必须考虑其构图、色彩、质感等满足该街区规划的统一要求，如图4.9所示。

图4.9　沿街建筑

4.2.5　遵循建筑构图的基本法则

在建筑体型和立面设计中，要符合建筑美学原则，即建筑构图中的基本规律，如统一、均衡、稳定、对比、韵律、比例、尺度等。

1. 统一与变化

任何建筑，从总体到个体，从外部到内部，从形式到内容，从体型到立面和细部处理都存在着若干统一与变化的因素。统一与变化是艺术领域里各种艺术形式都要遵循的一般原则，它是一切形式美的基本规律，具有广泛的普遍性和概况性。

1）以简单的几何形体求统一

任何简单的几何形式本身具有必然的统一性，如长方体、正方体、圆柱体、圆锥体、球体等，这些形体给人以肯定、明确和统一的感觉。像我国的天坛、美国的联邦储备银行都以简单的几何形体获得了高度统一的效果，如图4.10所示。

2）主从分明求统一

复杂体量的建筑，根据功能要求，常包括有主要部分和次要部分，如不加以区别对待，就会削弱建筑整体的统一，使建筑显得平淡、松散，缺乏表现力。在建筑外形设计中，常采用以下处理手法来达到突出主体的效果：一是运用轴线的处理突出主体，一些纪

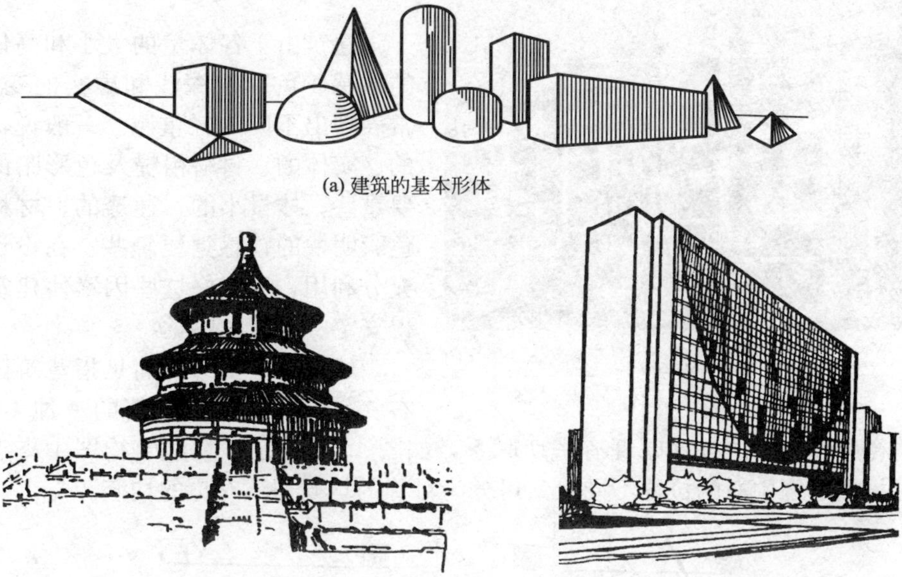

(a) 建筑的基本形体

(b) 天坛

(c) 美国联邦储备银行

图 4.10 以简单的几何形体求统一

念性建筑和大型办公楼常采用这种手法，例人民大会堂，如图 4.11 所示；二是以低衬高突出主体，如图 4.12 所示，以高塔形成明显的主从关系，这种以低衬高、以高控制全体的构图技巧使建筑取得了完整统一的优美形象；三是利用体型变化突出主体，在建筑造型上运用圆形、折线形等比较复杂的轮廓线都可突出主体。

图 4.11 人民大会堂

图 4.12 荷兰希尔浮森市政厅（以低衬高）

3）以协调求统一

将一幢建筑物的各部分在形状、尺度、比例、色彩、质感和细部都采用协调处理的手法也可求得统一感。如图 4.13 所示为一住宅建筑，其开间、层高、窗洞、材料是协调统一的，而利用楼梯间错位变化的窗洞，打破了单调感，取得了有机的统一。

图 4.13　住宅建筑

2. 均衡与稳定

建筑由于各体量的大小和高低、材料的质感、色彩的深浅和虚实的变化不同，常表现出不同的轻重感。一般说，体量大的、实体的、材料粗糙及色彩暗的，感觉要重些；体量小的、通透的、材料光洁及色彩明快的，感觉要轻些。在设计中，要充分利用、调整好这些因素使建筑形象获得安定、平稳的感觉。

建筑造型中的均衡是指建筑体形的左右、前后之间保持平衡的一种美学特征。人们的均衡感和力学的杠杆原理有密切联系，如图 4.14 所示。在建筑构图中支点表示均衡中心，根据均衡中心的位置不同，又可分为对称的均衡与不对称的均衡。

(a) 绝对对称(基本对称)平衡　　(b) 不对称平衡

图 4.14　均衡的力学原理

对称的均衡以中轴线为中心并加以重点强调，两侧对称布置易获得完整统一的效果，常用于纪念性建筑或其他表现庄严、隆重的公共建筑，如图 4.15 所示。

(a) 对称均衡示意　　(b) 天津大学建筑系馆

图 4.15　对称均衡

不对称的均衡是将均衡中心偏于建筑的一侧，利用不同体量、材质、色彩、虚实变化等的平衡达到不对称均衡的目的。这种形式与对称均衡相比显得轻松、活泼，如图 4.16 所示。

建筑物的稳定往往要求建筑物上小下大、上轻下重，以获得稳定感，如图 4.17 所示。

但是随着现代新结构、新技术、新材料的发展以及人们审美观的变化，建造了不少上大下小、上重下轻、底层架空的建筑，同样也达到了稳定的效果，如图 4.18 所示。

3. 对比与微差

在建筑的体型和立面设计中，对比是指建筑物各部分之间显著的差异，微差是指不显著的差异，即微弱的对比。对比可以借助相互之间的烘托、陪衬而突出各自的特点以求得变化，微差可以借助彼此之间的连续性以求得协调。在设计中把这两方面巧妙地结合是取得统一与变化的有效手段。如位于巴西新都巴西利亚的巴西国会大厦，高高的塔楼和低矮的碗状建筑形成建筑体形的直与曲、高与低、虚与实的对比，给人留下强烈印象，是拉丁美洲典型的现代建筑，如图 4.19 所示。

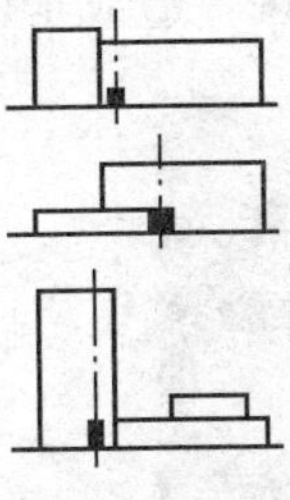
(a) 不对称均衡示意

(b) 日本九州大学会

图 4.16 不对称均衡

图 4.17 上小下大的稳定构图

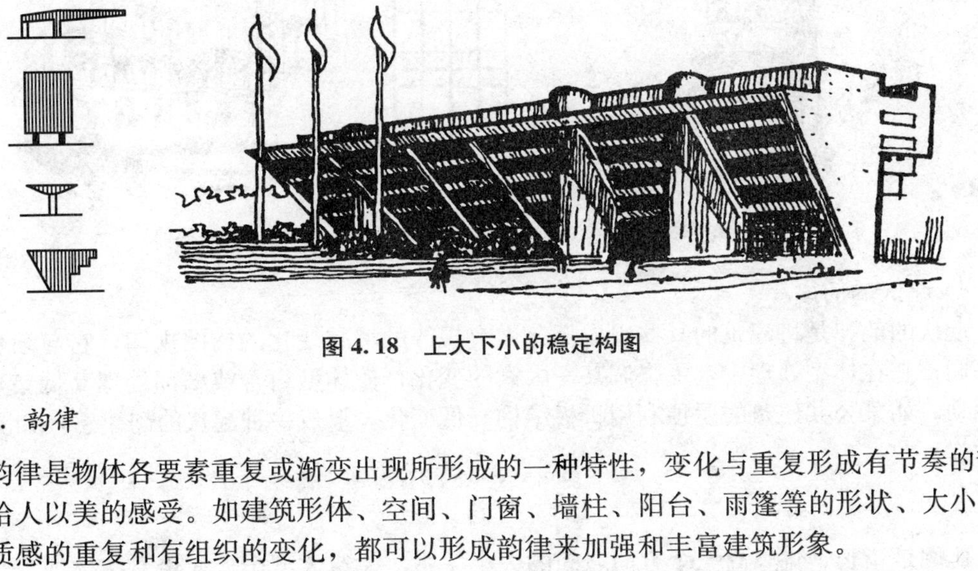

图 4.18 上大下小的稳定构图

4. 韵律

韵律是物体各要素重复或渐变出现所形成的一种特性，变化与重复形成有节奏的韵律感，给人以美的感受。如建筑形体、空间、门窗、墙柱、阳台、雨篷等的形状、大小、色彩、质感的重复和有组织的变化，都可以形成韵律来加强和丰富建筑形象。

1）连续的韵律

连续的韵律是以相同或近似的构图单体按一定次序反复出现的一种构图规律。如悉尼歌剧院，由于“壳体形体”的反复出现，造成了优美的节奏感和韵律感，如图 4.20 所示。

图 4.19　巴西国会大厦

图 4.20　悉尼歌剧院

2）渐变的韵律

渐变的韵律是一种将构图“单体”如体量的大小、高低、色彩的冷暖浓淡、质感的粗细轻重等按照一定次序有规律地、逐渐地进行排列和变化的构图规律。如山西洪洞县的广胜寺飞虹塔，每层檐部重复交替出现，这样的处理形成了渐变的韵律，如图 4.21 所示。

3）交错的韵律

交错的韵律是指运用各种造型因素，如体型的大小、空间的虚实、细部的疏密等手法，做有规律的纵横交错、相互穿插的处理，形成一种丰富的韵律感，如图 4.22 所示。

图 4.21　飞虹塔

图 4.22　交错的韵律

4）起伏的韵律

起伏的韵律是将建筑的某些组成部分做有规律的增减变化的构图规律。它与渐变的韵律不同，它在体型处理中，更强调某一因素的变化，使体型组合或细部处理高低错落、起伏生动。如某公共建筑的屋顶利用折板结构高低变化，形成一种起伏的韵律感，如图 4.23 所示。

5. 比例

比例是指长、宽、高三个方向之间的大小关系。建筑体型中，无论是整体或局部，还是整体与局部之间、局部与局部之间都存在着比例关系。

6. 尺度

尺度指的是建筑物的整体或局部给人感觉上的大小印象和其真实大小之间的关系。几何形体本身并没有尺度，建筑物只有通过以人或人所常见的某些建筑配件，如踏步、栏杆、门，或如汽车、家具等其他参照物来作为尺度标准进行比较，体现出整体或局部的尺度感，如图 4.24 所示。

图 4.23 起伏的韵律

图 4.24 建筑物的尺度感

4.3 建筑体型的组合

体型是指建筑物的轮廓形状，它反映了建筑物总的体量大小、组合方式以及比例尺度等。在进行建筑平面和空间组合设计时，应根据建筑功能特点、环境条件和结构布置的可能性，对房屋体型做适当处理，使体型组合主次分明、比例恰当，各部分体量交接明确、简洁肯定，外形轮廓高低起伏、富有变化，整体布局均衡稳定，既统一又有变化。建筑体型基本上可以归纳为单一体型、单元组合体型、复杂体型。

4.3.1 单一体型

单一体型是指将复杂的内部空间都组合在一个完整的体型中，整幢房屋基本上是一个完整的、简单的几何形体。平面形式多采用正方形、矩形、圆形、三角形、多边形、风车形和“Y”等单一几何形状。这类体型的建筑特点是体型肯定、轮廓鲜明、简洁大方，给人以统一完整的感觉，如图 4.25 所示。

4.3.2 单元组合体型

单元组合体型是将几个独立体量的单元按一定的方式组合起来。这类体型的建筑特点是组合灵活，可以结合基地大小、形状、朝向、道路走向、地形变化任意组合建筑单元，既可形成简单的一字形体型，也可形成锯齿形、台阶式体形，如图 4.26 所示。

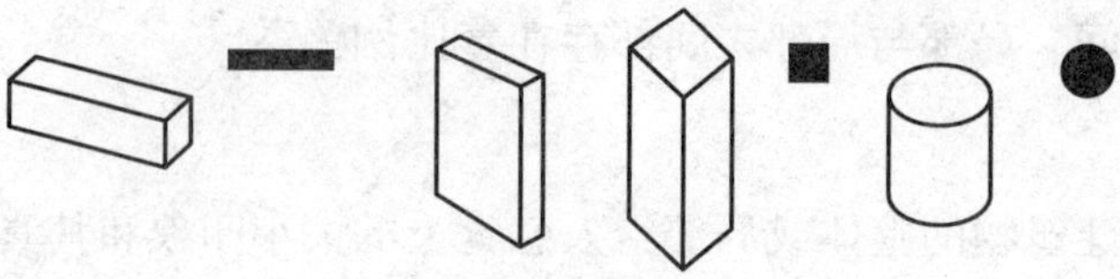

(a) 建筑的基本形体

(b) 巴基斯坦伊斯兰堡体育馆

图 4.25　单一体型

图 4.26　单元组合体型

4.3.3　复杂体型

复杂体型是指由若干个简单体型组合在一起的体型。在进行组合体型设计时，应注意各体量间的相互协调统一，遵循构图规律。组合体型一般可分为对称和不对称两种。

1）对称式组合

对称式组合体型的特点是平面具有明确的建筑轴线和主从关系，主要体量和主要出入口一般都设在中轴线上。这种组合方式常给人以比较严谨、庄重、匀称和稳定的感觉。一些纪念性建筑、行政办公建筑或要求庄重一些的公共建筑常采用这种组合方式，如图 4.27 所示。

2）不对称式组合

不对称式组合体型的特点是平面显著的轴线关系，根据功能要求将体量、形状、方向、高低、曲直各不相同的体量组合在一起，布置比较灵活，给人以生动、活泼的感觉，如图 4.28 所示。

各部分体量连接合理不仅能增加建筑外形的统一协调感，而且也有利于功能使用和结构布置。各体量间的连接方式多种多样：可以采用将不同体量的面直接相连的直接连接方式，

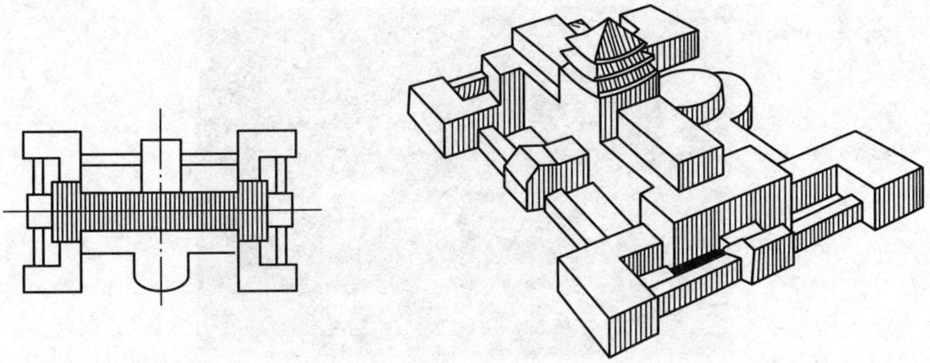

图 4.27　中国美术馆

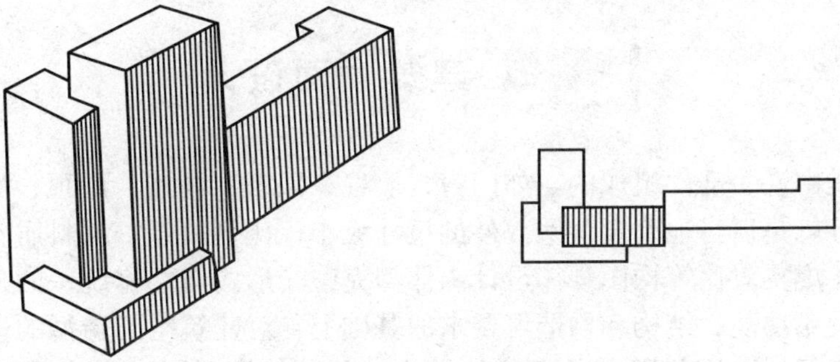

图 4.28　中国民航大楼

这种方式具有体型简洁、整体性强的特点，常用于功能要求各房间联系紧密的建筑，如图 4.29(a)所示；也可以将各体量之间相互穿插形成咬接的连接方式，这种方式体型较复杂，组合紧凑，整体性强，如图 4.29(b)所示；还可以采用走廊或连接体连接的方式，这种方式各体量间相对独立又互相联系，给人以轻快舒展的感觉，如图 4.29(c)、(d)所示。

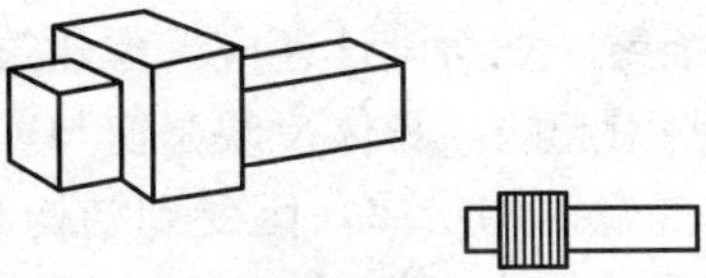

(a) 直接连接

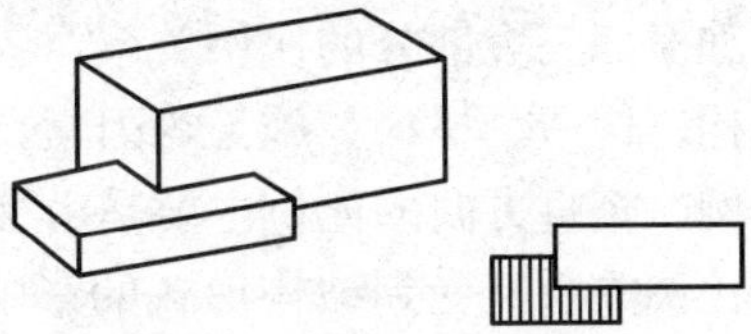

(b) 咬接

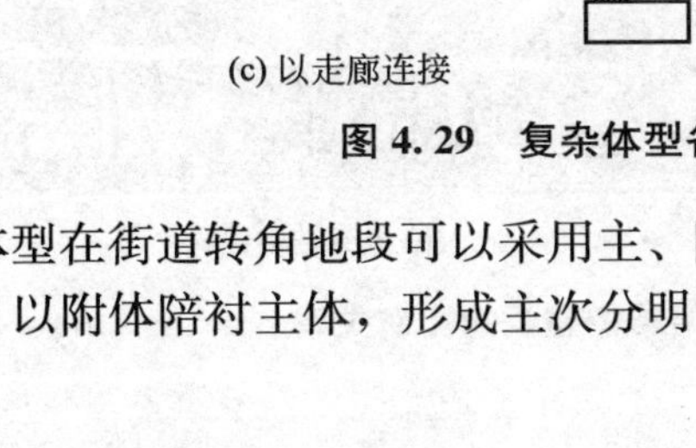

(c) 以走廊连接

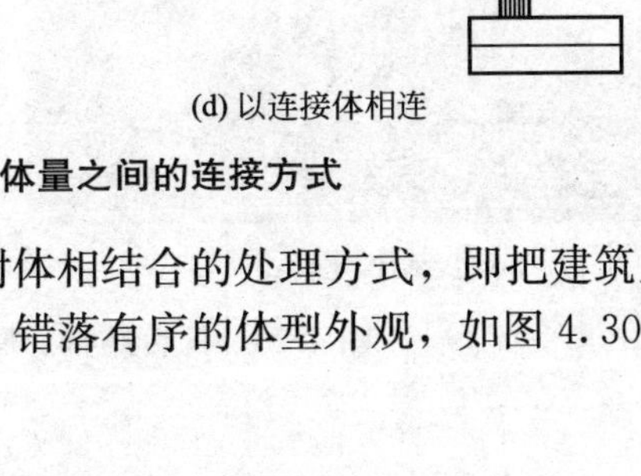

(d) 以连接体相连

图 4.29　复杂体型各体量之间的连接方式

复杂体型在街道转角地段可以采用主、附体相结合的处理方式，即把建筑主体作为主要观赏面，以附体陪衬主体，形成主次分明、错落有序的体型外观，如图 4.30 所示。

图 4.30　主附体相结合的转角处理

4.4 建筑立面设计

建筑立面是由许多部件组成的，如门窗、墙柱、阳台、雨篷、屋顶、檐口、勒脚、花饰等。建筑设计就是恰当地确定这些部件的尺寸大小、比例关系、材料质感和色彩等，运用节奏、韵律、虚实对比等构图规律设计出体型完整、形式与内容统一的建筑立面。立面设计是在符合使用功能、结构和构造等要求的基础上，对建筑空间造型的进一步美化。在立面设计时一定要从大局着眼，考虑整体效果，从整体到局部，从大面到细部，反复推敲，逐步深入，形成完整的统一体。

4.4.1　立面的尺度和比例处理

比例适当和尺度正确是使立面完整统一的重要方面。建筑立面的整体比例关系主要是指勒脚、墙身和檐部三大部分的比例关系，各部分之间比例和尺度的处理要根据使用功能的特点，考虑结构、构造、材料、施工等因素，仔细推敲。立面设计还应考虑建筑本身水平和竖直方面的比例。竖直方向的比例主要是由楼层分割引起的，具体反映是窗与窗间墙的比例关系。二者的比例关系又受到结构形式的影响，如混合结构房屋，因受到结构和材料的限制，开间小，窗间墙又必须有一定的宽度，因此窗的尺寸较小，如图 4.31(a)所示；框架结构建筑立面门窗的开启既可形成大面积的独立窗，也可形成带形窗，如图 4.31(b)所示。

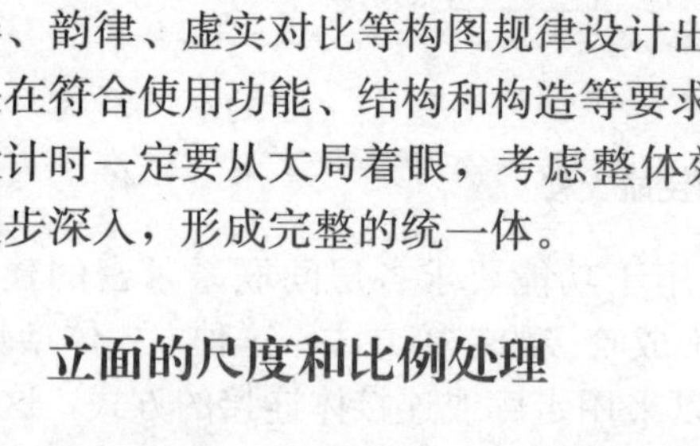

(a) 混合结构建筑

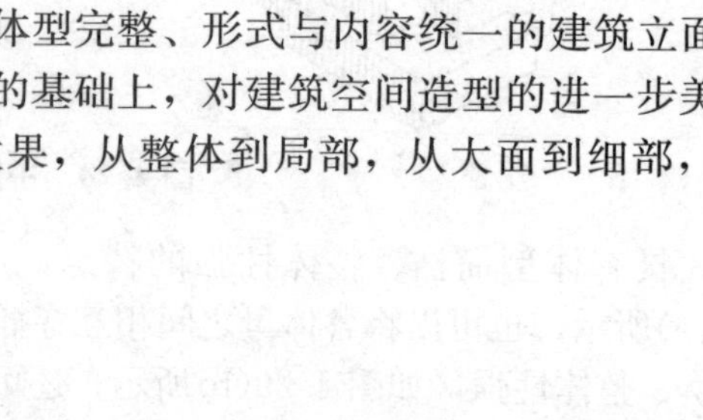

(b) 框架结构建筑

图 4.31　混合结构、框架结构建筑的比例关系

立面尺度恰当可以正确反映建筑的真实大小，否则会出现“失真”的现象。建筑立面常借助于门窗、踏步、栏杆等的尺度来反映建筑物的正确尺度感。如北京火车站候车厅局部立面层高较高，由于采用拱形大窗，并加以适当划分，获得了应有的尺度感，如图 4.32 所示。

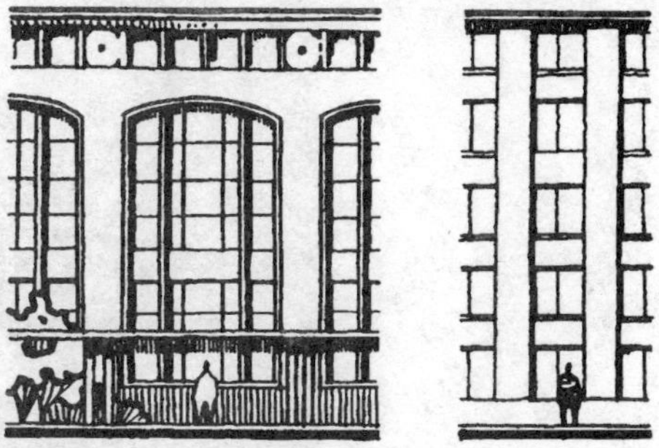

图 4.32 北京站候车厅局部立面尺度处理

4.4.2 立面的虚实和凹凸

立面上的凹凸大多是由结构和构造上的需要而形成的。立面中的“虚”是指立面上门窗、空廊、凹廊等部分，给人以轻巧、通透的感觉；“实”是指墙面、柱面栏板等实体部分，给人以封闭、厚重、坚实的感觉。巧妙处理好立面的虚实关系，可取得不同的外观形象。以虚为主，虚多实少的处理手法，可给人以轻巧、开朗的感觉，常用于高层建筑、影剧院门厅、车站、商店等人流集中的建筑，如图 4.33 所示；以实为主，实多虚少的处理手法，能产生厚重、坚实、庄严的效果，常用于纪念性建筑及重要的公共建筑，如图 4.34 所示。

图 4.33 中银大厦

图 4.34 淮安周恩来纪念馆

建筑立面上的凹凸部分，如凸出的阳台、雨篷、挑檐、凸柱等，凹进的凹廊、门洞等，通过各种凹凸变化的处理，可以丰富立面轮廓，加强光影变化，如图 4.35 所示。

4.4.3 立面的材料质感和色彩搭配

建筑物体型、色彩、质感是形成建筑形象感染力的三个要素，建筑色彩处理包括色调选择和色彩构图两个方面。一般来说，浅色给人以明快清新的感觉；深色显得沉稳；暖色使人感到热烈、兴奋；冷色使人感到宁静。运用不同色彩的处理，可以表现出不同建筑的性格特征、地方特色以及民族风格。在进行立面色彩处理时应注意以下问题。

图 4.35 波士顿市政厅

(1) 色彩处理必须和谐统一且富有变化。可采用以大面积基调色为主，局部运用其他色彩形成对比而突出重点。

(2) 色彩运用应符合建筑的性格。如医院建筑常采用白色或浅色基调，给人以安定感，商业建筑则常采用暖色调，并适当运用对比色以增强建筑物华丽、活泼、热烈的气氛。

(3) 色彩运用应考虑当地气候条件，并与周围环境相协调。如寒冷地区宜采用暖色调；炎热地区宜采用冷色调。

(4) 色彩处理应考虑民族文化传统和地方特色。

建筑立面处理中常运用不同材料的质感的适当处理来达到所要求的建筑气氛。一般来说，表面粗糙的石块墙面显得厚重、粗犷；光滑平整的面砖、金属及玻璃材料表面使人感觉轻巧、细腻；清水砖墙显得简洁亲切。立面处理应充分利用材料质感的特性，有机结合，巧妙处理，加强和丰富建筑的表现力。

4.4.4 立面的线条处理

建筑立面上由于体量交接、立面起伏以及色彩和材料的变化、结构与构造的需要，在立面上形成方向不同、宽窄不同、长短各一的线条，如立柱线、墙垛线、窗台线、阳台线、雨篷线、檐口线等。正确运用这些不同类型的线条并加以适当的艺术处理，会对建筑立面韵律节奏的组织、比例尺度的权衡都带来不同的效果。水平线组合给人以轻快、舒展的感觉；竖线条的组合给人以庄重、挺拔的感觉；曲线给人以柔和、流畅、轻快、生动的感觉；水平线与竖直线做穿插折线处理，使建筑富有变化；粗犷有力的线条使建筑显得庄重、豪放，纤细的线条使建筑显得轻巧秀丽；粗细线条结合使立面显得生动活泼，如图 4.36 所示。

4.4.5 立面的重点和细部处理

立面做重点处理主要是为了突出反映建筑的功能和立面造型上需要强调的主要部分，

(a) 水平线条建筑立面

(b) 垂直线条建筑立面

(c) 水平线条与垂直线条组合处理

图 4.36　立面线条处理

如主要出入口、檐口、商店橱窗、阳台等，以吸引人们的视线，增强和丰富建筑立面的艺术形象。重点处理常采用对比的手法。如图 4.37(a)所示，利用外伸大雨篷增强光影、明暗变化，起到了醒目的作用；如图 4.37(b)所示，内凹的入口与实墙面形成虚实对比，增加了入口的吸引力。

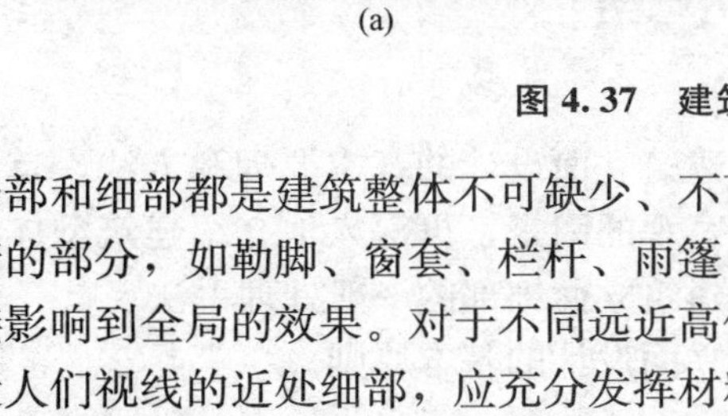

(a)

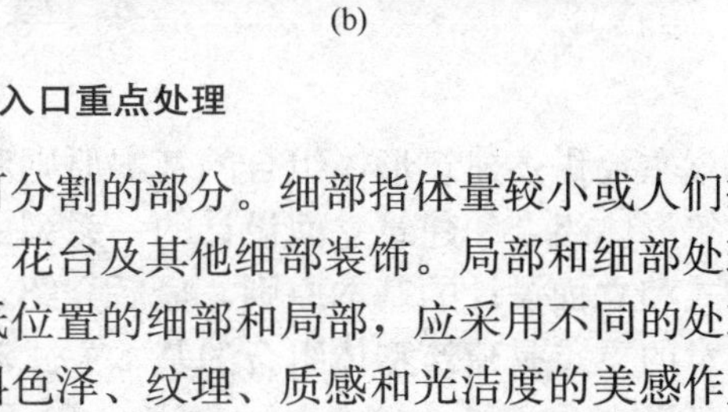

(b)

图 4.37　建筑入口重点处理

局部和细部都是建筑整体不可缺少、不可分割的部分。细部指体量较小或人们接近才能看清的部分，如勒脚、窗套、栏杆、雨篷、花台及其他细部装饰。局部和细部处理的好坏直接影响到全局的效果。对于不同远近高低位置的细部和局部，应采用不同的处理。对于接近人们视线的近处细部，应充分发挥材料色泽、纹理、质感和光洁度的美感作用，对于位置较高的细部，一般应着重于总体轮廓，注意明暗、色彩、线条等整体效果。如

图 4.38 和图 4.39 所示分别为建筑檐口和阳台的处理实例。

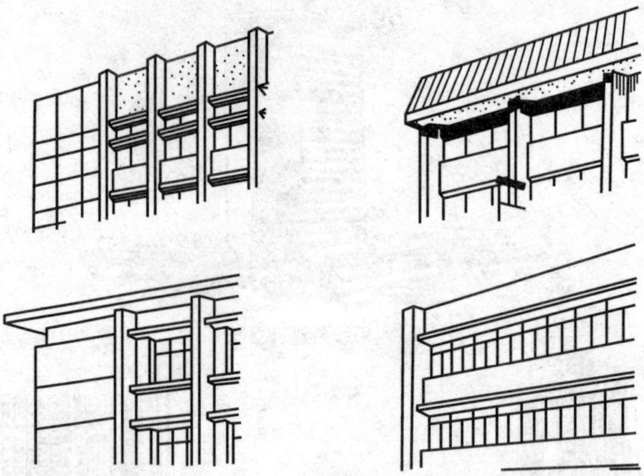

图 4.38　建筑檐口处理

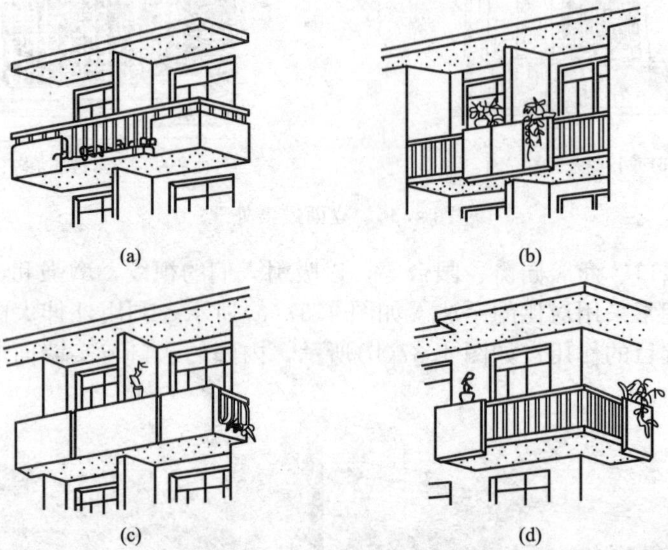

图 4.39　建筑阳台处理

本 章 小 结

本章主要讲述建筑形体组合的基本原则和建筑立面设计的基本原理和方法。首先分析影响建筑形体组合和建筑立面设计的一系列的客观的因素，再深入地介绍建筑型体组合的基本方式和立面设计的基本原则，最后介绍了建筑立面细部的一般处理手法。

本章的重点是建筑型体组合的基本方式和立面设计的基本原则。

习 题

一、简答题

1. 影响建筑体型与立面设计的因素有哪些？
2. 结合建筑实例论述建筑形式美构图规律的具体运用情况。
3. 建筑体型组合有哪几种方式？并以图例进行分析。
4. 建筑体型的转折和转角如何处理？
5. 简要说明建筑立面的具体处理手法。
6. 建筑构图中的统一与变化、均衡与稳定、韵律、对比、比例、尺度等的含义是什么？并用图例加以说明。
7. 如何才能创造形式美的建筑？
8. 建筑的比例？

二、填空题

1. 建筑的________和________是建筑外形设计的两个主要组成部分。
2. 根据均衡中心的位置不同，均衡可分为________与________。
3. 尺度处理的手法通常有三种，即________、________、________。
4. 形式美的根本规律是多样统一的，即________、________。
5. 均衡所涉及的是建筑各部分________之间的平衡关系，稳定所涉及的是建筑物整体________、之间的轻重关系。
6. 建筑的外部形象包括________和________。
7. 建筑立面的虚实关系通常有三种，即________、________和________。

三、选择题

1. 建筑立面的重点处理常采用(　　)手法。
   A. 韵律　B. 对比　C. 统一　D. 均衡
2. 亲切的尺度是指建筑物给人感觉上的大小(　　)其真实大小。
   A. 等于　B. 小于　C. 小于或等于　D. 大于
3. 下列哪种构图手法不是形成韵律的主要手法(　　)。
   A. 渐变　B. 重复　C. 交错　D. 对称
4. 立面的重点处理部位主要是指(　　)。
   A. 建筑的主立面　B. 建筑的檐口部位
   C. 建筑的主要出入口　D. 建筑的复杂部位
5. (　　)是住宅建筑采用的组合方式。
   A. 单一体型　B. 单元组合体型　C. 复杂体型　D. 对称体型
6. 建筑色彩必须与建筑物(　　)相一致。
   A. 底色　B. 性质　C. 前景色　D. 虚实关系

第5章 民用建筑构造概论

教学目标

主要讲述建筑构造概述性内容。通过本章学习，应达到以下目标：

(1) 了解建筑构造研究的对象和任务；

(2) 掌握建筑物的组成及各组成部分的作用；

(3) 熟悉影响建筑物构造的因素和设计原则。

教学要求

知识要点	能力要求	相关知识
建筑构造研究的对象和任务	(1) 了解建筑构造研究的对象 (2) 了解建筑构造研究的任务	(1) 研究对象 (2) 研究的任务
建筑物的组成及各组成部分的作用	(1) 掌握建筑物的组成 (2) 掌握建筑物各组成部分的作用	(1) 建筑物的组成 (2) 建筑物各组成部分的作用
影响建筑物构造的因素和设计原则	(1) 熟悉影响建筑物构造的因素 (2) 熟悉建筑物构造设计的原则	(1) 影响建筑物构造的因素 (2) 建筑物构造设计的原则

基本概念

建筑构造、建筑结构、地基、基础、承重构件、围护构件、建筑构件、建筑配件

引例

建筑各房间面积、形状、尺寸、门窗位置、交通联系部分、房屋各部分高度、立面造型等问题在建筑设计部分解决，那么建筑的墙体、楼板、楼梯、门窗等到底选用什么样的材料和形式？采取什么样的措施能够保证其各方面的要求？这需要建筑构造部分的内容来实现，如图5.1和图5.2所示。

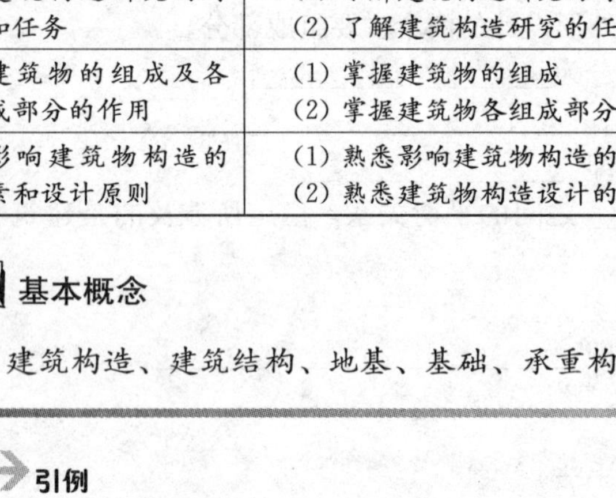

图 5.1　某建筑墙体构造做法

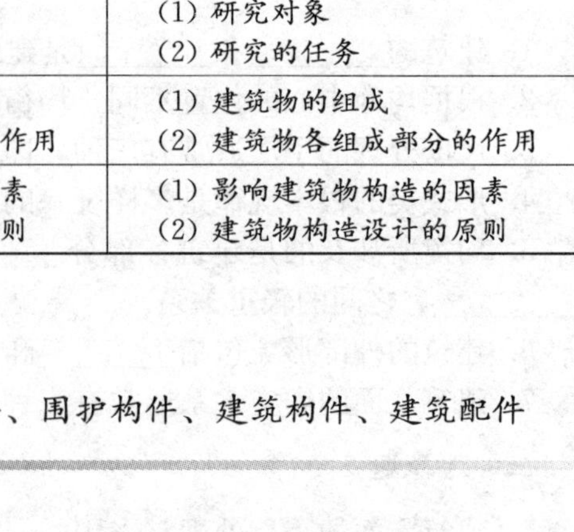

图 5.2　某木结构房屋结构

5.1 概 述

5.1.1 建筑构造研究的对象及任务

建筑构造是系统介绍建筑物各组成部分的设计原理、构造要领和工程做法的应用技术学科，目的是为了学习建筑构造的基本原理，初步掌握房屋建筑的一般构造做法，完成施工图设计。

建筑构造是一门实用性很强的技术课程，内容繁多，相对松散，缺乏连续性。再者，由于房屋建造地区的不同、房屋使用功能不同以及建筑标准差异等因素的影响，房屋构造组成和方法也往往不同，在学习中一定要深刻理解房屋各组成部分的内在联系。

5.1.2 建筑物的组成及各组成部分的作用

多种类型的建筑物虽然使用功能不同、建筑平面形状和体型也各不相同，但建筑物一般都是由基础、墙或柱、楼地层、楼梯、屋顶和门窗等六大基本部分组成，如图 5.3 所示。此外，根据建筑物的使用要求还可设置阳台、雨篷、台阶、通风道等配件和设施。

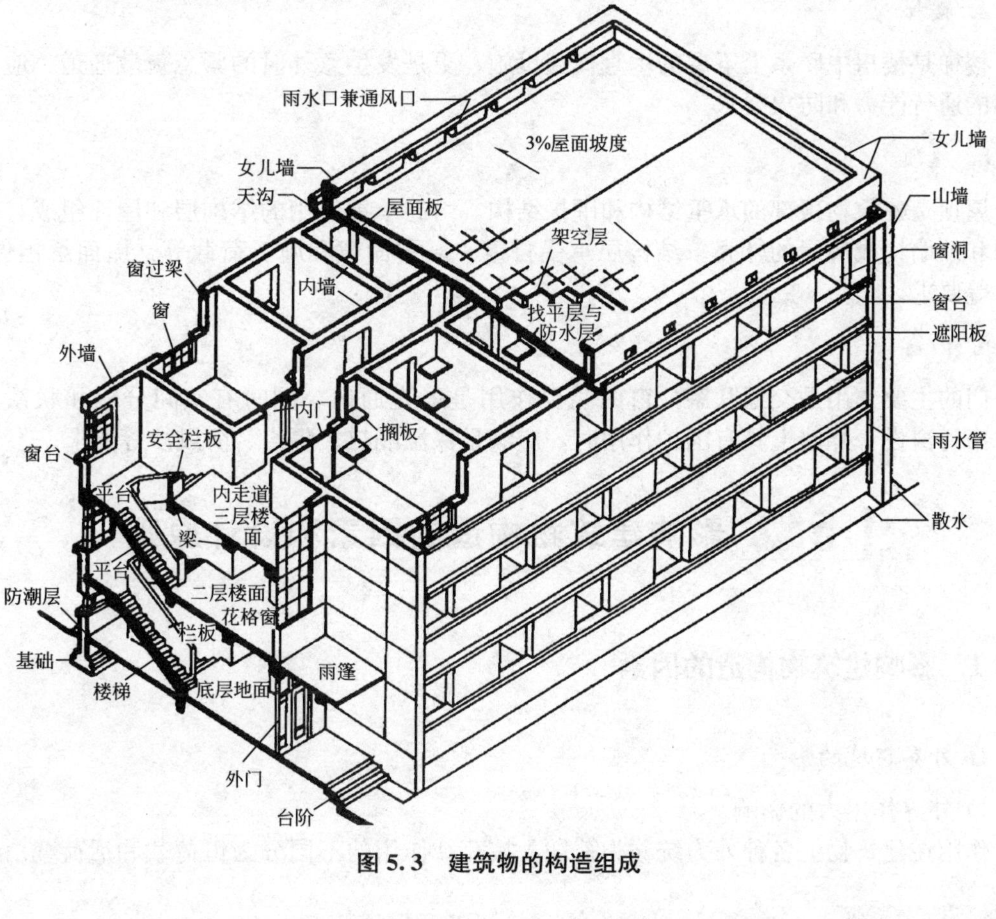

图 5.3 建筑物的构造组成

建筑构造所涉及的无非是两种起不同作用的建筑构件和建筑配件。建筑构件是按照一定规律，应用建筑材料组成结构体系的各个部分，如基础、墙、柱、楼板、楼梯等；建筑配件则是出于满足使用要求的需要而增加的部分，如地面、门窗、栏杆扶手、顶棚和屋面等。建筑构造侧重于建筑构配件的学习，以此进行建筑施工图设计。

1. 地基与基础

基础位于墙或柱的下部，是建筑物埋在地下起承重作用的扩大构件；地基是基础下面的土层。基础承受建筑物上部荷载并把荷载传给地基。基础必须坚固耐久、稳定可靠、经济合理。

2. 墙或柱

承重墙或柱是建筑物的竖向承重构件，承受由屋顶、楼板等荷载并连同其自身重量一起传给基础，应保证其足够的强度和刚度要求。此外，外墙还起围护作用，内墙起分隔建筑空间作用。墙体还需满足保温隔热、防潮、防水、隔声及防火等性能。

3. 楼地层

楼板是水平方向的承重构件并将建筑物分隔成若干楼层空间，同时楼板对墙身还起着水平支撑的作用。地层是指房屋首层室内地坪，室内防潮要求比较高。楼板的面层和地层的面层做法均应满足坚固、耐磨、清洁、防滑等要求。

4. 楼梯

楼梯是楼房中联系上下层的垂直交通设施，更是发生意外时的紧急疏散通道，应具备足够的通行能力和防火要求。

5. 屋顶

屋顶是建筑物顶部的承重结构和围护结构，由起承重作用的结构层和屋面组成，同时屋顶和外墙构成房屋的外壳。结构层承受自重、风雪荷载和施工荷载等，屋面承担保温、防水等要求。

6. 门窗

门的主要作用是交通联系，窗的主要作用是采光通风，同时有空间分隔和联系的作用。当门窗设于外墙上具有围护作用时，应满足保温隔热、隔声、防风沙等要求。

5.2 影响建筑物构造的因素和设计原则

5.2.1 影响建筑物构造的因素

1. 外界环境的影响

1）外界作用力的影响

作用在建筑物上各种外力统称为荷载，按荷载作用的不同分为恒荷载和活荷载。荷载包括结构自重、风力、地震力和雪的重力以及人、家具和设备自重等，其中如楼板、墙体等荷载大小不变的称为恒荷载，而风力和地震力等荷载称为活荷载。荷载是结构设计的依据，也是进行建筑构造设计非常重要的依据。

2）自然界的影响

自然界的影响是指自然气候如日晒雨淋、风雪冰冻、地下水等因素给建筑物带来的影响，为此必须在相应的建筑部位采取一定的防水、保温、防潮等构造措施，以免影响建筑物的正常使用。例如，寒冷地区冬季室内取暖的建筑外墙，必须做好保温处理。

3）人为因素的影响

人为因素的影响是指人们从事生产和生活活动所带来的不利因素，如机械振动、火灾、爆炸等，同样也应在构造上给以相应的防护措施。

2. 建筑技术条件的影响

建筑技术是指建筑材料技术、结构技术和施工技术等方面对建筑构造产生的影响。随着建筑业不断发展，新材料、新技术、新工艺不断涌现，也同样对建筑构造设计带来很大的影响。例如用高聚物制作的人工合成橡胶卷材，具有良好的延展性和弹性，而且耐气候性能也较好，就适用于较长使用保证期的一、二类建筑物的屋面防水工程，而不适合使用油毡卷材。又如用玻璃来做楼梯栏板的做法，过去一定要先安装金属立杆，再通过这些杆件来固定玻璃，现在则可以先安装玻璃栏板，再用玻璃栏板来固定金属扶手。

3. 建筑标准的影响

建筑构造的选材、选型和细部做法均应根据建筑标准的高低来确定。一般来讲，大量性建筑多属于一般标准的建筑，构造方法常选用常规做法，而大型性的公共建筑标准相应高一些，构造方法可采用较高标准的做法。

5.2.2 建筑构造设计原则

在进行建筑设计的过程中，始终应贯彻我国“适用、安全、经济、美观”的建筑方针，建筑构造设计应遵循以下几项原则。

(1) 满足建筑物的使用功能及变化的要求。

(2) 充分发挥所用材料各种性能。

(3) 注意施工的可能性和现实性。

(4) 讲究经济效益和社会效益。

(5) 符合相关各项建筑法规和规范的要求。

(6) 注意感官效果及对建筑空间构成的影响。

总之，在进行建筑构造设计中，坚固适用、技术先进、经济合理、美观大方是最根本的原则。

本章小结

本章主要讲述建筑构造研究的对象和任务、建筑物的组成及各组成部分的作用、影响建筑构造的因素和设计原则。

本章的重点是建筑物的组成及各组成部分的作用。

习　题

一、简答题

1. 学习建筑构造的目的何在？
2. 建筑物的基本组成有哪些？它们的主要作用是什么？
3. 影响建筑构造的主要因素有哪些？
4. 建筑构造设计应遵循哪些原则？

二、填空题

1. 一幢建筑物一般由________、________、________、________、________和________等组成。________属于非承重构件。

2. ________是建筑物最下部的承重构件，它承受建筑物的全部荷载，并将其荷载传给下面的土层。

三、选择题

1. 组成房屋的构件中，下列既属承重构件又是围护构件的是(　　)。

A. 墙、屋顶　B. 楼板、基础　C. 屋顶、基础　D. 门窗、墙

2. 建筑构造设计的原则有(　　)。

A. 坚固适用，技术先进，经济合理，美观大方

B. 适用经济，技术先进，经济合理，美观大方

C. 结构合理，技术先进，经济合理，美观大方

D. 坚固耐用，技术先进，结构合理，美观大方

3. 组成房屋的围护构件有(　　)。

A. 屋顶、门窗、墙(柱)　B. 屋顶、楼梯、墙(柱)

C. 屋顶、楼梯、门窗　D. 基础、门窗、墙(柱)

4. 组成房屋的承重构件有(　　)。

A. 屋顶、门窗、墙(柱)、楼板　B. 屋顶、楼板、墙(柱)、基础

C. 屋顶、楼梯、门窗、基础　D. 屋顶、门窗、楼板、基础

第6章
基础和墙构造

教学目标

主要讲述基础和墙体的基本构造原理和方法。通过本章学习，应达到以下目标：

(1) 掌握基础的类型和构造，了解地下室的构造；

(2) 掌握墙体的类型、承重方案及构造做法；

(3) 了解砌块墙及隔墙构造；

(4) 熟悉墙面装修构造和墙体保温构造。

教学要求

知识要点	能力要求	相关知识
基础和地下室	(1) 掌握基础类型和构造 (2) 了解地下室的构造	(1) 基础与地基；基础埋深；刚性基础与柔性基础；条形基础、独立基础等 (2) 地下室的防潮与防水构造
墙体类型和构造	(1) 掌握墙体的类型 (2) 了解墙体的组砌及设计要求 (3) 掌握砌体墙的基本构造	(1) 承重墙、非承重墙、实体墙、空体墙、复合墙等概念、墙体的承重方案 (2) 墙体组砌原则 (3) 防潮层、门窗过梁、圈梁、构造柱、勒脚、散水等构造做法
砌块墙及隔墙构造	(1) 了解砌块墙的基本构造 (2) 了解隔墙的基本构造	(1) 砌块墙的组砌、砌块墙的构造 (2) 砌筑隔墙、骨架隔墙、板材隔墙
墙面装修及保温构造	(1) 了解墙面装修的类型和构造 (2) 熟悉墙体的保温构造	(1) 抹灰类、贴面类、钉挂类、裱糊类 (2) 外保温、内保温、夹芯保温

基本概念

基础、地基、基础埋深、刚性基础、柔性基础、条形基础、独立基础、筏板基础、箱形基础、承重墙、非承重墙、隔墙、横墙承重、纵墙承重、纵横墙混合承重、防潮层、过梁、圈梁、构造柱、散水、勒脚、砌筑隔墙、骨架隔墙、板材隔墙、外保温、内保温、夹芯保温

引例

某工厂新建一生活区，共14幢七层砖混结构住宅。竣工一年后，相继发现10幢条形建筑中的6幢

部分墙体开裂；3幢点式住宅发生整体倾斜。后经观察分析，出现问题的建筑均产生严重的地基不均匀沉降，最大沉降达160mm以上。事故发生后，有关部门对该工程质量事故进行鉴定。经查明，在修建生活区地下有一古河道，古河道内沉积了淤泥层，土质特别柔软，属于高压缩性、低承载力土层，且厚度较大，在压力作用下产生较大沉降。

我们生活中有很多基础和墙体构造设计、施工不合理造成的惨痛案例，如墙体防潮没有做好，导致墙体发霉、掉皮，严重影响用户使用。我们必须掌握这些部位的构造要求及做法。

6.1 基础和地下室

6.1.1 基础与地基

基础是建筑的墙或柱埋在地下的扩大部分。它的作用是承受建筑的总荷载并把荷载传给它下面的土层，基础下面的土层是地基。

1. 地基和基础的要求

(1) 地基应具有良好的稳定性，避免产生不均匀沉降，导致墙身开裂或房屋倾斜、破坏。

(2) 基础应有足够的强度，即基础所用材料要符合基础强度要求。

(3) 基础应满足耐久性的要求，基础所用材料和构造应与上部建筑等级适应，符合耐久性要求。

(4) 基础工程应注意经济效果。

2. 地基的分类

地基在荷载作用下产生的应力和应变，随土层深度的增加而减少，如图6.1所示。地基中承受压力需要计算的土层为持力层，持力层以下的土层为下卧层。

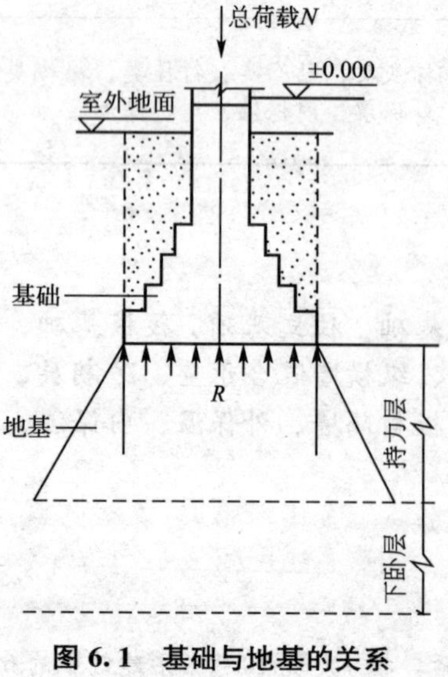

图6.1 基础与地基的关系

地基分为天然地基和人工地基两大类。

天然地基指天然土层具有足够的承载力，不需要经人工改良或加固可以直接在上面建造房屋的地基。

人工地基指土层的承载力差，缺乏足够的坚固性和稳定性，必须对土层进行人工加固后，才能在上面建造房屋。加固地基有多种方法，如压实法、换土法、挤密法、化学加固法等。

3. 基础的埋置深度

由室外设计地坪到基础底面的垂直距离，称为基础的埋置深度，简称基础埋深。基础埋深不超过4m的称为浅基础，大于4m的属于深基础。一般情况下，基础的埋深应不小于500mm，为了保护基础，基础顶面应低于室外地坪至少 100mm，以免基础外露，如图 6.2 所示。

基础埋深受建筑物上部荷载的大小、地基土质的好坏、地下水位的高低、土的冰冻深度以及新旧建筑物的相邻关系等因素的影响。

基础应尽可能埋在最高地下水位以上。当地下水位高使基础无法埋在地下水位以上时，应将基础底面埋在最低地下水位以下 200mm 处，如图 6.3 所示。

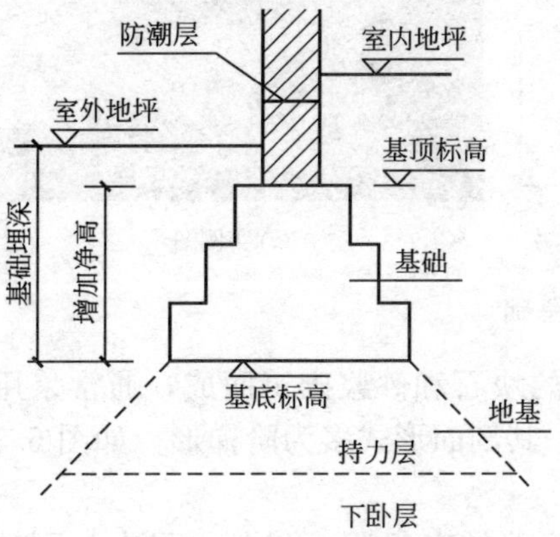

图 6.2 基础埋深示意图

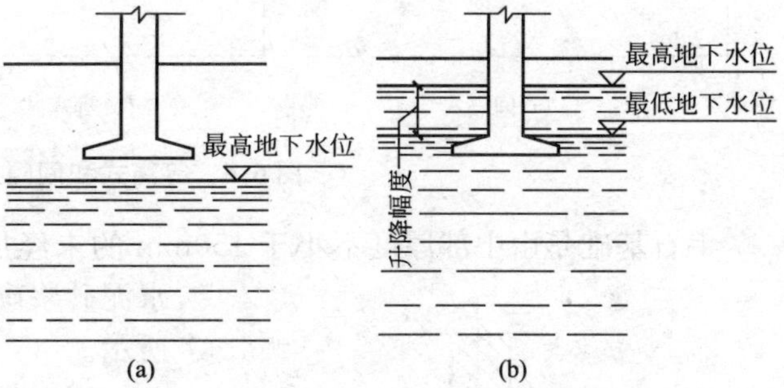

图 6.3 地下水位对基础埋深的影响

冬季土壤冻结与不冻结的分界线称为冰冻线。室外设计地坪到冰冻线的距离称为冻结深度。对于冻胀土和强冻胀土基础底面应埋在冻结深度以下至少 200mm 处，如图 6.4 所示。

一般情况下，新建房屋的基础埋深不宜深于原有房屋基础；而由于建筑荷载和地基土质因素的影响必须深于原有建筑基础埋深时，两基础之间应保持一定的距离，一般要求不小于底面高差的 1～2 倍，如图 6.5 所示。

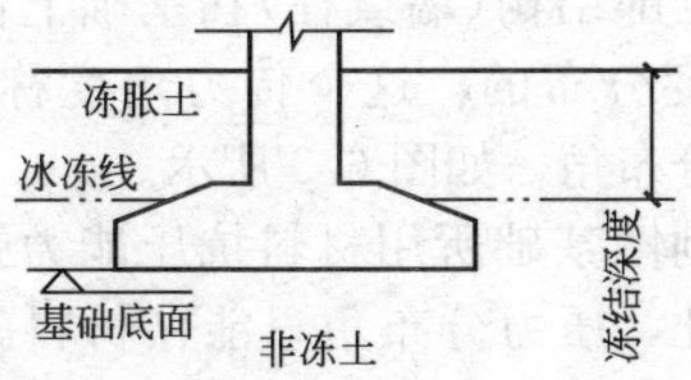

图 6.4 冻结深度对基础埋深的影响

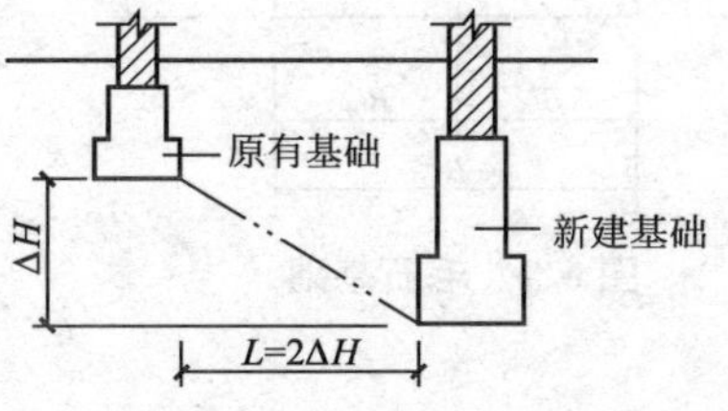

图 6.5 相邻建筑基础对基础埋深的影响

4. 基础的分类与构造

1）根据基础材料分类

根据基础材料划分，有砖基础、毛石基础、灰土基础、素混凝土基础和钢筋混凝土基础几种。

砖的强度、耐久性均较差，故砖基础多用于地基土质好、地下水位低、五层以下的砖木结构或砖混结构建筑。砖基础有等高式和间隔式砖基础，如图 6.6 所示。

灰土基础一般用在地下水位比较低的地区，也可以在砖基础下做灰土垫层。一步灰土基础高为 150mm。

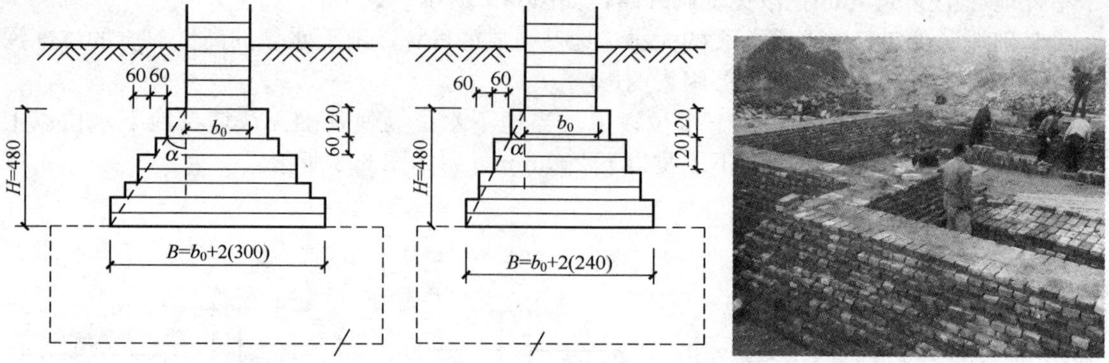

(a) 间隔式　(b) 等高式　(c) 实例图

图 6.6　等高式和间隔式砖基础

毛石基础是由中部厚度不小于 150mm 的未经加工的块石和砂浆砌筑而成，通常采用水泥砂浆砌筑。其剖面形式多为阶梯形，如图 6.7 所示。

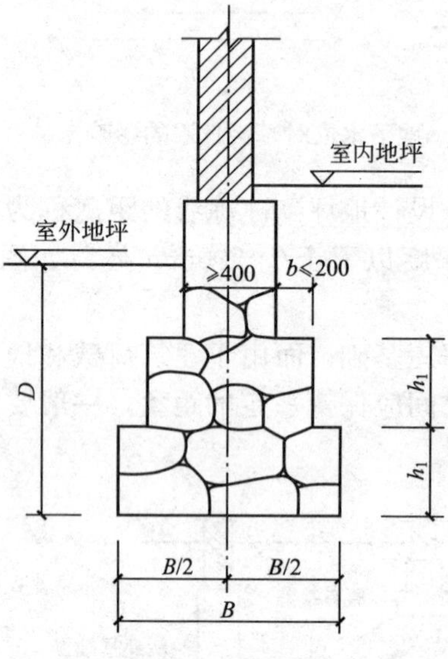

图 6.7　毛石基础

素混凝土基础具有坚固、耐久、耐水、刚性角大的特点，常用于有地下水和冰冻作用的地方。基础断面可以做成矩形、梯形、锥形，如图 6.8 所示。

2）按基础受力情况分类

基础根据受力情况划分，有刚性基础和柔性基础两种。刚性基础是受刚性角限制的基础，柔性基础是不受刚性角限制的基础。砖基础、毛石基础、灰土基础、素混凝土基础属于刚性基础。这些基础上部结构(墙或柱)在基础上传递压力是沿一定角度分布的，这个传力角度称为刚性角，也叫压力分布角，如图 6.9 所示。

由于刚性基础所用材料抗压能力强，抗拉能力差，因此，压力分布角只能在材料的抗压范围

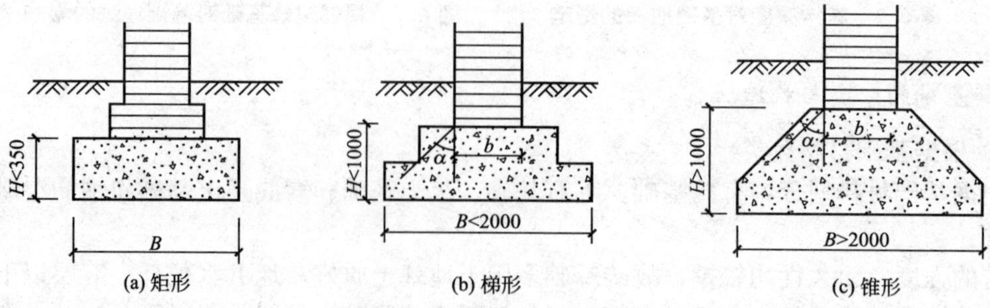

(a) 矩形　(b) 梯形　(c) 锥形

图 6.8　素混凝土基础的构造

内控制。如果基础底面宽度超过控制范围，基础则会因受拉而破坏，如图 6.10 所示。所

以，刚性基础底面宽度的增大要受刚性角的限制。

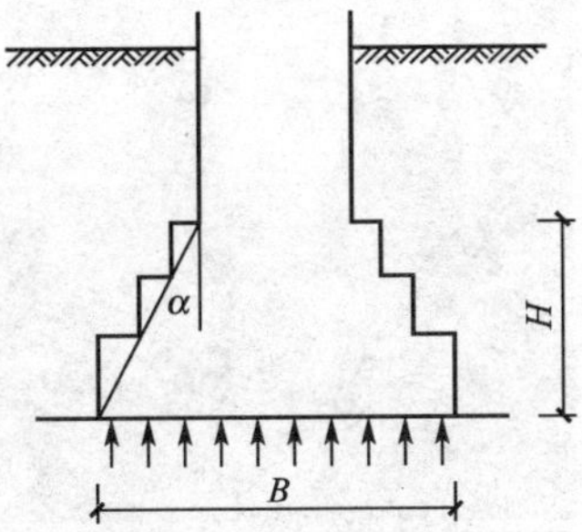

图 6.9 刚性基础的刚性角

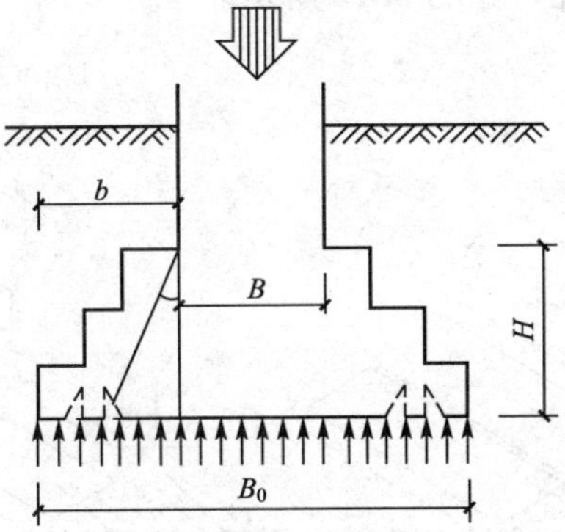

图 6.10 刚性基础受刚性角的影响

在混凝土基础底面配置钢筋，利用钢筋承受拉力，基础宽度的加大不受刚性角的限制，称钢筋混凝土基础为柔性基础，如图 6.11 所示。在钢筋混凝土基础与地基之间设置混凝土垫层。混凝土垫层常采用 100mm 厚 C10 的素混凝土，比基础底面每边宽出 100mm。

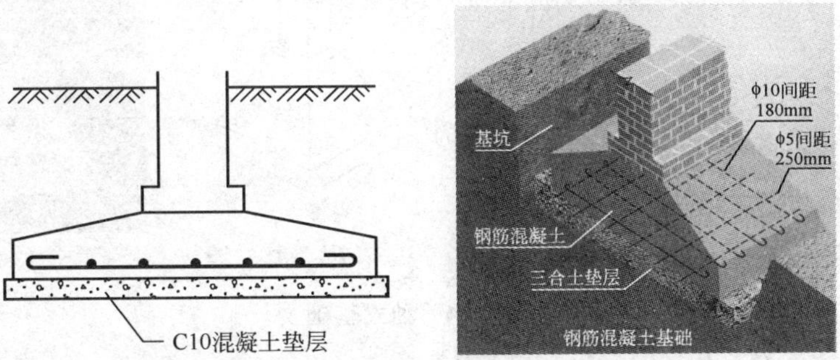

图 6.11 钢筋混凝土基础的构造

3）按基础的构造形式分类

(1) 条形基础。条形基础呈连续的带状，故也称带形基础。条形基础一般用于墙下，也可用于柱下，其构造形式如图 6.12 所示。

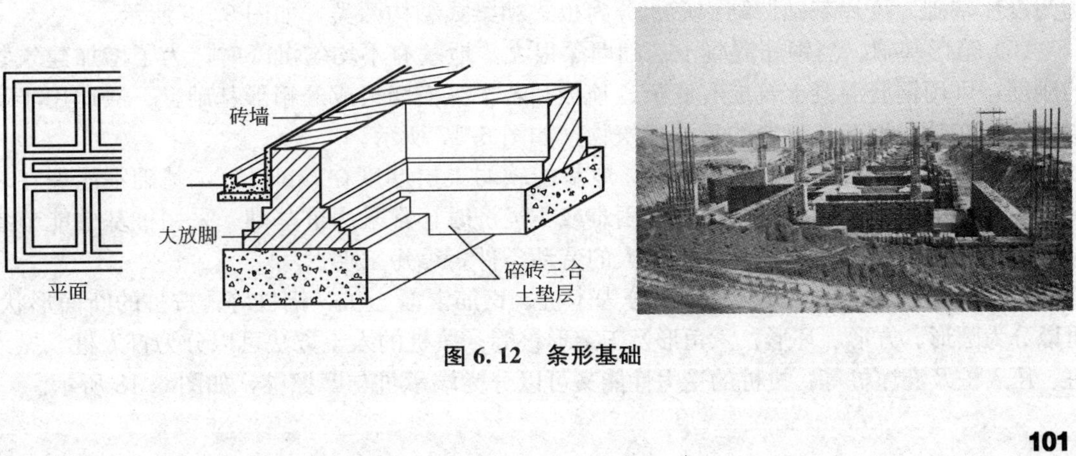

图 6.12 条形基础

在荷载较大且地基为软土时，常采用钢筋混凝土条形基础，使整个房屋的基础具有良好的整体性，如图 6.13 所示。

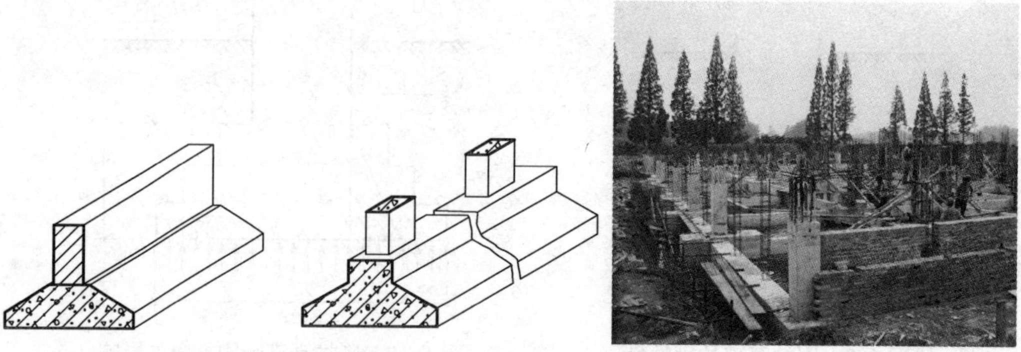

图 6.13　混凝土条形基础

（2）独立基础。独立基础呈柱墩形，也叫做单独基础，常用于柱下独立基础。常用断面形式有阶梯形、锥形、杯形等，如图 6.14 所示。

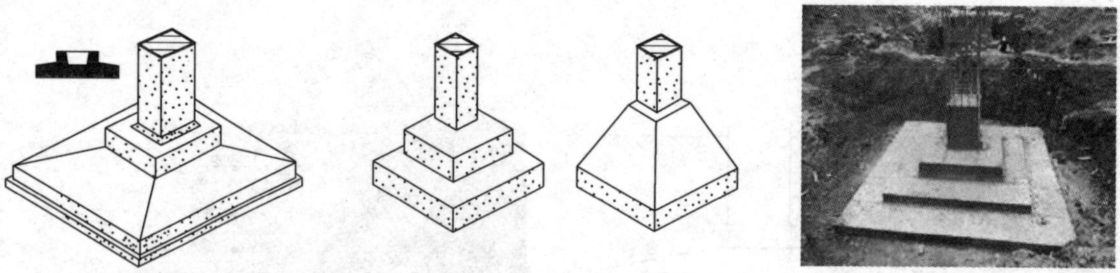

(a) 杯形　(b) 阶梯形　(c) 锥形　(d) 实例

图 6.14　独立基础

（3）井格式基础。当框架结构处在地基条件较差的情况时，为了提高建筑物的整体性，以免各柱子之间产生不均匀沉降，常将柱子沿纵横方向连接起来，做成十字交叉的井格基础，又称为十字带形基础，如图 6.15 所示。

（4）筏片基础。当上部荷载较大、地基承载力较低、十字交叉基础的底面积占建筑物平面面积比例较大时，考虑选用整片基础减少基底压力、调整地基不均匀沉降，这种基础称为筏片基础。筏片基础按结构形式分为板式和梁式结构两类，如图 6.16 所示。

（5）箱形基础。当钢筋混凝土基础埋深很大，地基有不均匀沉降时，为了增加建筑物的刚度，可用钢筋混凝土筑成有底板、顶板和若干纵横墙组成的箱形基础。一般适用于高层建筑或在软弱地基上建造的重型建筑物，如图 6.17 所示。

（6）桩基础。当建筑物荷载较大，地基的软弱土层厚度在 5m 以上，基础不能埋在软弱土层内或对软弱土层进行人工处理困难或不经济时，常采用桩基础。采用桩基础能节省基础材料，减少挖填土方量，改善工人的劳动条件，缩短工期。

桩的种类很多，按桩的材料可以分为木桩、钢筋混凝土桩、钢桩等；按桩的断面形状，可以分为圆形、方形、环形、六角形及工字形桩等；按桩的入土方法可以分为打入桩、振入桩、压入桩及灌注桩等；按桩的受力性能又可以分为端承桩与摩擦桩，如图 6.18 所示。

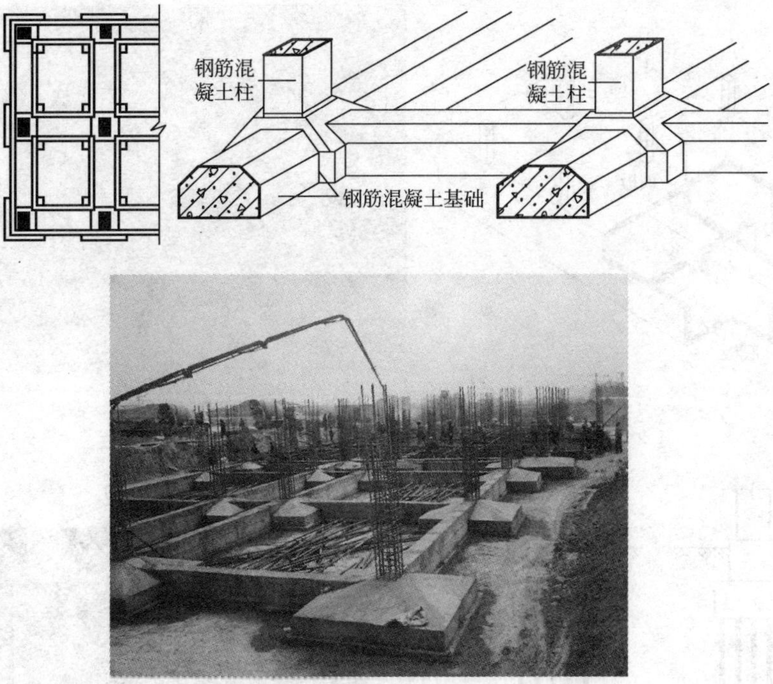

图 6.15 井格式基础

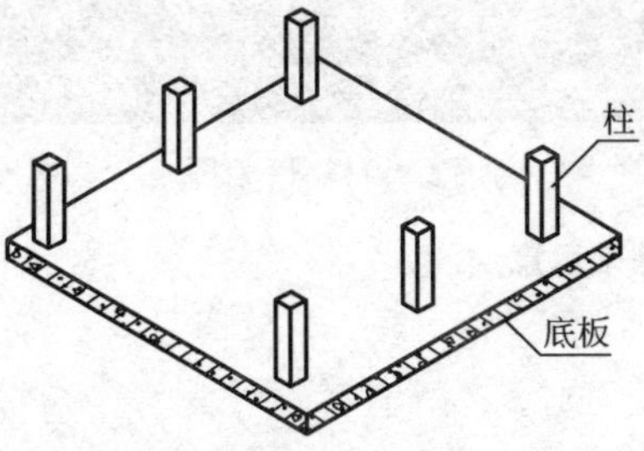

(a) 板式

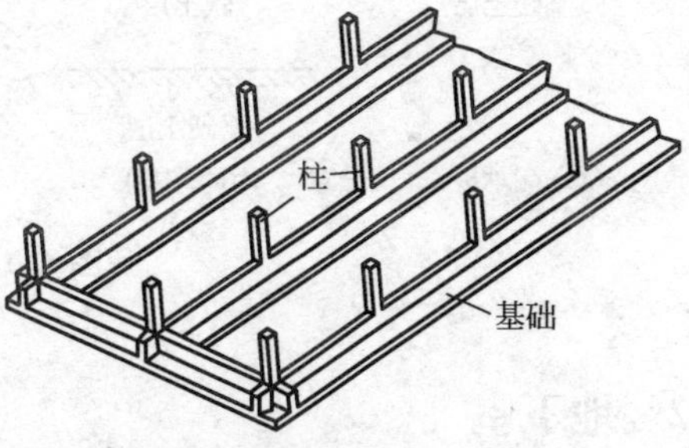

(b) 梁式

(c) 井格梁式

(d) 井格梁式筏片基础实例

图 6.16 筏片基础

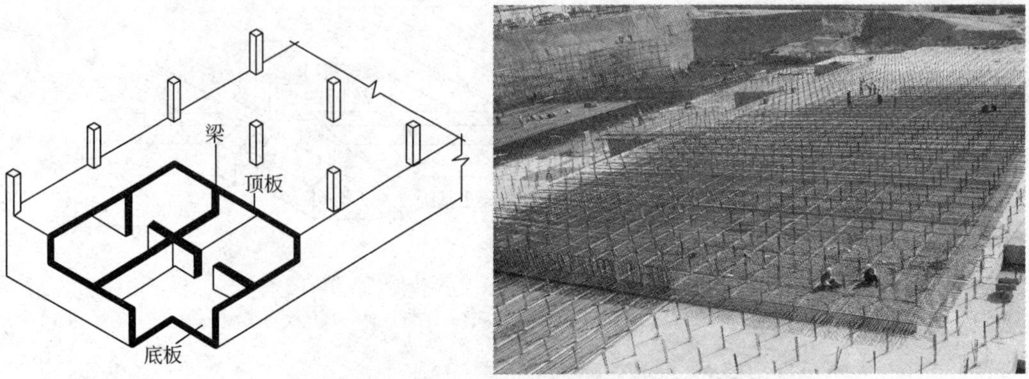

图 6.17　箱形基础

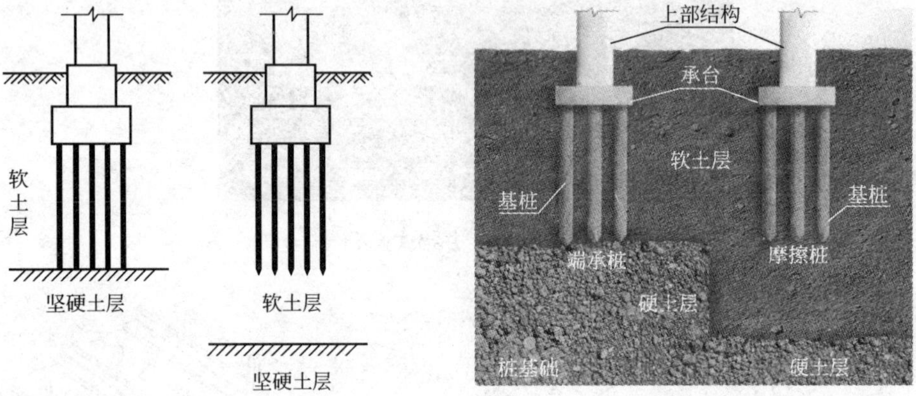

(a) 端承桩　　(b) 摩擦桩　　(c) 模型示意图

图 6.18　桩基础示意

6.1.2　地下室

建筑物首层下面的房间叫地下室，利用地下空间，节约建设用地。地下室按使用功能分，有普通地下室和防空地下室；按顶板标高，有半地下室(埋深为 1/3～1/2 倍的地下室净高)和全地下室(埋深为地下室净高的 1/2 以上)。

1. 地下室的组成

地下室由墙体、底板、顶板、门窗、楼电梯五大部分组成。

地下室的外墙应按挡土墙设计，钢筋混凝土墙的最小厚度除满足结构要求外，还应满足抗渗厚度的要求，其最小厚度不低于 300mm。

地下室的底板处于最高地下水位以上，并且无压力水产生作用时，按一般地面工程处理；底板处于最高地下水位以下时，其不仅承受上部垂直荷载，还承受地下水的浮力荷载，因此，应采用钢筋混凝土底板，并双层配筋，底板下垫层上还应设置防水层，以防渗漏。

2. 地下室的防潮、防水构造

1）地下室防潮、防水的原则

当地下室周围土层为强透水性的土，设计最高地下水位低于地下室底板且无滞水可能时应采取防潮措施，如图 6.19 所示。当设计最高地下水位高于地下室底板，或地下室周围土层属弱透水性土存在滞水可能时，应采取防水措施，如图 6.20 所示。

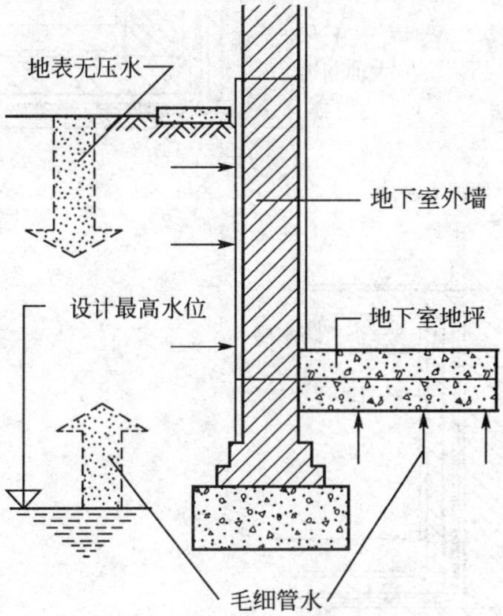

图 6.19 地下室防潮处理

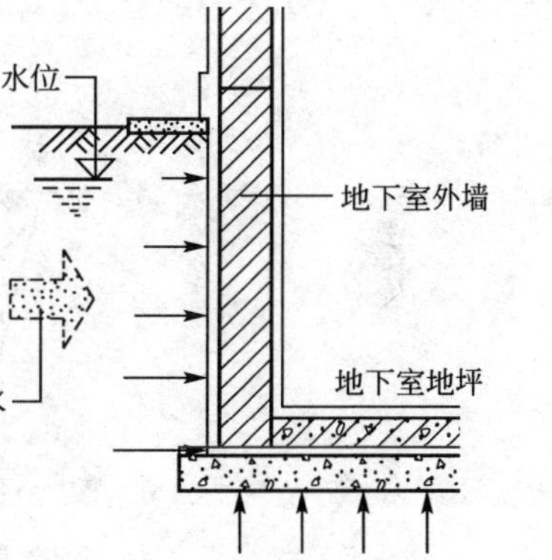

图 6.20 地下室防水处理

2）地下室防潮构造

地下室防潮的构造要求如下。

砖墙体必须采用水泥砂浆砌筑；外墙外侧设垂直防潮层，其做法一般为：1∶2.5 水泥砂浆找平、刷冷底子油一道、热沥青两道，防潮层做至室外散水处，然后在防潮层外侧回填低渗透性土，底宽 500mm 左右。此外，地下室所有墙体，必须设两道水平防潮层：一道设在地下室地坪附近；另一道设在散水以上 150～200mm 处，如图 6.21 所示。

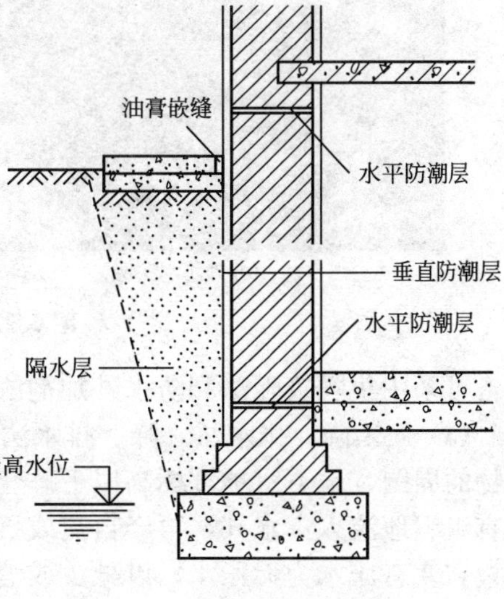

图 6.21 地下室防潮构造

3）地下室防水构造

地下室的防水目前采用的有卷材防水、防水砂浆、混凝土自防水等几种。另外，还有人工降、排水的方法。

(1) 卷材防水。卷材防水的施工方法有两种：外防水和内防水。卷材防水层设在地下工程围护结构外侧(即迎水面)时，称为外防水；卷材粘贴于结构内表面时称为内防水，如图 6.22 所示。

(2) 钢筋混凝土自防水。防水混凝土的

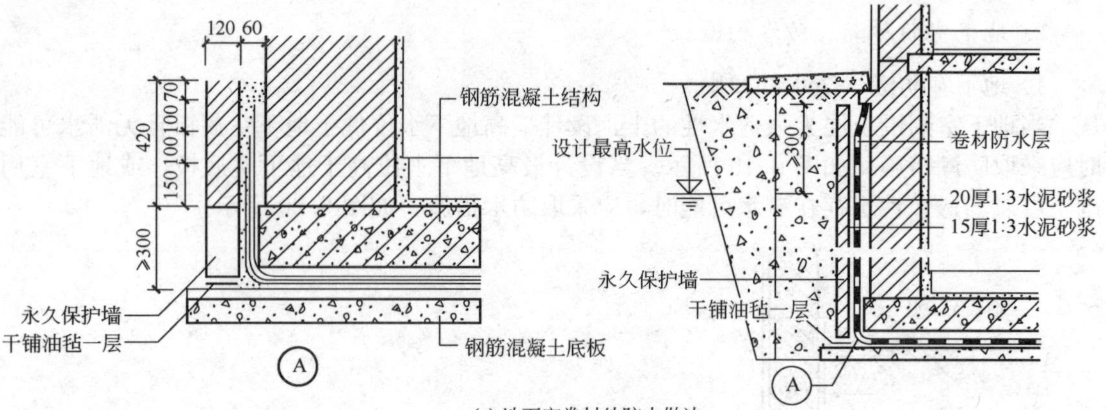

(a) 地下室卷材外防水做法

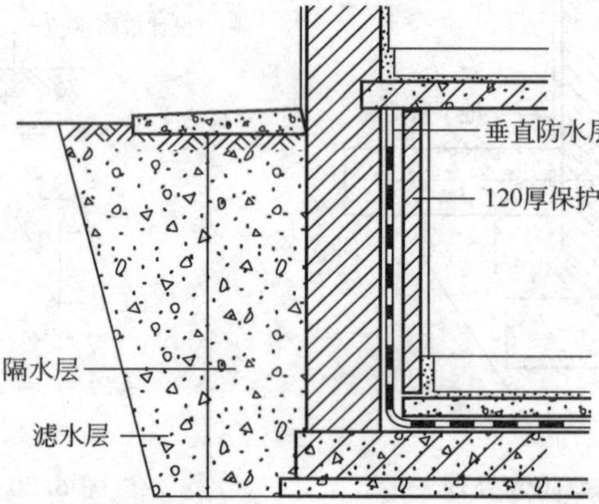

(b) 地下室卷材内防水做法

(c) 外防水实例

(d) 内防水实例

图 6.22　卷材防水构造做法

制备可采用集料级配法和防水外加剂法，如图 6.23 所示。

（3）人工降、排水法。降、排水法通常采用盲沟降、排水，即利用带孔套管埋设在建筑物的周围，地下室地坪标高以下。套管周围填充可以滤水的卵石及粗砂等材料，使地下水有组织地流入集水井，再经自流或机械排水排向城市排水管网，使地下水位低于地下室底板，变有压水为无压水，以减少或消除地下水的影响，如图 6.24 所示。

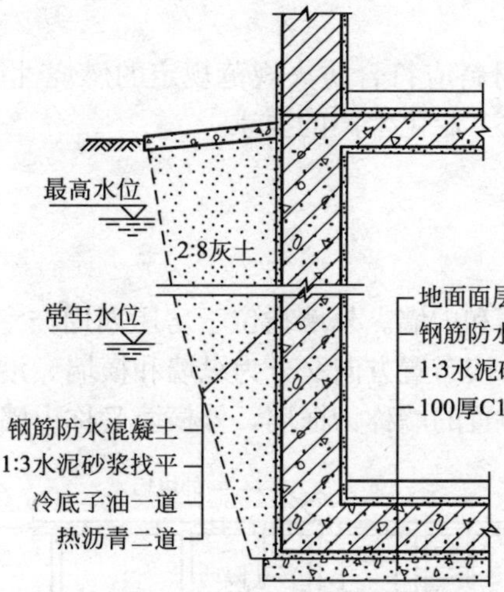

图 6.23 钢筋混凝土自防水构造

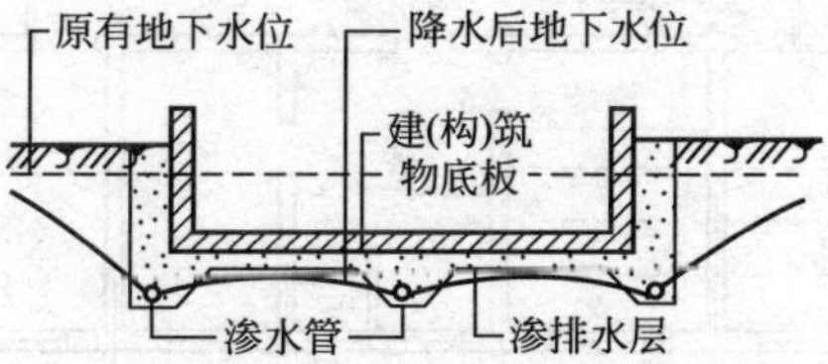

(a) 地下室外排水原理示意图

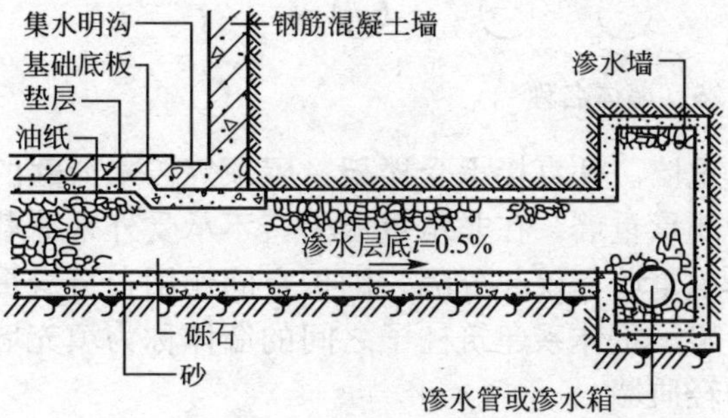

(b) 地下室外排水实例

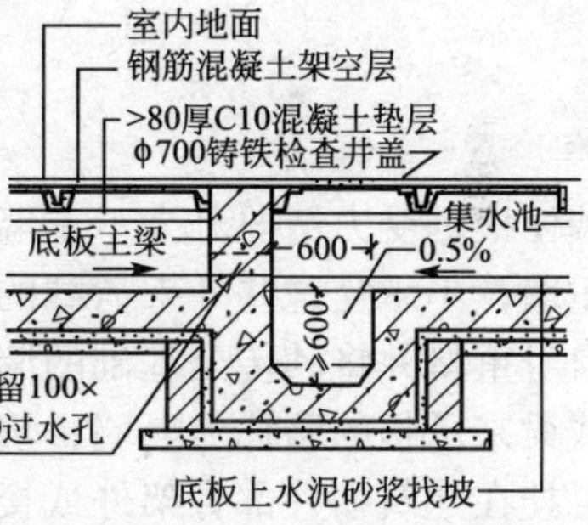

(c) 地下室内排水构造示意图

图 6.24 地下室人工降、排水构造示意图

6.2 墙体概述

6.2.1 墙体的设计要求

(1) 满足强度和稳定性要求，包括合适的材料性能、适当的截面形状、可靠的连接等。

(2) 具有足够的保温隔热能力，其设计应与所在地区气候相适应。

(3) 具有一定的隔声能力。

(4) 满足防火要求，所选择材料应符合防火规范规定的燃烧性能和耐火极限的要求。

(5)满足防潮、防水、经济及工业化生产的要求。

6.2.2 墙体的类型

墙体按所处位置不同分为外墙和内墙。外墙指位于房屋四周与室外接触的墙，内墙指位于房屋内部，分隔内部空间的墙。按布置方向又分为纵墙和横墙。沿建筑物长轴方向布置的墙称为纵墙，沿建筑物短轴方向布置的墙称为横墙，外横墙又称山墙，如图 6.25 所示。

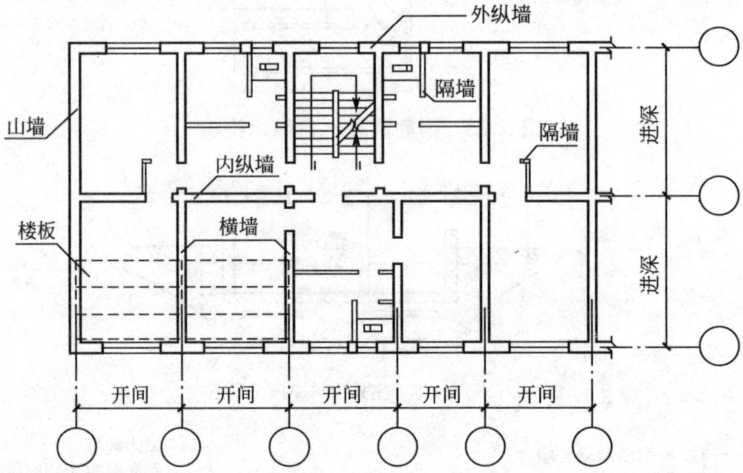

图 6.25 墙体名称

墙体根据受力情况分为承重墙和非承重墙。凡直接承受楼板、屋顶等传来荷载的墙称为承重墙；不承受这些外来荷载的墙称为非承重墙。在非承重墙中，不承受外来荷载，仅承受自身重量并将其传至基础的墙称为自承重墙；仅起分隔、围护空间作用，自身重量由楼板或梁来承担的墙称为隔墙；填充在骨架承重体系建筑柱子之间的墙体称为填充墙；幕墙是悬挂在建筑物外部骨架外或楼板间的轻质墙。

墙体按所用材料不同，有砖墙、砌块墙、钢筋混凝土墙、石材墙等。

墙体按构造形式不同，分为实体墙、空体墙和复合墙三种。实体墙是由单一材料组成，如普通黏土砖墙；空体墙也是由单一材料组成，内部的空腔可以靠组砌形成，如空斗墙；复合墙是由两种以上材料组合而成，如外设保温层的复合墙体。

墙体根据施工方法分为块材墙、板筑墙和板材墙三种。块材墙指用砂浆等胶结材料将块材组砌而成，如砖墙、砌块墙。板筑墙指在现场支模板，现浇而成的墙体，如现浇混凝土墙。板材墙指预先制成墙板，施工时安装而成的墙，如各种轻质条板隔墙。

6.2.3 墙体的承重方案

墙体有横墙承重、纵墙承重、纵横墙混合承重和局部框架承重方案。

横墙承重是将楼板及屋面板等搁置在横墙上，如图 6.26(a)所示。横墙承重适用于房间的面积不大或房间开间尺寸较小的建筑，如住宅、宿舍、旅馆等。

纵墙承重方案是楼板及屋面等搁置在纵墙上，横墙只起分隔空间和连接纵墙的作用，如图6.26(b)所示。纵墙承重适用于房间较大以及划分较灵活的建筑物，如办公楼、餐厅、商店等，也适用于旅馆、住宅、宿舍等建筑。

房屋中纵墙和横墙都是承重墙时，称纵横墙混合承重，如图6.26(c)所示。这种方案适用于房间的开间和进深尺寸较大、房间类型较多，以及平面复杂的建筑，前者如教学楼、医院等建筑，后者如托儿所、幼儿园等建筑。

当房屋内部采用柱、梁组成的内框架时，由墙和柱共同承受水平承重构件的荷载，称为内框架承重，如图6.26(d)所示。这种方案适用于室内需要大空间的建筑，如大型商店。

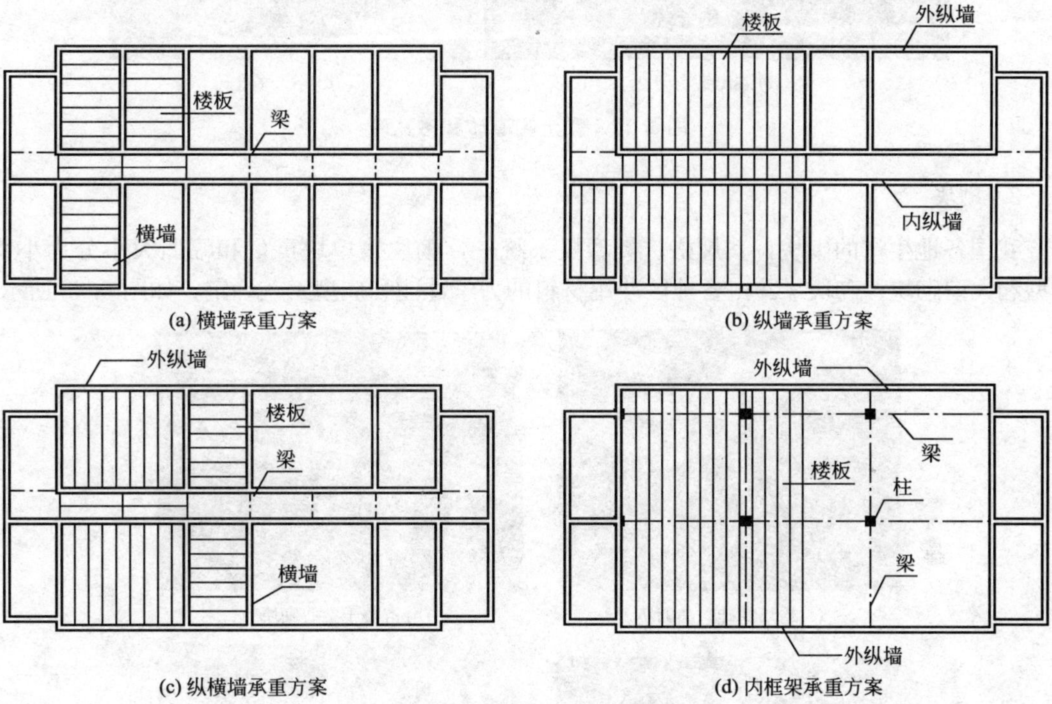

图6.26 墙体承重方案

6.3 砌体墙的基本构造

6.3.1 砌体墙的材料

1. *砖*

黏土实心砖是全国统一规格，称为标准砖，尺寸为240mm×115mm×53mm。砖的强度等级是根据标准试验方法所测得的抗压强度，分六级：MU30、MU25、MU20、

MU15、MU10、MU7.5，如图 6.27(a)所示。KP1 型黏土空心砖的规格为 240mm×115mm×90mm，如图 6.27(b)所示。

(a) 黏土实心砖

(b) 黏土多孔砖

图 6.27 黏土实心砖和多孔砖

2. *砌块*

我国各地生产的砌块，其规格、类型极不统一，砌块按单块重量和幅面大小分为小型、中型和大型砌块；砌块尺寸由各地区使用材料的力学性能和成型工艺确定，如图 6.28 所示。

(a) 粉煤灰硅酸盐砌块

(b) 混凝土空心砌块

(c) 加气混凝土砌块

(d) 陶粒混凝土空心砌块

图 6.28 不同类型的砌块

3. *砂浆*

砂浆是黏结材料，使传力均匀，砂浆还起着嵌缝作用，能提高防寒、隔热和隔声的能力。砌筑砂浆要求有一定的强度，以保证墙体的承载能力；具有好的和易性。砌筑砂浆通常有水泥砂浆、石灰砂浆及混合砂浆。砂浆的强度等级也是以 N/mm^2 为单位的抗压强度来划分的，从高到低分为七级：M15、M10、M7.5、M5、M2.5、M1 和 M0.4。

6.3.2 砌块墙的组砌

砖墙体砌筑时砖缝砂浆应饱满，厚薄应均匀，灰缝厚度为 8～12mm；并且应保证砖缝横平竖直、上下错缝、内外搭接，避免形成竖向通缝。在墙体的组砌中，长边平行于墙面砌筑的砖称为顺砖，垂直于墙面砌筑的砖称为丁砖，如图 6.29 所示。实体砖墙通常采用一顺一丁、多顺一丁、梅花丁等砌筑方式，如图 6.30 所示。

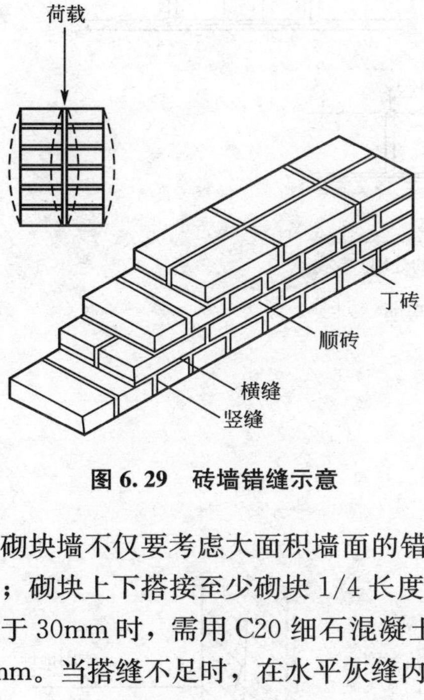

图 6.29 砖墙错缝示意

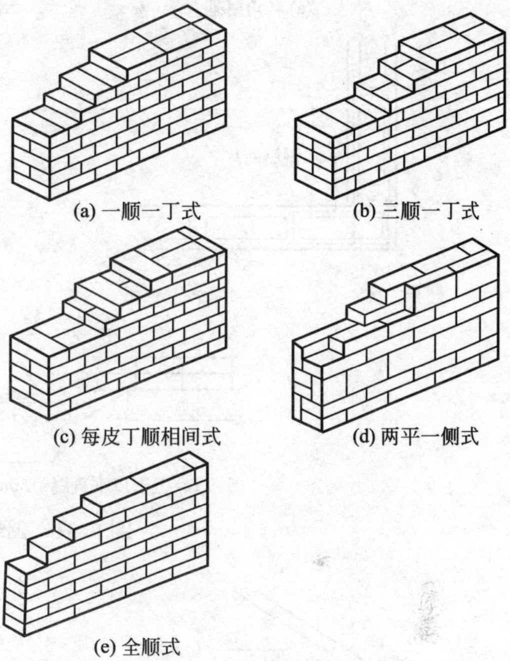

图 6.30 砖墙的组砌方式

砌块墙不仅要考虑大面积墙面的错缝搭接，避免通缝，而且要考虑内、外墙的交接、咬砌；砌块上下搭接至少砌块 1/4 长度，水平灰缝、垂直灰缝一般为 15～20mm。垂直灰缝大于 30mm 时，需用 C20 细石混凝土灌实。中型砌块砌体上下皮的搭缝长度不得小于 150mm。当搭缝不足时，在水平灰缝内增设 ϕ2～4 的钢筋网片，如图 6.31 所示。

6.3.3 砌体墙的细部构造

墙身细部构造包括墙脚(墙身防潮、勒脚、散水)、墙身(过梁、窗台、圈梁)、檐口构造等，如图 6.32 所示。

1. 墙脚的构造

墙脚一般是指基础以上，室内地面以下的墙体。外墙的墙脚又称为勒脚。由于砖砌体本身存在很多微孔，而且墙脚经常受到地下潮气、雨水飞溅及人为破坏等的影响，墙脚必须做好墙脚的防潮，增强勒脚的坚固及耐久性，排除房屋四周地面水，如图 6.33 所示。

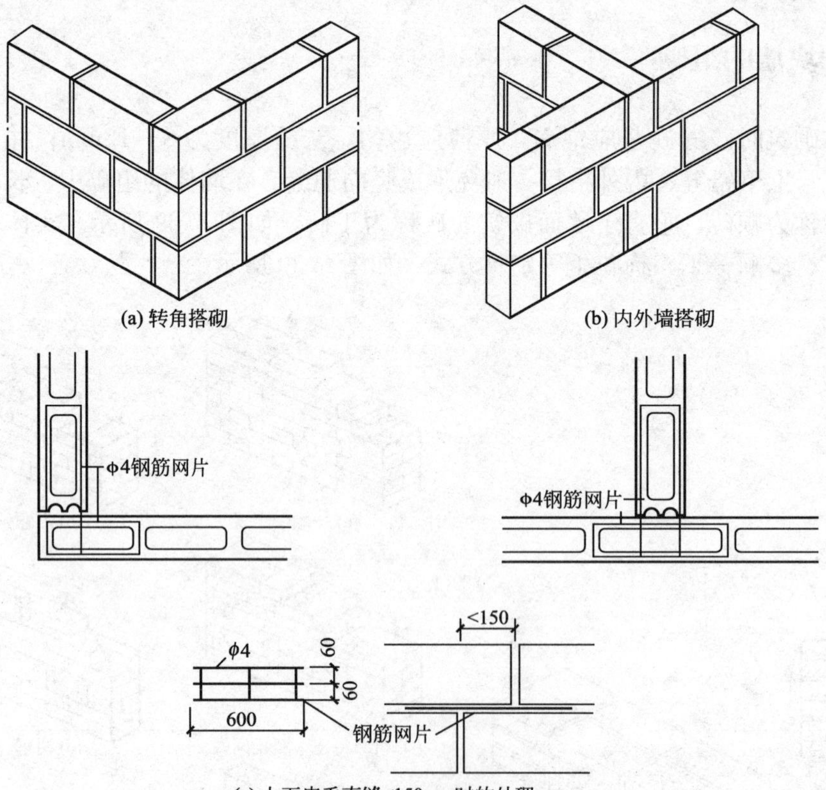

(a) 转角搭砌　(b) 内外墙搭砌

(c) 上下皮垂直缝<150mm时的处理

图 6. 31　砌块墙构造

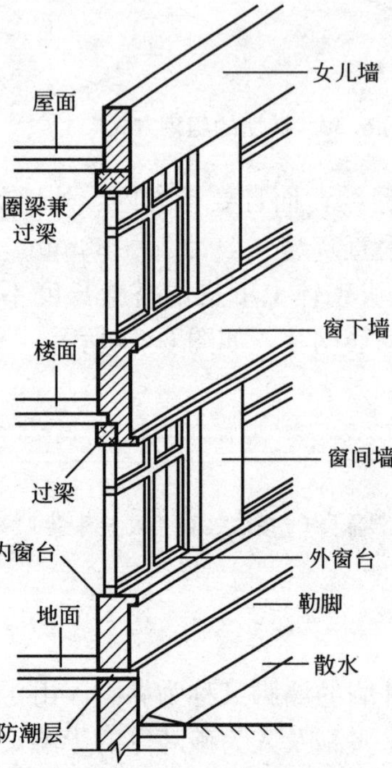

图 6. 32　外檐墙构造详图

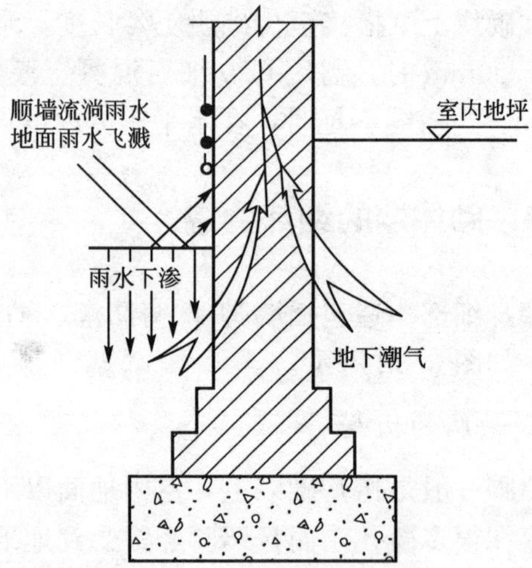

图 6. 33　墙体受潮影响

1）墙身防潮层

墙身防潮目的在于隔绝室外雨水及地下潮气等对墙体的影响，有水平防潮和垂直防潮。

(1) 防潮层的做法。防水砂浆防潮层，是在防潮层部位抹 20mm 厚掺入水泥重量 3%～5%防水剂的1∶2.5 水泥砂浆，或在防潮层部位用防水砂浆砌 4～6 皮砖，如图 6.34(a)、(b)所示。

油毡防潮层，分为干铺和粘贴两种。油毡使墙体隔离，削弱了砖墙的整体性和抗震能力，不能用于地震区，如图 6.34(c)所示。

细石混凝土防潮层，是采用 60mm 厚与墙等宽的 C15 或 C20 细石混凝土带，内配 3ϕ6 或 3ϕ8 钢筋，如图 6.34(d)所示。

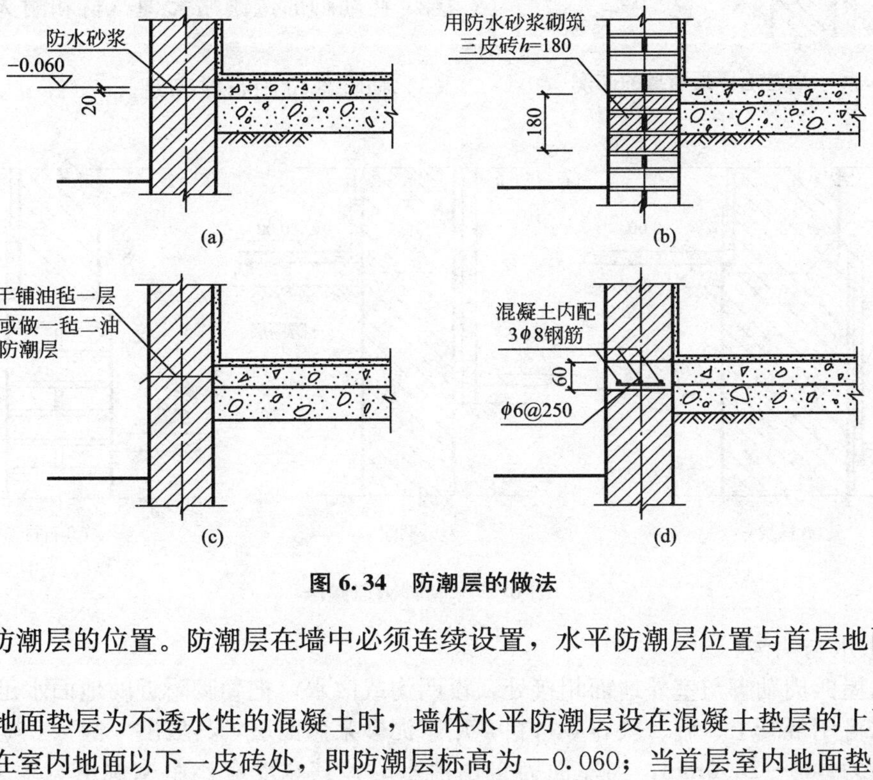

图 6.34 防潮层的做法

(2) 防潮层的位置。防潮层在墙中必须连续设置，水平防潮层位置与首层地面垫层材料有关。

首层地面垫层为不透水性的混凝土时，墙体水平防潮层设在混凝土垫层的上下表面之间，一般在室内地面以下一皮砖处，即防潮层标高为−0.060；当首层室内地面垫层为透水性材料(如砖、炉渣)时，墙体水平防潮层一般在室内地面以上一皮砖处，如图 6.35 所示。

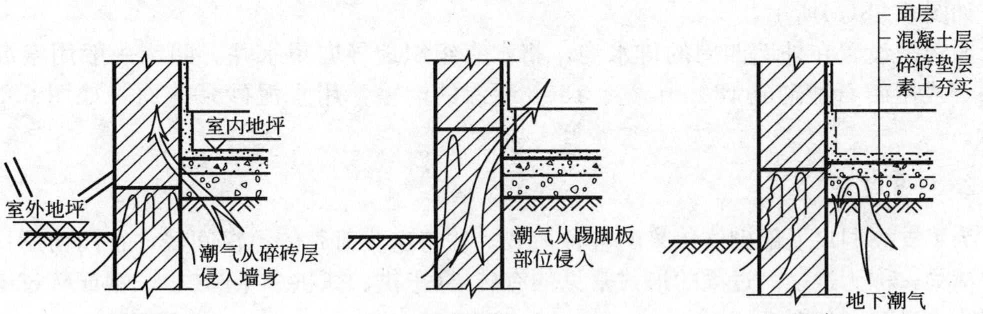

图 6.35 防潮层的位置

两相邻房间的室内地面有高差时，在墙身内设置高低两道水平防潮层，并在靠土壤一侧设置垂直防潮层，以避免回填土中的潮气侵入墙身，如图 6.36 所示。

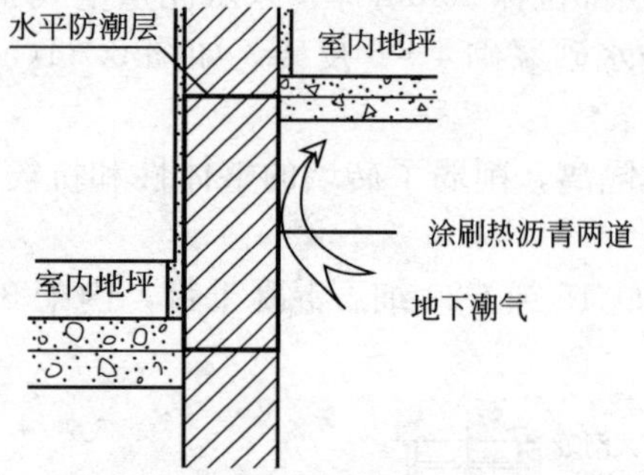

图 6.36　高差地坪处墙身的防潮

2）勒脚

勒脚是外墙与室外地面接近的部位。勒脚的作用：一是保护墙体，防止各种机械碰撞；二是防止地面水对墙脚的侵蚀；三是美观，对建筑物的立面处理产生一定效果。一般勒脚的做法如图 6.37 所示。

（1）在勒脚部位抹 20～30mm 厚的 1∶2（或 1∶2.5）水泥砂浆，或做水刷石。

（2）在勒脚部位镶贴大理石材和耐久性能好的材料。

（3）勒脚部位用石材砌筑。

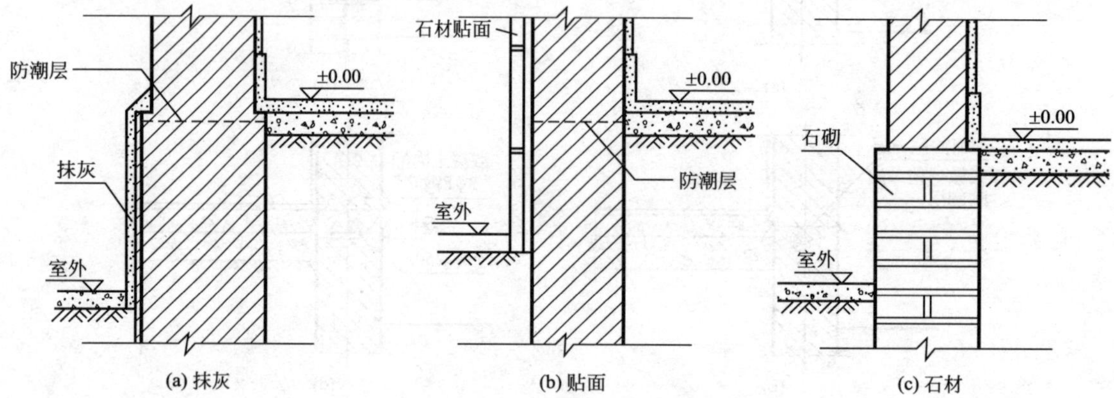

图 6.37　勒脚构造做法

3）散水与明沟

在房屋四周勒脚与室外地面相接处，设明沟或散水，把勒脚附近的地面水迅速排走。

散水可用混凝土、砖、块石等材料，用水泥砂浆做面层，其坡度一般为 3%～5%，其宽度一般为 600～1200mm，当屋面为自由落水时，其宽度应比屋檐挑出宽度大 200mm。由于建筑物的沉降，勒脚与散水交接处应留有缝隙，缝内填粗砂或米石子，上嵌沥青胶盖缝，如图 6.38(a)所示。

明沟是设置在外墙四周的排水沟，将水有组织地导向集水井。明沟一般用素混凝土现浇，或用砖石铺砌成 180mm 宽、150mm 深的沟槽，用水泥砂浆抹面，如图 6.38(b)所示。

2. 门窗过梁

为了支撑洞口上部砌体传来的各种荷载，并将这些荷载传给窗间墙，在门窗洞口上应设置横梁，称为过梁。过梁的形式常见的有砖拱(平拱、弧拱和半圆拱)、钢筋砖过梁和钢筋混凝土过梁，如图 6.39 所示。

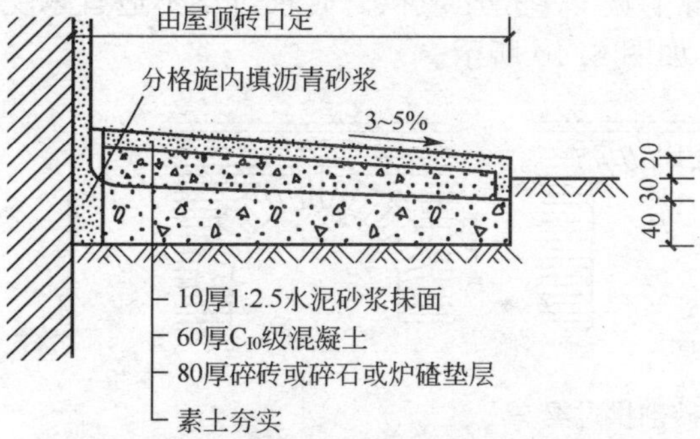

(a) 散水构造做法

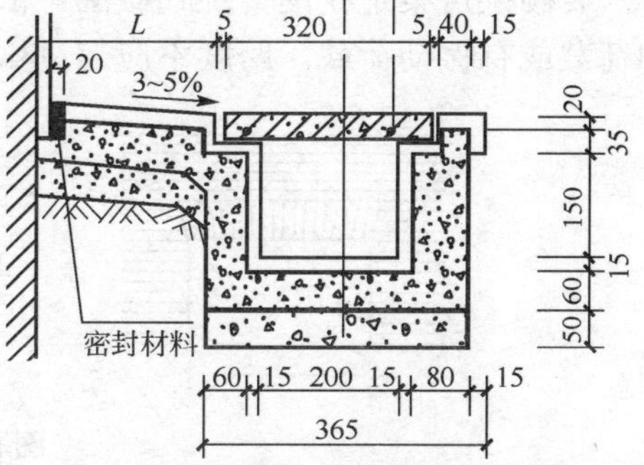

(b) 明沟构造做法

(c) 散水实例

(d) 明沟实例

图 6.38　散水和明沟构造做法及实例

(a) 平拱砖过梁

(b) 弧拱砖过梁

(c) 钢筋砖过梁

(d) 钢筋混凝土过梁

图 6.39　过梁形式

砖砌拱过梁是我国传统式做法，依靠灰缝上宽下窄挤压成拱。砖拱过梁不适宜承受集中荷载或有振动荷载，跨度不应超过 1.2m，如图 6.40 所示。

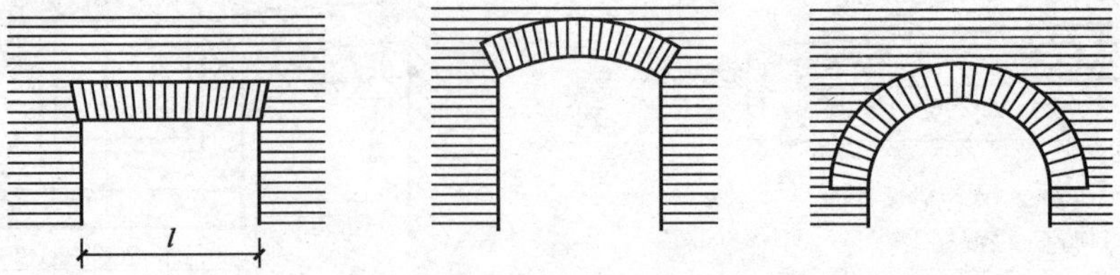

图 6.40 砖砌拱过梁

钢筋砖过梁是配置了钢筋的平砌砖过梁。通常将间距小于 120mm 的 ϕ6 钢筋埋在梁底部 30mm 厚的水泥砂浆层内，钢筋伸入洞口两侧墙内的长度不应小于 240mm，在洞口上部不小于 1/4 洞口跨度的高度范围内(且不应小于 5 皮砖)，用不低于 M5 的砂浆砌筑，钢筋砖过梁净跨不应超过 2m，如图 6.41 所示。

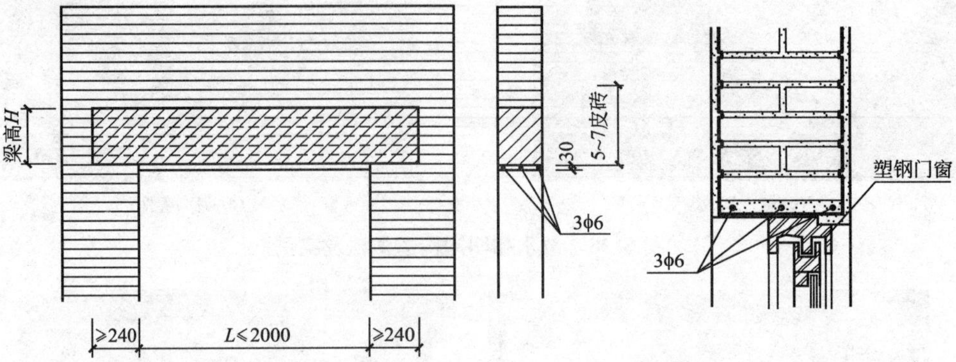

图 6.41 钢筋砖过梁

钢筋混凝土过梁一般不受跨度的限制。过梁高应与砖的块数相适应，过梁在洞口两侧伸入墙内的长度应不小于 240mm。过梁的断面形式有矩形和 L 形，有现浇和预制两种，如图 6.42 所示。

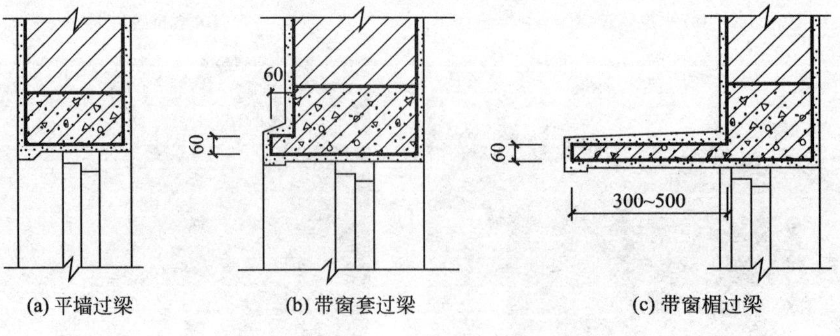

(a) 平墙过梁　(b) 带窗套过梁　(c) 带窗楣过梁

图 6.42 钢筋混凝土过梁

3. 窗台

窗台起排除沿窗面流下的雨水，防止其渗入墙体或沿窗缝渗入室内，同时避免雨水污染墙面的作用。窗台分为外窗台和内窗台，外窗台有悬挑和不悬挑两种，如图 6.43 所示。外窗台可以采用砖砌窗台和钢筋混凝土窗台。砖砌挑窗台常采用顶砌一皮砖出挑 60mm 或将一砖侧砌并出挑 60mm，外窗台做不透水的面层，并向外形成不小于 2%的坡度，以利于排水；挑窗台底部边缘处抹灰时应做宽度和深度均不小于 10mm 的滴水线或滴水槽，如图 6.44 所示。

(a) 不悬挑窗台

(b) 悬挑窗台

图 6.43 外窗台形式

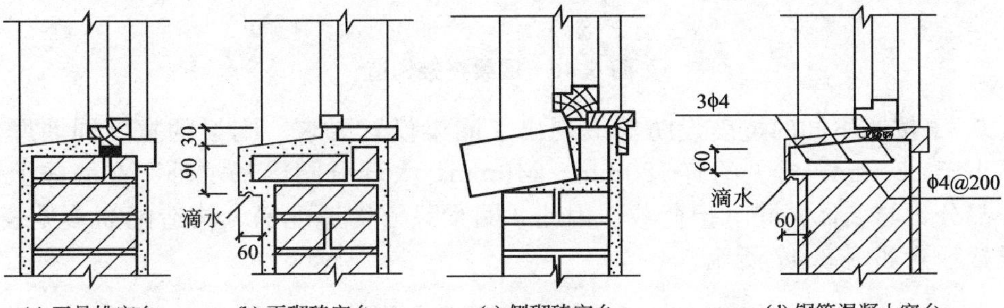

(a) 不悬挑窗台 (b) 平砌砖窗台 (c) 侧砌砖窗台 (d) 钢筋混凝土窗台

图 6.44 窗台构造形式

4. 墙身加固措施

1) 增加壁柱和门垛

墙体上开设门洞一般应设门垛，用以保证墙身稳定和门框的安装。墙体受到集中荷载或墙体过长时(如 240mm 厚，长度超过 6m)应增设壁柱，使之成为墙体的支承，保证墙体的稳定性。门垛和壁柱宽度与墙体同厚，长度一般为 120mm 或 240mm，如图 6.45 所示。

2) 设置圈梁

圈梁是沿建筑物的外墙和部分内墙设置的连续封闭的梁。圈梁可以提高建筑物的空间刚度和整体性，增强建筑物的稳定性，减少由于地基的不均匀沉降而引起的墙身开

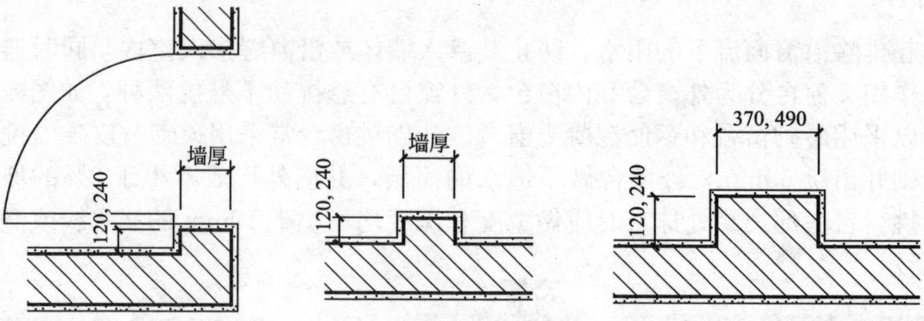

图 6.45　壁柱和门垛

裂，提高建筑物的抗震能力。圈梁必须是连续封闭的，当遇到洞口需要断开时，必须在洞口上部设置一道附加圈梁，附加圈梁的截面不得小于主圈梁，而且在墙上的支承长度不小于两圈梁距离的两倍，且必须不小于 1000mm，如图 6.46 所示。

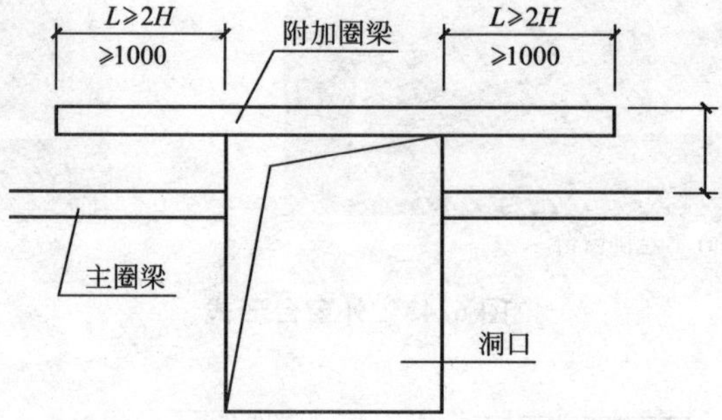

图 6.46　圈梁搭接构造

表 6－1 按照不同的抗震设防等级列出了圈梁设置要求。圈梁的宽度同墙厚，高度一般不小于 120mm，常见的有 180mm、240mm。大部分圈梁都“卧”在墙体上，是墙体的一部分，与墙体共同承担荷载，因此，圈梁只需构造配筋。构造配筋参见表 6－1。圈梁设置示意如图 6.47 所示。

表 6－1　砖房现浇钢筋混凝土圈梁设置要求

圈梁设置及配筋		设计烈度		
		6～7 度	8 度	9 度
圈梁设置	沿外墙及内纵墙	屋盖处及每层楼盖处	屋盖处及每层楼盖处	屋盖处及每层楼盖处
	沿内横墙	屋盖处及每层楼盖处，屋顶处间距不大于 7m 处，楼板处间距大于 15m，构造柱对应部位	屋盖处及每层楼盖处，屋顶处沿所有横墙且间距不大于 7m 处，楼板处间距不大于 7m，构造柱对应部位	屋盖处及每层楼盖处，各层所有横墙

（续）

圈梁设置及配筋		设计烈度		
		6～7度	8度	9度
配筋	最小纵筋	4ϕ10	4ϕ12	4ϕ14
	最大箍筋间距/mm	250	200	150

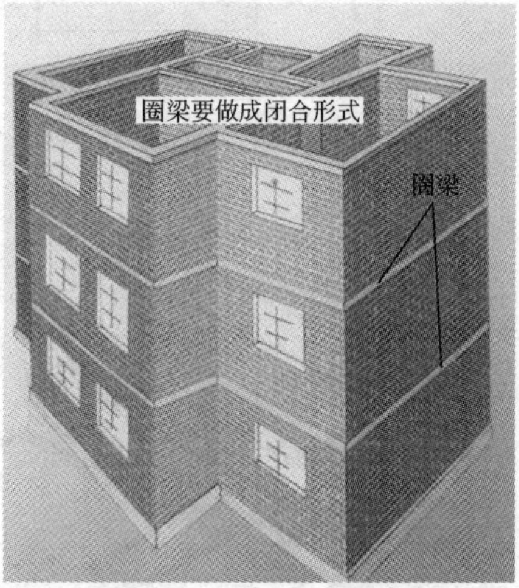

图 6.47 圈梁设置示意图

圈梁有钢筋砖圈梁和钢筋混凝土圈梁两种。钢筋砖圈梁用于非抗震地区，结合钢筋砖过梁使其沿外墙形成封闭的一圈；钢筋混凝土圈梁整体刚度好，应用广泛，如图 6.48 所示。

对于砌块建筑，不少地区采用 U 形预制砌块代替模板，然后在凹槽内配置钢筋，并现浇混凝土，如图 6.49 所示。

3）设置构造柱

构造柱是为增强建筑物的整体刚度和稳定性而设的。多层砖混结构的构造柱一般设在建筑物的四角、内外墙交接处、楼梯间和电梯间的四角、较大洞口的两侧、较长墙体的中部等处。具体构造柱的设置要求满足《建筑抗震设计规范》（GB 50011—2010）。

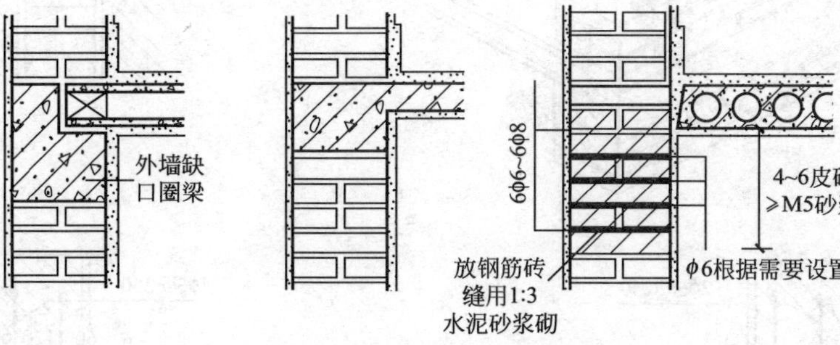

图 6.48 圈梁的构造做法

构造柱不单独承重，因此不需设独立基础，构造柱下端应锚固于钢筋混凝土基础或基础梁内，无地梁时应伸入底层地坪下 500mm 处。在施工时必须先砌墙，墙体砌成马牙槎形式。构造柱的最小截面尺寸为 240mm×180mm；构造柱的最小配筋量为纵向钢筋 4ϕ12，箍筋 ϕ6，间距不大于 250mm。在离圈梁上下不小于 1/6 层高或 450mm 范围内，箍筋需加密至间距 100mm。为加强构造柱与墙体的连接，应沿墙高每隔 500mm 设 2ϕ6 拉结钢筋，每边伸入墙内不少于 1m，如图 6.50 所示。圈梁和构造柱施工过程，如图 6.51 和图 6.52 所示。

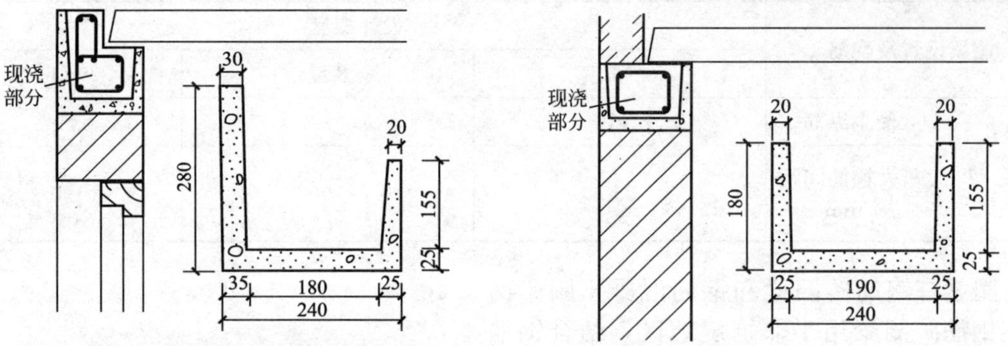

图 6.49　砌块现浇圈梁

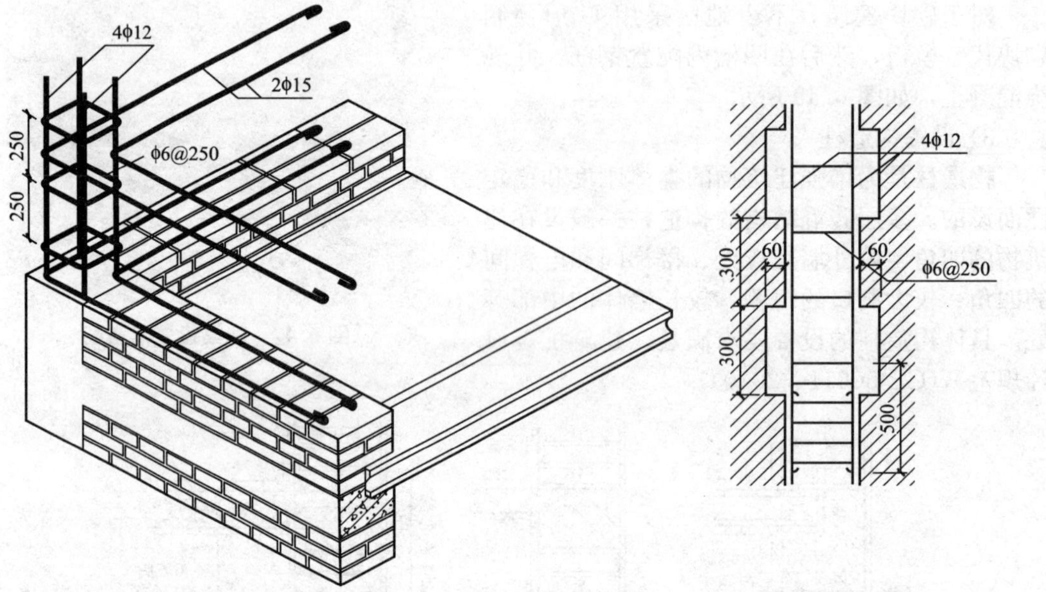

图 6.50　构造柱配筋及构造细部

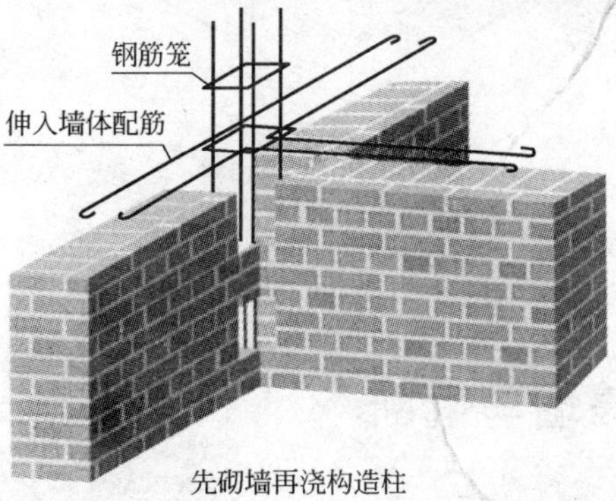

先砌墙再浇构造柱

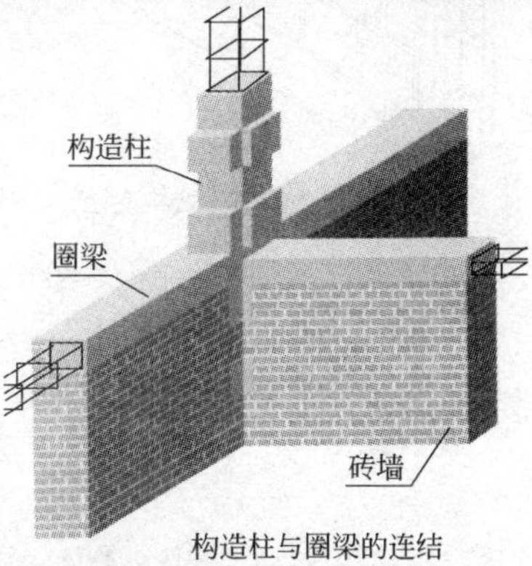

构造柱与圈梁的连结

图 6.51 构造柱施工过程

(a) 构造柱与圈梁整体现浇

(b) 拆模后的圈梁与构造柱

(c) 圈梁与构造柱施工实例

图 6.52 圈梁与构造柱施工过程

如果砌体采用空心砌块，一般在对应砖墙设置构造柱的位置将若干相邻砌块的孔洞作为配筋的芯柱来处理，如图 6.53 所示，用以替代构造柱。

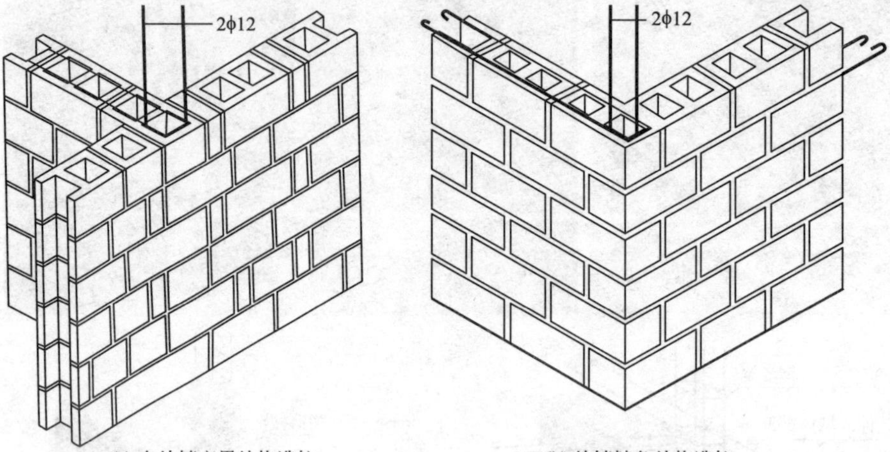

(a) 内外墙交界处构造柱　　(b) 外墙转角处构造柱

图 6.53　砌块墙构造柱

6.4 隔墙与隔断

隔墙是把房屋内部分割成若干房间或空间的非承重墙。隔墙的重量要轻；厚度尽量薄；应具有一定的隔声能力；满足耐火、耐湿及耐腐蚀等要求；隔墙应便于拆卸和安装。

隔墙按其构造方式分为块材隔墙、骨架隔墙和板材隔墙 3 大类。

6.4.1 块材隔墙

块材隔墙是指用普通砖、空心砖、加气混凝土砌块等块材砌筑的墙，也称为砌筑隔墙。

1. 普通砖隔墙

普通砖隔墙有 1/4 砖和 1/2 砖厚两种。砖隔墙在高度方向每隔 500mm 内放 2ϕ6 钢筋，并将钢筋与隔墙两端主墙连接牢固。隔墙顶部与楼板相接处，为隔墙与楼板间挤紧，用立砖斜砌，或预留 30mm 左右的缝隙，每隔 1m 用木楔打紧。1/2 砖隔墙的构造如图 6.54 所示。

2. 砌块隔墙

砌块隔墙厚由砌块尺寸决定，砌块墙吸水性强，故在砌筑时应先在墙下部实砌 3～5 皮粘土砖再砌砌块。砌块不够整块时宜用普通粘土砖填补。砌块隔墙的其他加固构造方法同普通砖隔墙，如图 6.55 所示。

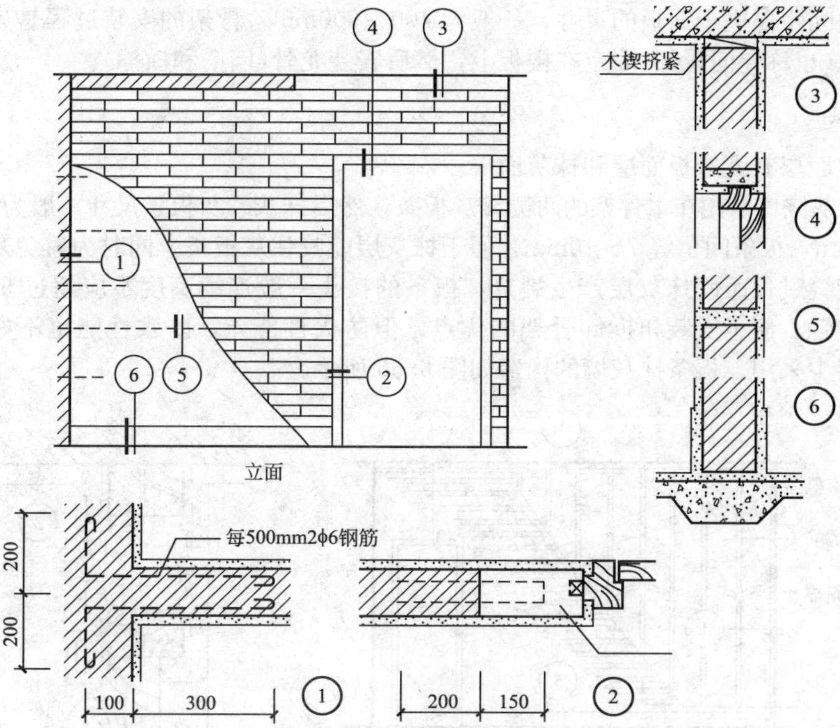

图 6.54　砖隔墙的构造

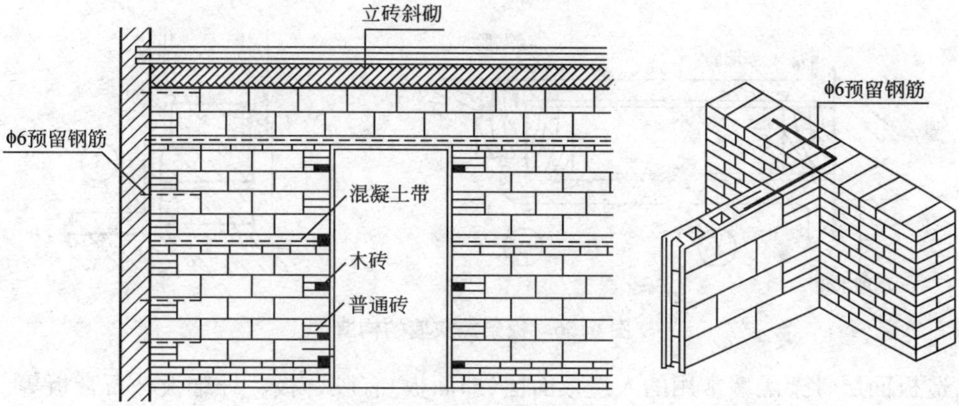

图 6.55　砌块隔墙构造

6.4.2　骨架隔墙

骨架隔墙也称立柱式、龙骨式隔墙。它是以木材、钢材或其他材料构成骨架，把面层钉结或粘贴在骨架上形成的隔墙，如板条抹灰墙、钢网抹灰墙、纸面石膏板墙等。

1. 骨架

骨架有木骨架、轻钢骨架和铝合金骨架等。骨架由上槛、下槛、墙筋、横撑或斜撑组成。墙筋的间距取决于面板的尺寸，一般为400～600mm。骨架的安装过程是先用射钉将上槛、下槛(也称导向骨架)固定在楼板上，然后安装龙骨(墙筋和横撑)。

2. 面层

骨架的面层有人造板面层和抹灰面层。

板条抹灰隔墙是先在木骨架的两侧钉灰板条，然后抹灰。灰板条尺寸一般为1200mm×30mm×6mm，板条间留缝7～10mm，便于抹灰层能咬住灰板条；同时为避免灰板条在一根墙筋上接缝过长而使抹灰层产生裂缝，板条的接头一般连续高度不应超过500mm。板条墙具有质轻、便于安装和拆卸骨架的优点，但防火性能差，防水性能也不好，耗费木材，当前很少采用。板条抹灰墙的构造如图6.56所示。

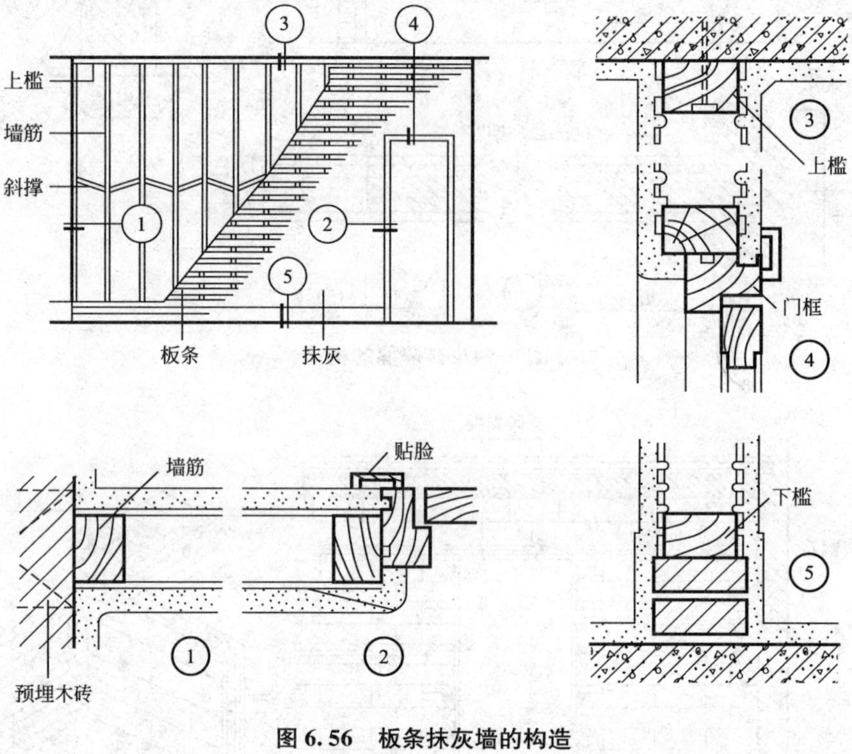

图6.56 板条抹灰墙的构造

人造板面层骨架隔墙常用的人造板面层(即面板)有胶合板、纤维板、石膏板等。面板可用镀锌螺钉、自攻螺钉或金属夹子固定在骨架上，如图6.57所示。骨架隔墙实例如图6.58所示。

6.4.3 板材隔墙

板材隔墙是采用工厂生产的制品板材直接装配而成的隔墙，单块轻质板材的高度相当于房间净高，如加气混凝土条板、石膏条板、炭化石灰板、石膏珍珠岩板，以及各种复合板等。

条板厚度大多为60～100mm，宽度为600～1000mm，长度略小于房间净高。安装时，条板下部先用一对对口木楔顶紧，然后用细石混凝土堵严，板缝用黏结砂浆或黏结剂进行

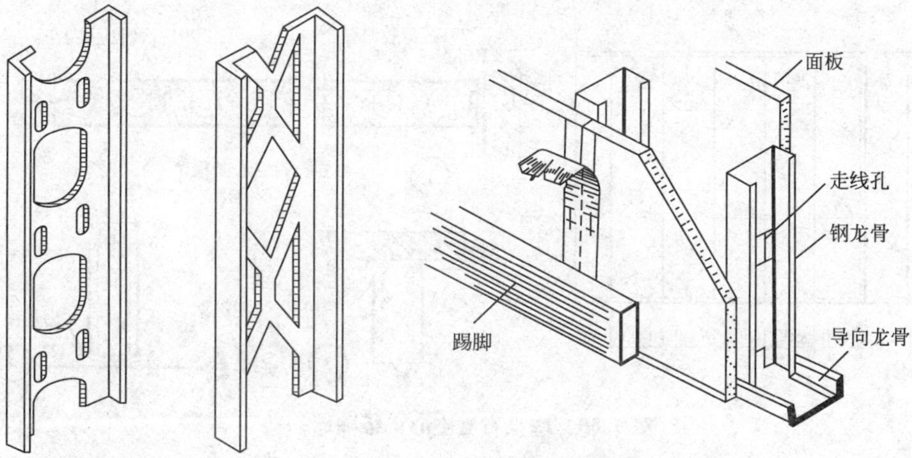

图 6.57 人造板面层骨架隔墙

(a) 木骨架隔墙

(b) 金属骨架隔墙

图 6.58 骨架隔墙实例

黏结，并用胶泥刮缝，平整后再做表面装修，碳化石灰板隔墙构造如图 6.59 所示；增强石膏空心条板隔墙构造如图 6.60 所示；泰柏板隔墙构造如图 6.61 所示。

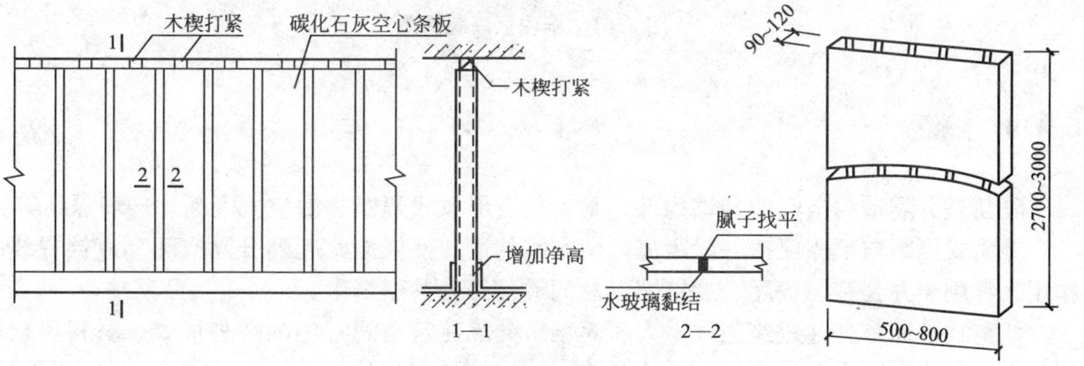

图 6.59 碳化石灰板隔墙构造

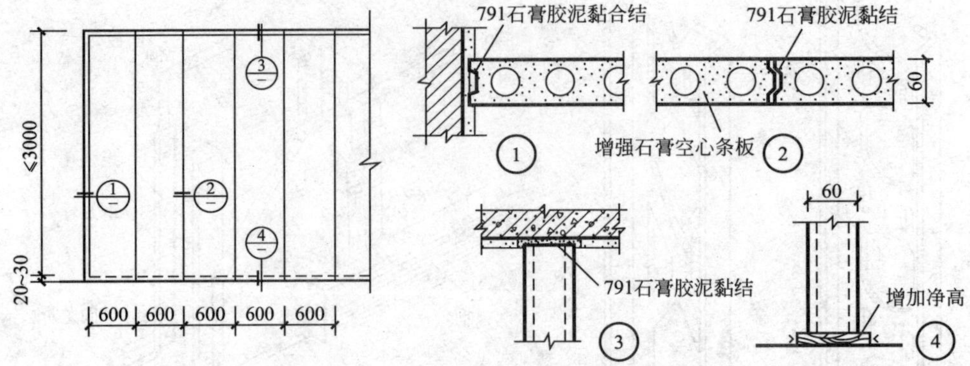

图 6.60　增强石膏空心条板隔墙构造

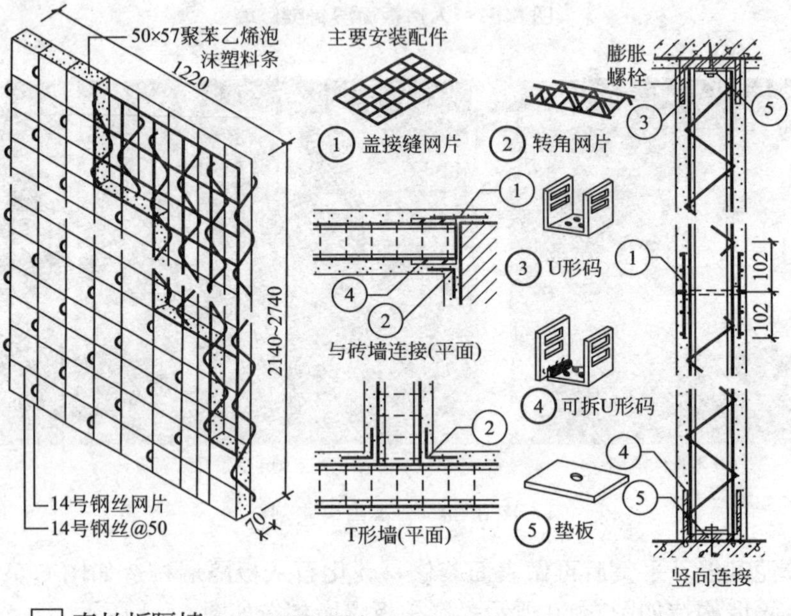

4 泰柏板隔墙(北京、深圳、湖南)

图 6.61　泰柏板隔墙构造

6.4.4　隔断

隔断是分隔室内空间的装饰构件，常见的有屏风式隔断、漏空式隔断、玻璃隔断等。

屏风式隔断与顶棚保持一段距离，使空间的通透性较强，起到分隔空间和遮挡视线的作用。常用于办公室、餐厅、展览馆以及门诊部等公共建筑中。

漏空式隔断是公共建筑门厅、大厅等场所分隔建筑空间常用的一种形式，材料可选用竹、木、钢或混凝土等。

玻璃砖隔断采用玻璃砖砌筑而成，既分隔空间，又透射光线，常用于公共建筑的接待室、会议室等处，如图 6.62 所示。

(a) 玻璃砖隔断实例

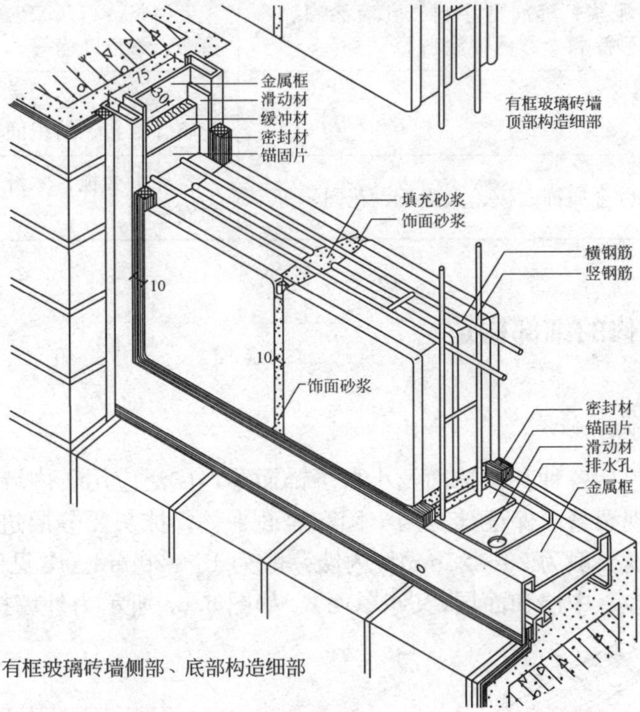

(b) 玻璃砖隔断构造

图 6.62 玻璃砖隔断

6.5 墙面装修

墙面装修，可以保护墙体、提高墙体的耐久性；改善墙体的物理性能、卫生条件等；同时，可以美化环境，通过质感、线型和色彩来丰富建筑的艺术形象。

6.5.1　墙面装修的类型

墙体装修按其所处的部位不同，可分为室外装修和室内装修。按材料及施工方式的不同，常见的墙面装修可分为抹灰类、贴面类、涂料类、裱糊类和铺钉类等五大类，见表6-2。

表6-2　墙面装修分类

类　别	外墙面装修	内墙面装修
抹灰类	水泥砂浆、混合砂浆、聚合物水泥砂浆、拉毛、水刷石、干粘石、斩假石、喷涂等	纸筋灰、麻刀灰粉面、石膏粉面、混合砂浆、拉毛、拉条等
贴面类	外墙面砖、陶瓷锦砖(马赛克)、玻璃锦砖、水磨石板、天然石板等	釉面砖、人造石板、天然石板等
涂料类	水泥浆、溶剂型涂料、乳液涂料、彩色胶砂涂料、彩色弹涂料等	大白浆、石灰浆、油漆、乳胶漆、水溶性涂料、彩色弹涂等
裱糊类		塑料墙纸、金属面墙纸、木纹壁纸、花纹玻璃纤维布、纺织面墙纸及锦缎等
铺钉类	各种金属饰面板、大理石、花岗岩等	各种木夹板、木纤维板、石膏板及各种装饰面板等

6.5.2　墙面装修的细部构造

1. 抹灰类墙面装修

抹灰类装修包括各种灰浆抹面及小石子饰面等，广泛应用于内墙和外墙的装修。

为了避免出现裂缝、保证抹灰层牢固和表面平整，抹灰要分层进行，每层不宜抹得太厚。外墙抹灰厚度一般为20～25mm，内墙一般为15～20mm。常见的外墙抹灰分为三层，即底层(又叫刮糙)、中层和面层(又叫罩面)。如图6.63所示为外墙抹灰分层示意。

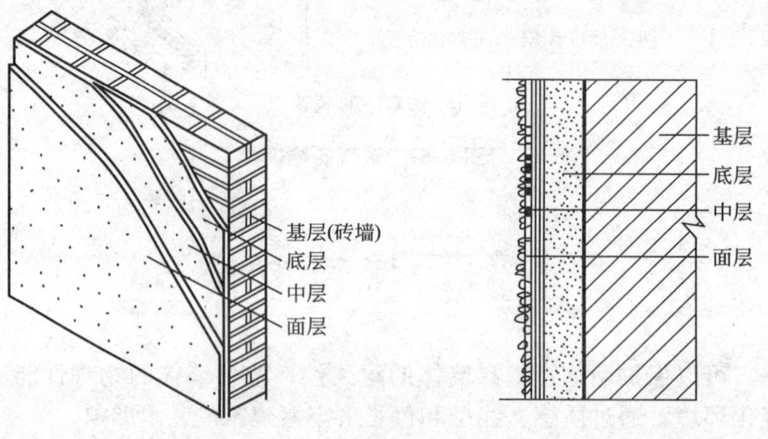

图6.63　外墙抹灰分层示意

底层抹灰的作用是与基层(墙体表面)粘结和初步找平，厚度为5～15mm。

中层抹灰主要起找平作用，其所用材料与底层基本相同，厚度一般为5～10mm。

面层抹灰主要起装修作用，要求表面平整、色彩均匀、无裂纹，可以做成不同质感的表面。

常见的抹灰装修构造，包括分层厚度、用料比例以及适用范围等见表6-3。

表6-3　常用抹灰做法举例

抹灰名称	构造及材料配合比	适用范围
纸筋灰或麻刀灰	12～17厚1∶2～1∶2.5石灰砂浆(加草筋)打底 2～3厚纸筋(麻刀)灰粉面	普通内墙抹灰
混合砂浆	12～15厚1∶1∶6水泥、石灰膏、砂、混合砂浆打底 5～10厚1∶1∶6水泥、石灰膏、砂、混合砂浆粉面	外墙、内墙均可
水泥砂浆	15厚1∶3水泥砂浆打底 10厚1∶2～1∶2.5水泥砂浆粉面	多用于外墙或内墙受潮侵蚀部位
水刷石	15厚1∶3水泥砂浆打底 10厚1∶1.2～1∶1.4水泥砂浆粉面	用于外墙
干粘石	10～12厚1∶3水泥砂浆打底 7～8厚1∶0.5∶2外加5%107胶的混合砂浆黏结层	用于外墙
斩假石	15厚1∶3水泥砂浆打底 刷素水泥浆一道 8～10厚水泥石渣粉面 用剁斧斩去表面水泥浆或石尖部分使其显出凿纹	用于外墙或局部内墙

外墙面因抹灰面积较大，由于材料干缩和温度变化，容易产生裂缝，考虑立面划分、施工接槎以及日后维修更新等，常在抹灰面层做分格，称为引条线。引条线的做法是在底灰上埋放不同形式的木引条，面层抹灰完毕及时取下引条，再用水泥砂浆勾缝，或采用塑料引条，塑料引条埋放在底灰上，面层抹灰完后不再取下引条，如图6.64和图6.65所示。

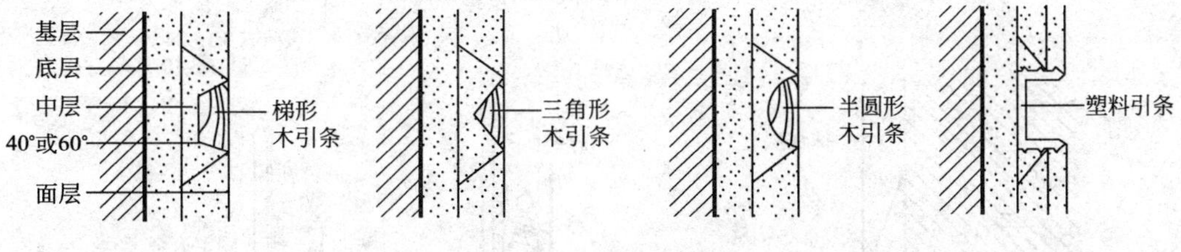

图6.64　引条线构造

对于常易碰撞的内墙凸出转角处或门洞的两侧，常用1∶2水泥砂浆抹1.5m高，从素水泥浆做小圆角处理，或采用金属，俗称护角，如图6.66所示。

(a) 外墙面引条线实例

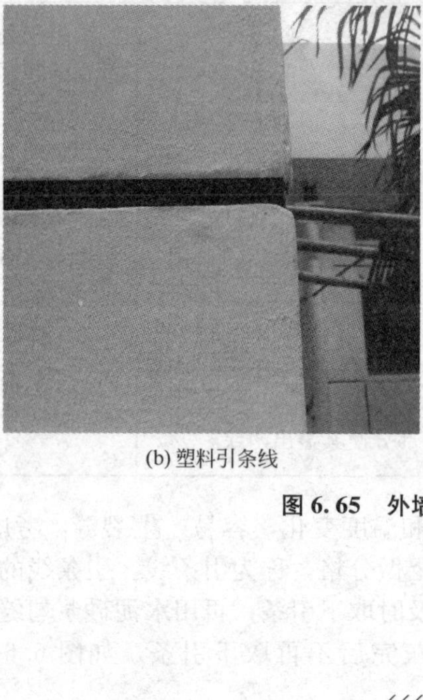

(b) 塑料引条线

(c) 木引条线

图 6.65　外墙引条线实例

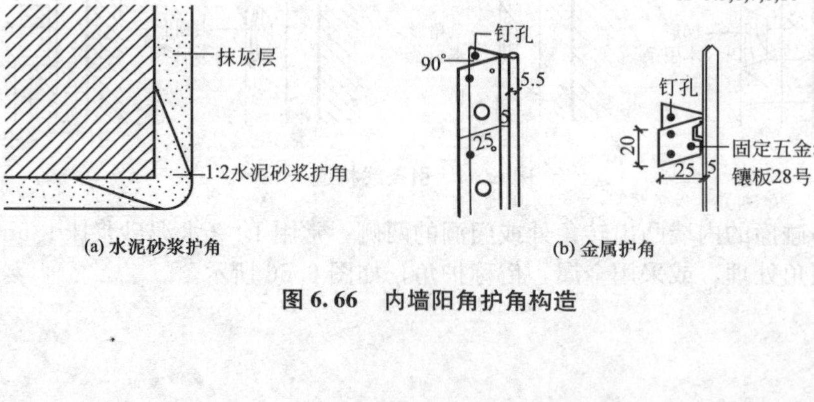

(a) 水泥砂浆护角　　(b) 金属护角

图 6.66　内墙阳角护角构造

2. 贴面类墙面装修

贴面类装修是以天然石材或人工石材镶贴在墙面上的装修方法。

面砖多数是以陶土和瓷土为原料，压制成型后煅烧而成的饰面块，无釉面砖主要用于高级建筑外墙面装修，釉面砖主要用于高级建筑内外墙面及厨房、卫生间的墙裙贴面。陶瓷锦砖又名马赛克，系由各种颜色、方形或多种几何形状的小瓷片拼制而成。生产时将小瓷片拼贴在 300mm×300mm 或 400mm×400mm 的牛皮纸上，不同色彩拼合可形成色彩丰富、图案多样的装饰制品。

陶、瓷墙砖作为外墙面装修，其构造多采用 10～15mm 厚 1∶3 水泥砂浆打底，5mm 厚 1∶1 水泥砂浆粘结层，然后黏贴各类装饰材料。如果粘结层内掺入 10%以下的 107 胶时，其黏结层厚可减为 2～3mm 厚。作为内墙面装修，其构造多采用 10～15mm 厚 1∶3 水泥砂浆或 1∶3∶9 水泥、石灰膏、砂浆打底，8～10mm 厚 1∶0.3∶3 水泥、石灰膏砂浆黏结层，外贴瓷砖，如图 6.67 所示。为保证墙砖粘贴质量，还要弹线放线，贴面类墙面装修施工实例如图 6.68 所示。

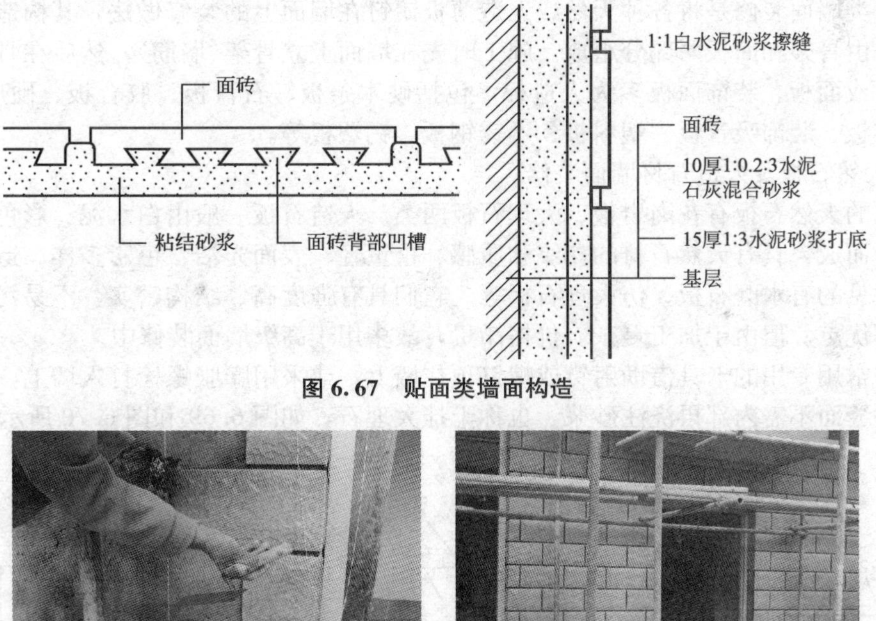

图 6.67　贴面类墙面构造

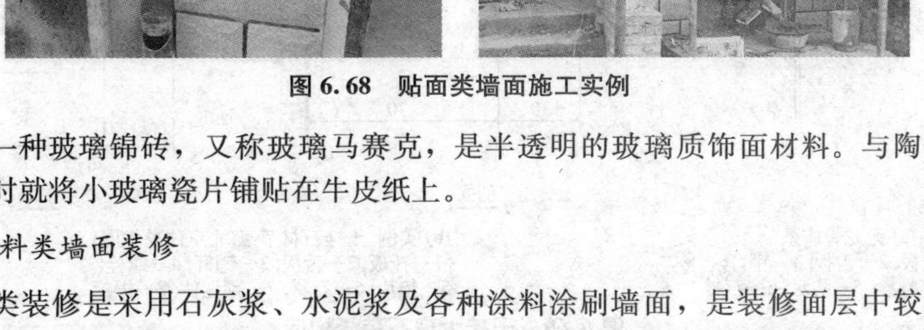

图 6.68　贴面类墙面施工实例

还有一种玻璃锦砖，又称玻璃马赛克，是半透明的玻璃质饰面材料。与陶瓷锦砖一样，生产时就将小玻璃瓷片铺贴在牛皮纸上。

3. 涂料类墙面装修

涂料类装修是采用石灰浆、水泥浆及各种涂料涂刷墙面，是装修面层中较简便的一种方式。其优点是省工、省料、工期短、工效高、更新方便、造价低；缺点是耐久年限短。

1）涂料材料

涂料按其成膜物的不同可分为无机涂料和有机涂料两大类。无机涂料有普通无机涂料和无机高分子涂料。普通无机涂料，如石灰浆、大白浆、可赛银浆等，多用于一般标准的室内装修。无机高分子涂料有 JH80.1 型、JH80.2 型、JHN84.1 型、F832 型、LH.82 型、HT.1 型等。有机高分子涂料有耐水、耐酸碱、耐冻融、装修效果好、价格较高等特点，多用于外墙面装修和有耐擦洗要求的内墙面装修。有机涂料依其主要成膜物质与稀释剂不同，有溶剂型涂料、水溶性涂料和乳液涂料三类。

2）构造做法

建筑涂料的施涂方法，一般分刷涂、滚涂和喷涂。当施涂溶剂型涂料时，后一遍涂料必须在前一遍涂料干燥后进行，否则易发生皱皮、开裂等质量问题。每遍涂料均应施涂均匀，各层结合牢固。当采用双组分和多组分的涂料时，根据使用情况可分批混合，并在规定的时间内用完。

4. 铺钉类墙面装修

铺钉类墙面装修是将各种天然或人造薄板镶钉在墙面上的装修做法，其构造与骨架隔墙相似，由骨架和面板两部分组成。施工时先在墙面上立骨架(墙筋)，然后在骨架上铺钉装饰石材或面板。装饰面板多为人造板，包括硬木条板、石膏板、胶合板、硬质纤维板、软质纤维板、装饰吸音板、塑料板、不锈钢板、钙塑板等。

1）天然石板及人造石材墙面装修

常见的天然石板有花岗岩板、大理石板两类。人造石板一般由白水泥、彩色石子、颜料等配合而成，具有天然石材的花纹和质感、重量轻、表面光洁、色彩多样、造价较低等优点，常见的有水磨石板、仿大理石板等。它们具有强度高、结构密实、不易污染、装修效果好等优点。但由于加工复杂、价格昂贵，故多用于高级墙面装修中。

近来常用专用的卡具借助射钉或螺钉顶在墙上，或采用膨胀螺栓打入墙上，只要外部用硅胶嵌缝而不需内部再浇注砂浆，也称干挂大理石，如图 6.69 和图 6.70 所示。

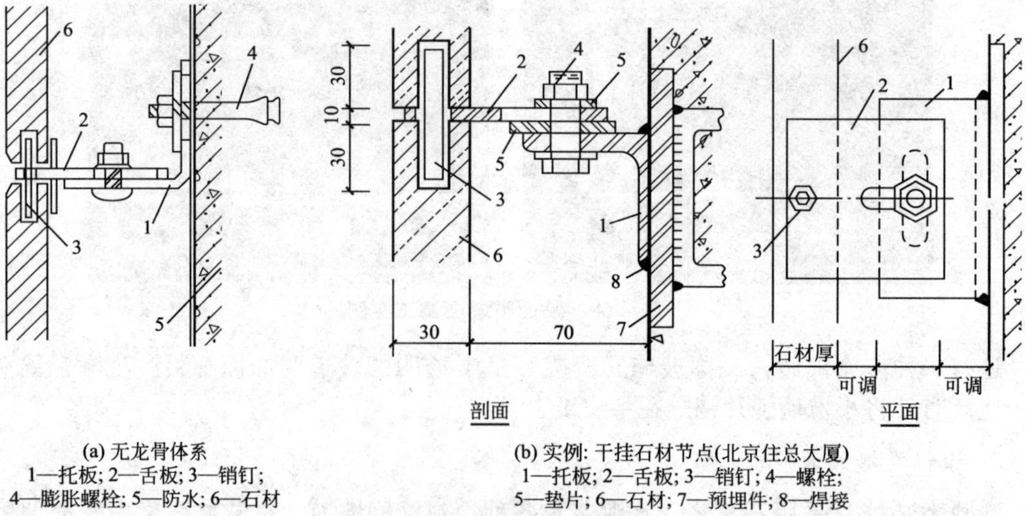

(a) 无龙骨体系
1—托板；2—舌板；3—销钉；
4—膨胀螺栓；5—防水；6—石材

(b) 实例：干挂石材节点(北京住总大厦)
1—托板；2—舌板；3—销钉；4—螺栓；
5—垫片；6—石材；7—预埋件；8—焊接

图 6.69 干挂大理石装修构造

图 6.70 干挂大理石施工实例

2）人造饰面板墙面装修

木质墙裙实例如图 6.71 所示，构造做法如图 6.72 所示。

图 6.71 木质墙裙实例

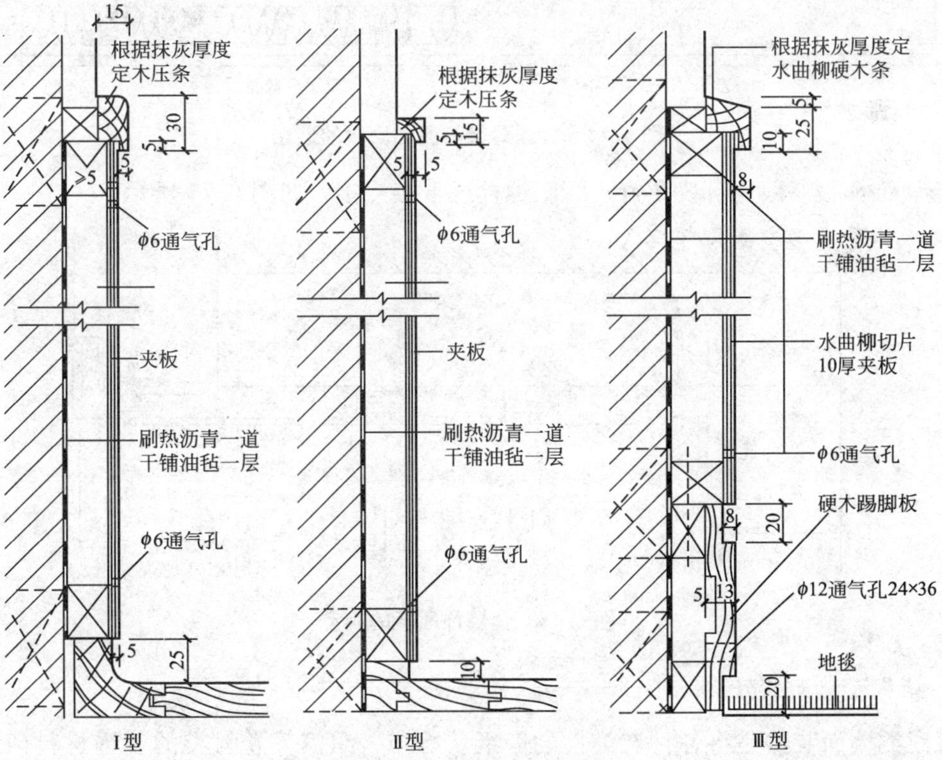

图 6.72 木质墙裙构造做法

石膏板与木质墙筋的连接主要靠圆钉(镀锌铁钉)和木螺钉与墙筋固定的，如图 6.73 所示。

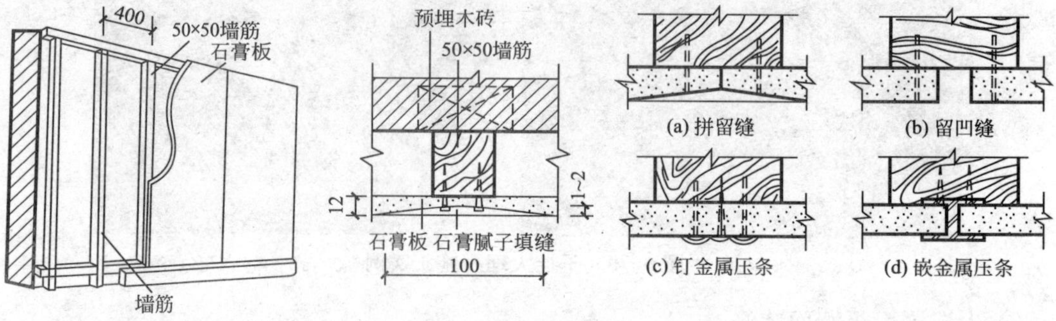

图 6.73　石膏板与木质墙筋的固结方式

石膏板、软质纤维板、胶合板、纤维板等构件与金属骨架的固结主要靠自攻螺钉、膨胀螺栓或预先用电钻打孔后用镀锌螺钉固定，如图 6.74 所示。

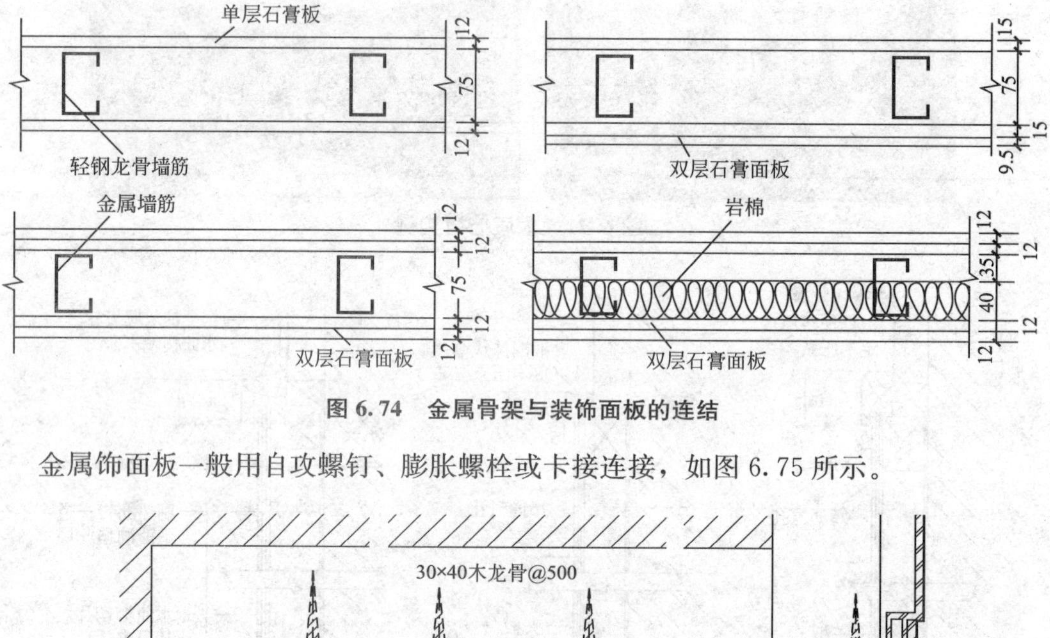

图 6.74　金属骨架与装饰面板的连结

金属饰面板一般用自攻螺钉、膨胀螺栓或卡接连接，如图 6.75 所示。

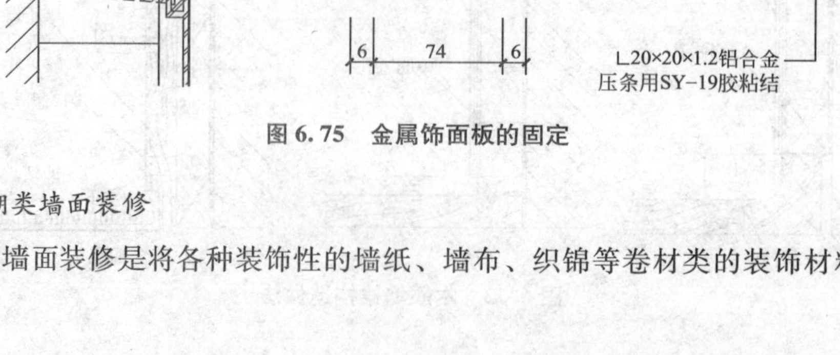

图 6.75　金属饰面板的固定

5. 裱糊类墙面装修

裱糊类墙面装修是将各种装饰性的墙纸、墙布、织锦等卷材类的装饰材料裱糊在墙面上的一种装修做法。常用的装饰材料有 PVC 塑料壁纸、复合壁纸、玻璃纤维墙布等。裱糊类墙体饰面装饰性强、造价较经济、施工方法简捷高效、材料更换方便，并且在曲面和墙面转折处粘贴可以顺应基层获得连续的饰面效果。裱糊工艺过程如图 6.76 所示。

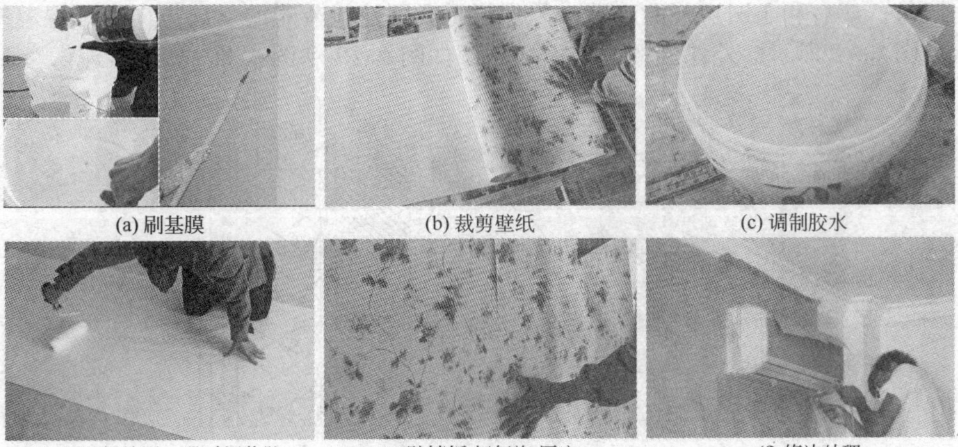

(a) 刷基膜　(b) 裁剪壁纸　(c) 调制胶水

(d) 上胶水,放置一段时间收胶　(c) 贴墙纸,赶气泡,压实　(f) 修边处理

图 6.76　裱糊类基本工艺示意

6.6 墙体保温构造

围护结构保温构造分两类：单一材料结构和复合保温结构。

单一材料结构如空心板、空心砌块、加气混凝土等，既能承重，又能保温。

复合保温结构由保温层和承重层复合而成。复合结构按保温层所处的位置可分为内保温、外保温和中保温三种，如图 6.77 所示。

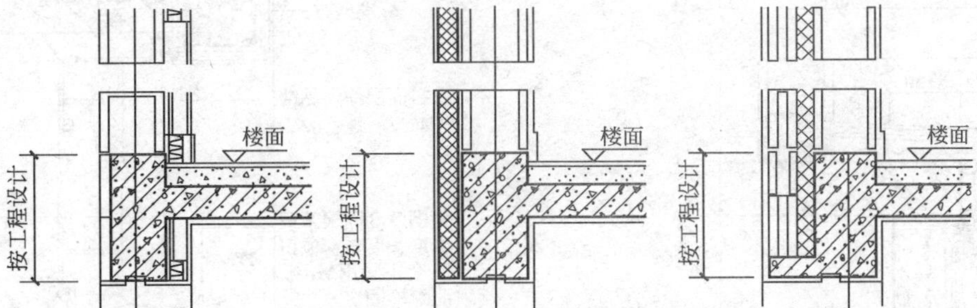

(a) 内保温　(b) 外保温　(c) 中保温

图 6.77　围护结构保温构造

6.6.1 外墙外保温的构造

外保温是把保温层设在室外一侧，外保温的优点较多：①减小热桥处的热损失；②有利于防止保温层内部产生凝结水；③房间的热稳定性好；④降低墙或屋顶的主要部分的温度应力起伏；⑤有利于旧房节能改造。外保温是我国建筑节能的发展方向。外保温基本构造层次如图 6.78 所示。外保温的构造做法示例如图 6.79 和图 6.80 所示。

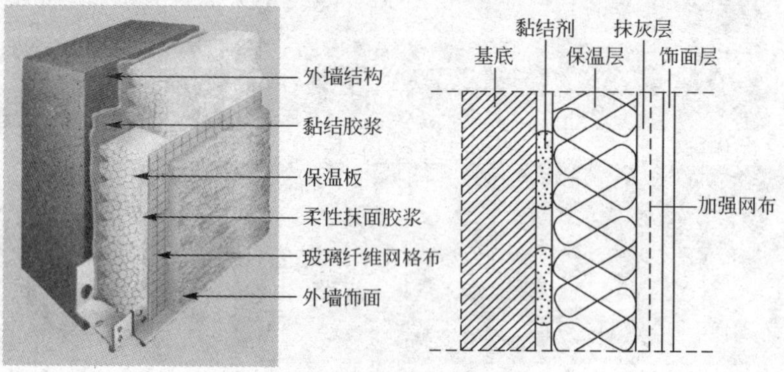

图 6.78　外保温基本构造层次

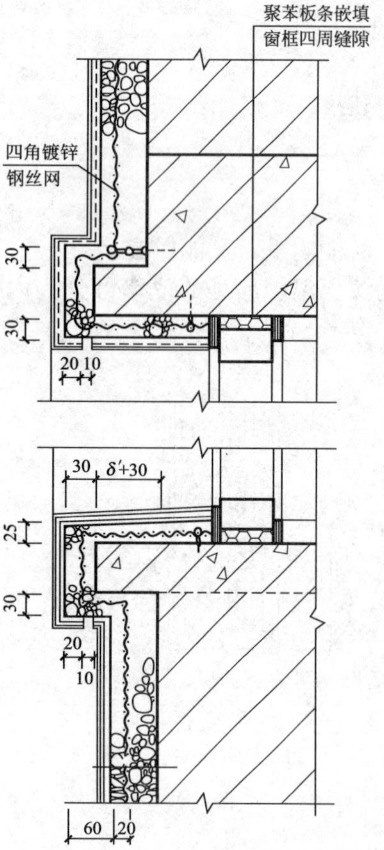

图 6.79　外保温保温砂浆外粉刷

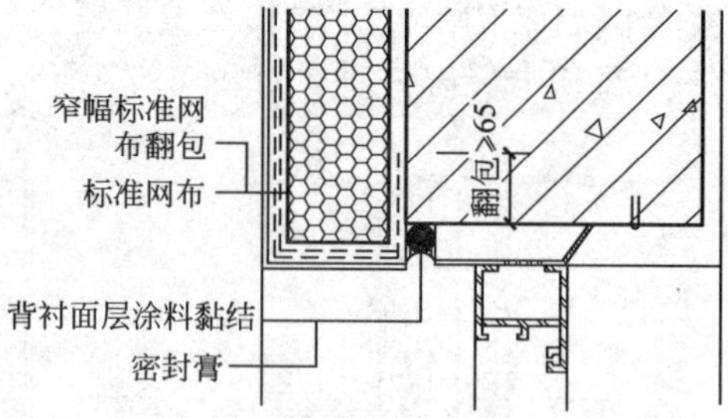

图 6.80　外墙硬质保温板外贴

6.6.2　外墙内保温的构造

内保温是把保温层设在室内一侧，其特点有：保温材料不受室外气候因素的影响，无须特殊的防护；在间歇使用的建筑空间如影剧院观众厅、体育馆等，室内供热时温度上升快；对间歇采暖的居室等连续使用的建筑空间则热稳定性不足；围护结构内部也可能因温度突然降低而产生凝结水；外侧的承重墙常年受到冬夏季的较大温差(可达80～90℃)的反复作用。内保温构造示例如图6.81和图6.82所示。

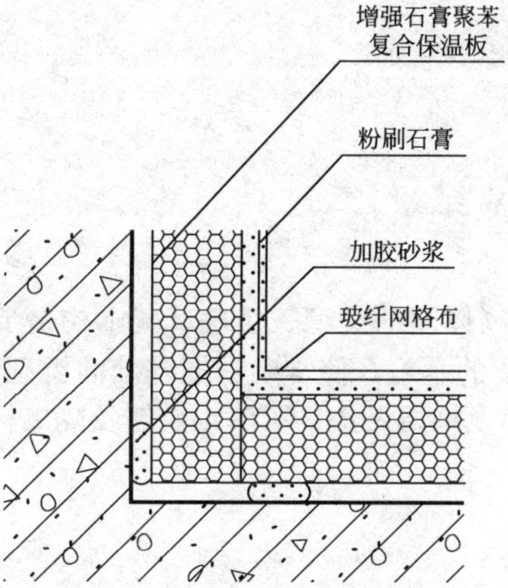

图6.81 外墙硬质保温板内贴

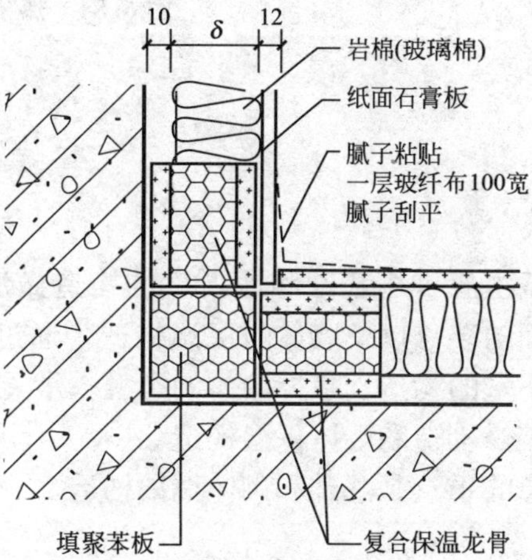

图6.82　外墙保温层挂装

6.6.3　外墙中保温的构造

中保温是将保温层布置在两个结构层中间，这种方式可使保温层两侧都有所防护，且对保温材料的强度要求不高。但如两侧结构层都是非透气性材料，则应严格控制保温材料的湿度，更要防止外界水分的渗入，否则保温层将长时间处于潮湿状态下，使围护结构达不到应有的保温标准。

6.6.4　外墙热桥部位保温的构造

热桥是热量容易通过的地方(如钢或钢筋混凝土骨架、圈梁、过梁、板材的肋部等)，热桥处内表面温度低于主体。对热桥应进行内表面温度验算和保温处理，如图6.83和图6.84所示。

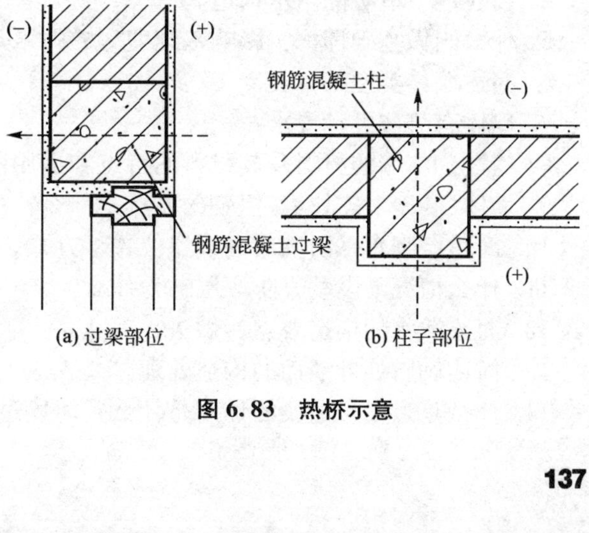

图6.83　热桥示意

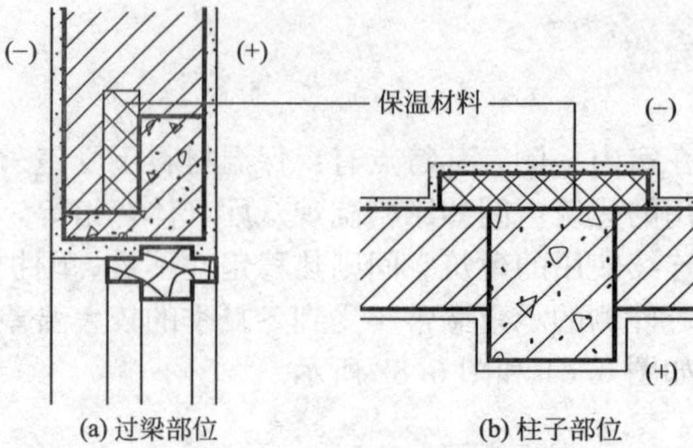

图 6.84　热桥局部做保温处理

本 章 小 结

本章主要讲述基础和地下室的构造做法；砌体墙的类型、组砌、基本构造要点；隔墙、墙面的装修以及墙体的保温构造，通过本章的学习，使学生掌握基础的类型和构造，了解地下室的构造；掌握墙体的类型、承重方案及构造做法；了解砌块墙及隔墙构造；熟悉墙面装修构造和墙体保温构造。

本章的重点是基础和砌体墙的构造。

习　　题

一、简答题

1. 什么叫做地基？什么叫做基础？人工地基的处理方法有哪些？
2. 简述常用基础的分类。
3. 简述刚性基础和柔性基础的特点。
4. 简述地下室防潮防水构造。
5. 什么叫做基础埋深？影响基础埋深的因素是什么？
6. 简述墙体类型的分类。
7. 墙体有哪些设计要求？
8. 简述砌体墙的材料及其材料的特点和适用范围。
9. 墙体(砖墙、砌块墙)组砌的要点是什么？
10. 简述墙脚水平防潮层的设置位置、方式、做法及特点。
11. 什么情况下设垂直防潮层？为什么？
12. 简述散水的构造要点、做法。
13. 简述勒脚处外墙面的构造处理。
14. 什么是过梁？过梁的作用是什么？简述过梁的做法。

15. 窗台的形式有哪些？有哪些做法？各自构造要点是什么？
16. 墙身加固措施有哪些？
17. 构造柱的设置条件及构造各是什么？
18. 圈梁的作用是什么？如何设置？做法有哪些？构造要求有哪些？
19. 隔墙的类型有哪些？构造要求有哪些？
20. 简述墙面装修的种类及特点。
21. 简述墙体保温的类型和构造做法。

二、填空题

1. 从结构受力情况考虑，墙体分________和________两种，非承重墙体包括________、________和________等。

2. 为了使砖墙牢固，砖墙砌筑应遵循________、________、________和________的原则。

3. 砌筑砂浆一般有________、________和________三种，其中±0.000 以下的工程应采用____________砌筑。

4. 建筑设计中的墙身防潮层的基本做法有________、________和________三种形式。7 度设防地震区不宜采用的是____________。

5. 细石混凝土防潮层的做法通常采用________ mm 厚的细石混凝土防潮带，内配________钢筋。

6. 门窗过梁的主要形式有：________、________和________三种。

7. 钢筋混凝土圈梁的宽度宜与________相同，高度一般不小于________。

8. 散水的坡度为________，宽度为________，并要求比无组织排水屋顶檐口宽出________ mm 左右。

9. 构造柱截面尺寸应不小于________。一般配筋为纵筋________，箍筋采用________，间距不大于________。

10. 抹灰装修层一般由________、________和________三个层次组成，各层抹灰不宜过厚，外墙抹灰总厚不宜超过________ mm，内墙抹灰总厚不宜超过________ mm。

11. 建筑墙面装修按照施工工艺分________、________、________和________等几种。

12. 粉刷类面层的工艺主要分为________、________和________三个步骤，打底的作用是______________。找平必须分层进行，每层的厚度应控制在________ mm 以内。为防止热胀冷缩而开裂，外墙面大面积抹灰施工时应预留________。

13. 当墙身两侧室内地面标高有高差时，为避免墙身受潮，常在室内地面处设____________，并在靠土的垂直墙面设____________。

三、选择题

1. 当门窗洞口上部有集中荷载作用时，其过梁可选用(　　)。

A. 平拱砖过梁　B. 弧拱砖过梁　C. 钢筋砖过梁　D. 钢筋混凝土过梁

2. 为增强建筑物的整体刚度可采取加设(　　)等措施。

A. 构造柱　B. 变形缝　C. 预制板　D. 过梁

3. 砖混结构构造柱与墙体之间应拉结钢筋，其直径、根数和间距为(　　)。

A. $\phi10@500$　B. $2\phi6@500$　C. $2\phi12@1000$　D. $\phi6@500$

4. 圈梁遇洞口中断，所设的附加圈梁与原圈梁的搭接长度应满足(　　)。

A. ≤2h 且≤1000mm　　B. ≤4h 且≤1500mm

C. ≥2h 且≥1000mm　　D. ≥4h 且≥1500mm

5. 最常见的钢筋混凝土框架结构中，内墙的作用是(　　)。

A. 分隔空间　　B. 承重

C. 围护　　D. 分隔、围护和承重

6. 钢筋混凝土构造柱的作用是(　　)。

A. 使墙角挺直　　B. 加速施工速度

C. 增加建筑物的刚度　　D. 可按框架结构考虑

7. 墙体勒脚部位的水平防潮层一般设于(　　)。

A. 基础顶面　　B. 底层地坪混凝土结构层之间的砖缝中

C. 底层地坪混凝土结构层之下 60mm 处　　D. 室外地坪之上 60mm 处

8. 下列哪种做法不是墙体的加固做法？(　　)

A. 当墙体长度超过一定限度时，在墙体局部位置增设壁柱

B. 设置圈梁

C. 设置钢筋混凝土构造柱

D. 在墙体适当位置用砌块砌筑

9. 散水的构造做法，下列哪种是不正确的？(　　)

A. 在夯实素土上做 60～100mm 厚混凝土，其上再做 5%的水泥砂浆抹面

B. 散水宽度一般为 600～1000mm

C. 散水与墙体之间应整体连接，防止开裂

D. 散水宽度比采用自由落水的屋顶檐口多出 200mm 左右

10. 下列哪种砂浆既有较高的强度又有较好的和易性？(　　)

A. 水泥砂浆　　B. 石灰砂浆　　C. 混合砂浆　　D. 黏土砂浆

11. 墙脚采用(　　)等材料，可不设防潮层。

①黏土砖，②砌块，③条石，④混凝土

A. ①③④　　B. ②③　　C. ③④　　D. ①②

12. 散水的坡度一般取(　　)。

A. 3～5%　　B. 10%　　C. 10°　　D. 15°

13. 目前居住建筑外墙面装饰的主要材料为(　　)。

①花岗岩，②外墙涂料，③外墙面砖，④水刷石，⑤水泥砂浆，⑥纸筋灰

A. ①④　　B. ②③　　C. ④⑤　　D. ⑤⑥

14. 勒脚是墙身接近室外地面的部分，常用的材料为(　　)。

A. 混合砂浆　　B. 水泥砂浆　　C. 纸筋灰　　D. 膨胀珍珠岩

15. 为预防墙体内墙阳角的抹灰受损应用(　　)材料做护角。

A. 混合砂浆　　B. 石灰砂浆　　C. 1∶2 水泥砂浆　　D. 纸筋灰

16. 下列不宜做墙体水平防潮层的是(　　)。

A. 防水砂浆　　B. 防水卷材

C. 细石混凝土加配筋　　D. 混合砂浆

四、绘图题

1. 说明墙脚的做法。注明材料层次、构造做法和必要尺寸：散水的宽度和坡度、防潮层标高，定位轴线及相关尺寸(墙厚 370mm)。

2. 画出如图 6.85 所示地面情况的墙身防潮层的合理位置。

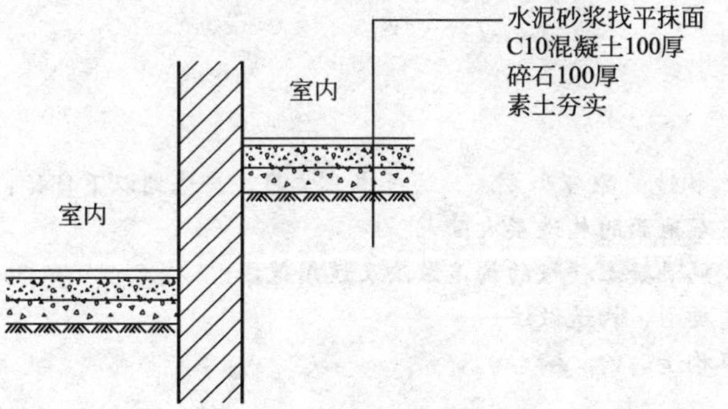

图 6.85 某墙身示意图

第7章 楼地层构造

教学目标

主要讲述楼地层基本构造的原理和方法。通过本章学习，应达到以下目标：

(1) 熟悉楼板层和首层地面的构造层次；

(2) 掌握各种类型钢筋混凝土楼板的构造做法及适用范围；

(3) 熟悉阳台、雨篷类型、构造做法；

(4) 了解楼板的隔声构造。

教学要求

知识要点	能力要求	相关知识
楼地层的组成	(1) 了解楼板设计要求 (2) 熟悉楼板层和地坪层的构造组成	(1) 楼板构造层次 (2) 地坪构造层次
钢筋混凝土楼板构造	(1) 掌握钢筋混凝土楼板构造 (2) 熟悉顶棚和地面构造	(1) 板式楼板、梁板式楼板、无梁楼板、压型钢板组合楼板、单向板、双向板 (2)吊顶棚、整体地面、块料地面等
阳台和雨篷构造、楼板隔声	(1) 熟悉阳台、雨篷构造 (2) 了解楼板隔声构造	(1) 阳台、雨篷的结构布置 (2) 改善楼板隔声的措施

基本概念

板式楼板、梁板式楼板、无梁楼板、压型钢板组合楼板、单向板、双向板、直接顶棚、吊顶棚、整体地面、块料地面

引例

不管是汶川大地震还是雅安地震，都造成大量人员伤亡，造成的直接经济损失惨重，在财产损失中，房屋的损失很大，而且我们可以清晰地看到房屋倒塌后露出的预制空心楼板，如图7.1所示。面对如此惨痛的代价，我们不禁感叹，如果采用的不是预制空心楼板也许会减少一些人员伤亡和经济损失。那么对于某一工程，应该选择什么形式的楼板？这些楼板有何特点？各自适合用于什么样的建筑？构造做法又是如何？

图 7.1 汶川地震图片

7.1 概　述

7.1.1 楼地层的设计要求

1. 强度和刚度要求

楼板和地面均应该有足够的强度，能够承受自重和一定的荷载而不破坏，以确保安全。同时，楼地层要求具有规定的刚度，即在荷载作用下，挠曲变形不应该超过规定数值。

2. 隔声要求

为避免楼层上下空间的相互干扰，楼地层应具有一定的隔声能力。

3. 热工及防火要求

一般楼地层应有一定的蓄热性，根据建筑物对防火的要求设计，满足楼地层对构件的耐火极限和燃烧性能要求。

4. 防水、防潮要求

对于厨房、卫生间等地面潮湿、易积水房间，应处理好楼地层的防水和防潮问题。

5. 便于在楼层和地层中敷设各种管线

随着各种服务设施日趋完善，有更多的管线将借助楼板层来敷设。楼地层设计过程中，必须仔细考虑各种设备管线的敷设。

6. 经济要求

一般楼地层应注意就地取材，尽量减少楼板的厚度和自重，降低造价。

7.1.2 楼地层的组成

1. 楼板层的组成

楼板层的基本构造层次包括：面层、结构层和顶棚层，如图 7.2 所示。

(1) 面层：又称为楼面，有保护楼板、承受并传递荷载、清洁及装饰室内的作用。

(2) 结构层：即楼板，是楼板层的承重部分。

(3) 附加层：根据楼板层的具体要求设置，主要包括隔声层、保温隔热层、防水层、防潮层等。

(4) 顶棚层：位于楼板层下面，主要作用是保护楼板、安装灯具、装饰室内等。

2. 地坪层的组成

地坪层的基本构造层次包括面层、垫层和基层(素土夯实层)，对有特殊要求的地坪，常在面层和垫层之间增设附加层，如图 7.3 所示。

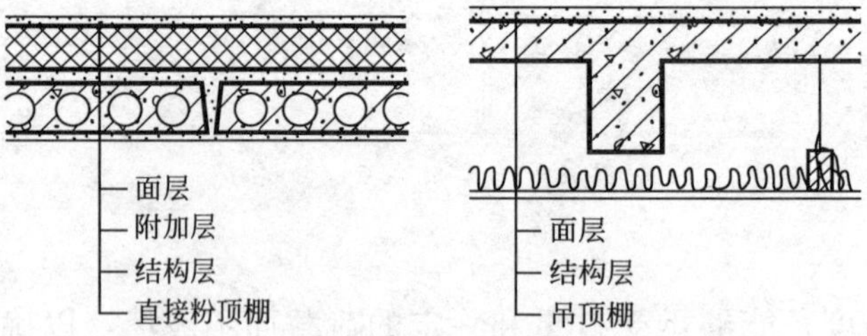

图 7.2 楼板层的组成

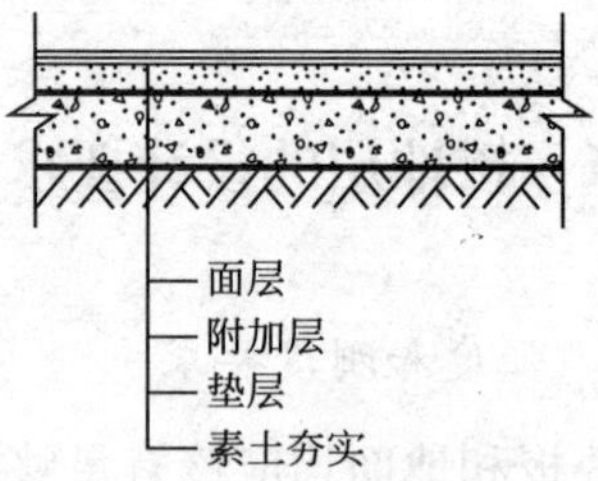

图 7.3 地坪层的组成

7.2 钢筋混凝土楼板构造

楼板依所用材料不同，主要有木楼板、砖拱楼板、钢筋混凝土楼板等。木楼板和砖拱楼板现已趋于不用，钢筋混凝土楼板强度高、刚度好、耐久和防火性能好，被广泛采用。钢筋混凝土楼板根据施工方法的不同可分为现浇整体式、预制装配式和装配整体式钢筋混凝土楼板三种。

7.2.1 现浇整体式钢筋混凝土楼板

现浇钢筋混凝土楼板，指在施工现场架设模板、绑扎钢筋、浇注混凝土，经养护达到一定强度后拆除模板而成的楼板。这种楼板的缺点是施工工序多，劳动强度大，属于湿作业，受气候影响较大，施工工期长。它的优点是整体性好，抗震性能好，适合各种形状的平面，而且预留孔洞方便，如图 7.4 所示。

常用的现浇钢筋混凝土楼板按结构类型分为板式楼板、梁板式楼板、无梁楼板和压型钢板组合楼板。

1. 板式楼板

在墙体承重建筑中，当房间尺寸较小时，将板直接搁置在墙上的楼板称为板式楼板，如图 7.5 所示。板式楼板适用于小面积或小跨度房间，如厕所、厨房和走廊等。

图 7.4 现浇钢筋混凝土楼板实例

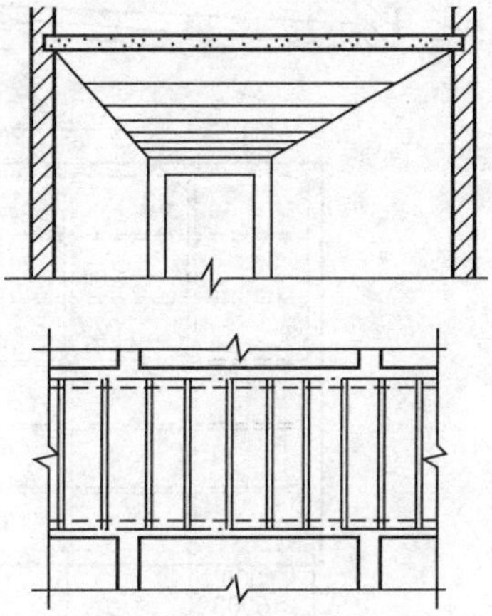

图 7.5 板式楼板布置

2. 梁板式楼板

当房间的跨度较大时，为了使楼板结构的受力和传力较为合理，常在楼板下设梁，从而减小板的跨度，这种板称为梁板式楼板，如图 7.6 所示。梁板式楼板有单梁和复梁之分。

楼板根据其受力特点和支撑情况，可分为单向板与双向板。当板两边支承，或四边支承而长边与短边之比大于 2 时，在荷载作用下，板基本上沿短边方向挠曲，称为单向板，如图 7.7 所示。板内受力钢筋沿短边方向设置。

当板四边支承而且其长边与短边之比不大于 2 时，板的两个方向都有挠曲，板在两个方向都传递荷载，称为双向板，如图 7.8 所示。双向板使板的受力和传力更加合理，构件的材料更能充分发挥作用。

例如，如图 7.9 所示为某住宅楼的平面图，该住宅各房间的长边与短边之比都小于 2，所以其楼板均为双向板。

一般说来，对于现浇整体式的楼层结构，其梁板的结构高度可以作以下估算。

楼板是单向板时，板厚取板跨(短跨)的 1/35(简支)或 1/40(两端皆连续)；民用建筑楼板板厚≥70mm；工业建筑楼板的板厚≥80mm。

楼板是双向板时，板厚取双向板短跨的 1/45(四边皆简支)或 1/50(四边皆连续)；而且板厚≥80mm。

无梁楼盖的板厚取其长边的 1/35，且板厚≥150mm。

梁的截面宽与高之比一般为 1/3～1/1.5，常用宽度 250mm 或 300mm。梁的截面高度估算为跨度的 1/12～1/10(单跨简支梁)，1/18～1/14(多跨连续次梁)，1/14～1/12(多跨连续主梁)。主梁的经济跨度为 5～8m，次梁的经济跨度一般为 4～6m。

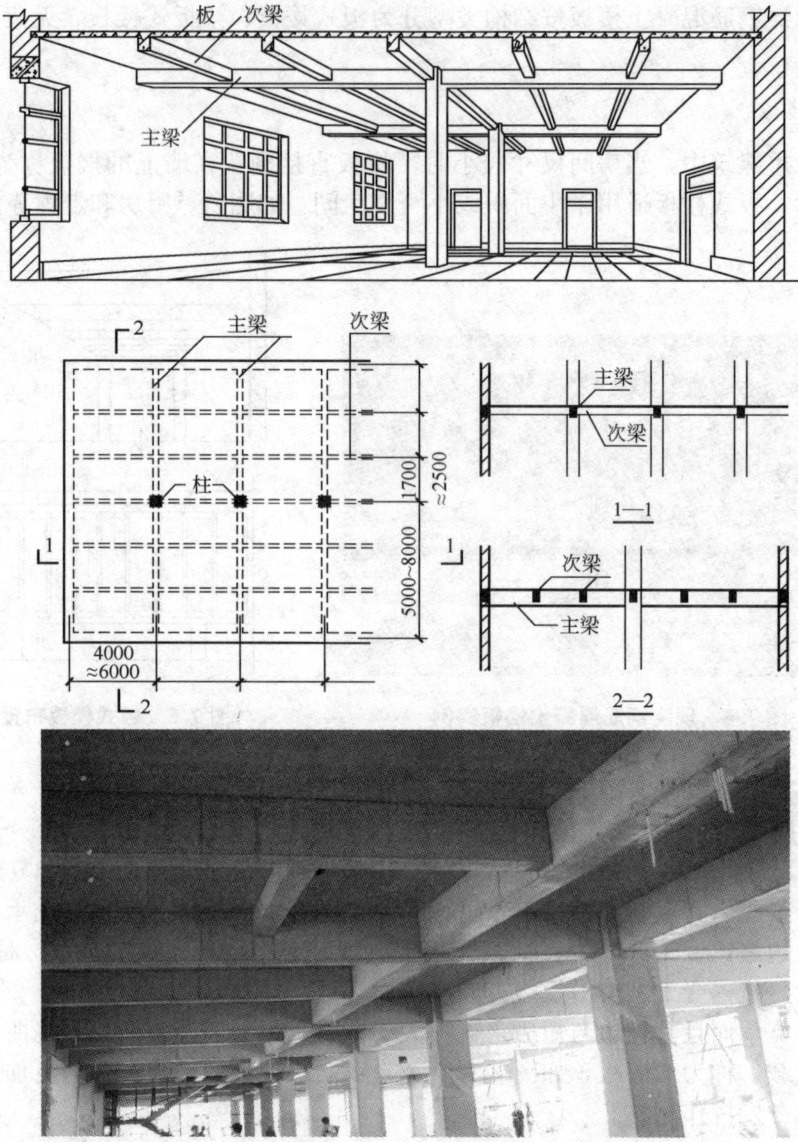

图 7.6　梁板式楼板布置

3. 井式楼板

井式楼板是梁板式楼板的一种特殊形式。当房间尺寸较大，并接近正方形时，常沿两个方向布置等距离、等截面高度的梁(不分主次梁)，板为双向板。井式楼板的跨度一般为6～10m，板厚为70～80mm，井格边长一般在2.5m之内，如图7.10所示。井式楼板常用于跨度为10m左右、长短边之比小于1.5的公共建筑的门厅、大厅。

4. 无梁楼板

无梁楼板是将楼板直接支承在柱上，不设主梁和次梁。柱网一般布置为正方形或矩形，柱距以6m左右较为经济，如图7.11所示。为减少板跨、改善板的受力条件和加

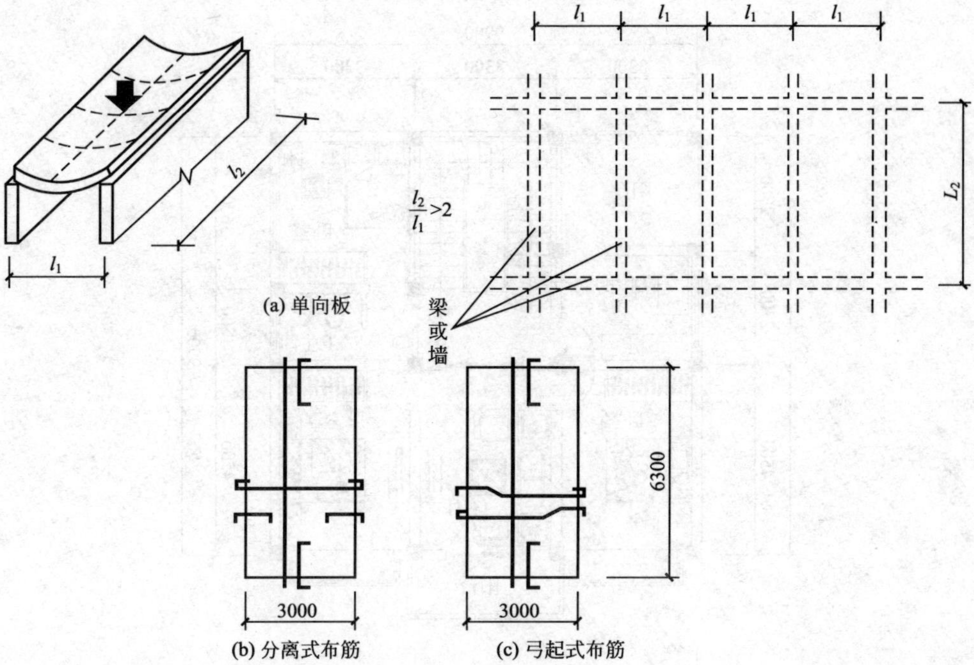

图 7.7 单向板

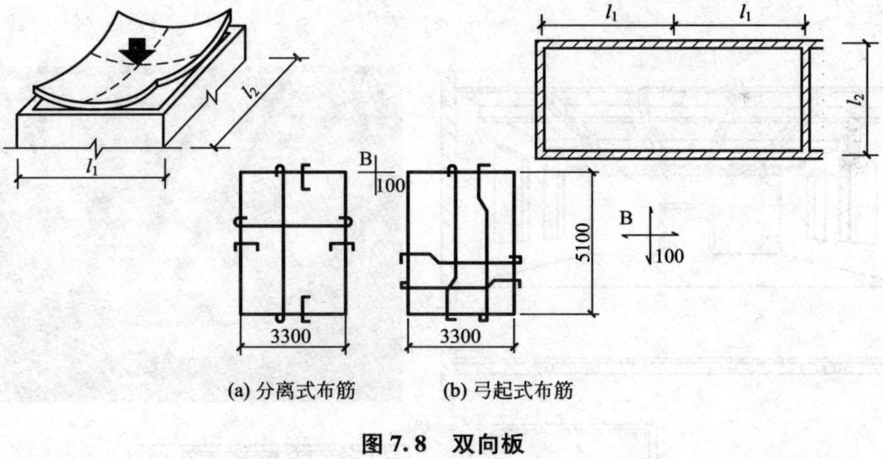

图 7.8 双向板

强柱对板的支承作用，一般在柱的顶部设柱帽或托板。无梁楼板楼层净空较大，顶棚平整，采光通风和卫生条件较好，适宜于活荷载较大的商店、仓库和展览馆等建筑。

5. 压型钢板组合楼板

压型钢板组合楼板的基本构造形式如图 7.12 所示，它是由钢梁、压型钢板和现浇混凝土三部分组成。压型钢板组合楼板的整体连接是由栓钉(又称抗剪螺钉)将钢筋混凝土、压型钢板和钢梁组合成整体。栓钉是组合楼板的抗剪连接件，楼面的水平荷载通过它传递到梁、柱上，所以又称剪力螺栓，其规格和数量是按楼板与钢梁连接的剪力大小确定的。

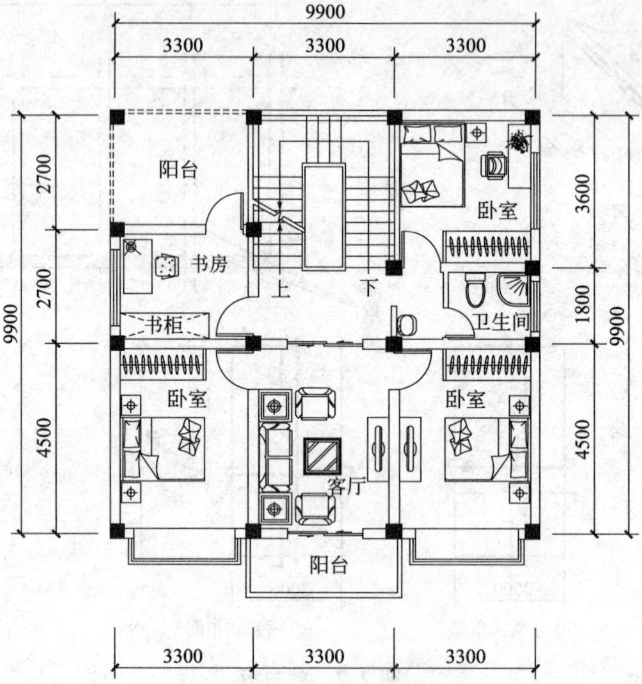

图 7.9　某住宅平面图

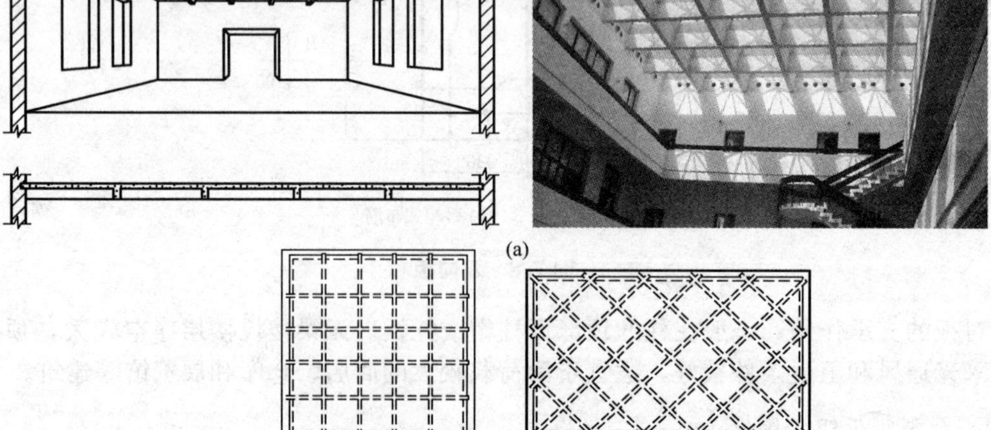

(a)

(b) 正井式

(c) 斜井式

图 7.10　井式楼板

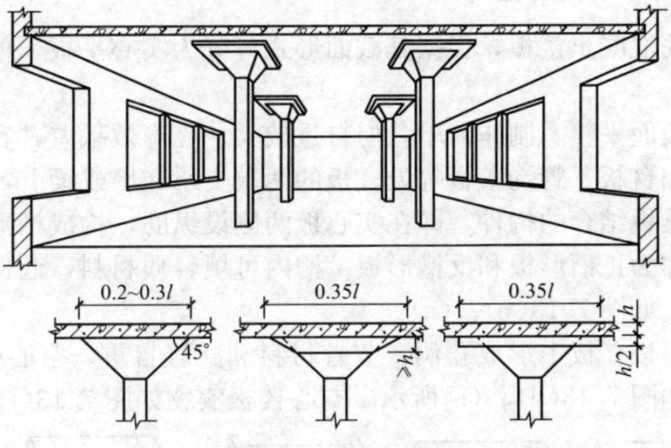

图 7.11 无梁楼板

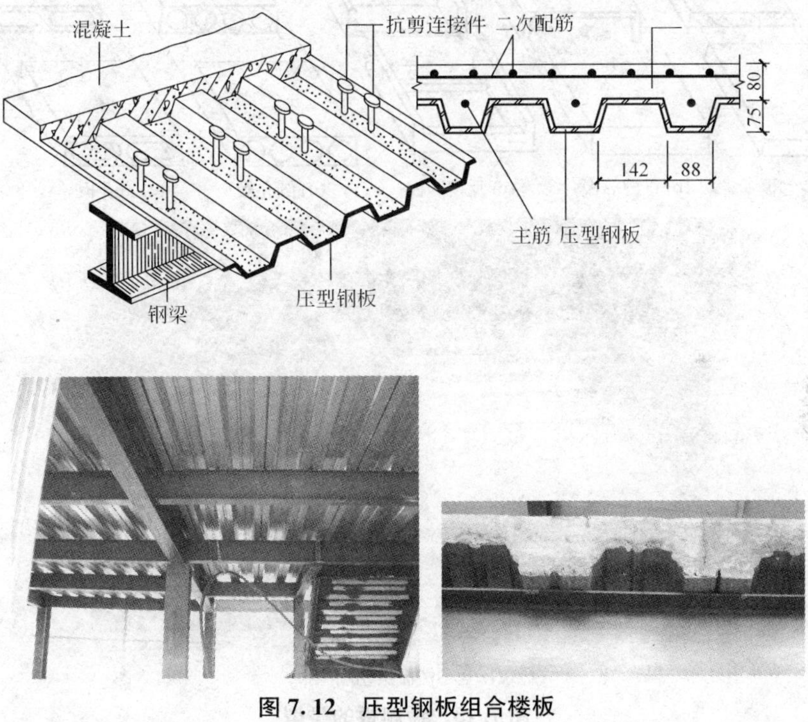

图 7.12 压型钢板组合楼板

7.2.2 预制装配式钢筋混凝土楼板

预制装配式钢筋混凝土楼板是将楼板分成若干构件在工厂或现场预制，然后在施工现场用人工或机械进行安装。与现浇楼板相比，它把高空作业改变为平地作业，改善了工人的劳动条件，减少了施工现场的湿作业，并使工期大为缩短；但其整体性差，留洞不方便不适合特殊形状的平面。

预制板的长度应与房屋的开间或进深一致，长度一般为 300mm 的倍数；板的宽度根据制作、吊装和运输条件以及有利于板的排列组合确定，一般为 100mm 的倍数。

1. 预制钢筋混凝土楼板类型

常用的预制钢筋混凝土楼板，根据其截面形式可分为实心平板、槽形板和空心板三种类型。

实心平板上下板面平整、制作简单，但自重较大、隔声效果差，宜用于跨度小的走廊板、楼梯平台板、阳台板、管沟盖板等处。板的两端支承在墙或梁上，如图 7.13(a)所示。

槽形板是一种梁板结合的构件，即在实心板两侧设纵肋，构成槽形截面。依板的槽口向下和向上，分别称为正槽形板和反槽形板。槽内可填轻质材料，起保温、隔声作用，槽内也可以埋设管线，如图 7.13(b)、(c)。

钢筋混凝土空心板在板中形成孔洞，节省材料和减轻自重。空心板孔洞形状有圆形、长圆形和矩形等，如图 7.13(d)、(e)所示。空心楼板实物如图 7.13(f)所示。

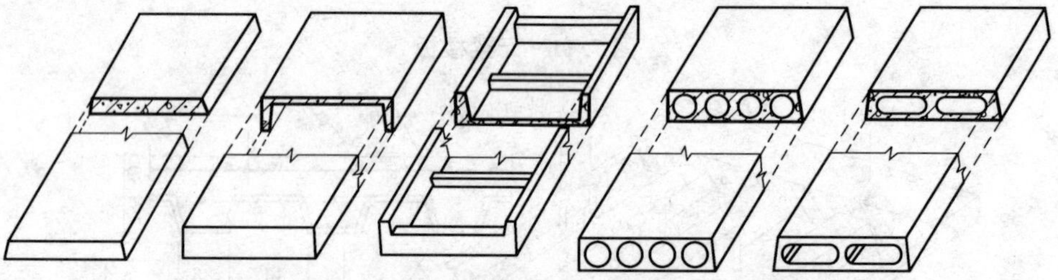

(a) 实心板　(b) 正槽形板　(c) 反槽形板　(d) 圆孔板　(e) 方孔板

(f) 空心楼板实物图

图 7.13　预制板的类型

预制构件有预应力和非预应力之分。预应力构件又分为先张法和后张法两种。

2. 预制楼板的结构布置和连接构造

1) 结构布置

在进行楼板结构布置时，应先根据房间开间、进深的尺寸确定构件的支承方式，然后选择板的规格进行合理的安排。在结构布置时，应注意以下几点原则。

(1) 尽量减少板的规格、类型，否则板的制作麻烦，施工也较复杂，甚至容易搞错。

(2) 板的布置应避免出现三面支承情况，即楼板的长边不得搁置在梁或砖墙内，否则，在荷载作用下，板会产生裂缝；另外，楼板在墙或梁上搁置，需设 20mm 厚 M5 水泥砂浆坐浆，在墙上支承长度不小于100mm（常用120mm），在梁上支承长度不小于80mm，如图7.14～图7.16所示。

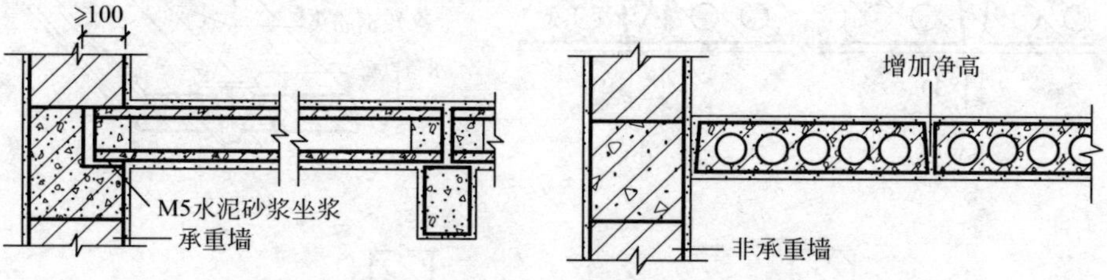

图7.14 钢筋混凝土楼板在墙上的搁置

图7.15 钢筋混凝土楼板在墙上的搁置实例

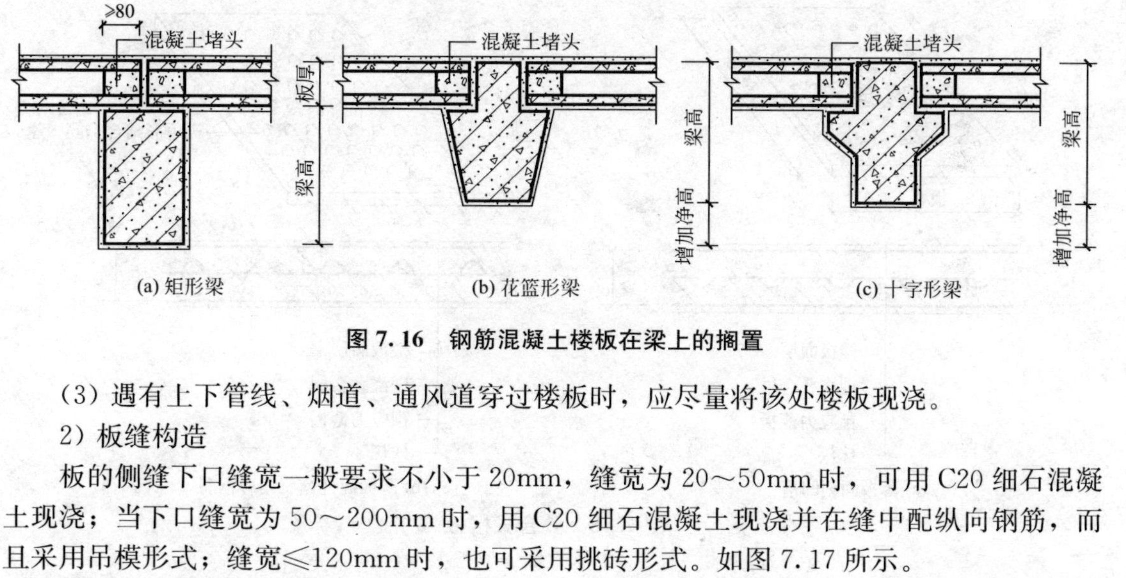

图7.16 钢筋混凝土楼板在梁上的搁置

（3）遇有上下管线、烟道、通风道穿过楼板时，应尽量将该处楼板现浇。

2）板缝构造

板的侧缝下口缝宽一般要求不小于20mm，缝宽为20～50mm时，可用C20细石混凝土现浇；当下口缝宽为50～200mm时，用C20细石混凝土现浇并在缝中配纵向钢筋，而且采用吊模形式；缝宽≤120mm时，也可采用挑砖形式。如图7.17所示。

7.2.3 装配整体式钢筋混凝土楼板

装配整体式楼板是将楼板中的部分构件预制，然后到现场安装，再以整体浇注其余部分的办法连接而成的楼板。它兼有现浇与预制的双重优越性。预制薄板叠合楼板装配整体式楼板是将预制薄板与现浇混凝土面层叠合而成的楼板。这种楼板的预制混凝土薄板既是

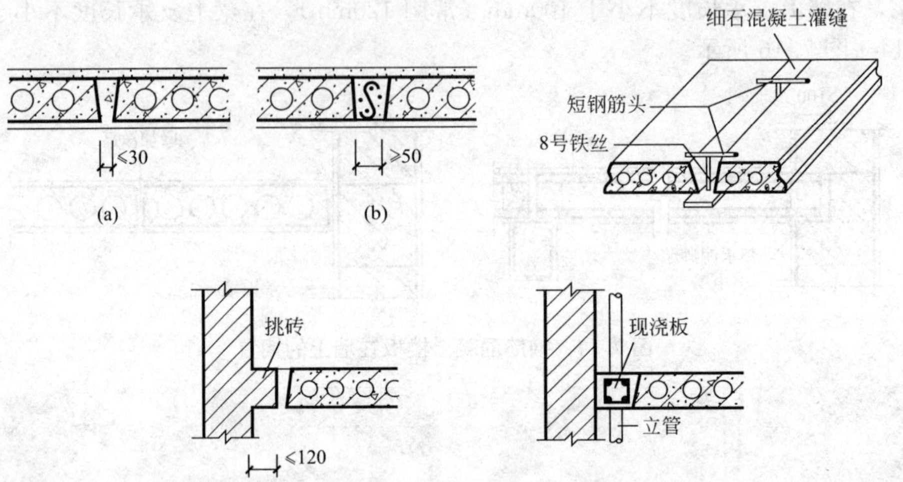

图 7.17　板缝的处理

现浇混凝土的永久性模板(承受施工荷载)，也是整个楼板的组成部分。

叠合楼板跨度一般为 4～6m，最大可达 9m。为保证预制薄板与叠合层有较好的连接，薄板上表面做刻槽处理，或表面露出较规则三角形状的钢筋，如图 7.18 所示。

现浇叠合层采用 C20 的混凝土，厚度一般为 70～120mm，以大于或等于薄板厚度的两倍为宜。叠合楼板的总厚度取决于板的跨度，一般为 150～250mm，如图 7.18 所示。

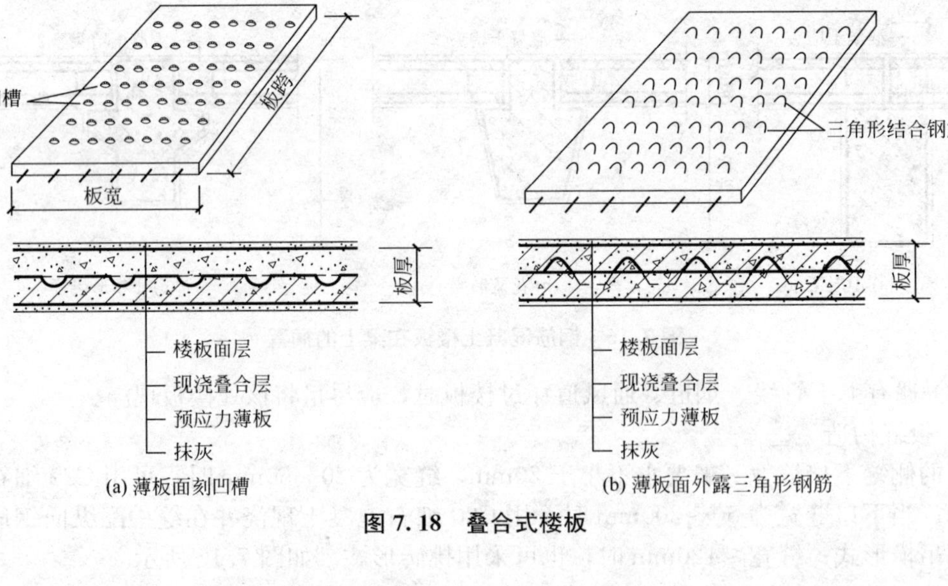

图 7.18　叠合式楼板

7.3 顶棚构造

顶棚也称天棚、天花板，是室内装修的一个重要部分。根据顶棚的外观形式，可分为平滑式、浮云式、井格式、分层式；根据顶棚构造方式的不同，顶棚有直接式顶棚和悬吊式顶棚之分；按面层材料分，有抹灰、石膏板、纤维板、金属板、塑料板等顶棚。

1. 直接式顶棚

当楼板底面平整，室内装饰要求不高时，可在楼板底面填缝刮平后直接喷刷大白浆、石灰浆等涂料，或用黏结剂粘贴墙纸、泡沫塑料板、铝塑板或装饰吸音板等，形成贴面顶棚，如图 7.19 所示。

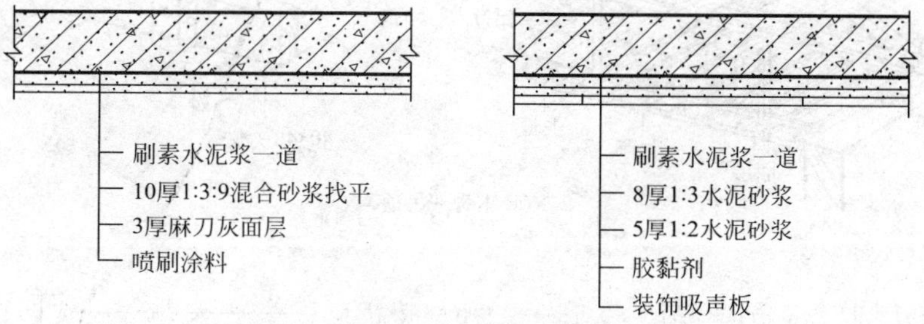

图 7.19 直接式顶棚

2. 悬吊式顶棚

当房间或走廊，有较高的隔声或视觉要求，要求顶棚底面平齐，或沿楼板底面敷设管道、电线，这些管线又不宜外露时宜做悬吊式顶棚。如图 7.20 所示为吊顶悬挂于屋面下构造示意。

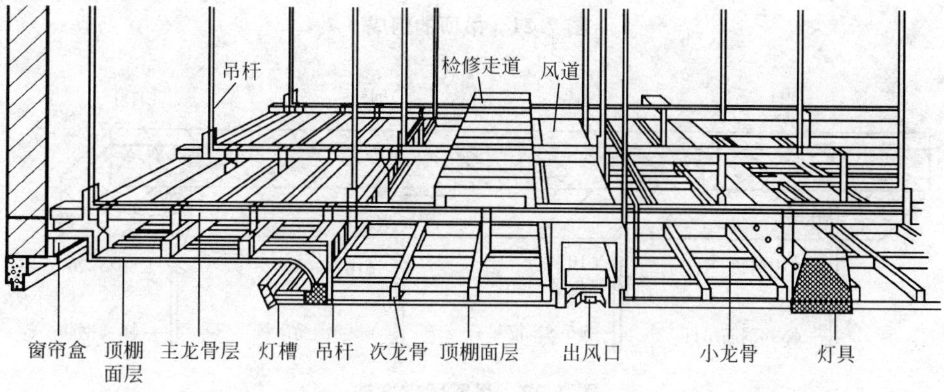

图 7.20 吊顶悬挂于屋面下构造示意

吊顶一般由悬吊构件、骨架和面板组成。按骨架材料不同分木骨架吊顶和金属骨架吊顶(轻钢龙骨吊顶)，如图 7.21 所示。

1）木龙骨吊顶

木骨架吊顶是在楼板下吊挂由主龙骨和次龙骨组成的木骨架，在木骨架下铺钉各种面板而成的悬挂式顶棚。木龙骨吊顶的主龙骨截面一般为 50mm×70mm 方木，中距 900～1200mm，用 ϕ8 螺栓钢筋或 ϕ6 钢筋与钢筋混凝土楼板固定，如图 7.22 所示。次龙骨截面为 40mm×40mm 方木，间距根据面板规格，一般为 400～600mm，通过吊木垂直于主龙骨方向布置，如图 7.23 所示为木龙骨吊顶示意。

2）金属龙骨吊顶

金属龙骨吊顶主要由金属龙骨基层和装饰面板构成。金属龙骨一般采用轻钢或铝合金

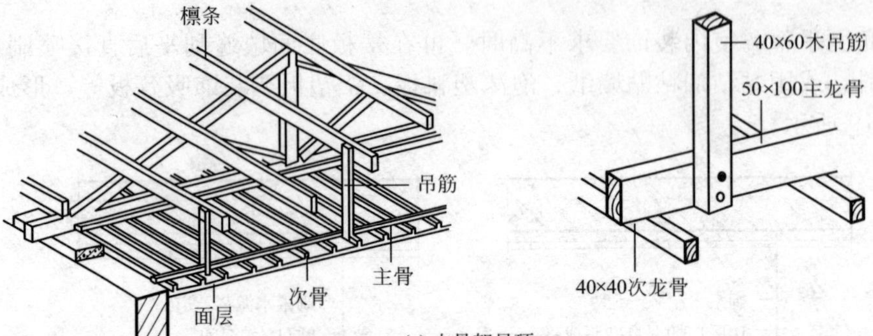

(a) 木骨架吊顶

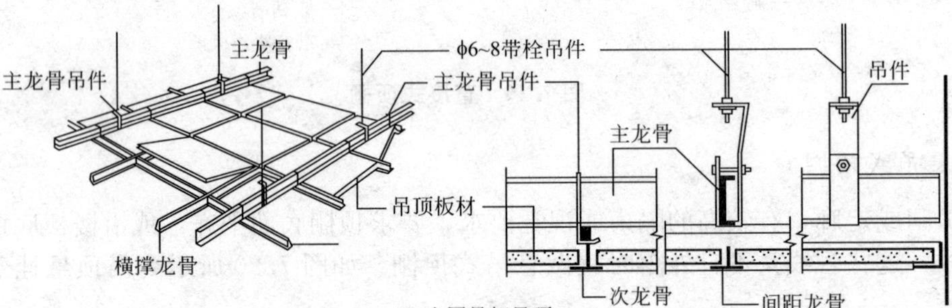

(b) 金属骨架吊顶

图 7.21　吊顶的组成

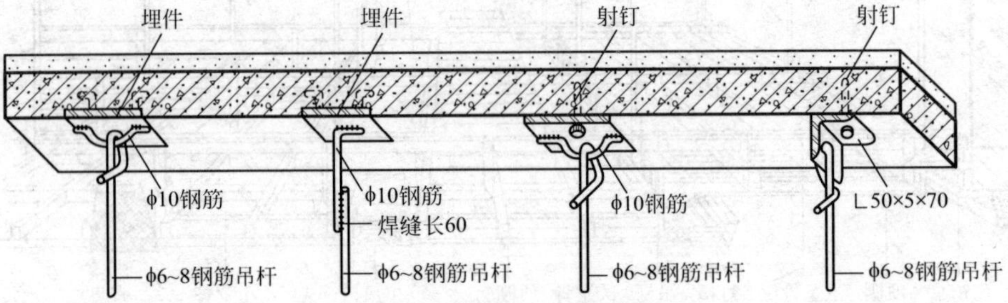

图 7.22　吊筋固定方法

型材，具有自重轻、刚度大、防火性能好、施工安装快、无湿作业等特点，得到广泛应用。

金属龙骨由吊筋、主龙骨、次龙骨和横撑龙骨组成。主龙骨一般是通过 ϕ6 或 ϕ8 螺栓悬挂于楼板下，间距为 900～1200mm，主龙骨下挂次龙骨。为铺钉装饰面板和保证龙骨的整体刚度，在龙骨之间增设横撑，间距视面板类型及规定而定。最后在次龙骨上固定面板。

面板一般有纸面石膏板、水泥石棉板、铝塑板、铝板、铝合金板、不锈钢板等。面板可用自攻螺钉或膨胀铆钉固定在龙骨上或直接搁放于龙骨内，如图 7.24 所示。

另外，还有直接把金属片卡接连接在龙骨上，形成的较开敞的卡接式吊顶棚形式，如图 7.25 所示。

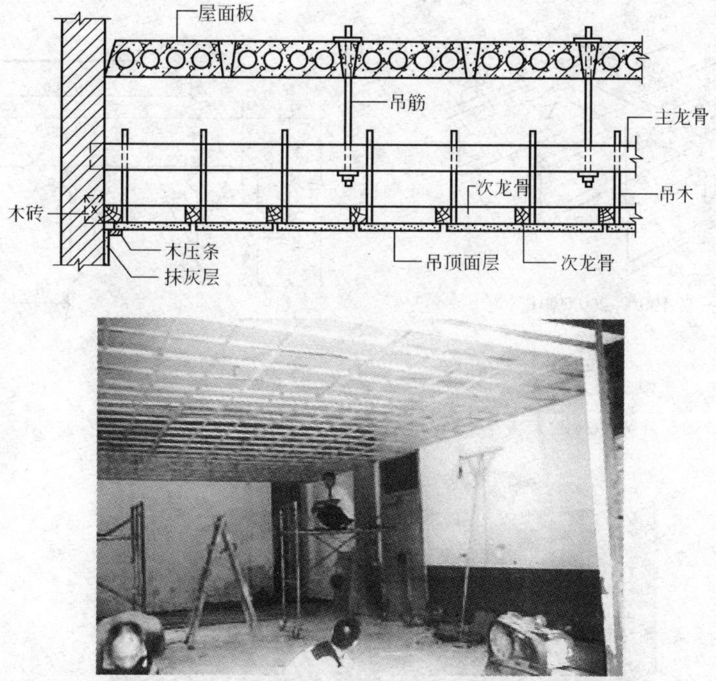

图 7.23　木龙骨吊顶示意及实例

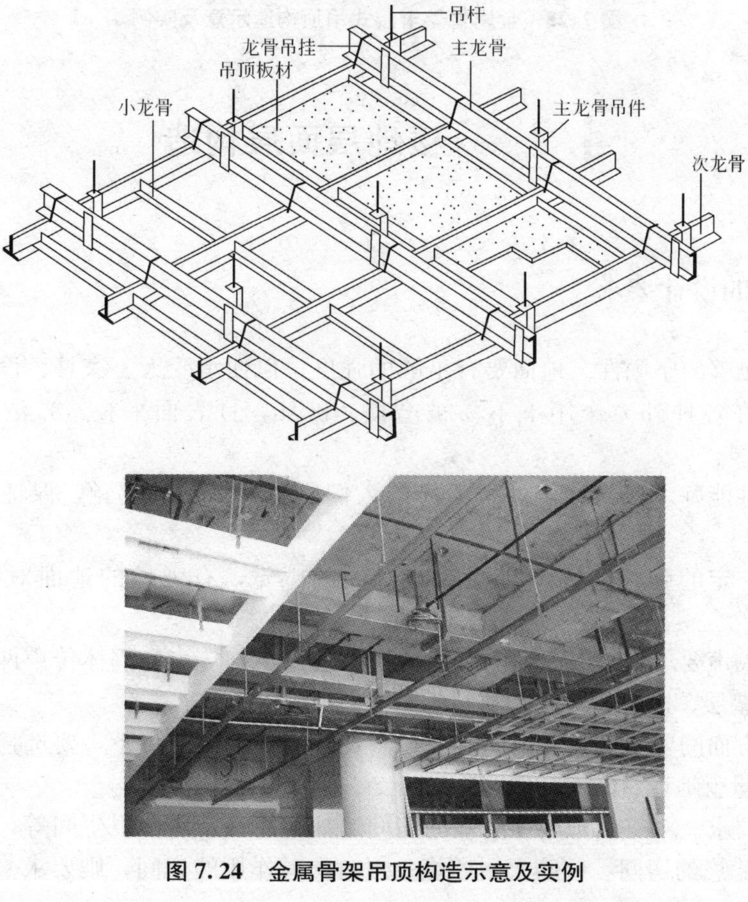

图 7.24　金属骨架吊顶构造示意及实例

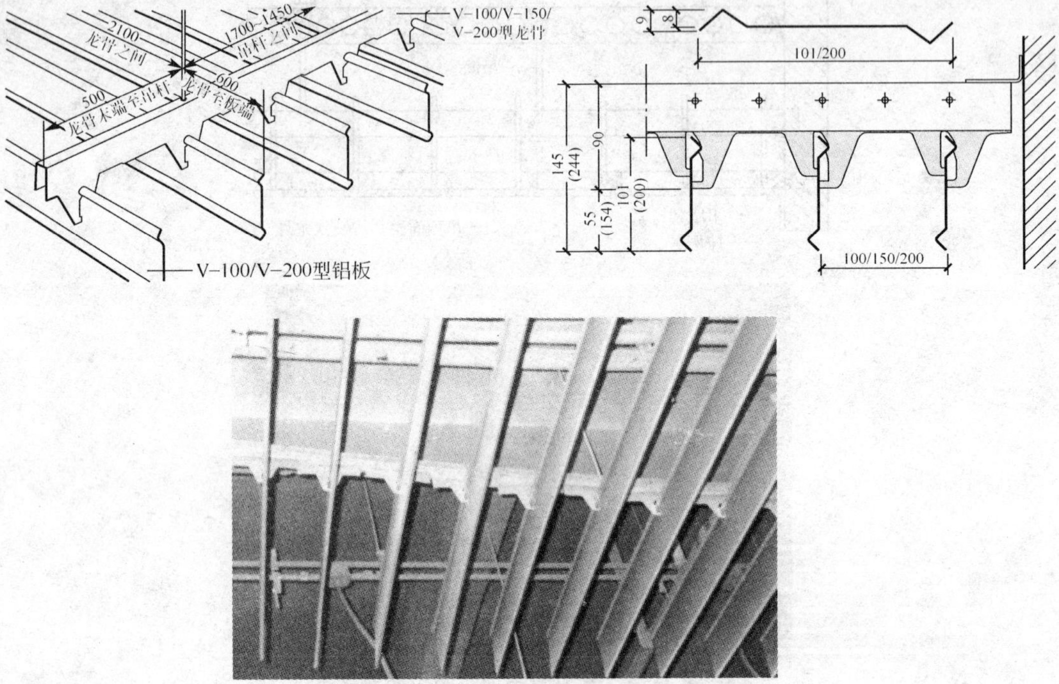

图 7.25　金属骨架卡接式吊顶构造示意及实例

7.4　楼地层面层构造

7.4.1　面层的设计要求

（1）具有足够的坚固性。地面要有足够的强度，以便承受人、家具、设备等荷载而不破坏，即要求在各种外力作用下不易被磨损、破坏，且表面平整、光洁、易清洁和不起灰。

（2）保温性能好。经常接触的地面应给人们以温暖舒适的感觉，保证寒冷季节脚部舒适。

（3）具有一定的弹性。行走时不致有过硬的感觉，有弹性的地面对减弱撞击声也有利。

（4）满足隔声要求。楼层之间的噪声传播，通过空气传声和固体传声两个途径，可通过选择楼地面垫层、面层的厚度与材料类型来达到。

（5）经济方面的要求。设计地面时，在满足使用要求的前提下，要选择经济的材料和构造方案，尽量就地取材。

（6）其他要求。对有水作用和潮湿的房间，如厕所、厨房、卫生间等，地面应防潮防水；对有火灾隐患的房间，应防火耐燃烧；对有酸碱作用的房间，则要求具有耐腐蚀的能力等。

7.4.2 地面的构造做法

地面按面层材料及施工方法可分为整体类地面、块料类地面、木地面、卷材类地面和涂料类地面。

1. 整体地面

用现场浇注的方法做成整片的地面称为整体地面。常用的有水泥砂浆地面、水磨石地面、细石混凝土地面等。

1）水泥砂浆地面

水泥砂浆地面构造简单、坚固耐磨、防潮防水、造价低廉，是一种低档地面。但水泥砂浆地面有导热系数大、保温效果差、吸水性差、易返潮、易起灰等缺点，如图 7.26 所示。水泥砂浆地面为防止由于温度变形或干缩而产生裂缝，要进行分格处理。

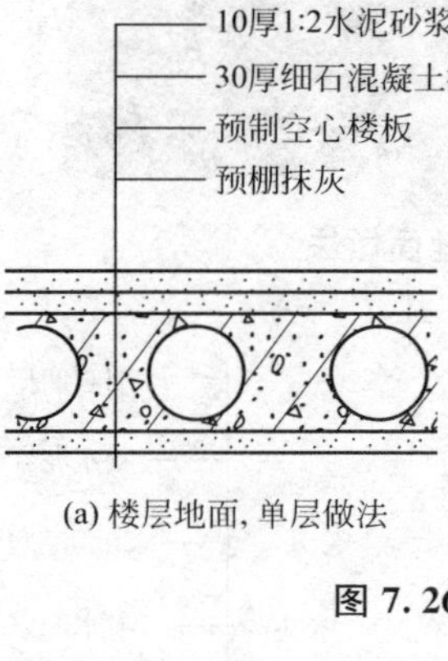

(a) 楼层地面，单层做法

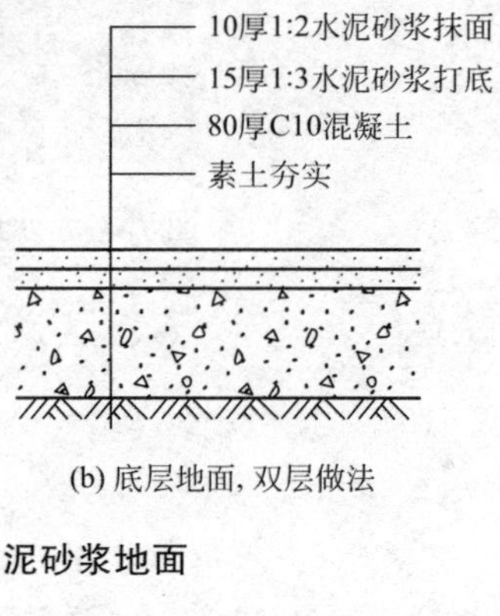

(b) 底层地面，双层做法

图 7.26 水泥砂浆地面

2）水磨石地面

水磨石地面的面层，是用大理石、花岗岩等中等硬度石料的石屑与水泥拌和，经磨光而成。

水磨石地面的常规做法是先用 10～15mm 厚 1∶3 水泥砂浆打底、找平，按设计图采用 1∶1 水泥砂浆固定分格条(玻璃条、铜条或铝条等)，再用 1∶2～1∶2.5 带石屑的水泥砂浆抹面，浇水养护约一周后用磨石机磨光，草酸清洗，打蜡保护，如图 7.27 所示。水磨石地面分格的作用是将地面划分成面积较小的区格，以减少开裂的可能，分格条形成的图案增加地面的美观，方便维修。

2. 块材地面

块材类地面是在对基层进行平整处理后，在其表面再粘贴表层块材。

块材地面的材料主要有各种面砖、石板、木板等天然或人工块材。面砖的品种非常多，系以陶土或瓷土为原料，经加工成型、煅烧而制成的产品，分为有釉和无釉两种。另有一种小块面砖称“马赛克”，又称锦砖，按成分分为陶瓷锦砖和玻璃锦砖。

缸砖地面质地坚硬、耐压耐磨、容重小、能防潮，适用于剧院、办公楼、学校、旅馆及其他民用建筑的门厅、厨房、浴室、厕所等处地面。缸砖地面的铺贴方式是在结构层或垫层找平的基础上，撒素水泥面(洒适量清水)，用 5～10mm 厚 1∶1 水泥浆铺平拍实，再用于水泥擦缝，如图 7.28 所示。

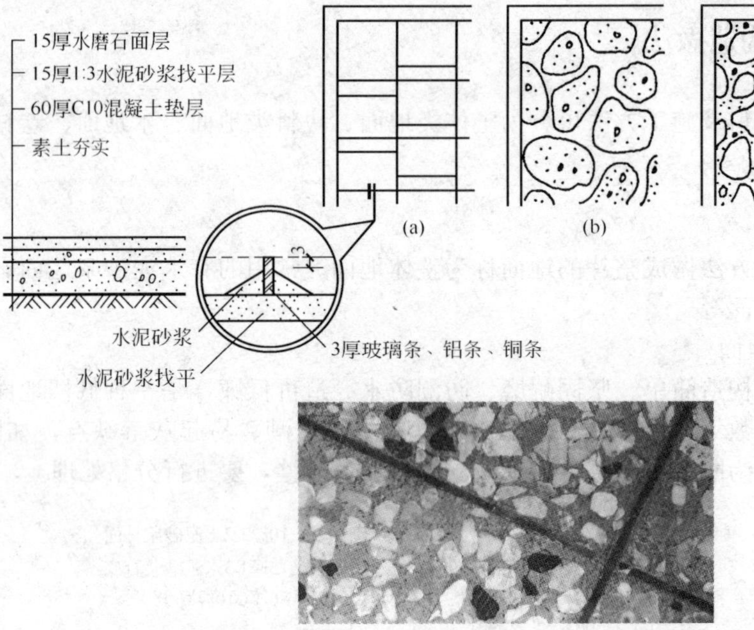

图 7.27　水磨石地面做法

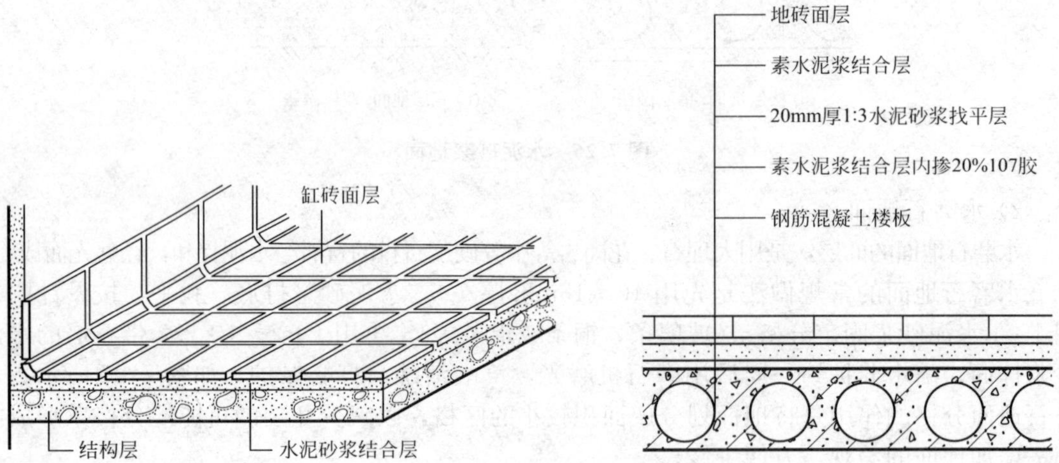

图 7.28　缸砖地面做法

陶瓷砖是以优质瓷土为主要原料，经高温烧制而成。这种砖质地坚实、经久耐用、色泽多样、耐酸、耐碱、耐火、耐磨、不渗水、易清洗，适用于房屋的门厅、走廊、餐厅、卫生间、化验室等处的地面，如图 7.29 和图 7.30 所示。

3. 木地面

木地面有弹性、不起尘、易清扫、导热系数小、纹理美观，具有良好的装饰性。木地面常用于住宅、宾馆、体育馆、剧院舞台等建筑中，是一种高级地面。

木地面按其板材规格有实木板、复合木地板、竹材地板、和软木地板等，工程中常采用纯木板和复合木地板，这两种地板又有条木地面和拼花木地面之分。木地面的面板一般铺设的是长条企口地板，板缝具有凹凸企口，用暗钉钉于基层木格栅上或粘贴于结构层的找平层上。对具有较高要求的房间，如舞厅、会客厅等，可采用拼花地板。当地面材料尺寸较小时，不能直接固定在木搁栅上，可在木搁栅上加钉一层木板条，作为面层材料的基层，这一层称为毛地板。铺设方向视面层而定(与面层铺设方向垂直)，然后做拼花地板。木地面按构造方式及施工方法不同，分为架空式、实铺式和粘贴式三种。

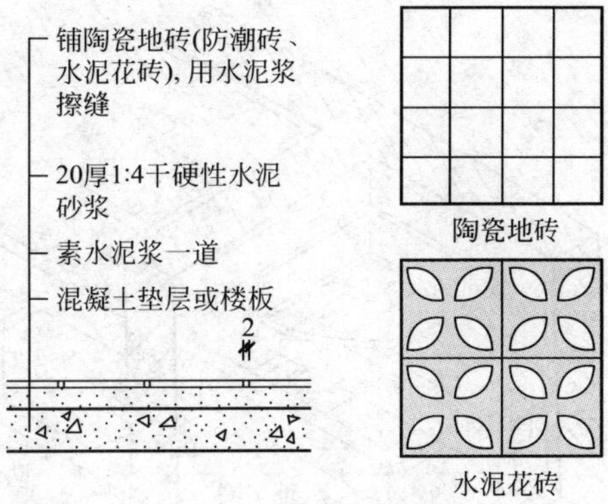

图 7.29 陶瓷砖地面

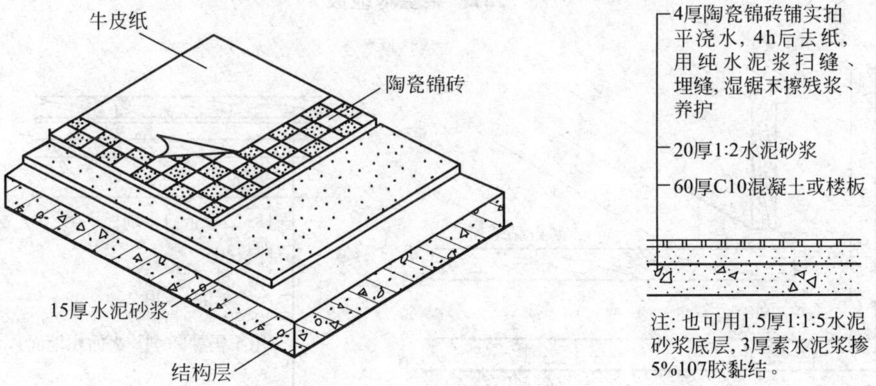

图 7.30 陶瓷锦砖构造做法

架空木地板是把地板材料粘贴或铺钉在架空骨架上的一种木地板装修，适用于首层地板(防止受潮)、地面标高与设计标高高差大、同一地面形成不同地面标高等情况。例如，舞台的高低错落、住宅室内地面不同高度的设计。

架空木地板的构造做法一般为：砌地垄墙或砖墩；地垄墙上设置垫木(沿游木)；在垫木上铺木搁栅，间距一般为 400mm 左右，并在木搁栅之间加剪刀撑，以增强地面的整体强度；铺钉企口条板或铺毛板后再铺设面板，如图 7.31 所示。

粘贴式木地板是直接将面层材料粘贴在实体基层上的一种地面装修。其优点是不设木搁栅，省工，简单易行，工程造价低。粘贴式木地板一般使用于装修等级不高的木地面装饰工程中。具体构造做法一般为：20 厚水泥砂浆找平；刷冷底子油 1～2 道；热沥青一道；沥青或专用胶粘贴拼花企口木地板，如图 7.32 所示。

实铺木地板是直接在实体基层上铺设木搁栅，再装订面层材料的地面装修。木搁栅的断面尺寸较小，一般为 50mm×50mm；间距一般为 450mm 左右；通过结构层中预埋的 U 形铁件或用膨胀螺栓固定，或用预埋的镀锌钢丝扎牢；为防止受腐，在木搁栅与其接触面之间刷沥青，如图 7.33 和图 7.34 所示。

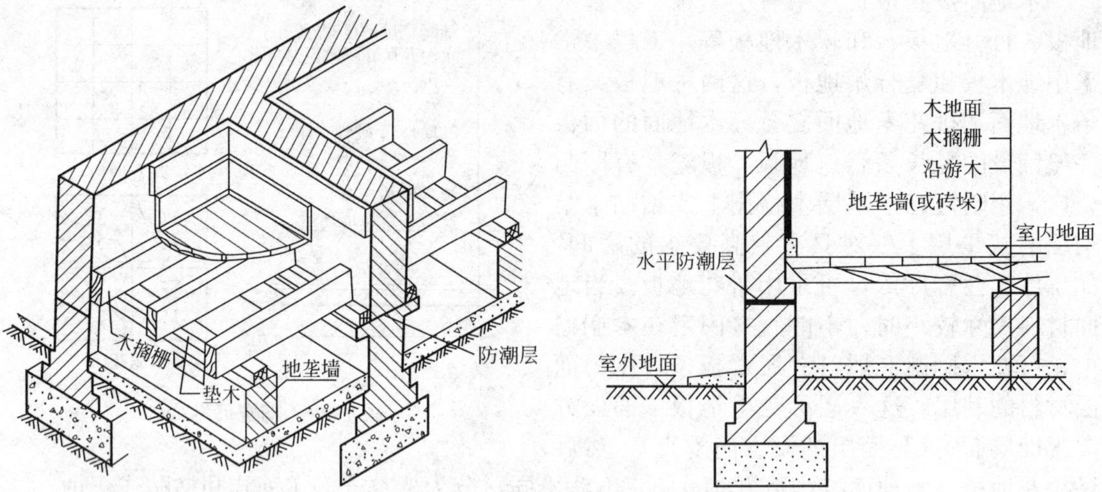

图 7.31　架空木地板

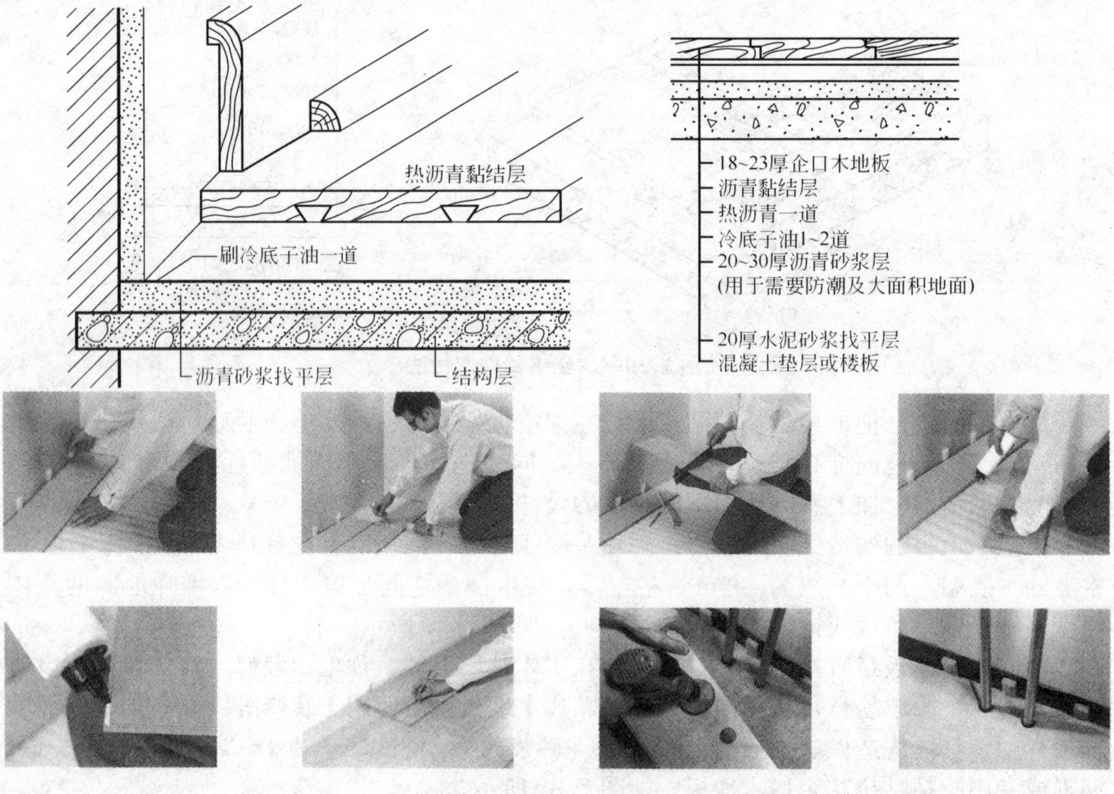

图 7.32　粘贴式木地板

4. 卷材类地面

卷材地面是用成卷的铺材铺贴而成。常见卷材有软质聚氯乙烯塑料地毡、橡胶地毡以及地毯等。

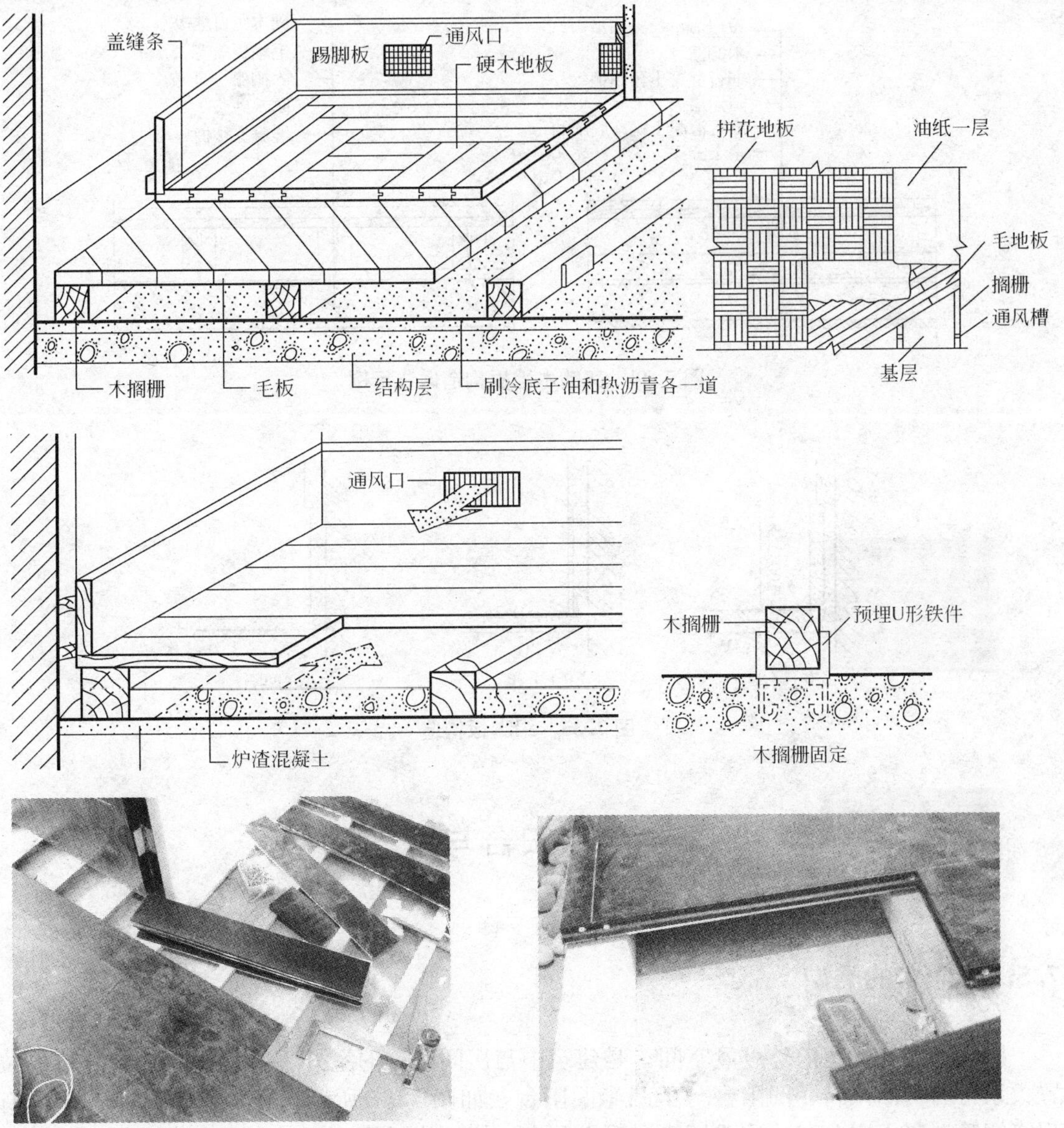

图 7.33　实铺木地板

5. 涂料地面

涂料地面是利用涂料涂刷或涂刮而成。它是水泥砂浆地面的一种表面处理形式，用以改善水泥砂浆地面在使用和装饰方面的不足。

7.4.3　踢脚线构造

地面与墙面交接处的垂直部位，在构造上通畅按地面的延伸部分来处理，这一部分被称为踢脚线，也称为踢脚板。踢脚材料有水泥砂浆、水磨石、木材、石材等，一般与地面材料一致或相适应。高度一般为 100～150mm。形式可以与墙面平、凹进、凸出如图 7.35 所示。

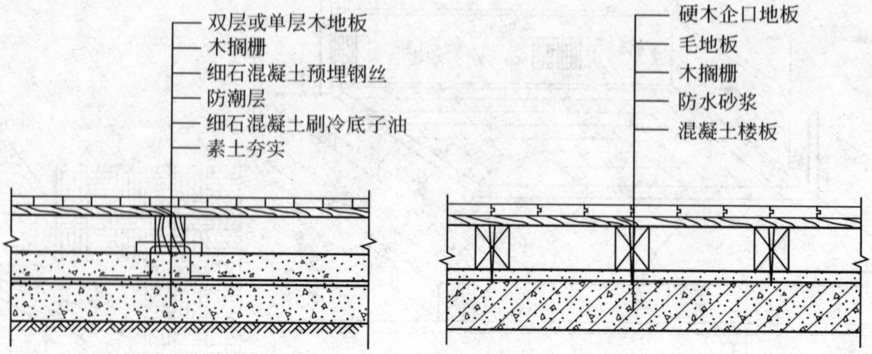

图 7.34　实铺木地板构造做法示例

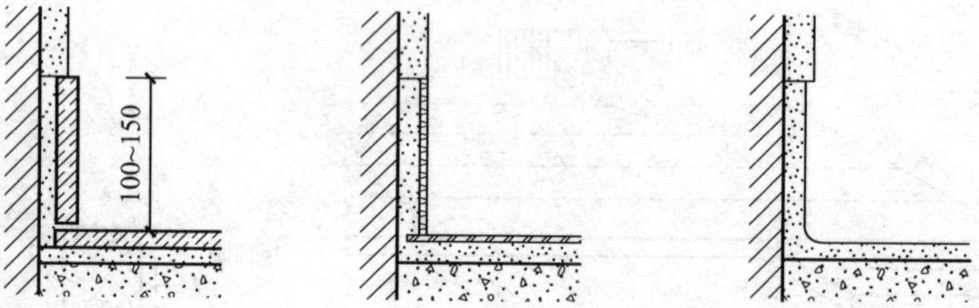

图 7.35　踢脚板构造

7.5 阳台与雨篷

7.5.1　阳台的类型

阳台是建筑的室内外过渡空间，是建筑中与房间相连的室外平台。阳台按与外墙的位置关系可分为凸阳台、凹阳台与半凸半凹阳台，如图 7.36 所示。按施工方式分，阳台有现浇钢筋混凝土阳台和装配式钢筋混凝土阳台。按结构形式不同，阳台主要有隔板式、挑板式和挑梁式三种。

7.5.2　阳台的结构布置

1）搁板式

将阳台板搁置于阳台两侧凸出来的墙上，即形成搁板式阳台，施工方便。

2）挑梁式

从横墙内向外伸挑梁，或从柱向外挑梁，其上设置楼板。阳台荷载通过挑梁传给横墙或柱，由压在挑梁上的墙体和楼板来抵抗阳台的倾覆力矩。挑梁压在墙中的长度应不小于 1.5 倍的挑出长度。挑梁式阳台板挑出长度可大些，如图 7.37(a)、(b)所示。

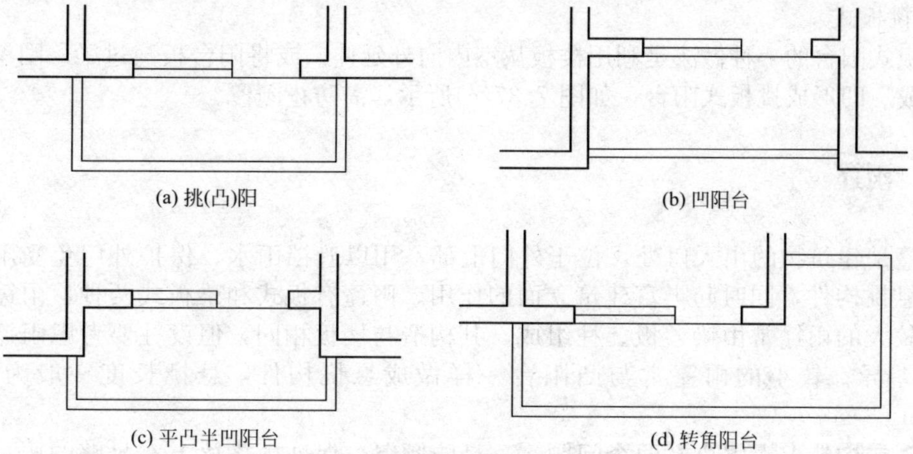

图 7.36　阳台类型

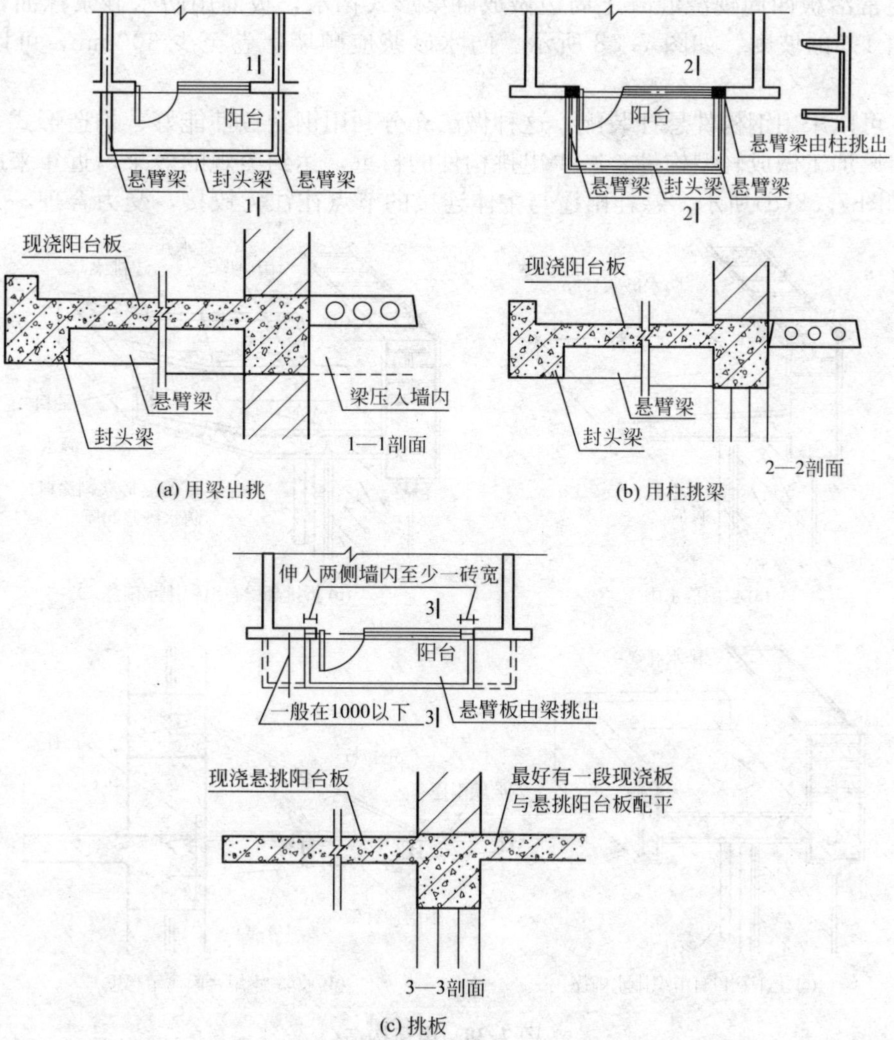

图 7.37　现浇钢筋混凝土阳台结构布置

3）挑板式

挑板式阳台的一种做法是利用楼板从室内向外延伸，或将阳台板与过梁、圈梁整浇在一起而成。即形成挑板式阳台，如图 7.37(c)所示，需防止倾覆。

7.5.3 雨篷

雨篷是建筑物的出入口处，位于外门上部，用以遮挡雨水、保护外门免受雨水侵害的水平悬挑构件，同时起丰富建筑立面的作用。雨篷有板式和梁板式两种，雨篷下也可设柱。较大的雨篷常由梁、板、柱组成，其构造与楼板相同，但设柱要考虑雨篷与主体沉降的差异；较小的雨篷常与凸阳台一样做成悬挑构件，悬挑长度一般为 1000～1500mm。

雨篷在构造上需解决好两个问题：一是防倾覆，保证雨篷梁上有足够的压重，一般把雨篷板与入口门过梁浇筑在一起，形成由梁挑出的悬臂板；二是板面上要做好排水和防水，通常沿板四周现浇混凝土周边做成翻梁形式挡水，板面用防水砂浆抹面，并向排水口做出 1%的坡度，如图 7.38 所示。防水砂浆应顺墙上卷至少 300mm，可以采用水舌排水。

雨篷可以采用钢构件悬挂装配，这种做法充分利用钢受拉性能好、构造形式多样，而且可以工厂加工做成轻型构件，减少出挑构件的自重，达到美观的效果，近年来应用有所增加，如图 7.38(d)所示。悬挂雨篷与主体连接的节点往往为铰接，受力合理，尤其是悬

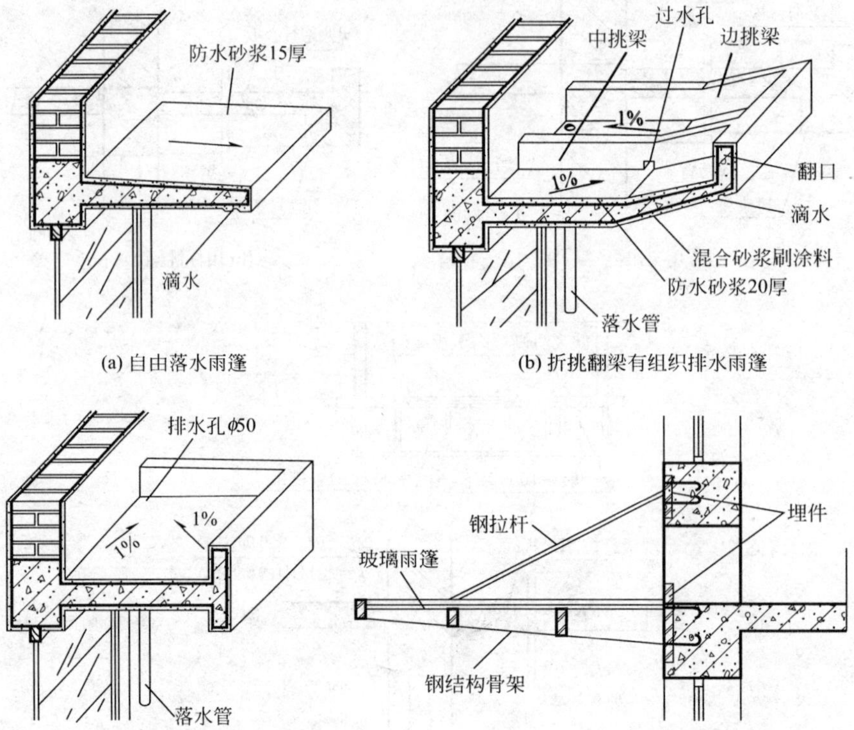

图 7.38　雨篷构造

(e) 雨篷实例

图 7.38 雨篷构造（续）

挂的两端。悬挂与悬挑的连接节点比较，如图 7.39 所示。

(a) 悬挑构件为刚节点

(b) 悬挂构件为铰节点

图 7.39 悬挂构件与悬挑构件在连接节点上的不同比较

7.6 楼板的隔声构造

由于楼板上的脚步声、拖动家具、撞击物体产生的噪声，对楼下房间干扰严重，所以楼板层是隔绝撞击声的重点。通常可以从三方面来考虑。

1. 设置弹性面层

在承重楼板上铺设塑料橡胶布、地毯等软质弹性材料，有助于减弱楼板所受的撞击，对于改善楼板隔绝中、高频撞击声的性能有显著的效用，如图 7.40(a)所示。

2. 浮筑构造

在楼板承重层与面层之间设置弹性垫层，以减弱结构层的振动。弹性垫层可以是片状、条状或块状，如图 7.40(b)所示。

3. 设置吊顶

在承重楼板下加设吊顶对于改善楼板隔绝空气噪声和撞击噪声的性能都有明显效用。需注意的是吊顶层不可用带有穿透的孔或缝的材料，以免噪声通过吊顶直接透射；吊顶与周围墙壁之间不可留有缝隙，以免漏声；在满足建筑结构要求的前提下，承重楼板与吊顶的连接点应尽量减少，悬吊点宜用弹性连接而不是刚性连接如图 7.40(c)所示。

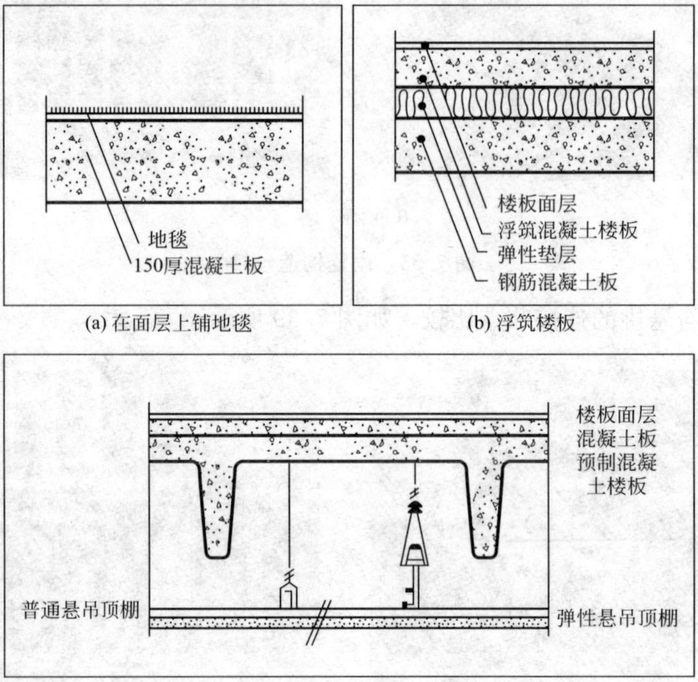

图 7.40 提高楼板隔声性能的措施

本章小结

本章主要讲述楼板和首层地面的组成部分；钢筋混凝土楼板的基本构造做法；楼地面的装修；顶棚的构造及楼板的隔声处理。通过本章的学习，使学生了解楼板层的作用和设计要求，掌握楼板层的基本组成，掌握钢筋混凝土楼板的构造做法，掌握顶棚构造做法，掌握地面的构造做法，掌握建筑隔声措施。

本章的重点是钢筋混凝土楼板的基本构造。

习 题

一、简答题

1. 楼板层与地坪层有什么相同和不同之处？

2. 楼板层的基本组成及设计要求有哪些？
3. 根据传力，楼板层有哪几种形式？单向板和双向板的特点分别是什么？
4. 根据施工方法的不同，楼板有哪几种形式？
5. 简述常用的装配式钢筋混凝土楼板的类型及其特点和适用范围。
6. 简述装配式钢筋混凝土楼板的细部构造(布板、搭接、板缝处理、加固等)。
7. 简述现浇整体式钢筋混凝土楼板的特点、布置原则(主、次梁、楼板如何选择)。
8. 简述井式楼板和无梁楼板的特点及适应范围。
9. 简述地坪层的组成及各层的作用。
10. 绘图说明挑阳台、雨篷的结构布置。
11. 为提高楼层的隔声，可采取哪些措施？

二、填空题

1. 楼板层由________、________和________三个基本部分组成。
2. 首层地面(地坪层)由______、______和______三个基本部分组成。
3. 根据力的传递方式，楼板分为______、______和______等几种类型。
4. 根据施工方法的不同，楼板分为______、______和______三种。
5. 梁的截面宽度一般为其截面高度的______，常用宽度为______或______。截面高度估算为跨度的______(单跨简支梁)；______(多跨连续次梁)；______(多跨连续主梁)。
6. 阳台按照与外墙的相对位置关系可分为______、______和______等几种形式。
7. 吊顶主要有三个部分组成，即______、______和骨架。按骨架材料不同分为______吊顶和______吊顶。

三、选择题

1. 当现浇钢筋混凝土楼板为单向板时，板的长边与短边之比则大于(　　)。
A. 0.5　　B. 1　　C. 1.5　　D. 2
2. 预制钢筋混凝土空心楼板在砖墙上的支承长度常用(　　)。
A. 60　　B. 120　　C. 180　　D. 240
3. 舞厅地面最适宜的做法为(　　)。
A. 水磨石地面　　B. 地砖地面　　C. 架空木地面　　D. 混凝土整体地面
4. 吊顶的作用有(　　)。
①用来美化室内环境　　②提高屋顶的保温隔热能力
③增进室内音质效果　　④遮挡顶棚内的各种管道
A. ②③④　　B. ①②③　　C. ①③④　　D. ①②④
5. 以下哪点不是压型钢板组合楼板的优点？(　　)
A. 省去了模板　　B. 简化了工序
C. 技术要求不高　　D. 板材易形成商品化生产
6. 现浇钢筋混凝土楼板的特点在于(　　)。
A. 施工简便　　B. 整体性好　　C. 工期短　　D. 不需湿作业
7. 楼板层的构造说法正确的是(　　)。

A. 楼板应有足够的强度，可不考虑变形问题

B. 采用花篮梁可适当提高室内净空高度

C. 空心板保温隔热效果好，且可打洞，故常采用

D. 槽形板上不可打洞

四、绘图题

1. 如图 7.41 所示为某楼板结构层，绘图说明轻钢龙骨吊顶与木地面的构造做法。注明材料层次和必要的尺寸。

2. 绘制如图 7.42 所示的 1—1 剖面，雨篷为挑板式，比例自定。

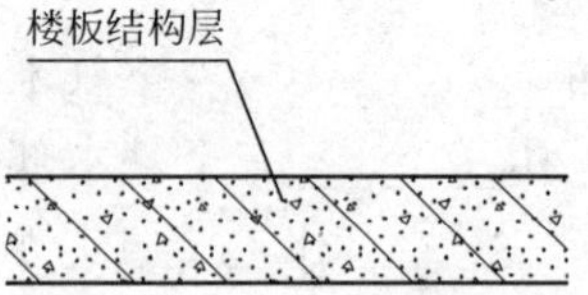

图 7.41　某楼板结构层

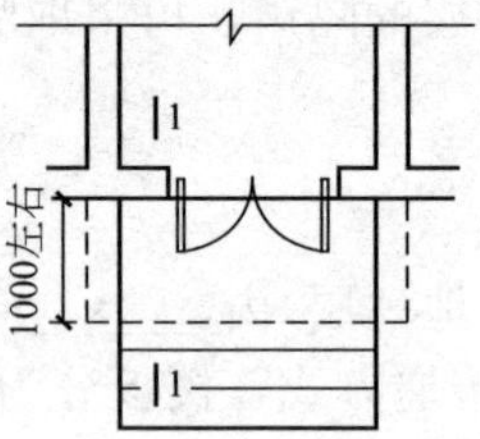

图 7.42　雨篷

第8章 楼梯构造

教学目标

主要讲述楼梯的基本构造原理和方法。通过本章学习，应达到以下目标：

(1) 了解楼梯的基本知识，常见楼梯的类型；了解台阶及坡道的设计和构造要求；了解电梯及自动扶梯的组成、电梯井道的设计要求及构造。

(2) 掌握现浇钢筋混凝土楼梯的特点、结构形式；中小型预制装配式钢筋混凝土楼梯的构造特点与要求；楼梯的细部处理及楼梯间的节能构造。

(3) 熟练掌握有关楼梯设计方面的知识，包括梯段及平台的宽度、梯段坡度及踏步尺寸、扶手高度等尺寸的确定方法、净空高度等的设计要求；能熟练进行楼梯平面及剖面设计。

教学要求

知识要点	能力要求	相关知识
楼梯基本知识	(1) 了解楼梯设计要求 (2) 掌握楼梯类型、特点、构造、细部处理 (3) 掌握楼梯各部分尺寸的确定方法	(1) 楼梯类型、特点、构造、细部处理 (2) 楼梯各部分尺寸的确定
楼梯设计	(1) 掌握楼梯平面设计 (2) 掌握楼梯剖面设计	(1) 楼梯平面设计 (2) 楼梯剖面设计
台阶、坡道、电梯、自动扶梯、无障碍设计	(1) 了解台阶、坡道的设计及构造要求 (2) 了解电梯、自动扶梯、无障碍设计的设计及构造要求	(1) 台阶、坡道的设计及构造 (2) 电梯、自动扶梯的设计及构造 (3) 无障碍设计及构造

基本概念

楼梯梯段、平台、板式楼梯、梁板式楼梯、装配式楼梯、栏杆、扶手、踏高

引例

根据有关资料统计，自2000—2009年底10年间，全国学校楼梯踩踏事故共发生28起，都不同程度地造成人员伤亡和财产损失。虽然如此众多事故都因人员拥挤踩踏而造成，固然学校管理有不可推卸的

责任，可面对如此惨痛的代价，我们是否也应当从专业的角度作一反思呢？楼梯作为建筑物上下联系的纽带，其牢固程度、数量、形式、构造做法等应当做出细致的考虑。

8.1 概　述

建筑物中各楼层间的垂直交通联系主要依靠楼梯、电梯、自动扶梯、台阶、坡道以及爬梯等竖向交通设施来实现。本章以大量性民用建筑中广泛使用的楼梯为主，重点讲述钢筋混凝土楼梯的形式、特点及细部构造处理，并对室外台阶和坡道的构造做法以及电梯和自动扶梯的基本知识作一介绍。

楼梯在建筑中不仅起着交通联系作用，在紧急情况下还是安全疏散的主要通道。因此，楼梯设计既要满足使用功能要求，又要确保安全，其设计要求坚固、耐久、安全、防火，上下通行方便，便于搬运家具物品，有足够的通行宽度和疏散能力，并应考虑美观方面的要求。

8.1.1 楼梯组成

楼梯主要由梯段、平台和栏杆扶手三部分组成，如图 8.1 所示。

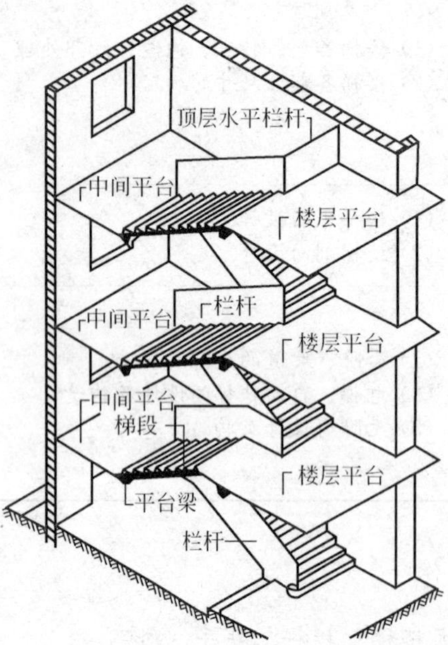

图 8.1　楼梯的组成

1. 梯段

梯段是指设有踏步供层间上下行走的通道段落。一个梯段又称为一跑。梯段上的踏步踏脚的水平部分称作踏面，形成踏步高差的垂直部分称作踢面，如图 8.2 所示。

2. 平台

位于两个梯段之间起连接作用的水平板，起改变行进方向和缓解行人疲劳的作用。按所处位置和标高不同，有中间平台(半平台)和楼层平台(正平台)之分。与楼层地面标高一致的平台称为楼层平台，介于两个楼层之间的平台称为中间平台。

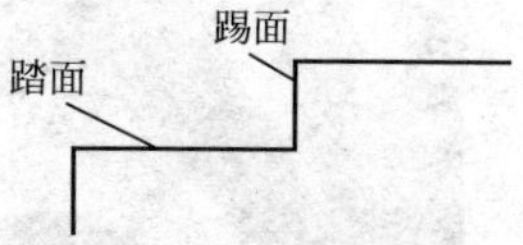

图 8.2 踏面和踢面示意

3. 栏杆扶手

为了在楼梯上行走的安全，梯段和平台的临空边缘应设置栏杆或栏板，其顶部设依扶用的连续构件，称为扶手。

8.1.2 楼梯形式

楼梯组成形式的选择取决于建筑物的使用性质、楼梯所处位置、楼梯间的平面形状与大小、楼层高度与建筑层数、人流多少与使用缓急等因素。常用的主要形式如图 8.3 所示，楼梯形式实例如图 8.4 所示。

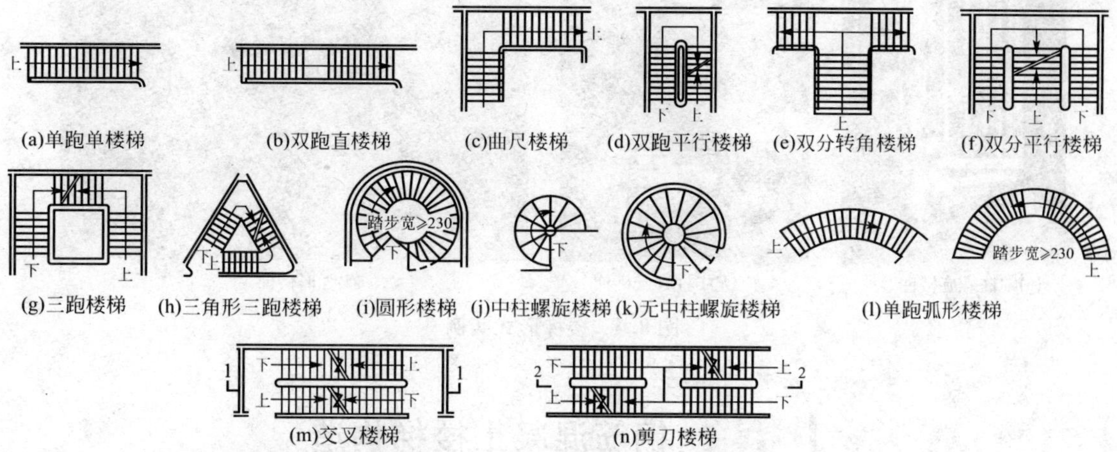

图 8.3 楼梯形式

(a)单跑直楼梯、双跑直楼梯　(b)双分转角楼梯　(c)曲尺楼梯

(d)三跑楼梯　(e)双分平行楼梯　(f)剪刀楼梯

(g)中柱螺旋楼梯　(h)无中柱螺旋楼梯　(i)弧形楼梯

图 8.4　楼梯形式实例

8.2 钢筋混凝土楼梯构造

楼梯的材料可以是木材、钢筋混凝土、型钢或者多种材料的混合。由于钢筋混凝土楼梯具有坚固耐久、防火性能好、可塑性强等优点，得到了广泛的应用。钢筋混凝土楼梯按其施工方式可分为现浇整体式和预制装配式。

8.2.1 楼梯的结构形式

楼梯的结构形式与楼板有许多相似之处，一个梯段可以视作一块倾斜的楼板，需要注意的是三角形的踏步部分不计入结构计算的厚度。如图 8.5 所示计算厚度为 h。

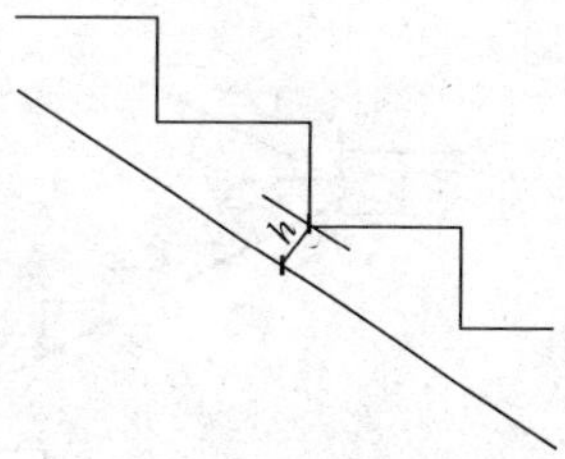

图 8.5 楼梯计算厚度

楼梯的结构支承情况，大致可分为以下几种类型。

1. 用平台梁支承的板式和梁板式楼梯

平台梁是设置在梯段和平台交接处的梁，是最常用的楼梯梯段的支座。梯段荷载传给平台梁，平台梁再通过其自身的支座将荷载依次传递下去；在梯段两端设平台梁，可以使梯段跨度最小，如果平台梁不可能设在梯段处，则可将梯段与平台作为同一段构件来处理，形成折线构件处理，如图 8.6 所示。

图 8.6 楼梯平台梁与梯段的支承关系

楼梯根据结构布置不同分板式楼梯和梁板式楼梯。

1）板式楼梯

指楼梯段作为一整块斜板搁在楼梯平台梁上，以板的受力方式承受荷载。梯段板承受梯段的全部荷载，然后通过平台梁将荷载传给墙体或柱子，根据需要，可取消梯段板一端或两端的平台梁，将梯段和平台板做成一整体折板，如图 8.7 所示。

2）梁板式楼梯

由梯斜梁和梯段板共同受力的楼梯称为梁板式楼梯。这种楼梯形式能减少梯段板的跨度，从而减少板的厚度，节省材料，结构合理，但是支模比较困难，如图 8.8 所示。一般钢楼梯和木楼梯都是梁板式楼梯。梁板式楼梯根据梯斜梁的数量，在结构布置上有双梁和单梁布置两种，如图 8.9 所示。梁板式楼梯有明步和暗步做法。梯斜梁下翻，即梯梁在踏步板之下，踏步外露，通常称明步；梯斜梁上翻，即梯梁在踏步板之上，踏步包在里面，通常称暗步，如图 8.10 所示。

2. 从侧边出挑的挑板楼梯

板式楼梯的梯段板不由两端的平台梁支承，而是由侧边的支座出挑，如图 8.11 所示。这类楼梯常用于室外的疏散楼梯，因为梯段不宽，构件边沿简捷，支承构件常常做成钢筋混凝土墙。

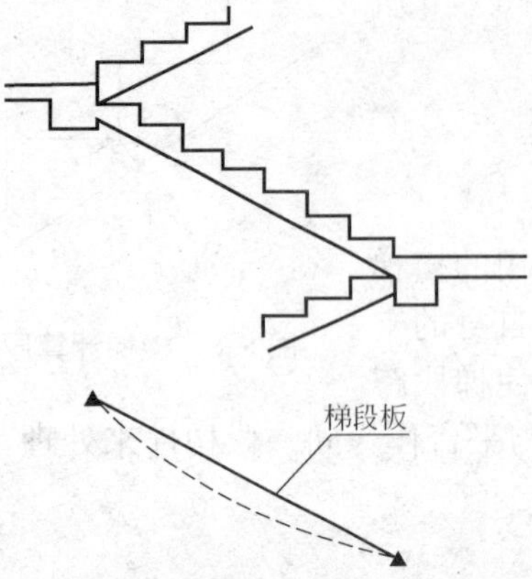

(a)板式梯段受力时的挠度方向

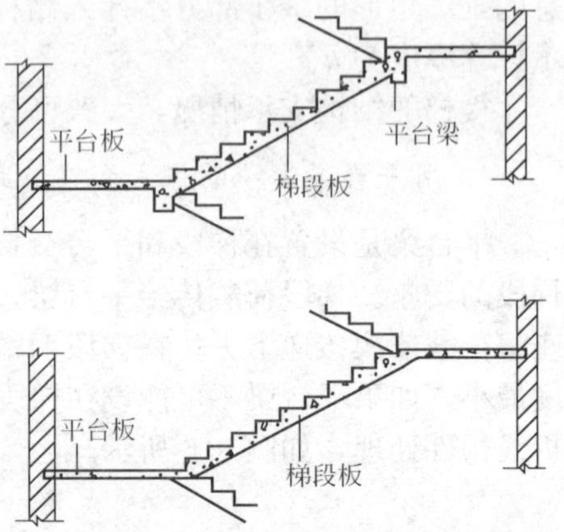

(b)板式梯段剖面形式

(c)板式楼梯钢筋布置

(d)板式楼梯实例

图 8.7　板式楼梯

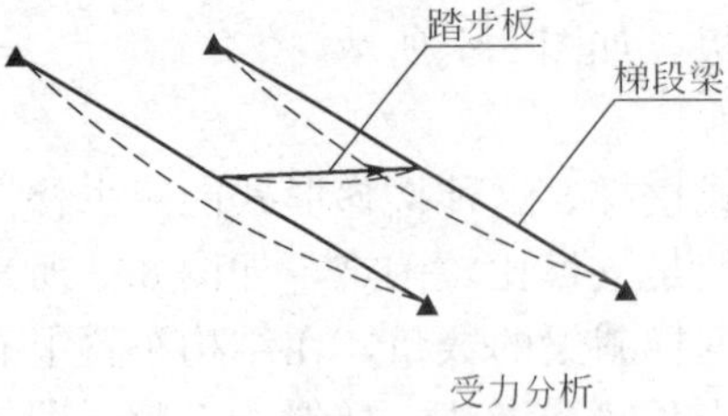

(a)梁板式梯段受力时的挠度方向

(b)梁板式楼梯实例

图 8.8　梁板式楼梯的形式及受力

3. 作为空间构件的悬挑楼梯

楼梯只有一端设平台梁及支座，另一端完全悬挑。这种楼梯视觉上显得轻巧，例如设在建筑物中庭中的楼梯。但要注意其接近地面处的处理，以阻止人误入该范围而产生碰头

(a)两侧双梁　(b)中间单梁　(c)一侧单梁

(d)两侧双梁实例　(e)中间单梁实例　(f)一侧单梁实例

图 8.9　梁板式楼梯梯梁示意

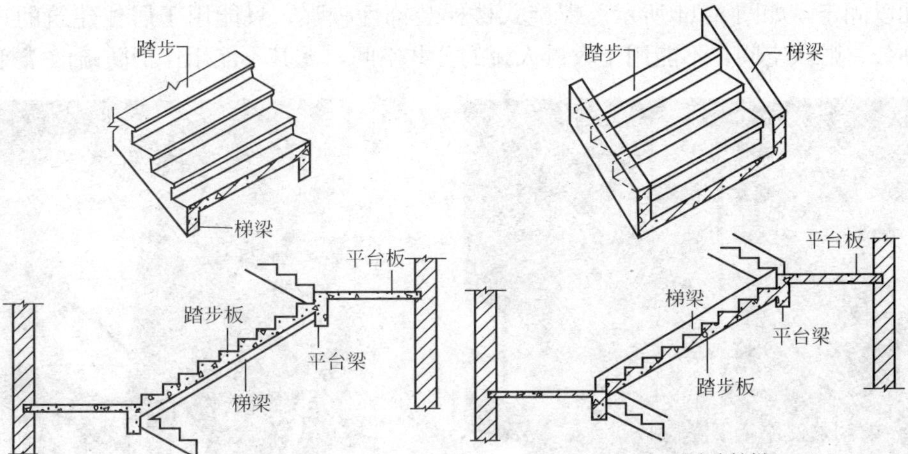

(a)明步楼梯　(b)暗步楼梯

图 8.10　梁板式楼梯明步和暗步

的危险，如图 8.12 所示。

4. 悬挂楼梯

由上部构件(如梁等)通过栏杆、或另设拉杆分段悬挂楼梯梯段，可取得轻盈的视觉效果，如图 8.13 所示。

图 8.11　侧边出挑楼梯实例

图 8.12　作为空间构件悬挑楼梯实例

5. 支承在中心立杆上的螺旋楼梯

螺旋楼梯的内圆半径较小，可以直接将踏步做成踏步块安放在中心的立柱上，然后调整角度并加以固定，如图 8.14 所示。螺旋式楼梯装饰性较强，只能用于居住建筑的户内以及小型的办公、贮藏空间，不能用于大量人流的公共空间，尤其不能用作消防疏散楼梯。

图 8.13　悬挂楼梯实例

图 8.14　中心立柱螺旋楼梯实例

8.2.2　现浇式钢筋混凝土楼梯

现浇钢筋混凝土楼梯是指梯段、平台等在施工时通过支模、绑扎钢筋、浇筑混凝土，从而与建筑主体部分整浇在一起的楼梯。如图 8.15 所示为现浇钢筋混凝土楼梯施工的实例。其结构刚度好，结构断面高度较小，适宜于非直线型楼梯被广泛使用。

图 8.15 现浇钢筋混凝土楼梯施工实例

8.2.3 预制装配式钢筋混凝土楼梯

将梯段、平台等构件单独预制，在现场装配的楼梯形式，具有工业化程度高、施工速度快、现场湿作业少、不受季节性施工限制的优点。通常根据构件尺度，将其分为小型、中型和大型构件装配式楼梯。

1. 小型构件装配式楼梯

这种楼梯是将梯段、平台分成若干部分，分别预制成小构件在现场装配而成。

1）预制踏步

其截面形式有一字形、L 形和三角形。一字形踏步板制作简单，必要时用砖补砌踢面。L 形踏步板搁置方式有正置和倒置两种。三角形踏步板拼装后底面平整，实心三角形踏步自重较大，可将踏步板内抽孔，形成空心三角形踏步，如图 8.16 所示。

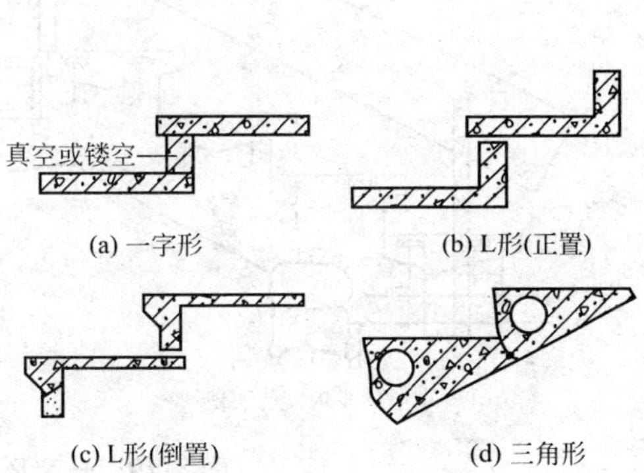

图 8.16 踏步板断面形式

2）支承结构形式

根据踏步板的支承结构可分为梁承式、墙承式、墙悬臂式三种。

(1) 梁承式。设置梯斜梁和平台梁，预制踏步支承在梯斜梁上形成梯段，通过梯斜梁搁置在平台梁上，平台梁可支承在两边墙或柱上。

根据预制踏步的形式不同，梯斜梁有不同的断面形式，如图 8.17 所示。在一字形、L 形踏步下做成锯齿形斜梁，而在三角形踏步下则做成等截面斜梁。预制平台梁可采用矩形断面，多采用 L 形，形成缺口，用于搁置梯斜梁，如图 8.18 所示。一字形和 L 形踏步板与梁搁置示意如图 8.19 所示。

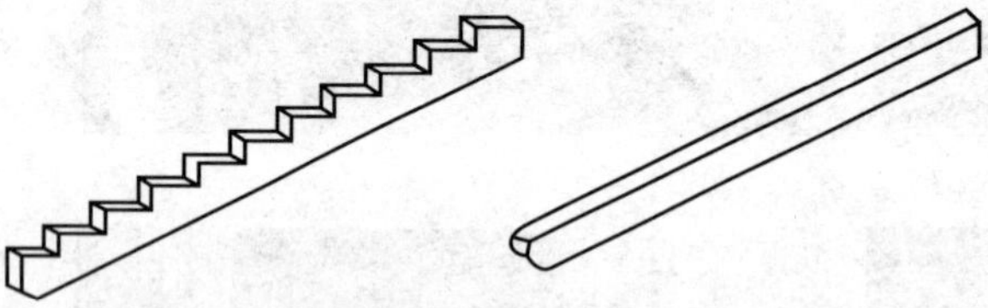

(a)支承一字形、L形踏步板　(b)支承三角形踏步板

图 8.17　梯斜梁断面形式

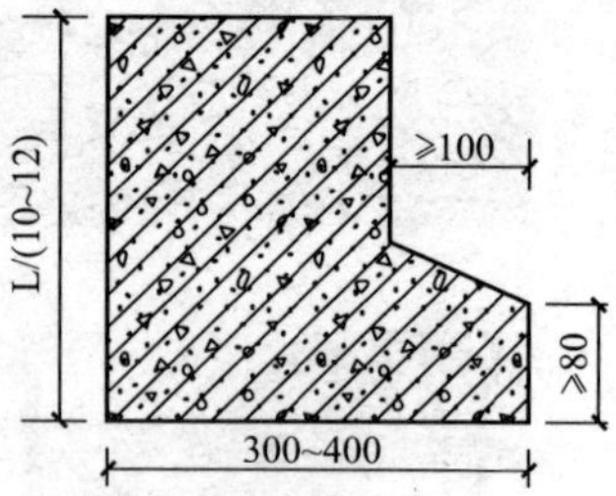

图 8.18　平台梁断面形式

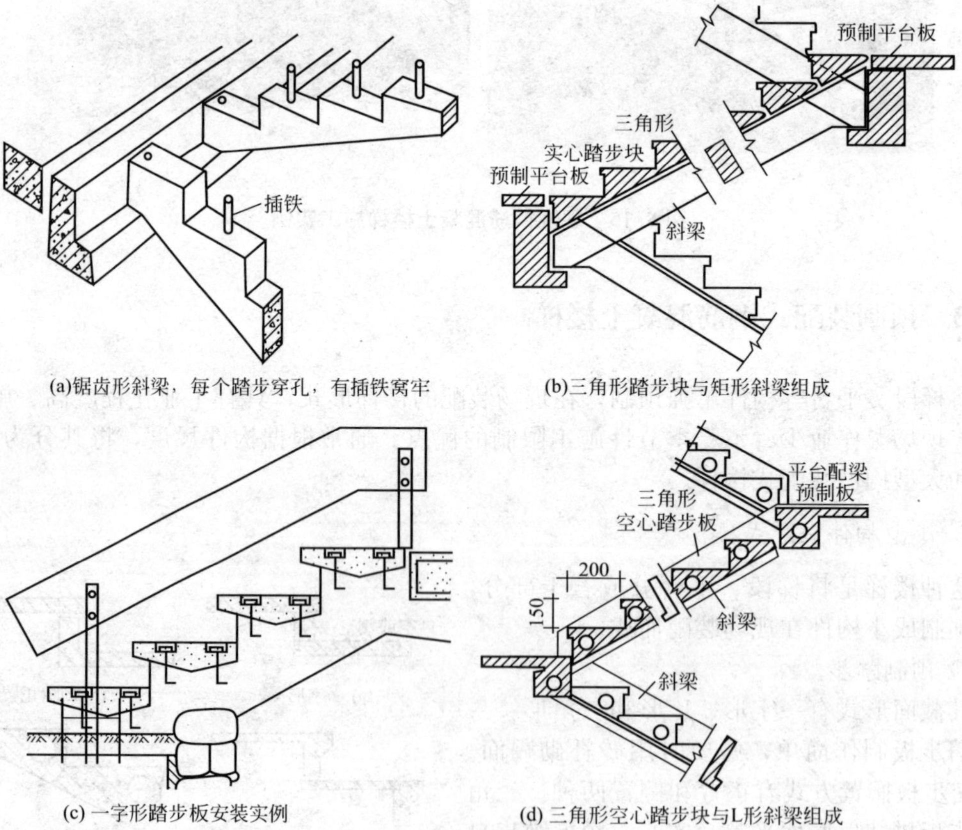

(a)锯齿形斜梁，每个踏步穿孔，有插铁窝牢　(b)三角形踏步块与矩形斜梁组成

(c) 一字形踏步板安装实例　(d) 三角形空心踏步块与L形斜梁组成

图 8.19　一字形和 L 形踏步与梁的关系

梁承式小型构件装配式楼梯的材料可以是单一的，也可以是混合材料，例如在钢梁上安装混凝土、玻璃或木踏步板，在钢筋混凝土梁上安装钢踏步板等，如图 8.20～图 8.24 所示。

(2) 墙承式。预制踏步的两端直接支承在墙上，构造简单，一般适用于单跑楼梯或中间有电梯间的三跑楼梯。若为双跑楼梯，需要在楼梯间中部砌墙，楼梯空间视线受阻，给人流通行和搬运家具设备带来不便，可在墙上适当位置开设观察孔。

图 8.20　钢梁与混凝土踏步板

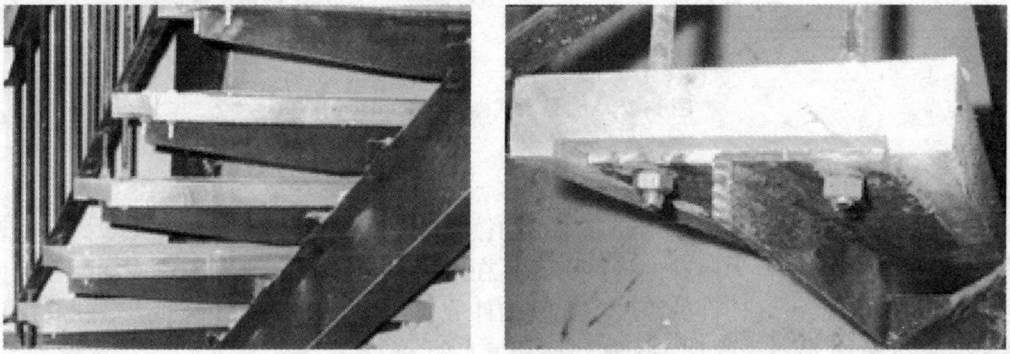

图 8.21　钢梁与木踏步板

图 8.22　钢梁与玻璃踏步板

图 8.23　木梁与木踏步板

图 8.24　钢梁与木踏步板

(3) 墙悬臂式。预制踏步板一端嵌固于楼梯间侧墙上，另一端凌空悬挑。楼梯空间轻巧空透，结构占空间少，节约平台梁等构件材料。但整体刚度极差，不能用于 7 度以上抗震设防，如图 8.25 所示。

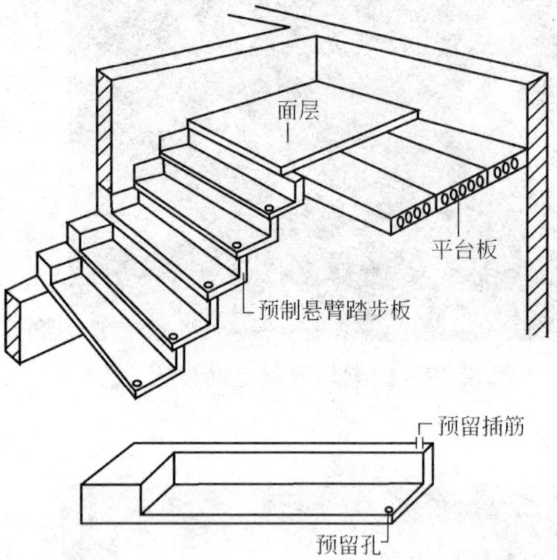

图 8.25　墙悬臂式楼梯示意和实例

2. 大、中型构件装配式楼梯

大中型构件装配楼梯主要是钢筋混凝土的楼梯和重型的钢楼梯。其中大型构件主要是以整个梯段以及整个平台为单独的构件单元，在工厂预制好后运到现场安装。中型构件主要是沿平行于梯段或平台构件的跨度方向将构件分成几块，以减少对大型运输和起吊设备的要求。如图 8.26 所示为大型装配式楼梯施工实例。

图 8.26　大中型装配式楼梯施工实例

对于平台梁设在平台口边缘处的情况，对折楼梯的两个相邻梯段如在该处对齐，则梯段构件会在不同的高度进入同一根平台梁，这在现浇工艺中不难解决，如图 8.27 所示。但是对于大中型构件装配楼梯，由于两个相邻梯段需要在同一个搁置高度与平台梁相连，所以平台梁的位置只有移动，才能够使上下梯段仍然在平台处对齐，但这有可能会影响到梁下的净高，或者将上下梯段在平台口处错开半步或一步，构件就容易在同一高度进支座，但楼梯间的长度会因此而增加，如图 8.28 所示。

(a) 现浇楼梯上下跑对齐　　(b) 梯段板可不在同一高度进入支座

图 8.27　现浇楼梯梯段与平台梁的交接关系

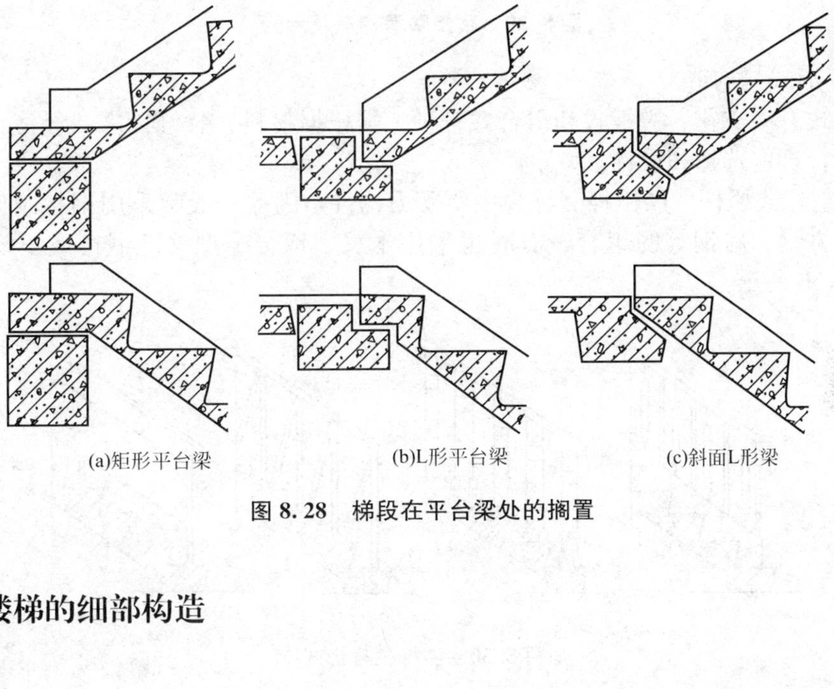

(a)矩形平台梁　　(b)L形平台梁　　(c)斜面L形梁

图 8.28　梯段在平台梁处的搁置

8.2.4　楼梯的细部构造

1. 踏步

(1) 踏步面层。踏步的踏面应便于行走、耐磨、防滑并易清洁。常用的有水泥砂浆、水磨石、缸砖、大理石、花岗岩以及防滑砖等，有些高级或有特殊要求的建筑有用木材或者铺设地毯作面层的。

(2) 踏步的防滑。为防止行人上下楼梯时滑倒，必须对踏步表面做防滑处理，同时还可以起到保护踏步阳角的作用。一般常用方法是在接近踏步阳角处设防滑条，防滑条的构造与饰面材料有关，如图 8.29 所示为几种常用的防滑条的做法。

2. 栏杆与扶手构造

栏杆是安全防护构件，应坚固、耐久，同时注意造型美观。

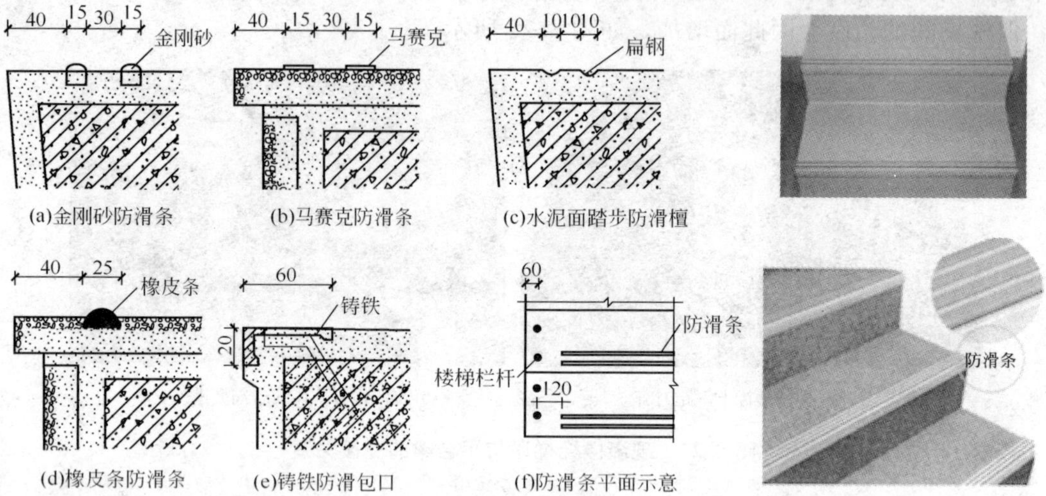

(a)金刚砂防滑条　(b)马赛克防滑条　(c)水泥面踏步防滑槽

(d)橡皮条防滑条　(e)铸铁防滑包口　(f)防滑条平面示意

图 8.29　踏步防滑构造及示例

1）栏杆形式与构造

栏杆形式有镂空花、栏板式和组合式三种，需根据材料、装修标准、经济、使用对象的不同进行合理地选择和设计。

（1）镂空花式栏杆。以栏杆竖杆为主要受力构件，因此一般常采用钢材制作，包括圆钢、钢管、方钢、扁钢等的组合，有时也采用木材、铝合金型材、铜材或不锈钢材等制作，如图 8.30 所示。

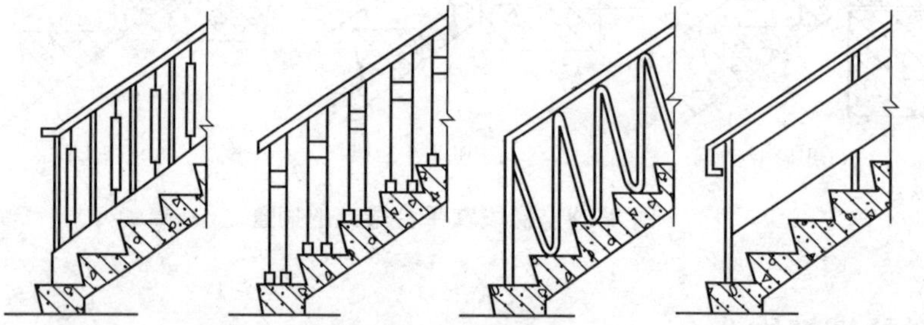

图 8.30　楼梯栏杆形式

竖杆与混凝土梯段和平台应有可靠的连接，竖杆安装位置在踏步侧面或踏步面上的边沿部分。其固定方式有预埋铁件焊接、预留孔洞插接、螺栓连接，如图 8.31 所示。立杆之间可以用横杆或其他花饰连接，但托幼及小学校等建筑，楼梯栏杆应采用不易攀登的垂直线饰，且垂直线饰间的净距不大于 110mm，以防发生儿童从间隙中跌落的意外。

（2）栏板式。栏板多由钢筋混凝土、加筋砖砌体或钢丝网水泥板、玻璃等制作，常用于室外楼梯，如图 8.32 和图 8.33 所示。

（3）组合式栏杆。组合式栏杆是镂空花式和栏板式两种栏杆形式的组合，相比栏板式，它能减轻自重，并可消除镂空花式栏杆的不安全感。竖杆仍然作为主要抗侧力构件，主要采用钢材或不锈钢材料；栏板作为防护和美观装饰构件，常采用木板、塑料贴面板、铝板、有机玻璃板或钢化玻璃板等强度较高的轻质美观材料。

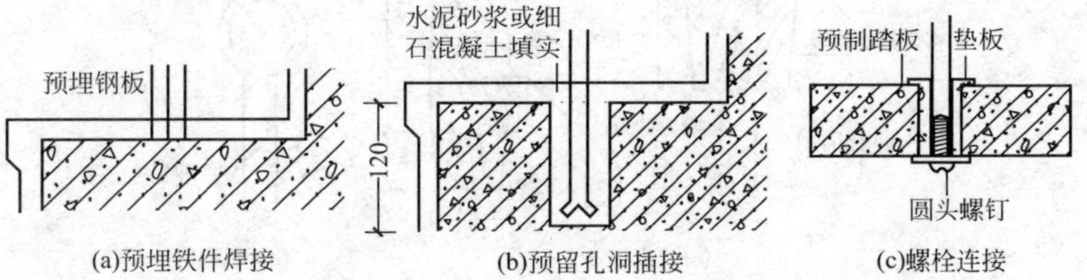

图 8.31　栏杆与梯段的连接

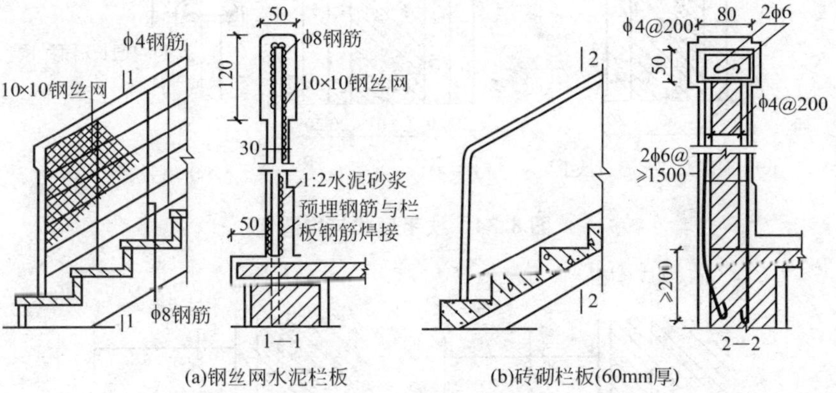

图 8.32　栏板式栏杆构造

2）扶手形式

扶手材料通常有木材、塑料以及金属管材，如钢管、铝合金管、铜管和不锈钢钢管等，此外，也有用石料和混凝土等材料做成的扶手，如图 8.34 所示。

扶手一般是连续设置的，除金属扶手与金属竖杆可直接焊接或铆接外，木材或塑料扶手与栏杆竖杆的连接则需通过竖杆顶部设通长扁铁与扶手底面或侧面槽口焊接，然后用木螺钉固定，如图 8.34 所示。当设靠墙扶手时，扶手应与墙面保持 100mm 左右的距离。可采用预留洞或者预埋钢板焊接的方式与墙或柱可靠连接，如图 8.35 所示。

图 8.33　栏板式栏杆实例

在底层第一跑梯段起步处，为增加栏杆的刚度和美观性，可以对第一级踏步和栏杆扶手进行如图 8.33 所示的处理。

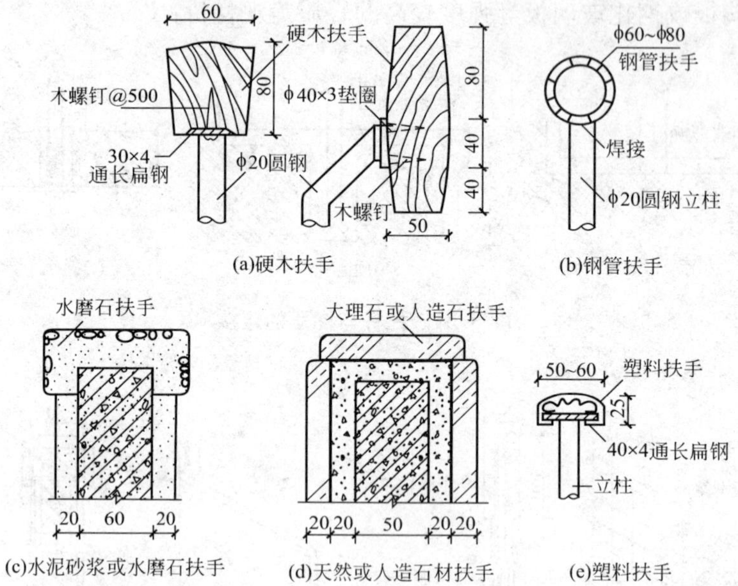

图 8.34　扶手形式与构造

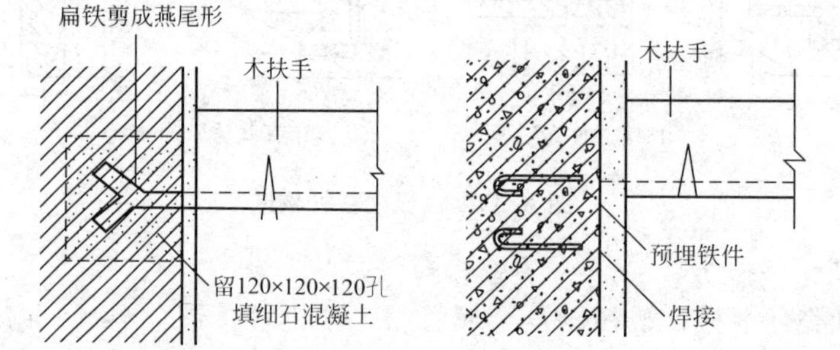

图 8.35　扶手端部与墙(柱)的连接

8.3 楼梯设计概要

因为楼梯除了是一般的垂直通道外，还是重要的消防通道，规范主要是针对其安全性能及使用特点来加以要求的。所以楼梯设计时，首先应掌握相关规范的一般规定及不同类型建筑物楼梯的特殊规定。

8.3.1 有关楼梯设计的一般规定

楼梯设计必须符合下列的有关规定。

(1) 公共楼梯设计的每段梯段的步数不超过18级，不少于3级。

(2) 楼梯的坡度一般用梯段斜面与水平面的夹角来表示。楼梯的坡度范围为25°～45°，其中以30°左右较为适宜。坡度较小时(<10°)可做成坡道，大于45°时则为爬梯，如图8.36所示。

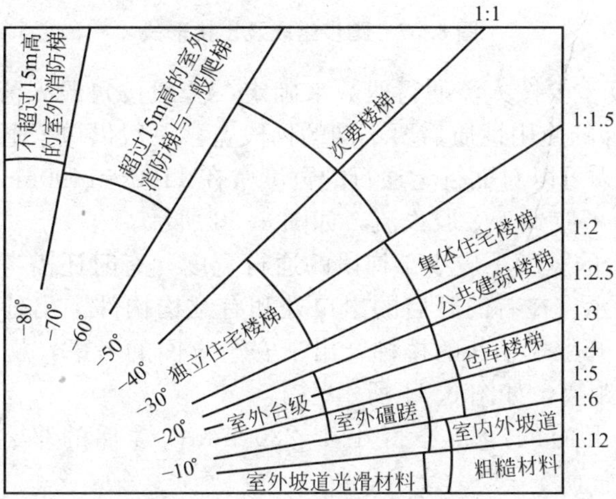

图8.36 楼梯、坡道、台阶坡度的适用范围

(3) 楼梯踏步高常用 h 表示，宽用 b 表示，如图8.37所示。踏步尺寸与人的步距有关，通常用经验公式 $2h+b=600\sim620$mm 或者 $h+b=450$mm 表示。楼梯踏步最小宽度与最大高度见表8-1。

表8-1 楼梯踏步最小宽度与最大高度

楼梯类别	最小宽度/m	最大高度/m
住宅公用楼梯	0.26	0.175
幼儿园、小学校等楼梯	0.26	0.15
电影院、剧场、体育馆、商场、医院、旅馆和大中学校等楼梯	0.28	0.16

（续）

楼梯类别	最小宽度/m	最大高度/m
其他建筑楼梯	0.26	0.17
专用疏散楼梯	0.25	0.18
服务楼梯、住宅套内楼梯	0.22	0.20

踏步的高度，成人以 150mm 左右较适宜，不应高于 175mm。踏步的宽度(水平投影宽度)以 300mm 左右为宜，不应窄于 260mm。为了增减行走的舒适度，可在踏步宽一定的情况下，将踏步出挑 20～30mm，如图 8.37 所示。

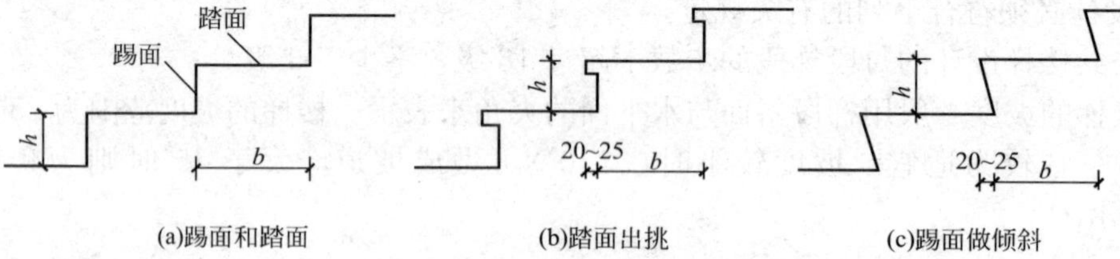

图 8.37　踏步组成及出挑形式

(4) 楼梯段的宽度主要按人流通行股数来确定。一般按每股人流 550＋(0～150)mm；不同类型的建筑按楼梯的使用性质需要不同的梯段宽。一般供单人通行的楼梯梯段宽度不应小于 900mm，供两人可以对面行走通行的宽度常在 1100～1400mm，三股人流在1650～2100mm，但公共建筑不应少于 2 股人流，如图 8.38 所示。

(5) 楼梯休息平台的宽度不应小于梯段的通行宽度，有时还需考虑家具、设备搬运时的方便，如图 8.39 所示。在有门开启的出口处和有结构构件突出处，楼梯平台宜适当放宽，如图 8.40 所示。开敞式平面的楼梯，出于安全方面的考虑，楼梯起始步退离转角约 500mm 的宽度作缓冲距离，如图 8.41 所示。

(6) 楼梯的梯段下面的净高不得小于 2200mm；楼梯的平台处的净高不得小于 2000mm，如图 8.42 所示。

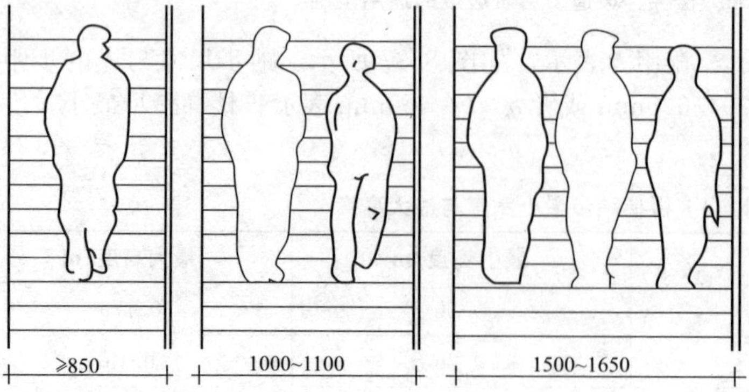

图 8.38　梯段宽度

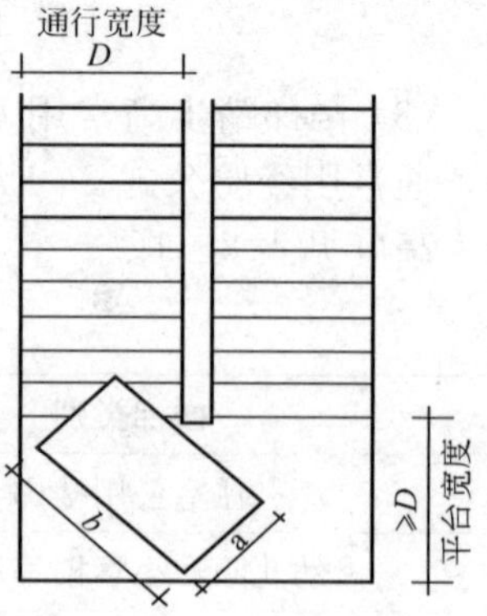

图 8.39　平台宽度

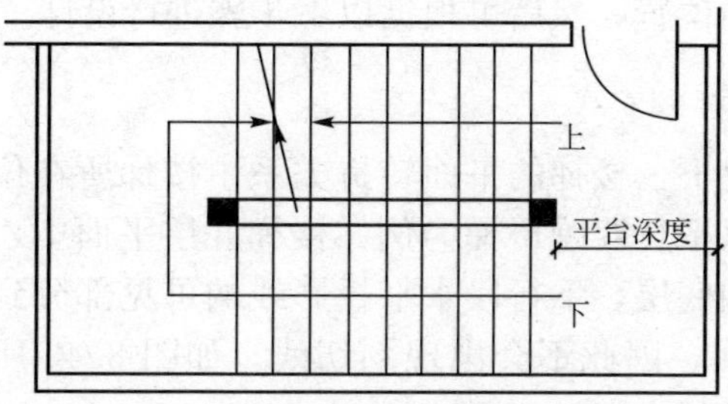

图 8.40 结构对平台深度的影响

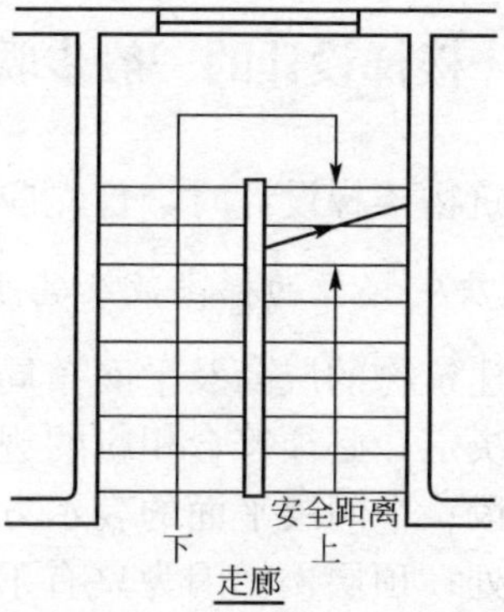

图 8.41 转角处楼梯的平台深度

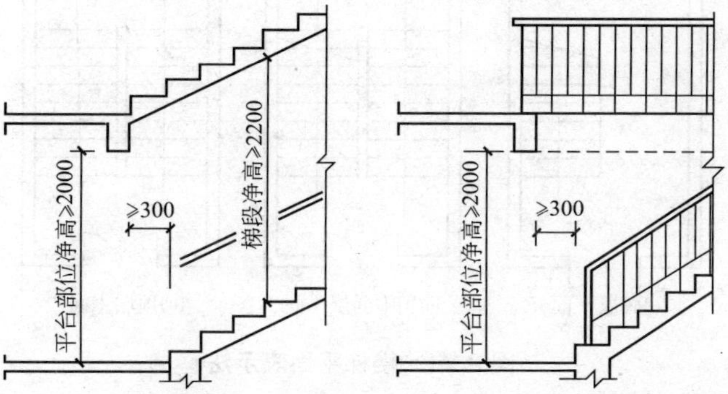

(a)梯段下净高 (a)平台梁下净高

图 8.42 楼梯下面净空高度控制

(7) 栏杆扶手的高度是指从踏步口至扶手顶面的垂直距离。一般室内楼梯栏杆扶手高度不宜小于 900mm。室外楼梯栏杆扶手高度应不小于 1100mm。托幼建筑中，为适应儿童的身高，需要在栏杆 600mm 左右高度处增设一道扶手，另外，与楼梯相关的水平护身栏杆应不低于 1000mm，如图 8.43 所示。

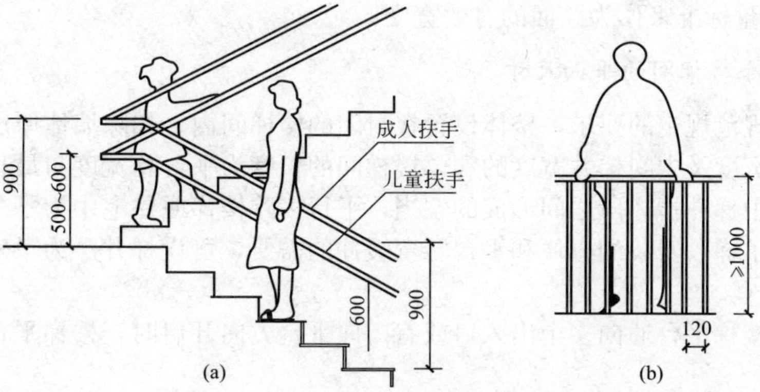

图 8.43 扶手及栏杆高度

8.3.2 楼梯设计的一般步骤

建筑物楼梯设计时，首先应决定楼梯的位置，然后可根据以下步骤进行设计。

1. 决定楼梯的梯段数及其平面转折关系

在建筑物的层高及平面布局确定的情况下，楼梯的平面转折关系由楼梯所在位置及交通流线决定，必须符合相应的规范要求。以平行双跑楼梯为例，楼梯底层平面中，一般只有上行段；中间层平面的表示方法上行段同底层，下行段水平投影线的可见部分到上行段剖切线处；顶层楼梯因为只有下行一个方向，因此不会出现剖切线，如图 8.44 所示。无论是那一层平面，都必须用箭头标明上下行的方向。

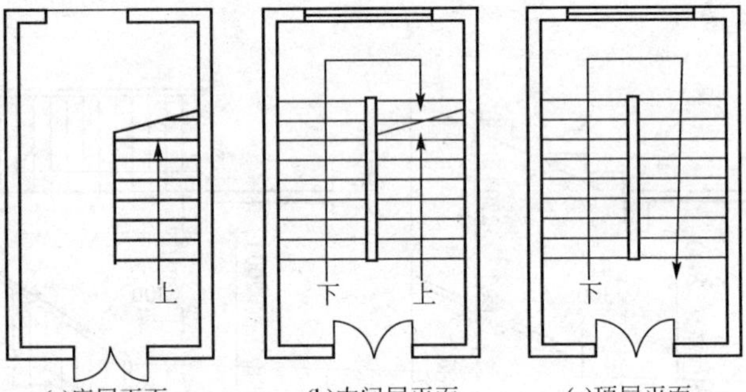

(a)底层平面　(b)中间层平面　(c)顶层平面

图 8.44　楼梯平面表示法

2. 按照规范要求通过试商决定层间楼梯的踏步数

根据设计建筑物的性质，根据规范规定的最大高度限值对层高进行试商，经调整得出层间的楼梯踏步数。将其分配到各个梯段，就可以决定梯段的踏步数 n。然后根据规范以及踏步的经验公式选取踏步的宽度 b，踏面数比踢面数少 1 个，所以，可计算出该梯段的水平投影长度为 $b\times(n-1)$。每个梯段中的各个踏步的高度应一致。对于圆形梯段，当梯段宽度≤1100mm，以梯段中心为衡量标准，当梯段的宽度>1100mm，以距其内侧 500～550mm 处为衡量标准来作为踏面的有效宽度。

3. 决定整个楼梯间的平面尺寸

根据防火规范规定的要求，楼体设置在封闭的楼梯间内。扣除墙体厚度，楼梯间的净宽度为梯段总宽度及中间梯井宽度的和，楼梯间的长度为平台总宽度与最长梯段水平投影长度之和。其中梯井指梯段之间形成的空当，平行多跑楼梯或住宅中为了节省空间，可不设梯井，但为了梯段安装的方便和平台转弯缓冲的需要，可设梯井。为了安全，其宽度以 60～200mm 为宜。

此外，当楼梯平台通向多个出入口或有门向平台方向开启时，楼梯平台深度应适当加大以防碰撞。

4. 用剖面来检验楼梯的平面设计

楼梯在设计时必须单独进行剖面设计来检验其通行的可能性，尤其是检验与主体结构交汇处有无构件安置方面的矛盾，以及其下净空高度是否符合规范要求。当楼梯平台下做通道或出入口时，可采用以下处理方法。

(1) 将底层梯段采用长短跑形式。第一跑设为长跑，以提高底层中间平台的标高。当楼梯间进深尺寸不够布置加长后的梯段时，可以将休息平台外挑，如图 8.45(a)所示。

(2) 降低底层平台下地坪标高。为防止雨水流进室内，应使室内最低点的标高高出室外地面标高不小于 100mm，如图 8.45(b)所示。

(3) 综合(1)、(2)两种方式，采取长短跑梯段的同时，降低底层中间平台下地坪标高，如图 8.45(c)所示。

(4) 底层采用直跑楼梯。当底层层高较低(不大于 3000mm)时，可采用直行单跑或直行双跑楼梯，直接由室外上到二层，如图 8.45(d)所示。

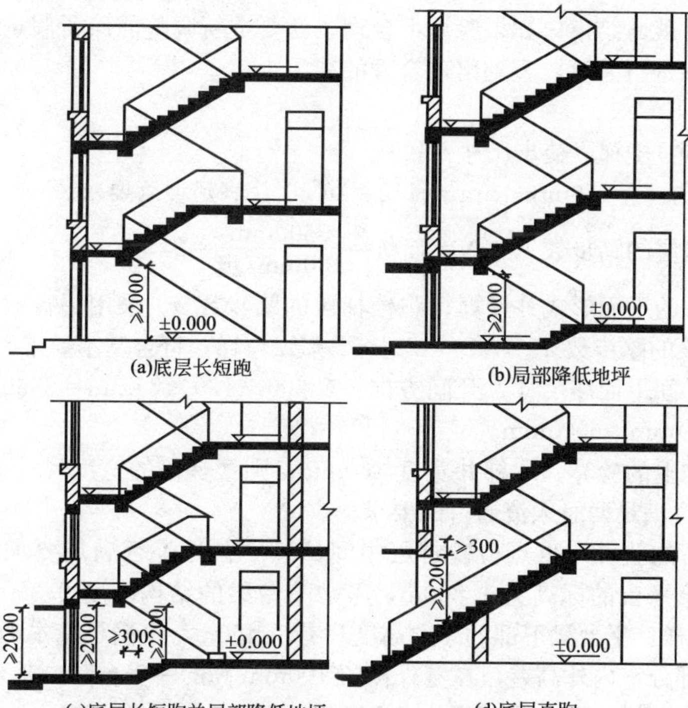

图 8.45 底层中间平台下做出入口的处理方式

5. 楼梯设计实例

某砖混结构多层教学楼，开敞式平面的楼梯间，如图 8.46 所示，开间轴线尺寸为 3600mm，进深轴线尺寸 6000mm，层高尺寸 3600mm，室内外高差 450mm，楼梯间需设置疏散外门。外墙厚 370mm，内墙厚 240mm，轴线内侧墙厚 120mm，走廊轴线宽 2400mm。试设计此楼梯。

楼梯设计一般分两个阶段：第一阶段主要根据设计要求和以往的经验，事先假定楼梯的一些基本数据，为下一阶段的设计做好准备；第二阶段主要是对楼梯间开间、进深、通行净高三个方向的布置进行验算，以检验第一阶段所假定的数据是否合理。如果验算结

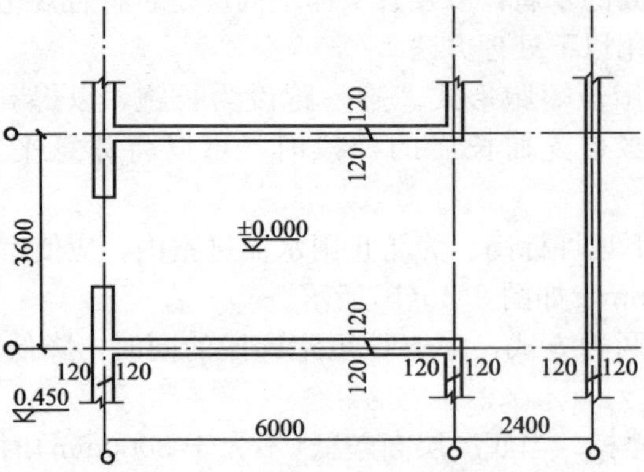

图 8.46 某教学楼楼梯间平面示意图

果合理，楼梯设计就此结束；如果验算不合理，就要重新调整前面所假定的基本数据，再按同样的设计步骤进行验算，直到出现合理的结果为止。

设计步骤：

(1) 确定(假定)楼梯段踏步尺寸 b 和 h。

取 $b=300\text{mm}$，$h=150\text{mm}$，$\arg\tan 1/2=26°30'$，满足坡度要求。

(2) 计算每楼层的踏步数 N，$N=H/h=\dfrac{3600\text{mm}}{150\text{mm/步}}=24$ 步。

(3) 确定楼梯的平面形式并计算每跑楼梯段的踏步数 n。采用平行双跑的楼梯平面形式，因此每跑梯段的踏步数 $n=N/2=12$ 步，$3<12<18$，符合基本要求。

(4) 计算楼梯间平面净尺寸，开间方向：(3600－120×2)mm＝3360mm；进深方向：(6000－120＋120)mm＝6000mm。

(5) 开间方向上的验算。取梯井宽度 160mm，则楼梯段的宽度尺寸 $B=(3360-160)$ mm/2＝1600mm，满足两股人流通行的要求。

(6) 通行净高的验算。重点检验首层中间休息平台处是否满足要求。按半层高度计算，首层中间休息平台的标高为 1.800m，考虑平台梁的结构高度 0.350m(取跨度 1/10，并考虑模数)，这样，平台梁下部的净空高度只有 1.450m，不满足基本的通行要求。首先考虑利用现有的部分室内外高差，在室外保留 100mm 高的一步台阶，其余 350mm 设成两步台阶移入室内，这样，平台梁下部的净空高度达到(1.450＋0.350)m＝1.800m；再考虑将首层高度内的两跑楼梯做踏步数的调整，将原来的 12＋12 步调整为 14＋10 步，第一跑增加的两步踏步使平台梁底的标高又增加 150mm×2＝300mm，因此，此时平台梁下部的通行净高达到了(1.800＋0.300)m＝2.1m 满足要求。

首层中间休息平台提高后，满足了通行要求，还需检验二层中间休息平台下部的通行净高是否满足要求。二层中间休息平台下部的通行净高为 150×2＋150×10－350＝2950(mm)≥2000mm，满足要求。

(7) 进深方向的验算。在楼梯间平面的进深方向布置一个中间休息平台、一个楼梯段和一个楼层休息平台。取最大的 14 步梯段进行验算。考虑中间休息平台处临空扶手由于构造关系深入平台宽度方向一定的距离等因素，取中间休息平台宽度 $D_1=1800\text{mm}$，略大于梯段宽度 1600mm，则楼层休息平台的宽度 $D_2=[6000-1800-(14-1)\times 300]\text{mm}=$

300mm，可以起到与走廊通道之间一定的缓冲作用。因为此楼梯为开敞式楼梯，可借用走廊通道来满足通行要求，故此楼梯休息平台的宽度 300mm 也满足要求。

如图 8.47 和图 8.48 所示分别为此楼梯设计的平面图和剖面图。

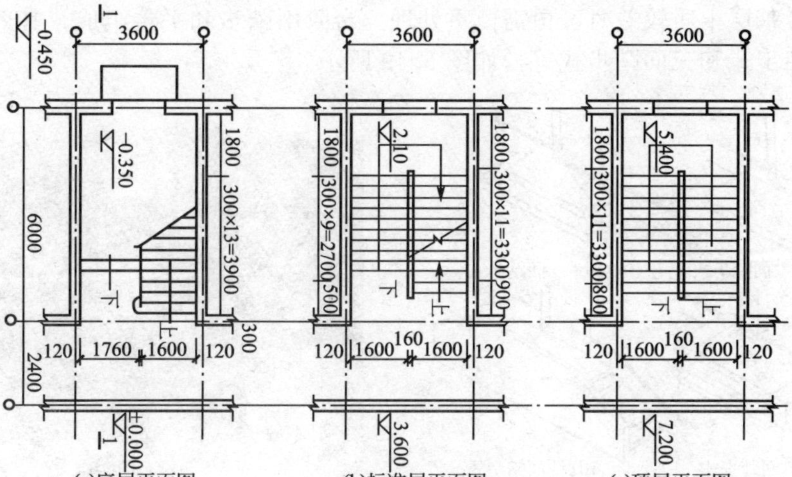

(a)底层平面图 (b)标准层平面图 (c)顶层平面图

图 8.47 实例楼梯设计平面图

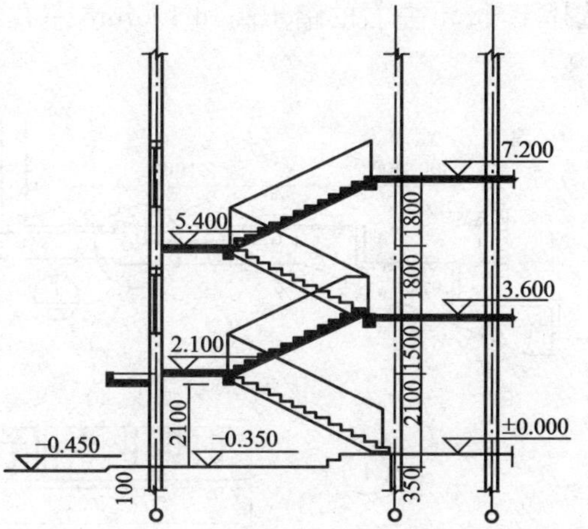

图 8.48 实例楼梯设计剖面图

8.4 室外台阶与坡道

为了解决室内外高差或建筑内部局部高差造成的垂直交通问题，一般需设置台阶；考虑到一些人力车辆或者机动车辆有进出建筑物的需要，同时也为方便下肢残疾或视觉残疾的人及其他行动不方便的人进出建筑物，在设置室外台阶的同时，一般还要设置坡道。

8.4.1 室外台阶

由于其位于入口处，位置明显，人流通行量大，又处于半露天位置，特别是当室内外高差较大或者基层土质较差时，更需慎重处理。台阶由踏步和平台组成，其形式有单面踏步式、两面踏步式和三面踏步式等，如图 8.49 所示。

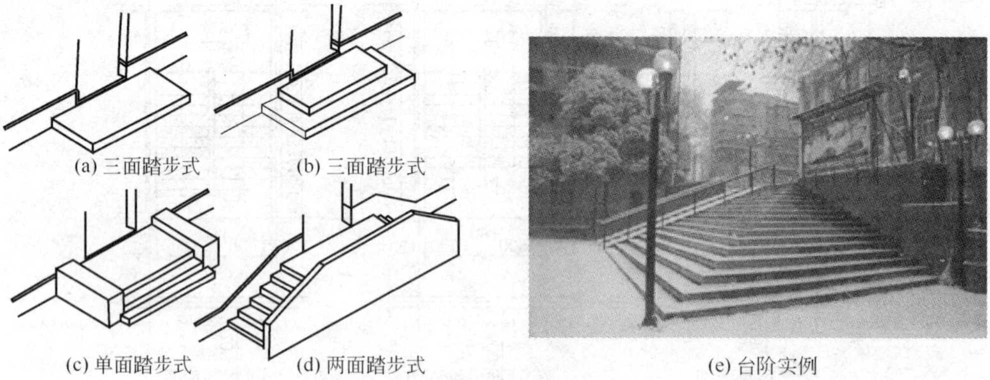

图 8.49　室外台阶形式

室外台阶踏步高一般为 120～150mm，宽度为 300～400mm，如图 8.50 所示。一些医院及运输港的台阶常选择 100mm 左右的踏步高和 400mm 左右的踏步宽，以方便病人及负重的旅客行走。

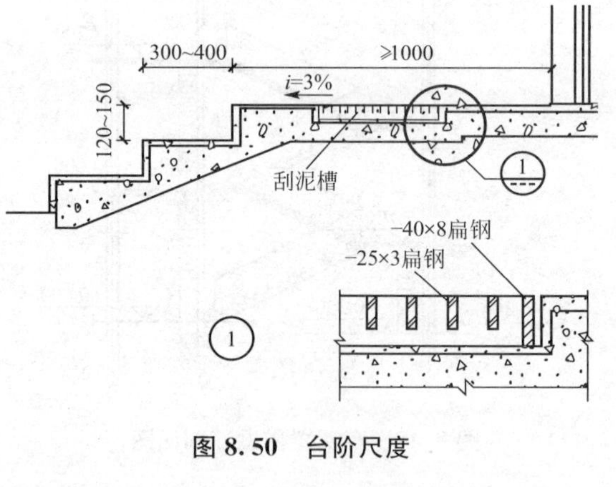

图 8.50　台阶尺度

台阶平台位于台阶与建筑物出入口大门之间，作为室内外空间的过渡，其深度一般不小于 1000mm。为了防止雨水倒流入室内，应做 3%左右的排水坡度，以利雨水排出；或者将台阶平台的标高处理成低于室内地坪标高 10～20mm，如图 8.50 所示。

台阶在构造上的处理要注意变形的影响。由于房屋主体沉降、热胀冷缩、冰冻等因素可能造成台阶的变形，造成倒泛水或者台阶局部出现开裂等。解决方法有两种：一是加强房屋主体与台阶之间的联系，形成整体沉降；二是将两者完全断开，待主体结构有一定沉降后，再做台阶，另外，严寒地区的台阶还需考虑地基土冻胀因素。如图 8.51 所示。如图 8.52 所示为室外台阶实例。

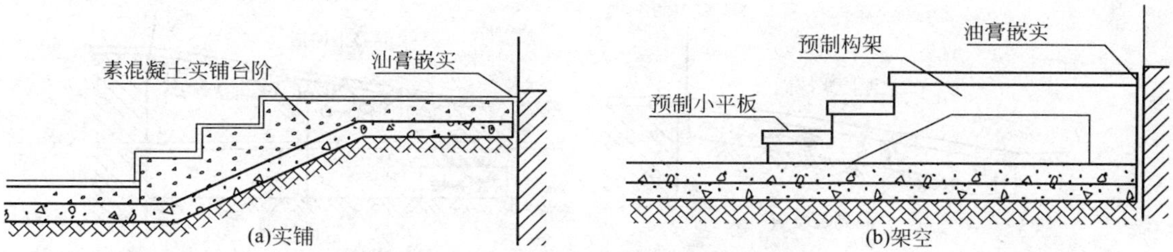

图 8.51 台阶与主体结构脱开的构造示例

图 8.52 室外台阶实例

8.4.2 坡道

当室外门前有车辆通行或其他要求的情况下，如医院、宾馆、行政办公楼以及工业建筑的车间大门，为满足使用要求，通常应设置坡道。尤其近年来地下室空间开发作为停车场，坡道是必不可少的。

坡道多采用单面坡的形式，也有些公共建筑常采用台阶与坡道相结合的形式，如图 8.53 所示。其细部构造如面层材料、垫层做法、变形处理同台阶做法。其坡度在 1/12～1/6，为防滑常做成锯齿形或带防滑条的坡道，如图 8.54 所示。

图 8.53 坡道形式实例

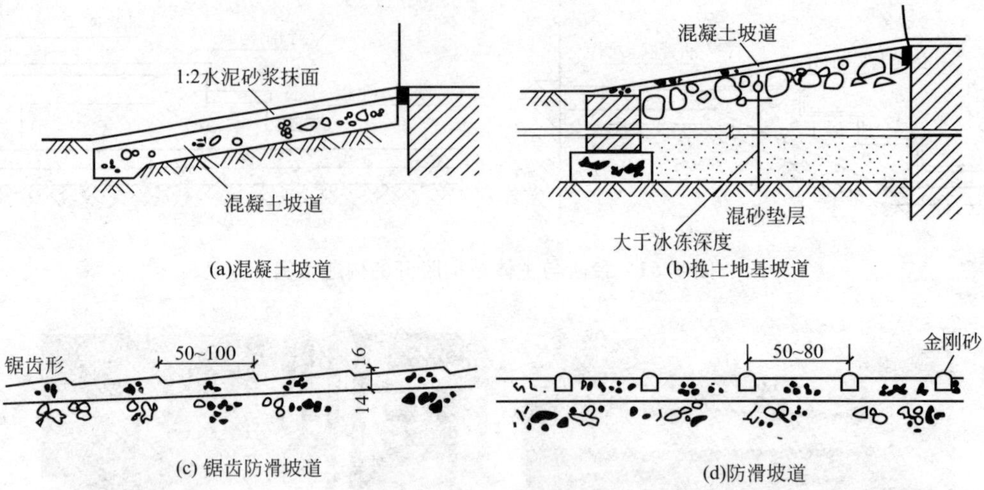

图 8.54　坡道构造

8.5 有高差处无障碍设计的构造问题

解决不同高差的交通联系，通常有楼梯、台阶、坡道等设施，但这些设施给某些残障人或老年人使用时会造成不便，特别是需借助拐杖或轮椅代步和有视觉障碍的人群。如图 8.55 所示为解决高差处无障碍设计在台阶的旁边设置了坡道实例。下面主要针对无障碍设计中有关楼梯、台阶、坡道等的特殊构造作一介绍。

图 8.55　台阶旁设置坡道的无障碍设计实例

8.5.1　坡道的坡度和宽度

坡道是最适合残障人轮椅通过的交通设施，同时还适合拄拐杖和借助导盲棍行走的人群。因此坡道的坡度必须平缓，而且还需有一定的通行宽度。

(1) 坡度。我国对无障碍设计中坡道坡度的规定是不大于 1/12，与之相对应的每段坡道的最大高度为 750mm，坡段的最大水平长度为 9000mm。

(2) 坡道的宽度及平台宽度。为方便轮椅顺利通过，室内坡道的最小宽度应不小于 900mm，室外坡道的最小宽度不小于 1500mm。坡道平台的最小宽度的规定如图 8.56 所示。

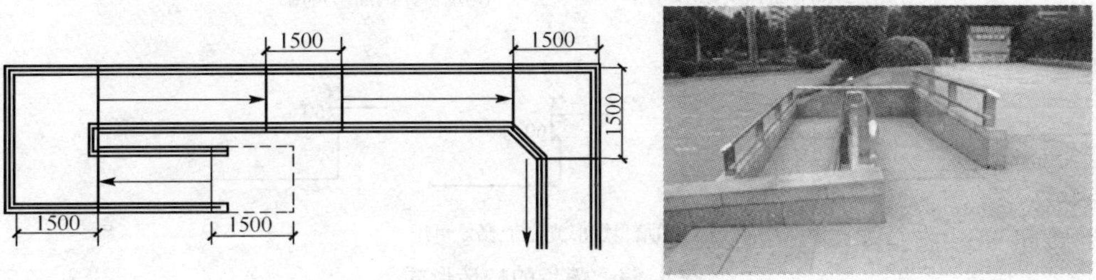

图 8.56 室外无障碍坡道的平面尺寸

8.5.2 楼梯形式及相关尺度

(1) 无障碍设计中，楼梯形式应采用直跑形式、对折的双跑楼梯或者成直角折行的楼梯等，如图 8.57(a)、(b)、(c)所示，不宜采用弧形梯段或在半平台上设置扇形踏步，如图 8.57(d)、(e)所示。

(2) 坡度应尽量平缓，踏步高宜相等，且每级踏步高不宜大于 150mm。梯段的宽度公共建筑不宜小于 1500mm，居住建筑不宜小于 1200mm。

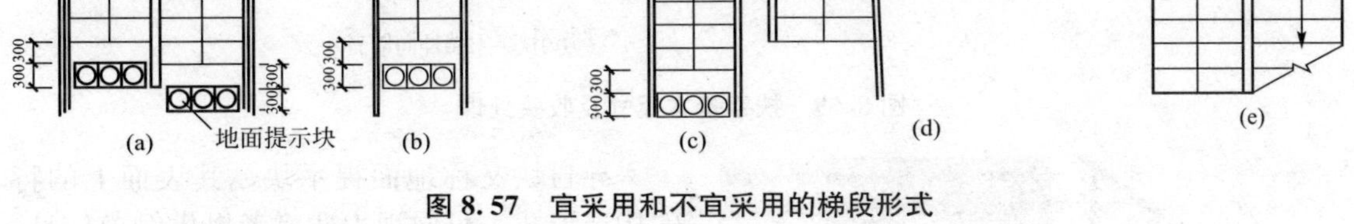

图 8.57 宜采用和不宜采用的梯段形式

8.5.3 楼梯细部构造设计

无障碍设计的楼梯踏步应选用合理的构造形式及饰面材料。踏面不滑，不得积水，防滑条高出踏面不得大于 5mm。同时，为防止勾拌行人或其助行工具的情况发生，踏面不应直角突沿，如图 8.58 所示。

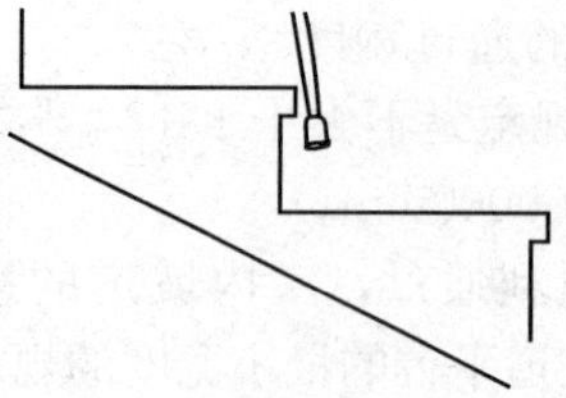

(a)有直角突缘不可用

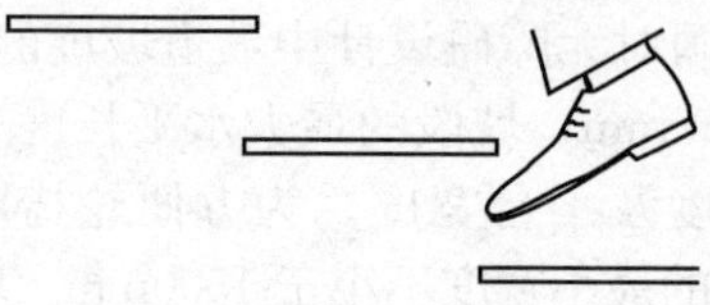

(b)踏步无踢面不可用

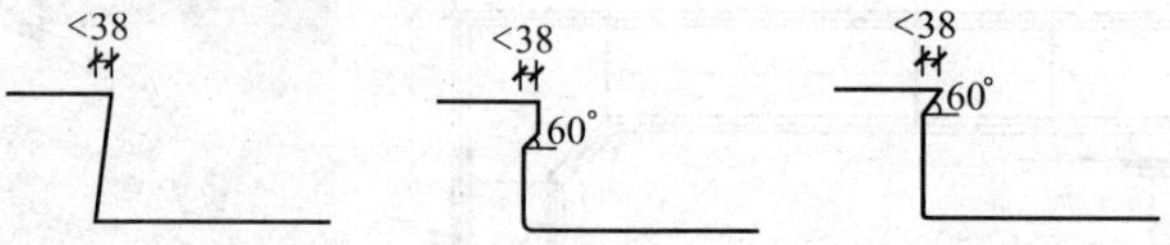

(c)踏步线形光滑流畅，可用

图 8.58 踏步的构造形式

无障碍设计中，楼梯、坡道两侧均应设置扶手，且其栏杆扶手应坚固适用。在楼梯的梯段或坡道的坡段转折处，扶手应向前伸出 300mm 以上，两个相邻梯段或坡度的扶手应连通；扶手末端应向下或伸向墙面，如图 8.59 所示，扶手断面形式应便于抓握。如图 8.60 所示为扶手实例。

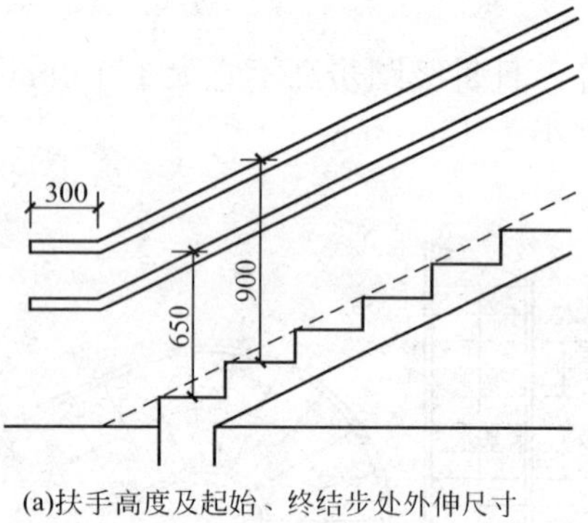

(a)扶手高度及起始、终结步处外伸尺寸

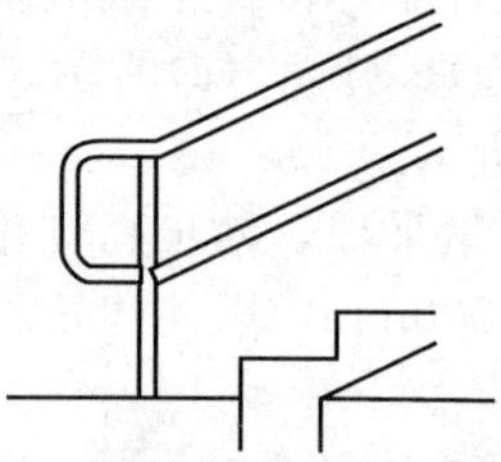

(b)扶手末端向下

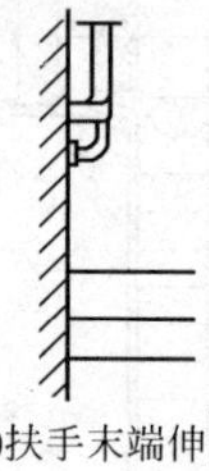

(c)扶手末端伸向墙面

图 8.59 扶手基本尺寸及收头处理

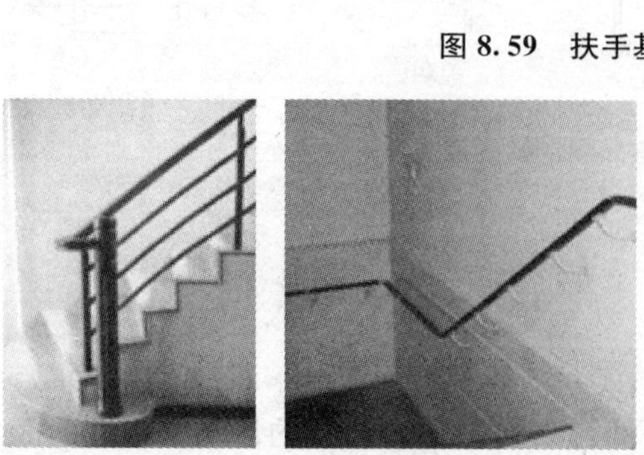

图 8.60 扶手形式实例

导盲块又称地面提示块，其表面上的特殊构造形式，可向视力残障者提供触摸信息，提示停步或改变行进方向等，一般设置在有障碍物、需转折、存在高差等地段。常用的导盲块形式如图 8.61 所示。楼梯中的设置位置如图 8.57(a)、(b)、(c)所示，这种设置方法在坡道上也适用。

鉴于安全考虑，凡有临空处的构件边缘，

包括楼梯梯段和坡道的临空一面，室内外平台的临空边缘等，都应该向上翻起不低于50mm的安全挡台，如图8.62所示。

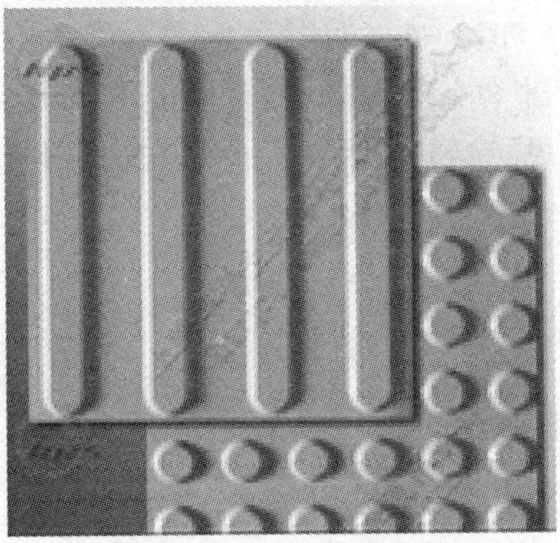

图8.61 导盲块形式

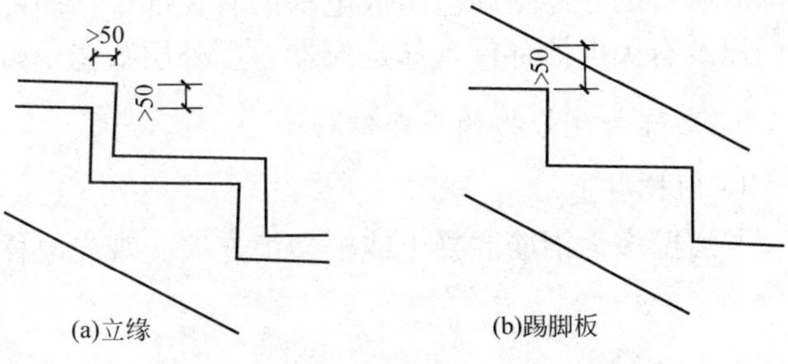

图8.62 楼梯侧边安全挡台的设置

8.6 电梯与自动扶梯

在高层建筑和许多多层公共建筑、工业建筑中，为了上下运行方便、快捷和实际需要，一般设置有电梯和自动扶梯。但建筑物中设置电梯或自动扶梯时，仍应按防火规范的要求设置疏散楼梯。

8.6.1 电梯

1. 电梯的类型

1）按使用性质分

（1）客梯。主要用于乘客上下楼层的联系。除普通电梯外，还有医院、疗养院等专用的病床电梯，宾馆、饭店和观览建筑中的观光电梯等。

（2）货梯。主要用来运送货物及设备，有大型货梯和小型杂物梯之分。

（3）消防电梯。主要供发生火灾、爆炸等紧急情况下消防人员救援和作为安全疏散使用。

2）按行驶速度分

（1）高速电梯。速度大于2m/s，一般用于层数多、人流量大的建筑中。消防电梯常用高速电梯，并满足在1min内从建筑底层到达顶层的要求。

（2）中速电梯。速度在1.5～2m/s之内，一般用于层数不多、人流量也不大的建筑中的客梯或货梯。

（3）低速电梯。速度在1.5～2m/s以内，主要用于对速度要求不高的客梯或货梯。

3）其他分类

有单台、双台之分；按轿箱容量大小之分；按升降驱动方式之分等。

2. 电梯组成

电梯由电梯井道、电梯机房、井道底坑及组成电梯的有关部件四部分组成。电梯井道指电梯运行的通道，内装有电梯轿箱、导轨、平衡重及缓冲器等，如图 8.63 所示。电梯机房一般设在电梯井道的顶部。井道地坑指建筑物最底层平面以下部分的井道，作为轿厢下降时必备的缓冲空间。组成电梯的有关部件指轿厢、井壁导轨及支架、牵引轮、轿厢开关门以及有关电器部件，如选层器、厅外层数指示灯等。

3. 电梯与建筑物相关部位构造

1）电梯井道

井道壁多为钢筋混凝土或框架填充墙。观光电梯采用玻璃幕墙，如图 8.64 所示。

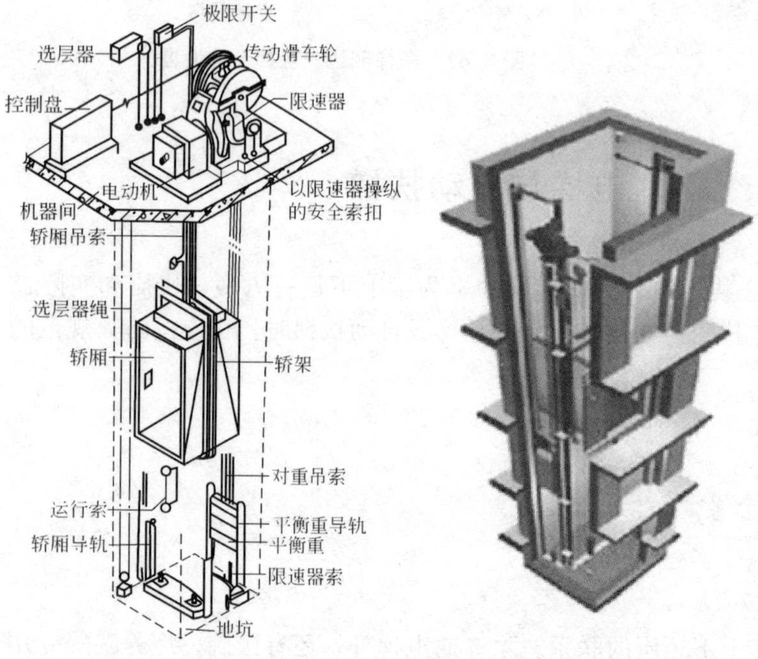

图 8.63　电梯井道

图 8.64　观光电梯

（1）井道尺寸。平面净空尺寸根据选用的电梯型号决定，一般为(1800～2500)mm×(2100～2600)mm。

（2）防火要求。井道是穿通各层的垂直通道，火灾事故中火焰及烟气很容易从中扩散蔓延。因此井道应根据有关防火规定进行设计，若内部超过两部电梯时需用防火围护结构隔开。

（3）井道的通风。为利于能迅速将烟和热气排出室外，井道的顶部、中部适当位置(高层建筑)及地坑处均应设通风孔，其尺寸不小于 300mm×600mm 或面积以不小于井道面积的 3.5%为宜，并且至少有总面积 1/3 的通风孔应经常开启，通风管道可在井道顶板上或者井道壁上直接通往室外。

（4）井道的隔声。电梯运行时会对建筑物产生振动噪声，因此井道应采取适当的隔声措施。一般在机房机座下设置弹性隔振垫层。当电梯运行速度超过 1.5m/s 时，在设置弹性垫层的同时，还应在机房与井道间设隔声层，其高度不小于 1300mm，常用 1500～1800mm，如图 8.65 所示。

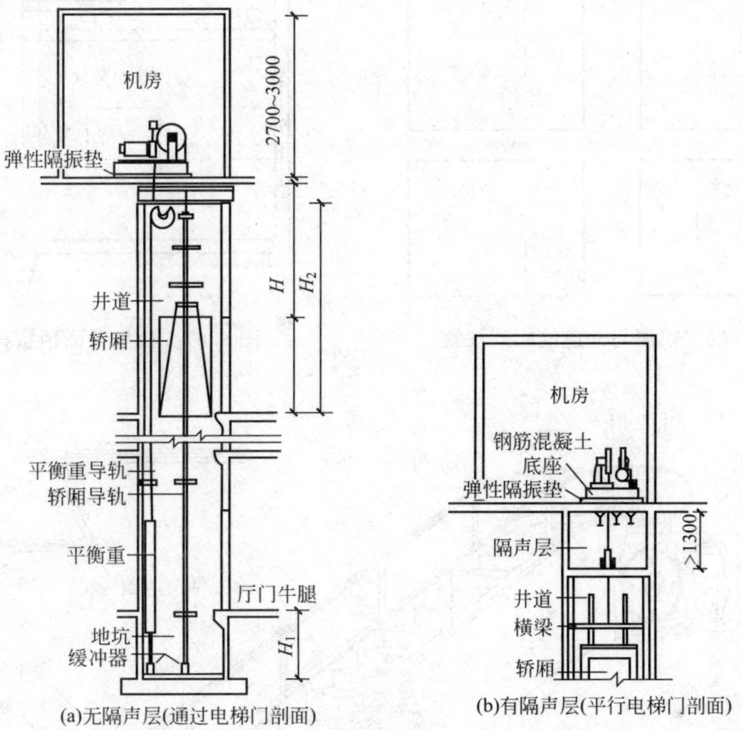

图 8.65 电梯机房隔振、隔声处理

（5）井道的检修。为了便于机器安装、检修和运行时的缓冲，井道的上下均应留适当的空间。

2）井道底坑

高度不小于 1400mm，其坑壁和坑底需做防水处理，坑底设排水设施。为便于检修，坑壁需设置爬梯和检修灯槽。坑底位于地下室时，宜从侧面开检修小门。

3）电梯机房

其平面尺寸根据设备尺寸、平面布置及使用、维修所需空间而定，一般可沿井道平面任意两个相邻方向伸出，如图 8.66 所示。其高度一般为 2500～3000mm，防火要求同井道。为了便于安装和维修，机房的楼板一般应按机器设备的要求在相应部位预留孔洞，如图 8.67 所示。

8.6.2 自动扶梯

自动扶梯是建筑物层间连续运输效率最高的载客设备，如图 8.68 所示。

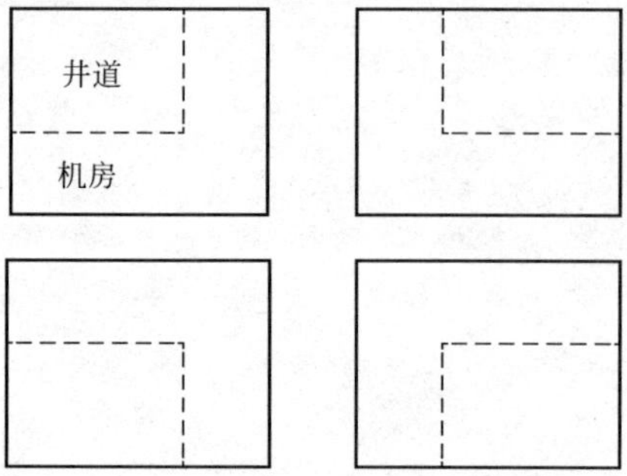

图 8.66　机房与井道的相对位置

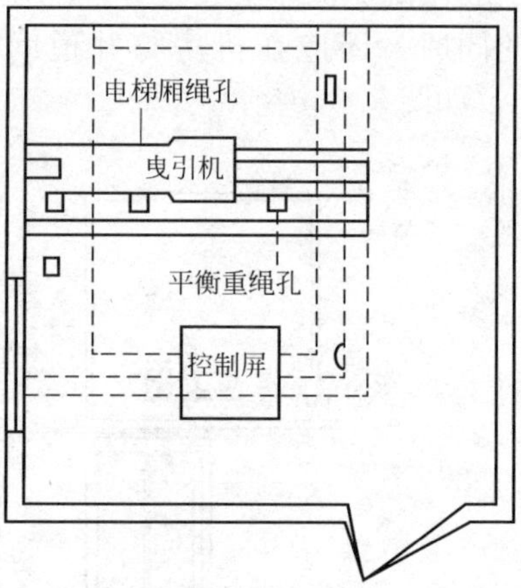

图 8.67　机房平面预留孔示例

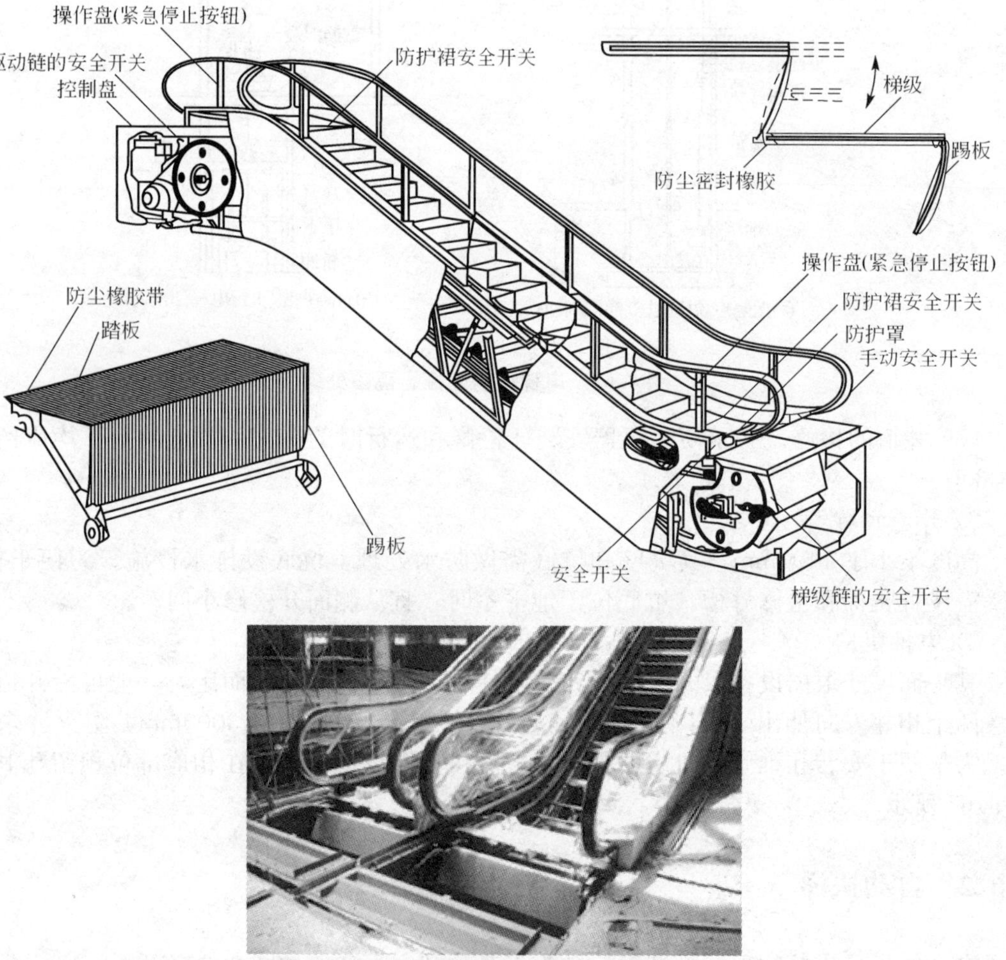

图 8.68　自动扶梯构成示意与安装实例

一般自动扶梯均可正、逆两个方向运行，停止运行时，还可作为临时楼梯使用，但自动扶梯不允许作为疏散楼梯使用。因此，在设置自动扶梯时，如果上下连通层的面积总和超过防火分区面积要求时，应考虑设置防火隔断或复合式防火卷帘以封闭自动扶梯。

如图 8.69 所示为单台布置、双台并列布置、双台串联布置、双台剪刀布置四种形式。

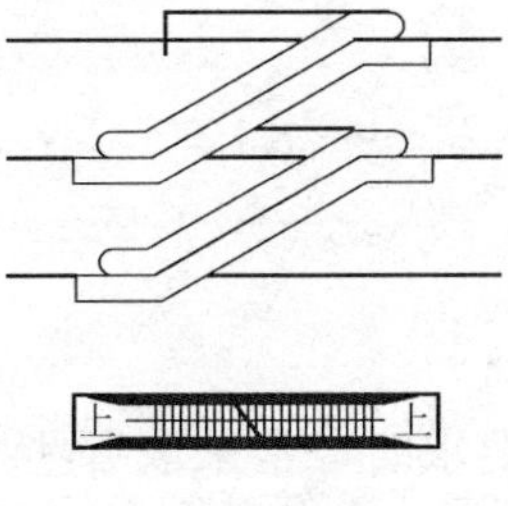

(a)单台布置

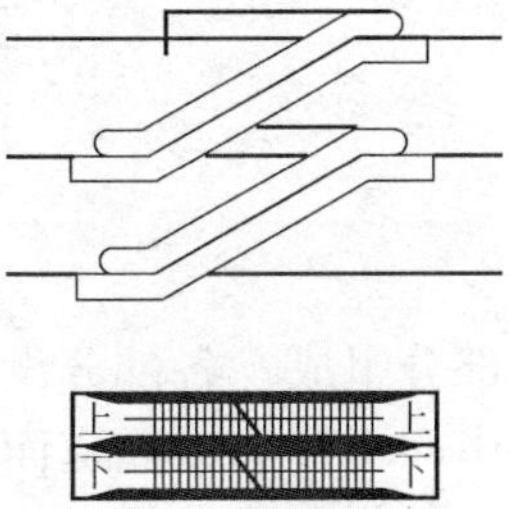

(b)双台并列布置

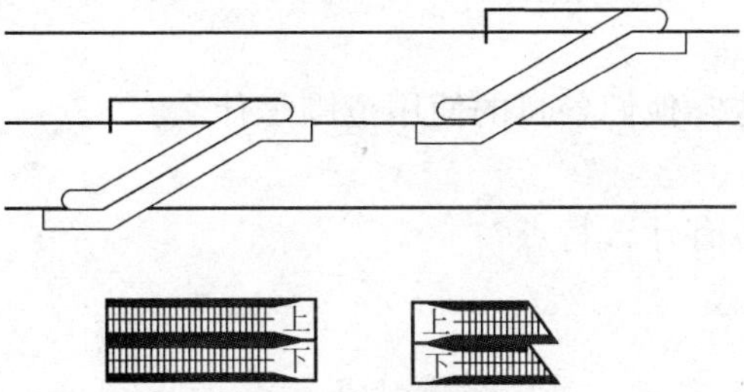

(c)双台串联布置

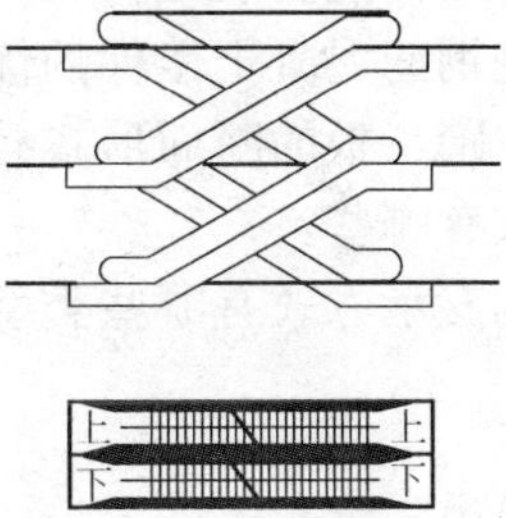

(d)双台剪刀布置

(e)自动扶梯示例

图 8.69 自动扶梯的布置方式及示例

自动扶梯的机械装置悬在楼板下面，楼层下做装饰处理，底层则做地坑。

本 章 小 结

本章主要讲述楼梯的基本知识，常见楼梯的类型，台阶及坡道的设计和构造要求，电梯及自动扶梯的组成、电梯井道的设计要求及构造；现浇钢筋混凝土楼梯的特点、结构形式，中小型预制装配式钢筋混凝土楼梯的构造特点与要求，楼梯的细部处理。

本章重点是现浇钢筋混凝土楼梯的构造、楼梯各部分尺寸确定的方法及设计要求，楼梯平面及剖面的熟练设计。

习　　题

一、简答题

1. 楼梯由哪些部分组成？各部分设计要求是什么？
2. 当楼梯底层中间平台下做通道而净高不满足要求时，常采取哪些办法解决？
3. 楼梯踏面如何进行防滑处理？
4. 室外台阶的构造要求是什么？通常有哪些做法。
5. 简述现浇钢筋混凝土楼梯的优缺点。
6. 预制楼梯踏步板的断面形式有哪些？他们各自的使用范围是什么？
7. 楼梯形式有哪些？
8. 楼梯结构支承方式有哪些类型？各有什么特点？

二、填空题

1. 楼梯主要由________、________和________三部分组成。
2. 钢筋混凝土楼梯按施工方式不同，主要有________和________两类。
3. 用平台梁支承的现浇钢筋混凝土楼梯按梯段的结构形式不同，有________和________两种类型。
4. 楼梯平台深度不应小于________的宽度。
5. 楼梯栏杆扶手高度是指从________至扶手上表面的垂直距离，一般室内楼梯栏杆扶手高度不小于________。
6. 常见的楼梯平面形式有________、________、________和________。
7. 室外台阶的踏步高一般在________左右，踏步宽________左右。
8. 栏杆形式可分为________、________和________类型。

三、选择题

1. 楼梯平台下要通行一般其净高度不小于(　　)。

A. 2100mm　　B. 1900mm　　C. 2000mm　　D. 2400mm

2. 下面哪些楼梯可作为疏散楼梯？(　　)

A. 直跑楼梯　　B. 剪刀楼梯　　C. 螺旋楼梯　　D. 多跑楼梯

3. 楼梯段宽度要求单股人流为(　　)。建筑规范对楼梯梯段宽度的限定是：住宅(　　)，公共建筑(　　)。

A. 600～700mm，≥1200mm，≥300mm

B. 500～600mm，≥1100mm，≥1300mm

C. 600～700mm，≥1200mm，≥1500mm

D. 500～600mm，≥1100mm，≥1300mm

4. 梯井宽度以(　　)为宜。

A. 60～150mm　　B. 100～200mm　　C. 60～200mm　　D. 60～150mm

5. 楼梯栏杆扶手的高度一般为(　　)，供儿童使用的楼梯应在(　　)高度增设扶手。

A. 1000mm，400mm　　B. 1000mm，500～600mm

C. 900mm，500～600mm　　D. 900mm，400mm

6. 台阶与建筑出入口之间的平台一般不应(　　)，且平台需做(　　)的排水坡度。

A. 小于 800mm，1%　　B. 小于 1500mm，2%

C. 小于 2500mm，5%　　D. 小于 1000mm，3%

7. 预制装配式混凝土楼梯的预制构件可分为(　　)。

A. 梯段、平台梁、栏杆扶手　　B. 平台板、平台梁、栏杆扶手

C. 踏步板、平台梁、平台板　　D. 梯段、平台梁、平台板

8. 预制楼梯踏步板的断面形式有(　　)。

A. 一字形、L 形、倒 L 形、三角形　　B. 矩形、L 形、倒 L 形、三角形

C. L 形、矩形、三角形、一字形　　D. 倒 L 形、三角形、一字形、矩形

9. 下面哪些是预制楼梯踏步板的断面形式(　　)。

A. 一字形　　B. 矩形　　C. L 形　　D. 梯形

10. 梁板式梯段由哪两部分组成(　　)。

A. 平台　　B. 栏杆　　C. 梯斜梁　　D. 踏步板

11. 下面哪些是现浇钢筋混凝土楼梯？(　　)

A. 梁承式，墙悬臂式，扭板式　　B. 梁承式，梁悬臂式，扭板式

C. 墙承式，梁悬臂式，扭板式　　D. 墙承式，墙悬臂式，扭板式

12. 当直接在墙上装设扶手时，扶手与墙面保持(　　)左右的距离。

A. 250mm　　B. 100mm　　C. 50mm　　D. 300mm

13. 防滑条应突出踏步面(　　)。

A. 1～2mm　　B. 5mm　　C. 3～5mm　　D. 2～3mm

14. 公共楼梯梯段踏步数选择范围为(　　)。

A. 2～15 级　　B. 3～15 级　　C. 3～18 级　　D. 2～18 级

15. 住宅公用楼梯踏步最小宽度(mm)×最大高度(mm)为(　　)

A. 260×175　　B. 280×175　　C. 260×150　　D. 280×150

四、绘图题

1. 某三层教学楼开敞式楼梯间进深 6.0m，开间 3.3m，层高 3.6m，室内外地坪高差 0.45m，采用现浇钢筋混凝土楼梯，试绘出楼梯间一层、二层、顶层的平面简图，列出计算过程，标注必要标高和尺寸。

2. 某三层单元式住宅层高 2800mm，楼梯间开间 2600mm，进深 5100mm。该楼梯底层平台下过人，底层室内外高差为 600mm，试画出该楼梯各层平面图及剖面图，标注必要的尺寸和标高。

第9章
屋顶构造

教学目标

主要讲述屋顶基本构造的原理和方法。通过本章学习，应达到以下目标：

(1) 了解屋顶的功能和设计要求、屋顶的基本组成部分、屋面不同类型和常用坡度；

(2) 掌握屋面排水、防水和屋面保温隔热设计的主要内容，并能根据防水、排水及保温隔热要求正确绘制屋顶平面；

(3) 重点掌握卷材防水屋面、刚性防水屋面、涂膜防水屋面的构造。

教学要求

知识要点	能力要求	相关知识
屋顶的类型和排水设计要求	(1) 了解屋顶类型 (2) 熟悉屋顶防水原则和排水组织方式	(1) 无组织排水 (2) 有组织排水
屋顶防水构造	(1) 重点掌握卷材防水屋面、刚性防水屋面及涂膜防水屋面构造层次 (2) 熟悉泛水构造，刚性防水屋面分格缝设置原则及构造	(1) 卷材防水屋面构造 (2) 刚性防水屋面构造 (3) 涂膜防水屋面构造 (4) 瓦屋面构造
屋顶保温、隔热构造	(1) 了解保温屋面的构造原理及构造层次 (2) 熟悉常见隔热屋顶构造	(1) 正置式屋面保温构造 (2) 倒置式屋面保温构造 (3) 隔热屋顶构造

基本概念

平层顶、坡层顶、卷材防水屋面、刚性防水屋面、涂膜防水屋面、瓦屋面、隔热屋顶、泛水、分仓缝、有组织排水、无组织排水

引例

“买房莫买顶楼房”，这句话在购房圈内流传甚广。这是因为多数购房者认为顶层存在冬冷夏热的问题，说不定还会经不起雨水的“洗礼”而漏雨。那么在不同地区和类型的建筑屋顶设计中，应该选择什么样的屋顶形式？如何通过构造设计解决防水和夏热冬冷的问题？

9.1 概　　述

9.1.1 屋顶的功能及组成

屋顶是建筑最上层覆盖的外围护结构，其主要功能是抵御自然界的风霜雨雪、太阳辐射、气温变化等外界的不利因素，以使屋顶覆盖下的空间，有一个良好的使用环境。在结构上，屋顶又是房屋上层的承重结构，它应能支承自重和作用屋顶上的各种活荷载，同时还起着对房屋上部的水平支撑作用。

屋顶主要由屋面和支承结构所组成，有些还有各种形式的顶棚以及保温、隔热、隔声和防火等其他功能防御所需要的各种层次和设施。

9.1.2 屋顶的类型

屋顶的形式与房屋的使用功能、屋面盖料、结构选型以及建筑造型要求等有关。按照其结构和形状分类，主要有坡屋顶、平屋顶以及其他形式的屋顶；按照材料可以分为草屋顶、石屋顶、瓦屋顶、混凝土屋顶、金属屋顶、玻璃屋顶等，如图 9.1 所示。

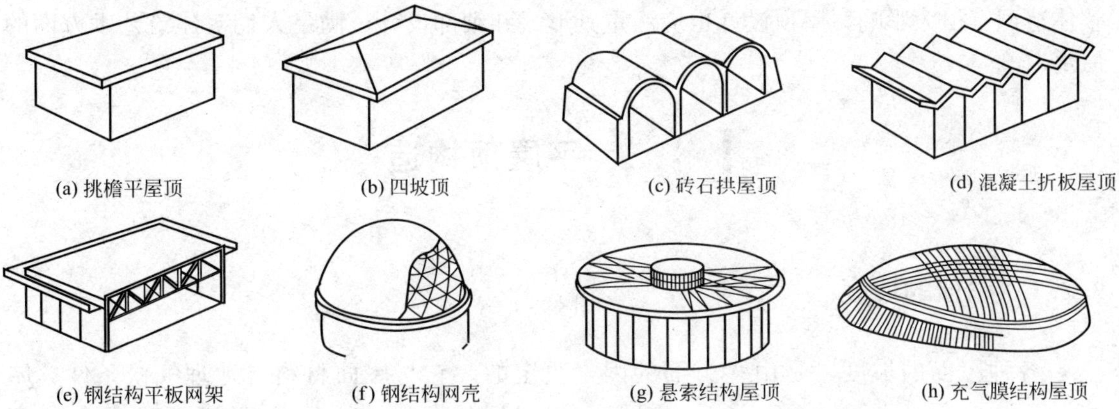

(a) 挑檐平屋顶　(b) 四坡顶　(c) 砖石拱屋顶　(d) 混凝土折板屋顶

(e) 钢结构平板网架　(f) 钢结构网壳　(g) 悬索结构屋顶　(h) 充气膜结构屋顶

图 9.1　屋顶的类型

1. 坡屋顶

在我国坡屋顶有着悠久的历史，现代建筑也常利用各具特色的坡屋顶突出建筑风格或与周边环境融合。坡屋顶的屋面坡度一般在 10%以上，大坡度可使雨水迅速排出，避免雨水淤积、渗漏，其防水构造相对简单，便于施工和修补，并且利于屋顶透气等。坡屋顶常用各种类型的瓦片作为防水面层，如传统的平瓦、筒板瓦、鸳鸯瓦，现代的大型水泥瓦、沥青瓦、压型薄钢板波瓦等，如图 9.2 所示。

2. 平屋顶

平屋顶是指坡度很缓的屋顶，常用 1%～5% 的坡度，以便组织汇水和排水。平屋顶施工方便，一般以现浇或预制的钢筋混凝土平屋顶作基层，上面铺设卷材防水层、刚性防水层、涂料防水层等的屋面，可以结合晒台或屋顶绿化以提高经济性，如图 9.3 所示。

图 9.2　坡屋顶

图 9.3 平屋顶

9.1.3　屋顶的设计要求

屋顶设计应考虑功能、结构、建筑艺术三方面的要求。屋顶作为围护构件，应能够抵御自然界各种不利因素对建筑的影响，这就要求屋顶注意解决防水、保温、隔热以及隔声、防火、耐久性等问题；作为结构构件，应有足够的强度和刚度以保证建筑结构安全，承受结构、设备、绿化、雨雪、上人行走等各种荷载，并防止产生过大的结构变形而引起的防水层开裂、漏水。屋顶是建筑的第五立面，是建筑外部形体的重要组成部分，对建筑整体造型有很大影响，屋顶设计也应注重其形式和细部设计，满足人们对建筑艺术方面的需求。

9.2 平屋顶构造

9.2.1　屋顶的坡度

各种屋面的坡度，是由多方面的因素决定的。它与屋面材料、地理气候条件、屋顶结构形式、施工方法、构造组合方式、建筑造型要求以及经济等方面的影响都有一定的关系。其中屋面覆盖材料的形体尺寸对屋面坡度形成影响比较大。一般情况下，屋面覆盖材料的面积越小，屋面排水坡度也越大。不同的屋面防水材料有各自的排水坡度范围，如图 9.4 所示。不上人的平屋顶常采用 2%～3%，上人屋面多采用 1%～2%。

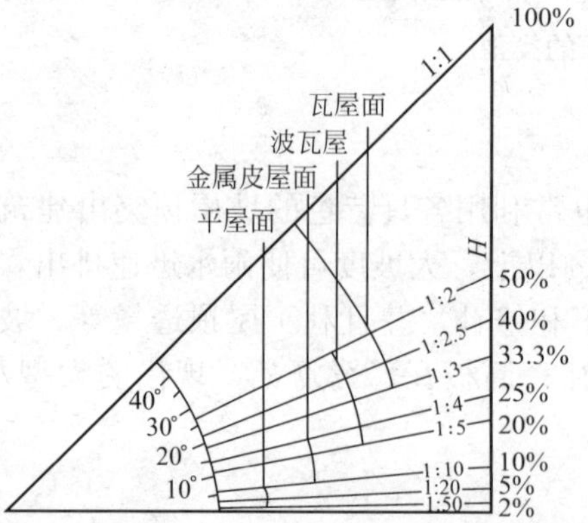

图 9.4　常用屋面坡度范围

9.2.2 平屋顶的排水

1. 排水方式及其选择

确定屋顶的排水方式时，应该根据气候条件、建筑物高度、质量等级、使用性质等因素综合考虑，同时排水组织系统又与檐部做法有关，要与建筑外观结合起来统一考虑。排水方式有有组织排水和无组织排水。

1）外檐自由落水

又称无组织排水。屋面伸出外墙，形成挑出的外檐，使屋面的雨水经外檐自由落下至地面。这种做法构造简单、经济，但落水时，雨水将会溅湿勒脚，有风时雨水还可能冲刷墙面。一般适用于低层及雨水较少地区。

2）外檐沟排水

屋面可以根据房屋的跨度和外形需要，做成单坡、双坡或四坡排水，同时相应地在单面、双面或四面设置排水檐沟。雨水从屋面排至檐沟，沟内垫出不小于 0.5% 的纵向坡度，把雨水引向雨水口经水落管排泄到地面或明沟并排到地下的城市排水系统。如图 9.5(a)所示。为了上人或造型需要也可在外檐内设置栏杆或易于泄水的女儿墙，如图 9.5(c)所示。

3）女儿墙外檐排水

设有女儿墙的平屋顶，可在女儿墙里面设内檐沟或在檐处垫坡排水，如图 9.5(b)所示。雨水口可穿过女儿墙，在外墙外面设水落管，也可在外墙里面管道井内设水落管排除。

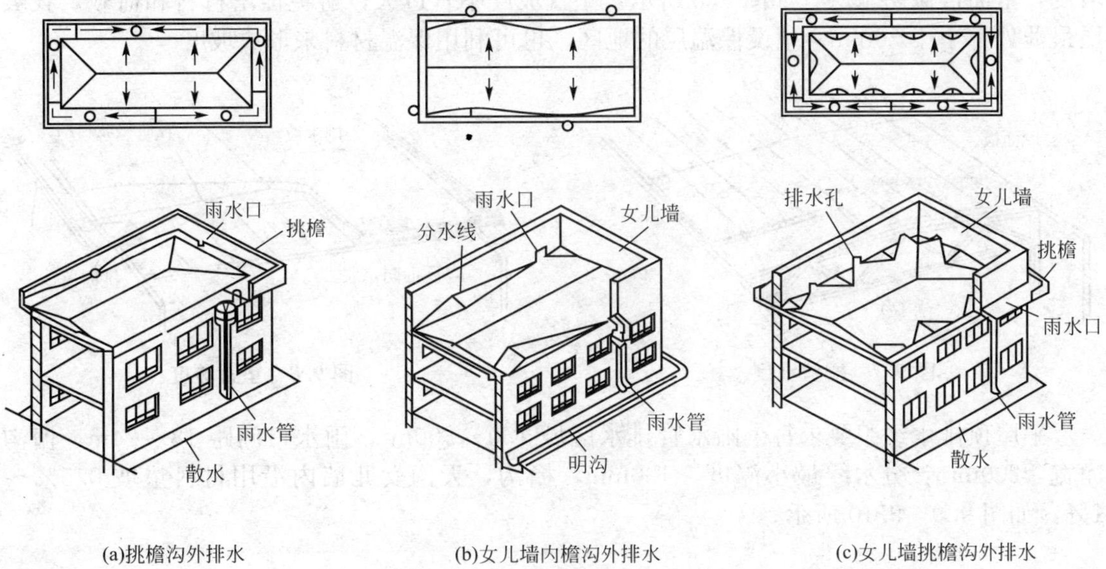

(a)挑檐沟外排水　　(b)女儿墙内檐沟外排水　　(c)女儿墙挑檐沟外排水

图 9.5　女儿墙外排水形式

4）内排水

大面积、多跨、高层以及有特种要求的平屋顶常做成内排水方式，如图 9.6 所示。雨水经雨水口流入室内水落管，再由地下管道把雨水排到室外排水系统。

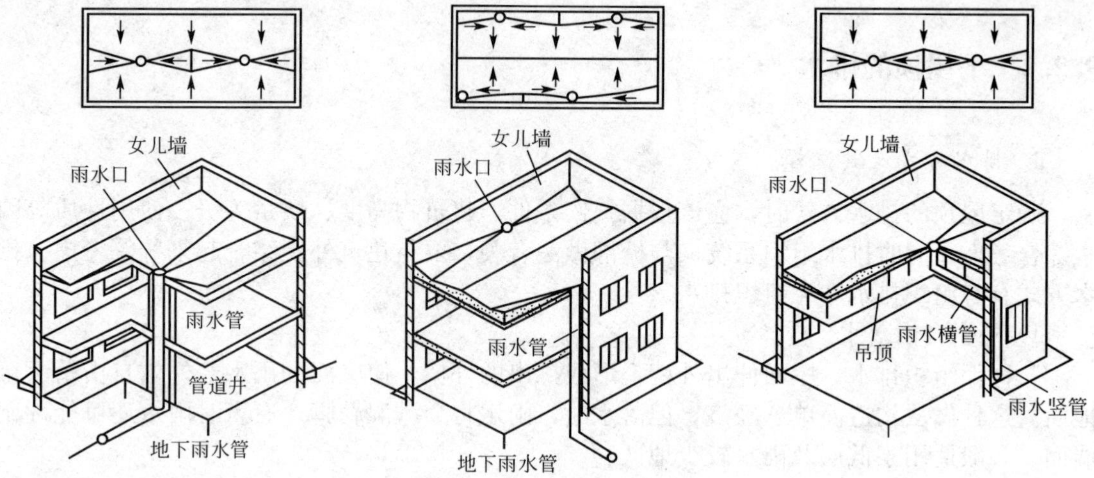

图 9.6　平屋顶内排水形式

2. 排水组织设计

平屋顶需要一定的坡度才能将雨水顺利排出，其坡度的形成有搁置坡度(结构找坡)和垫置坡度(材料找坡)两种做法。

(1) 搁置坡度是将屋顶的结构层搁置成倾斜的，再铺设防水层等。这种做法不需另加找坡层，具有荷载轻、施工简便、造价低的优点，但不设吊顶棚时，顶面稍有倾斜，如图 9.7 所示。

(2) 垫置坡度是将屋顶板水平搁置，找坡层可采用价廉、质轻的材料来垫置屋面排水坡度，上面再做防水层，如图 9.8 所示。垫置坡度不宜过大，避免徒增材料和荷载，找坡层最薄处不小于 20mm。须设保温层的地区，也可利用保温材料来形成坡度。

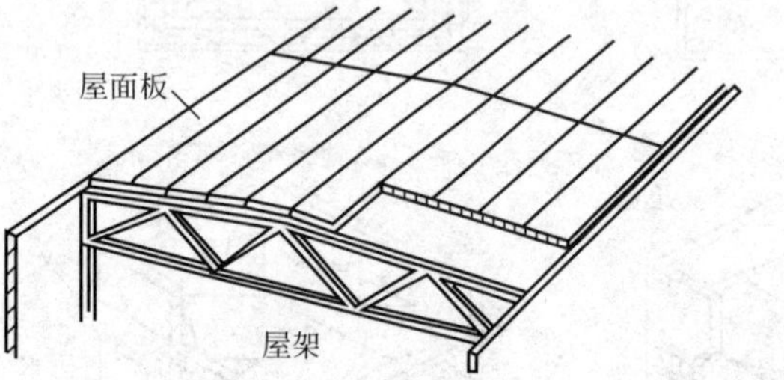

图 9.7　搁置坡度

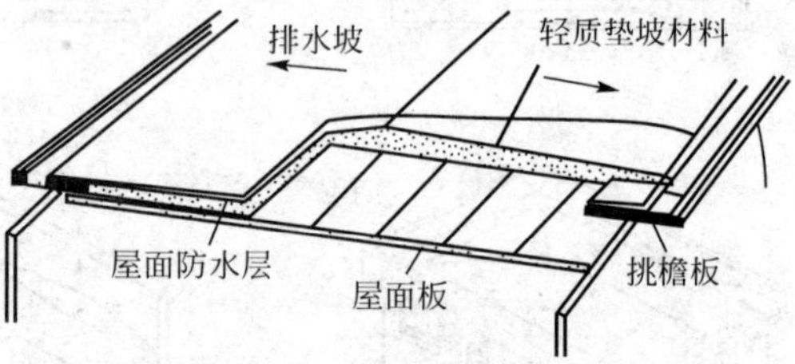

图 9.8　垫置坡度

平屋顶排水组织要求每个雨水管排水区域 150～200m^2，雨水口间距 18～24m，檐沟净宽≥200mm，分水线最小深度≥120mm，檐沟，天沟女儿墙内沿用材料垫坡 0.5%～1%，如图 9.9～9.10 所示。

9.2.3　平屋顶的防水

1. 柔性防水屋面

柔性防水屋面基本构造层次包括：结构层、找坡层、保温层、找平层、结合层、防水

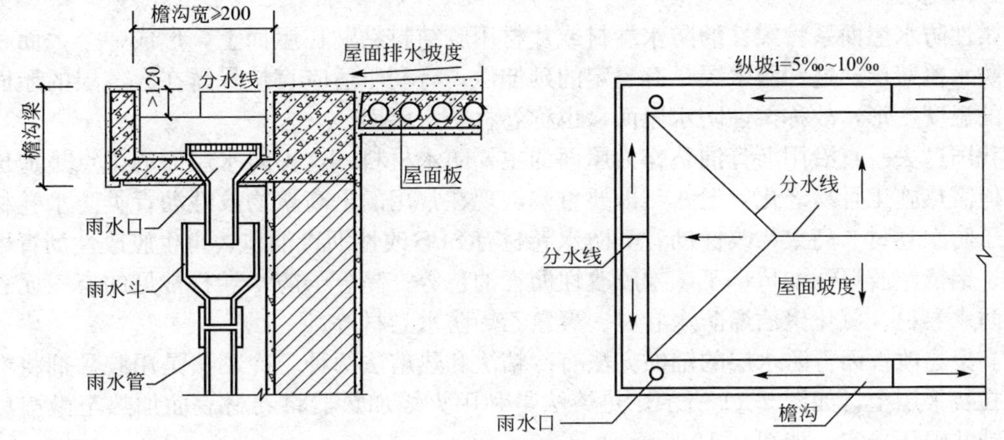

图 9.9 挑檐沟屋顶排水组织示意

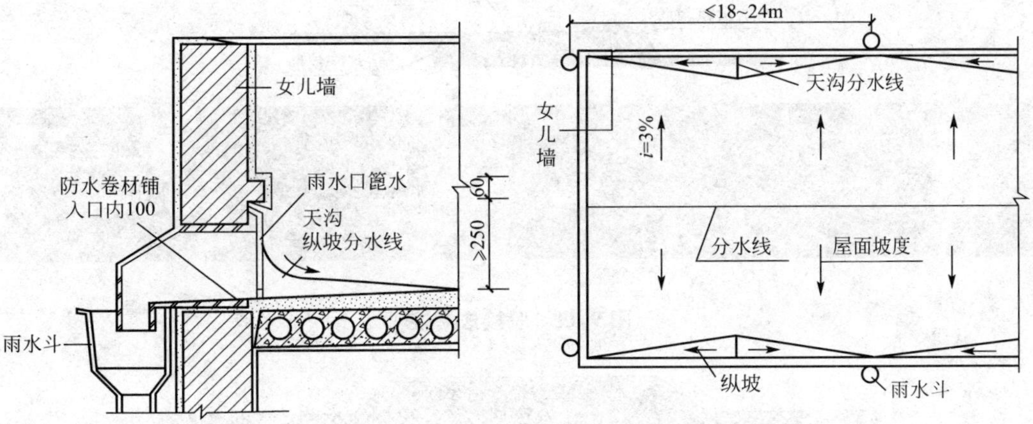

图 9.10 女儿墙屋顶排水组织示意

层、保护层等。

1）结构层

平屋顶的承重层与楼板结构相同，当前常采用钢筋混凝土屋面板，有现浇和预制两种。

2）找平层

为防止卷材凹陷或断裂，铺贴卷材之前，粗糙的结构层或使用其他疏松材料的构造层上方必须设置找平层，找平层一般采用 1∶3 水泥砂浆或 1∶8 沥青砂浆，为防止找平层变形开裂波及卷材防水层，宜在找平层中留设宽度为 20mm、纵横不超过 6m 的分格缝，分格缝上面覆盖一层 200～300mm 宽的附加卷材，用胶黏剂单边点贴，以利于释放变形应力。

3）结合层

结合层用来黏合卷材与基层，沥青类卷材常用冷底子油做结合层，高分子卷材多用配套的基层处理剂，也有用冷底子油或稀释乳化沥青作结合层的。

4）防水层

柔性防水屋面系将柔性的防水卷材或片材用胶结料粘贴在屋面上，形成一个大面积的封闭防水覆盖层。这种防水层具有一定的延伸性，有利于适应直接暴露在大气层的屋面和结构的温度变形，故称柔性防水屋面，也称卷材防水屋面。

我国过去一直沿用沥青油毡作为屋面的主要防水材料，这种防水屋面的优点是造价经济，但需热施工且易老化，七八年即要重修。现在常用的是高聚物改性沥青类防水卷材和高分子防水卷材。高聚物改性沥青类防水卷材有SBS改性沥青油毡、再生胶改性沥青聚酯油毡、铝箔塑胶聚酯油毡、丁苯橡胶改性沥青油毡等；高分子防水卷材常见的有三元乙丙橡胶防水卷材、氯化聚乙烯防水卷材、聚氯乙烯防水卷材等。

高聚物改性沥青防水层的铺贴方法有冷粘法和热熔法两种，冷粘法是用胶黏剂将卷材粘贴在找平层上，如图9.11所示。热熔法是利用火焰加热器将卷材表面加热至微溶后立即滚铺并辊压碾实，如图9.12所示。

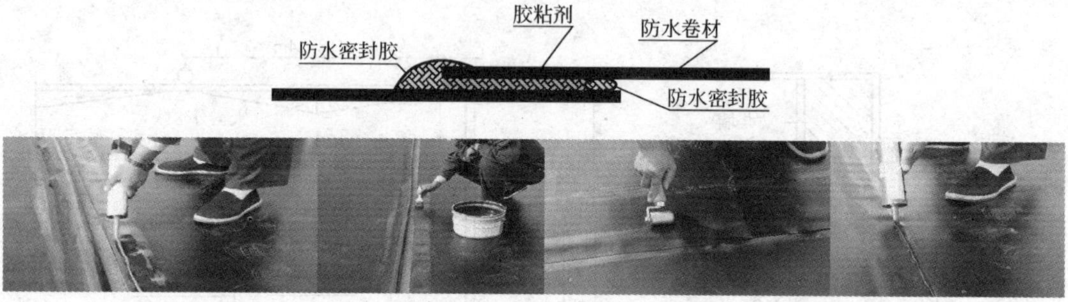

图9.11　胶接法搭接

图9.12　热熔法搭接

高分子防水层(以三元乙丙卷材防水层为例)：三元乙丙卷材是一种常用的高分子橡胶防水卷材，其构造做法是先在找平层上薄而均匀地涂刷基层处理剂如CX-404胶等，待处理剂干燥不粘手后即可铺贴卷材，如图9.13所示。卷材一般由屋面低处向高处铺贴，并按流水方向搭接，卷材长边应保持搭接50mm，短边搭接70mm，铺好后应立即用工具辊压密实，搭接部位用胶黏剂均匀涂刷粘全。

5）保护层

卷材屋面应有保护层保护防水卷材不至于因气候、光照等因素迅速老化，减少雨水的

(a)高分子防水卷材防水构造　　(b)高分子防水卷材铺贴施工现场

图 9.13　高分子防水卷材防水构造及施工现场

冲刷及其他外力造成的卷材机械性损伤。保护层具体的构造做法要视屋顶的利用情况而定。

上人屋面的防水卷材保护层常见的做法有铺贴缸砖、大阶砖、混凝土板等块材，也可以现浇 30～40mm 厚的细石混凝土。当屋顶不上人时，沥青油毡防水屋面一般在防水层上撒粒径 3～5mm 的小石子做保护层，高分子防水卷材常在卷材表面涂刷水溶型或溶剂型浅色保护着色剂，如氯丁银粉胶等。

2. 刚性防水屋面

刚性防水屋面，系以防水砂浆抹面或密实混凝土浇捣而成的刚性材料屋面防水层。其主要优点是施工方便、节约材料、造价经济和维修较为方便；缺点是对温度变化和结构变形较为敏感，施工技术要求较高，较易产生裂缝而渗漏水。

刚性防水屋面裂缝的原因很多，主要有以下几个原因：气候变化和太阳辐射引起的屋面热胀冷缩；屋面板受力后挠曲变形；地基沉陷、屋面板徐变等对防水层的影响，如图 9.14 所示。为了适应防水层的变形，常采用以下几种处理方法。

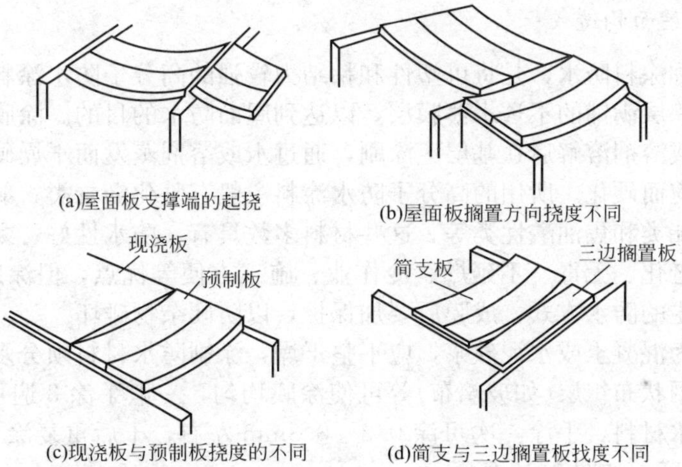

(a)屋面板支撑端的起挠　　(b)屋面板搁置方向挠度不同

(c)现浇板与预制板挠度的不同　　(d)简支与三边搁置板找度不同

图 9.14　预制屋面板结构变形的敏感部位

1）配筋

细石混凝土屋面防水层的厚度一般为45mm，为了提高其抗裂和应变的能力，常配置ϕ3@150或ϕ4@200双向钢筋。钢筋宜置于中层偏上，使上面有15mm保护层即可，如图9.15所示。

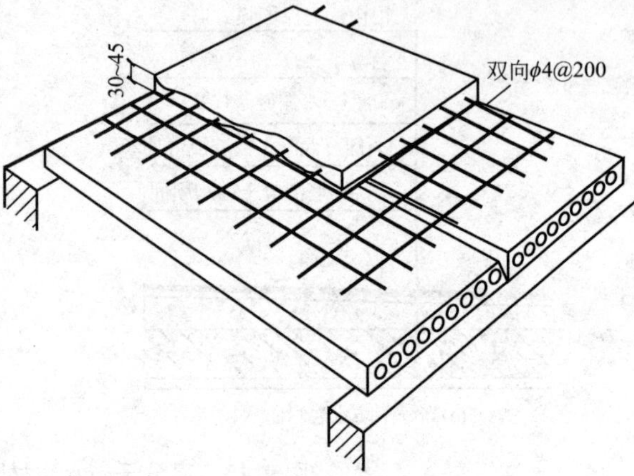

图9.15　细石混凝土配筋防水屋面

2）设置分仓缝

分仓缝也称分格缝，是防止屋面不规则裂缝以适应屋面变形而设置的人工缝。分仓缝应设置在屋面温度年温差变形的许可范围内和结构变形敏感的部位，如图9.14所示。

3）设置浮筑层

浮筑层是在刚性防水层与结构层之间增设沥青、油毡、黏土、石灰砂浆、纸筋石灰等材料的隔离层，如图9.16所示。有保温层或找坡层的屋面，可利用保温层或找坡层作隔离层，然后再做刚性防水层。

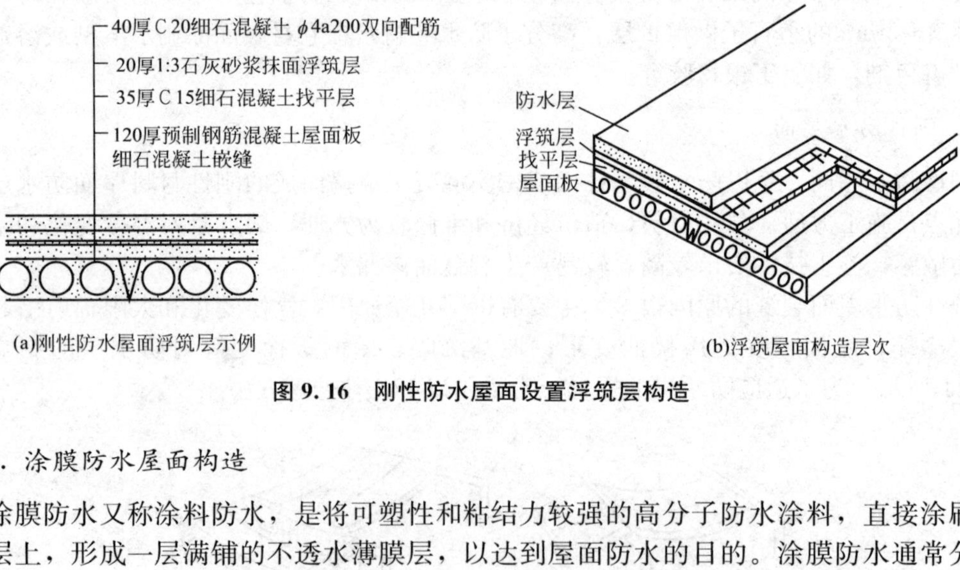

(a)刚性防水屋面浮筑层示例　　(b)浮筑屋面构造层次

图9.16　刚性防水屋面设置浮筑层构造

3. 涂膜防水屋面构造

涂膜防水又称涂料防水，是将可塑性和粘结力较强的高分子防水涂料，直接涂刷在屋面基层上，形成一层满铺的不透水薄膜层，以达到屋面防水的目的。涂膜防水通常分两大类，一类是用水或溶剂溶解后在基层上涂刷，通过水或溶剂蒸发而干燥硬化；另一类是通过材料的化学反应而硬化。所用的高分子防水涂料一般有乳化沥青类、氯丁橡胶类、丙烯酸树脂类、聚氨酯类和焦油酸性类等。这些材料多数具有：防水性好、黏结力强、延伸性大和耐腐蚀、耐老化、无毒、不延燃、冷作业、施工方便等优点，但涂膜防水价格较贵，且系以“堵”为主的防水方式，成膜后要加保护，以防硬杂物碰坏。

涂膜的基层为混凝土或水泥砂浆，应平整干燥，涂刷防水材料须分多次进行。乳剂型防水材料，采用网状布织层(如玻璃布)等可使涂膜均匀，一般手涂3遍可做成1.2mm的厚度。溶剂型防水材料，手涂一次可涂0.2～0.3mm左右，干后重复涂4～5次，可做成1.2mm以上的厚度，如图9.17所示。

涂膜的表面一般需撒细砂作保护层，为防太阳辐射影响及色泽需要，可适量加入银粉

图 9.17 涂膜防水层施工实例

或颜料作着色保护涂料。

4. 平屋顶的细部构造

1）泛水构造

凡屋面防水层与垂直墙面的交接处均须做泛水处理，如山墙、女儿墙和烟囱等部位。一般做法是将防水层直接引伸到垂直墙面上，砖墙挑出 1/4 砖抹水泥砂浆滴水线，泛水高度应大于 250mm。为了加强节点的防水作用，一般须加铺一层油毡作为附加层，垂直面也应用水泥砂浆抹光。为了压住油毡的上口，通常还有钉木条、压铁皮、嵌砂浆、嵌油膏、压砖块、压混凝土和盖镀锌铁皮等处理方法。如图 9.18 和 9.19 所示分别为女儿墙柔性防水和刚性防水尾面泛水构造，如图 9.20 所示为刚性防水屋面泛水实例。

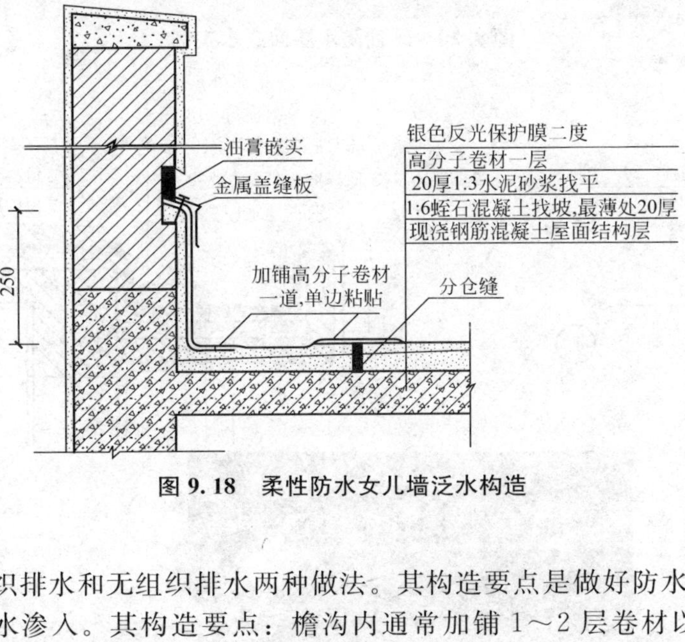

图 9.18 柔性防水女儿墙泛水构造

2）檐口构造

檐口分有组织排水和无组织排水两种做法。其构造要点是做好防水卷材收头的密封和固定，避免雨水渗入。其构造要点：檐沟内通常加铺 1～2 层卷材以增强防水能力，沟内转角部位的找平层做成圆弧形或 45°斜面，防止卷材断裂；为防止檐沟壁面上的卷材下滑，做好收头处理，通常用水泥钉和金属压条压紧固定，并用油膏嵌缝或水泥砂浆盖缝。如图 9.21 所示为卷材防水檐沟构造。

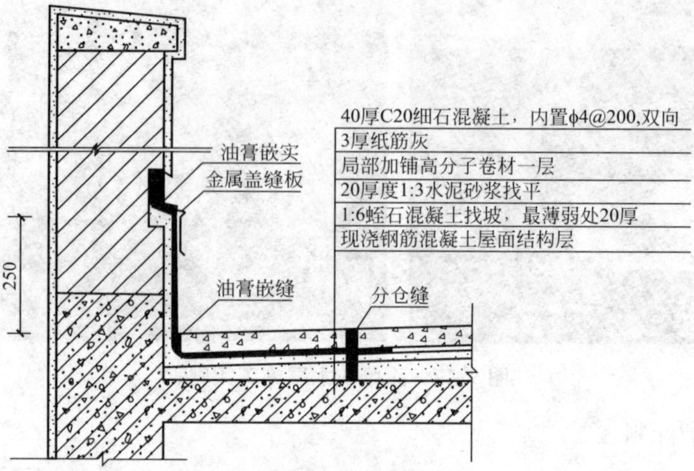

图 9.19 刚性防水屋面泛水构造

图 9.20 刚性防水屋面泛水实例

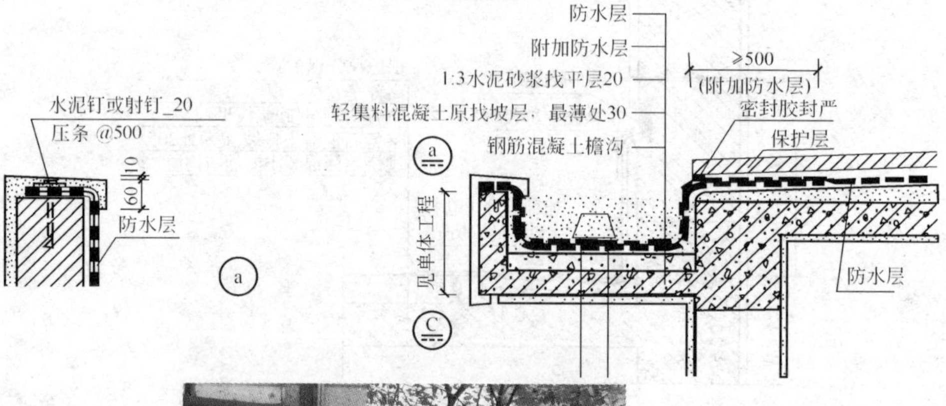

图 9.21 卷材防水屋面檐沟处的构造做法

9.3 坡屋顶构造

9.3.1 坡屋顶的承重结构

坡屋顶的支承体系有屋架支承、山墙支承和梁架支承，如图 9.22 所示。屋架支承是利用屋架或斜梁形成坡度支承檩条或椽子；山墙支承是把承重的山墙做成山尖状来支承檩条或椽子；梁架支承是沿建筑物进深方向的柱和梁穿插形成梁架，梁架之间用搁置的木梁托起屋面。如图 9.23 所示为几种支承体系实例。

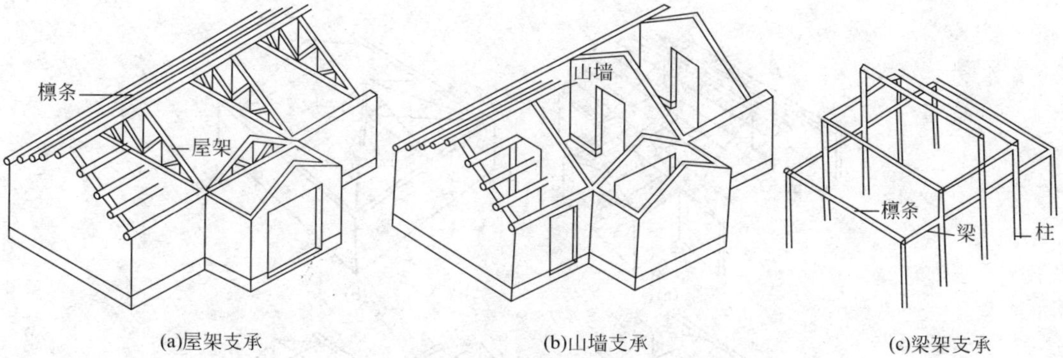

图 9.22 坡屋顶支承体系

图 9.23 坡屋顶支承体系实例

为防止倾斜及保证屋架的稳定性，在屋架间需设置剪刀撑，如图 9.24 所示。四坡顶的屋面支承体系如图 9.25 所示。

坡屋顶的屋面防水层多为各种瓦材。瓦屋面按其基层组成方式可分为有檩体系和无檩体系两种。有檩体系是以山墙或屋架作为檩条的支撑。无檩体系是将屋面板直接放在山墙、屋架或屋面梁上，瓦主要起造型和装饰的作用。

9.3.2 坡屋顶的基层和防水层

瓦屋面由于保温、防火或造型等的需要，可将现浇钢筋混凝土屋面或预制钢筋混凝土板作为瓦屋面的基层然后盖瓦，其面层可采用的瓦材种类较多，例如在一般建筑中，可采用大型的平瓦和水泥瓦、沥青瓦等；在仿古建筑中可采用特制的类古代瓦；在防水要求高、自重要求轻的大型公共建筑中常采用镀锌钢板彩瓦、压型钢板屋面等。

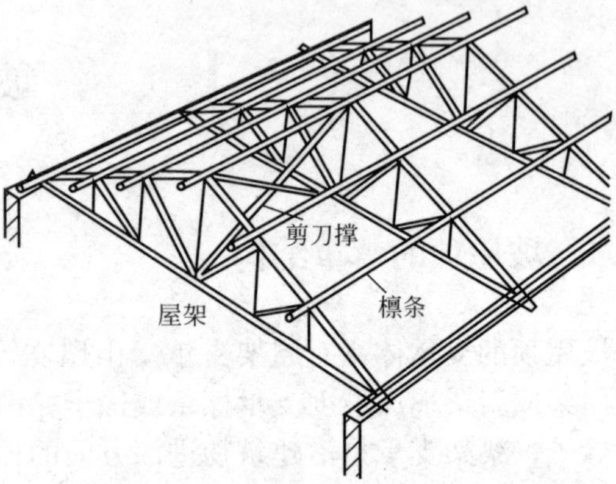

图 9.24　屋架间的剪刀撑

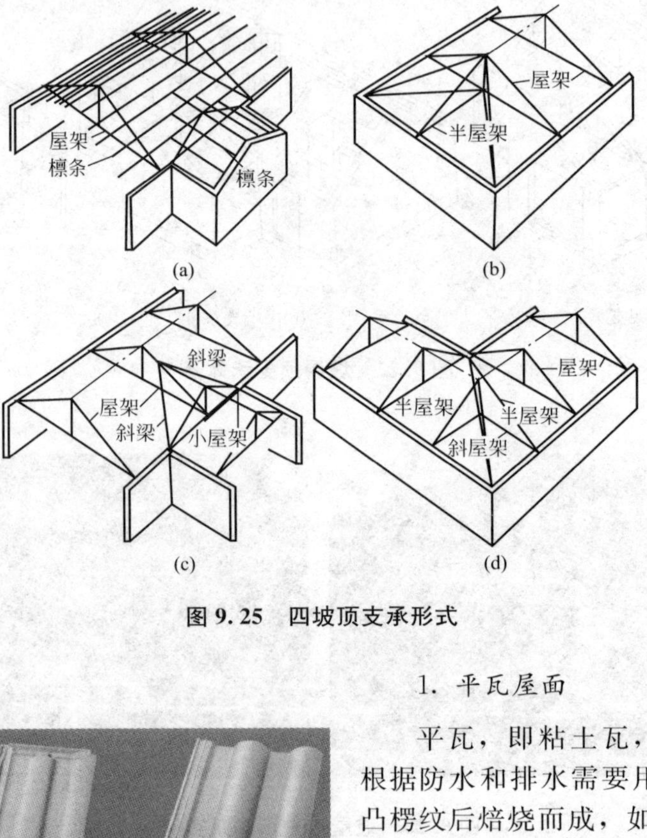

图 9.25　四坡顶支承形式

1. 平瓦屋面

平瓦，即粘土瓦，又称机平瓦，是根据防水和排水需要用黏土模压制成凹凸楞纹后焙烧而成，如图 9.26 所示。瓦下装有挂勾，可以挂在挂瓦条上，防止下滑，中间有突出物穿有小孔，风大的地区可以用铅丝扎在挂瓦条上。其他如水泥瓦、硅酸盐瓦，均属此类平瓦，唯形状与尺寸稍有变化。

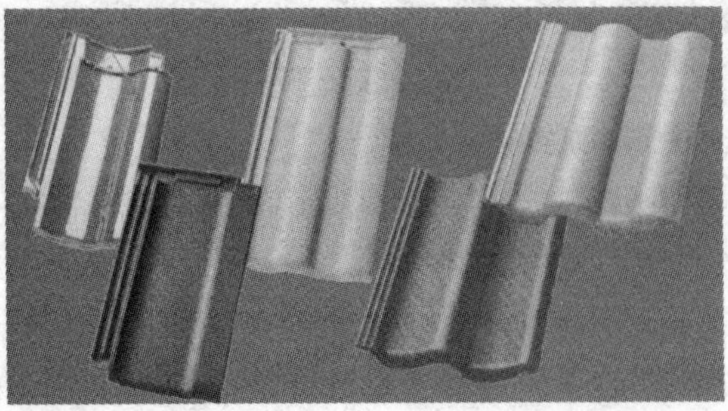

图 9.26　平瓦实例

目前，钢筋混凝土基层平瓦屋面较常

见，其做法是采用钢筋混凝土屋面板结构找坡后，在找平层上铺贴防水卷材和保温层，再做钢筋网水泥砂浆卧瓦层，最后铺瓦。也可在保温层上做细石混凝土内配钢筋网片，再做顺水条，最后挂瓦。这种做法是一种耐久、高性能的坡屋顶形式，也是目前需要瓦屋面装饰的建筑中应用最广的瓦屋面做法，如图 9.27 所示。

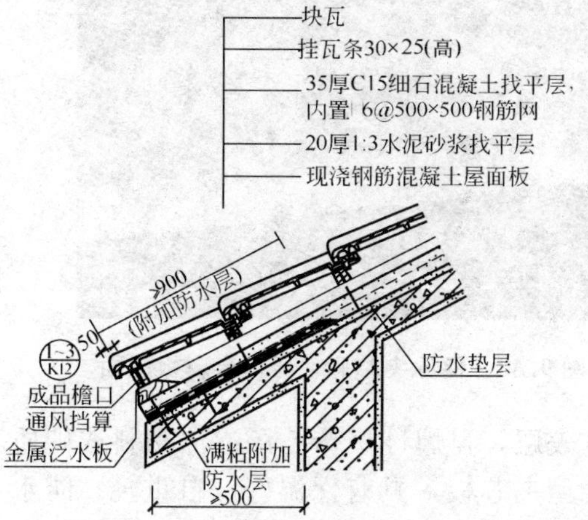

(a) 挑檐防水构造示意图

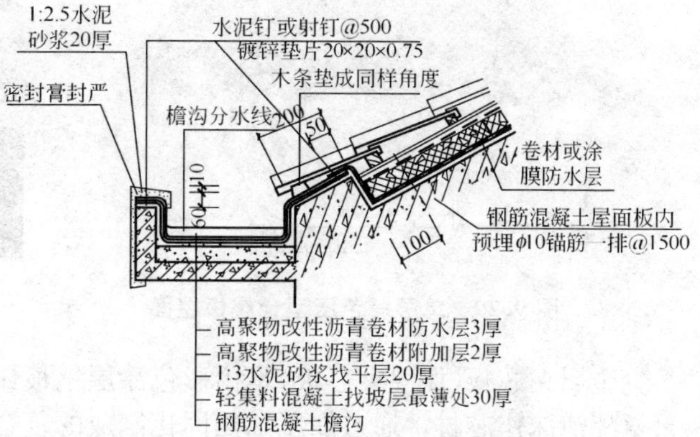

(b) 挑檐沟防水构造示意图

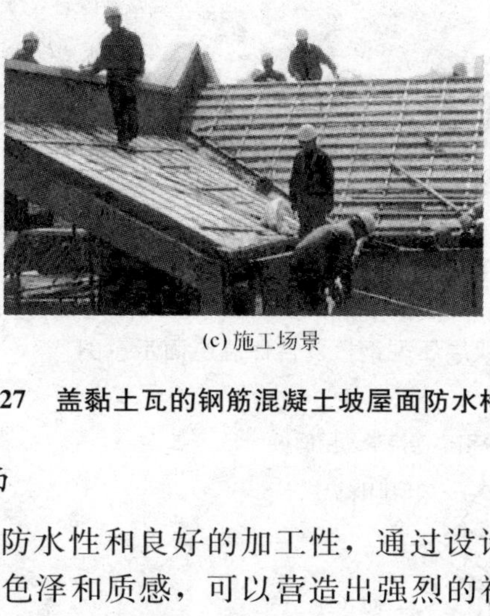

(c) 施工场景

图 9.27　盖黏土瓦的钢筋混凝土坡屋面防水构造示意图及施工场景

2. 金属平板屋面

金属具有优异的防水性和良好的加工性，通过设计精巧的连接固定保证接缝的水密性。金属具有特殊的色泽和质感，可以营造出强烈的视觉效果。常用板材有彩色薄型钢板、镀锌或镀铝薄型钢板、铝镁锰合金板等。其连接方式主要有搭接式和咬接式，如图 9.28 所示。

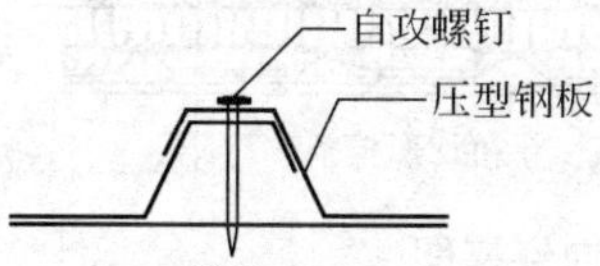

(a)搭接式

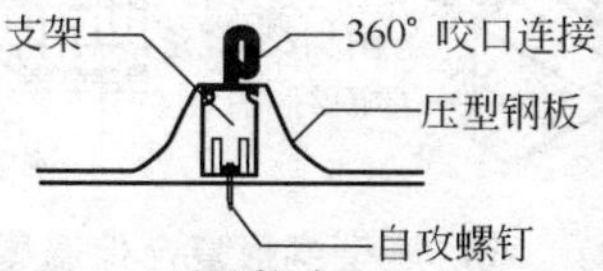

(c)咬接式

(c)实例

图 9.28　金属平板屋面的连接方式

3. 压型金属板屋面

压型金属板屋面是采用铝合金板、镀锌钢板、彩色涂层钢板等耐氧化的金属板材加工成V形、梯形等，其类型有单层彩板和保温夹芯彩板，如图9.29和图9.30所示。

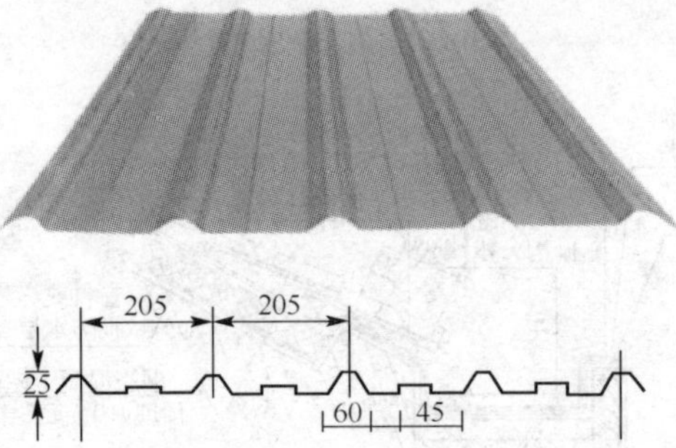

图9.29 单层彩色压型金属板屋面

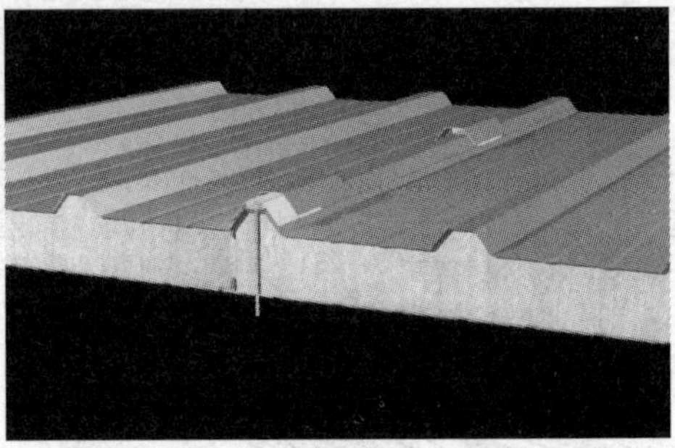

图9.30 保温夹芯彩色压型金属板屋面

金属夹芯板(保温夹芯板)是由彩色涂层钢板作表层，自熄性聚苯乙烯泡沫塑料或硬质聚氨酯泡沫作芯材，通过加压加热固化制成的复合型夹芯板，具有保温好、自重轻、防水性能和装饰性能好等特点，可按照设计意图制成各种形状，如图9.31和图9.32所示。

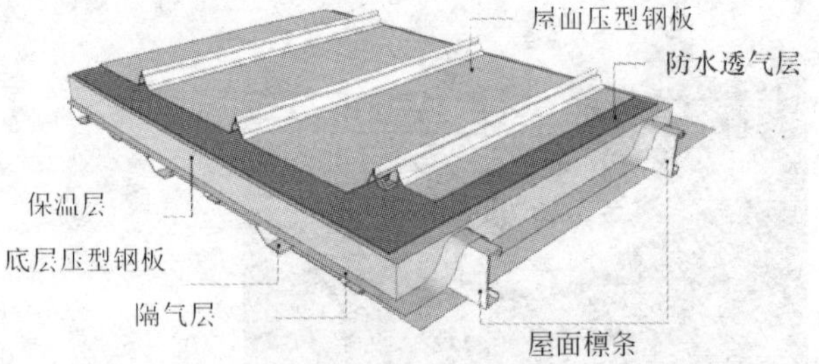

图9.31 双层压型钢板复合保温屋面示意图

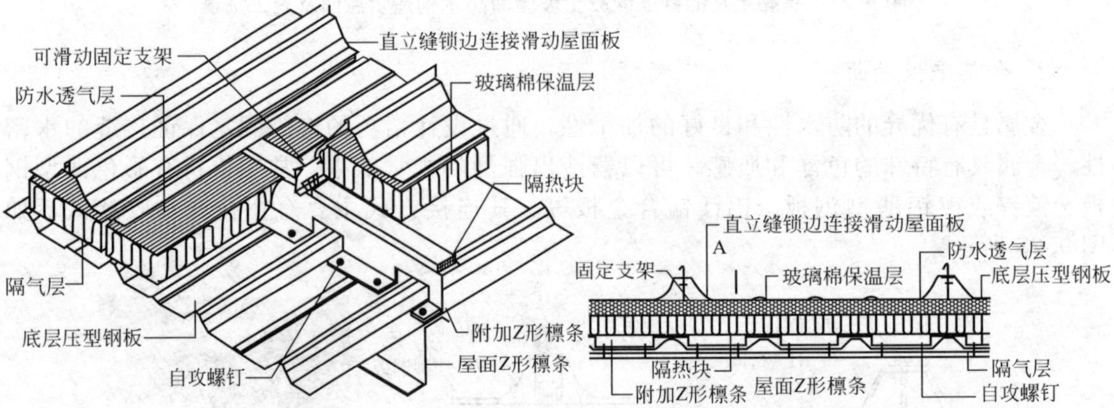

图9.32 双层压型钢板复合保温屋面横向连接图

金属保温夹芯板的厚度为30～250mm，屋面坡度为1/6～1/20。为简化施工和提高防水、保温性能，尽量选用较长的板材，但一般不宜超过9m，以防止温度变形影响美观和使用。

9.4 屋顶的保温与隔热

9.4.1 屋顶的保温

为防止冬季室内热量散失过多且快，夏季室内得热太多，须在屋顶设置保温层。保温层的材料和构造方案根据使用要求、气候条件、结构形式、材料种类等综合考虑。

1. 保温材料的类型

保温材料宜为吸水率低、导热系数小且具有一定强度的材料，现在施工中常见的一般有硬质类保温材料、纤维类保温材料、有机高分子类保温材料三大类。

硬质类保温材料，一般为轻骨料，如炉渣、矿渣、陶粒、蛭石、珍珠岩等，如图 9.33(a)所示；纤维类保温材料，一般为矿棉、岩棉等，如图 9.33(b)所示；有机高分子类保温材料，常见的有聚苯乙烯泡沫塑料板、聚氨酯等，如图 9.33(c)所示。

(a)轻骨料　(b)纤维类保温材料　(c)有机高分子类保温材料

图 9.33 屋顶绝热材料

2. 屋顶保温体系

屋顶中按照结构层、防水层和保温层所处的相对位置不同，可分为正置式保温屋面和倒置式保温屋面两种。

1）正置式保温屋面

正置式保温屋面的构造层次依次为防水层、保温层、结构层。这种保温层置于防水层之下的屋顶保温构造形式，也称为“热屋顶保温体系”。这种体系的保温屋顶优点在于无论平屋顶或坡屋顶均可采用，由于保温层在防水层之下，保温层可选择的材料范围较广。其缺点是通过围护结构渗透的水蒸气无法透过防水层，容易凝结在保温层中，从而使保温材料受潮而降低保温效果，严重的甚至会出现保温层冻结而使屋面破坏。为了防止室内湿气进入屋面保温层，可在保温层下做一层隔蒸气层，如图 9.34 和图 9.35 所示。

2）倒置式保温屋面

保温层置于防水层之上的屋顶保温构造形式，也称为倒铺保温体系。其构造层次为保温层、防水层、结构层，如图 9.36 所示。其优点是防水层不受太阳辐射和剧烈气候变化的直接影响，不易受外来的损伤；缺点是须选用吸湿性低、耐气候性强的保温材料。经实践，聚氨酯和聚苯乙烯发泡材料可作为倒铺屋面的保温层，但需做较重的覆盖层压住，如图 9.37 所示。

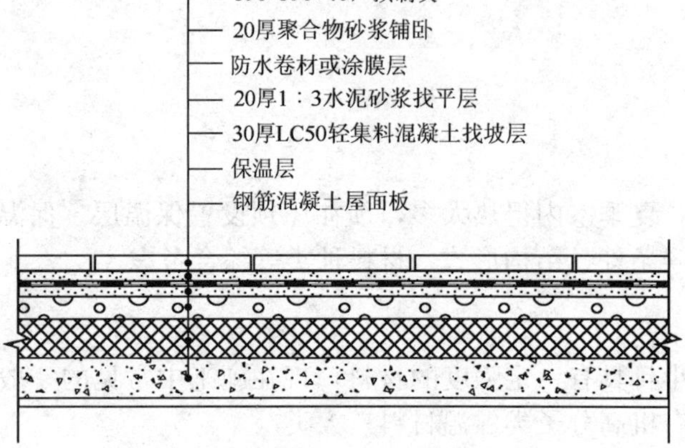

图 9.34　正置式保温屋面构造

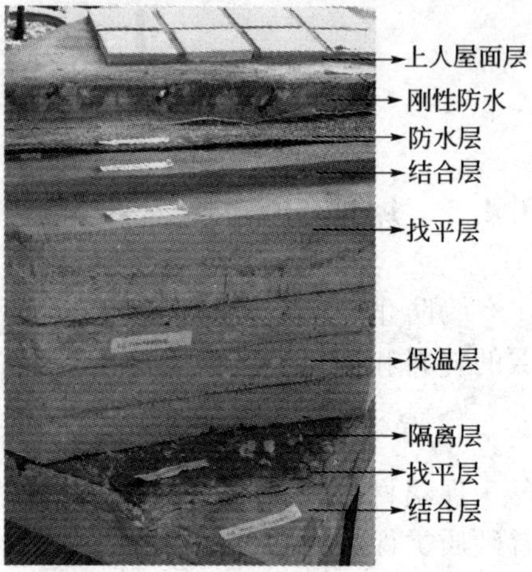

图 9.35　正置式保温屋面示意图

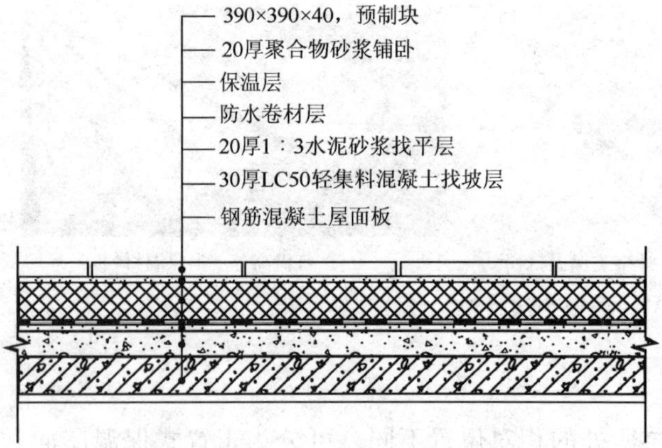

图 9.36　倒置式保温屋面构造

图 9.37　倒置式保温屋面施工

9.4.2　屋顶的隔热和降温

夏季，特别在我国南方炎热地区，太阳的辐射热使得屋顶的温度剧烈升高，影响室内的生活和工作的条件。因此，要求对屋顶进行隔热处理，以降低屋顶的热量对室内的影响。

1. 通风隔热屋顶

在屋顶设置通风的空气间层，使其上层表面遮挡阳光辐射，同时利用风压、热压的作用把层间的热空气不断带走，以减低传至屋面内表面的温度，达到降温隔热的目的。实测表明通风屋顶比实体屋顶的降温效果有显著的提高，但不适宜用在当地风速较小的地区。通风隔热屋顶根据结构层的位置不同分为两类。

1）通风层在结构层之下

通风层在结构层之下，即吊顶棚，檐墙须设一定数量的通风口，使得顶棚内空气能迅速对流。平屋顶、坡屋顶均可采用，如图 9.38 所示。顶棚通风层应有足够的净空高度，一般为 500mm 左右。

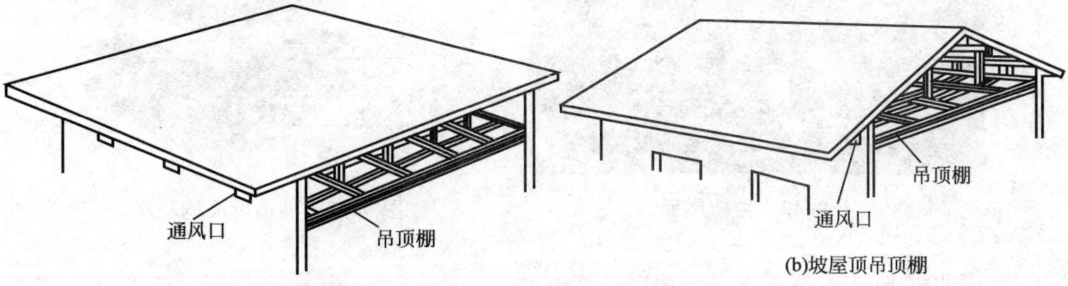

(a)平屋顶吊顶棚　　(b)坡屋顶吊顶棚

图 9.38　通风层在结构层之下的降温屋顶

2）通风层在结构层之上

架空间层设于屋面结构层、防水层之上，架空层中的空气自由流通，将热量源源不断地带走。架空通风层通常用砖、瓦、混凝土等材料制作，平屋顶一般采用预制板块架空搁在防水层上，它对结构层和防水层有保护作用，如图 9.39 所示。

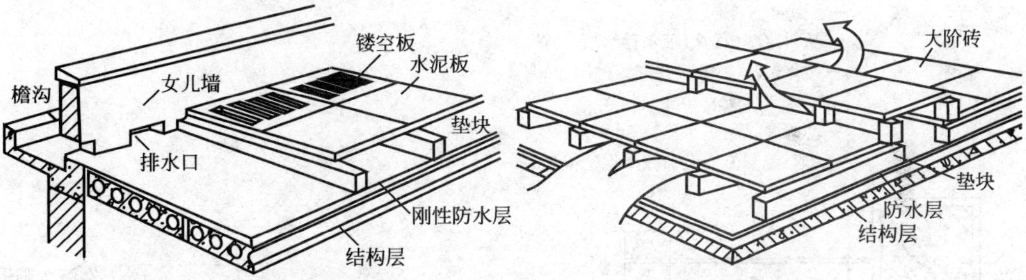

(a)预制水泥板架空隔热层　　(b)大阶砖中间出风口

图 9.39　架空通风屋顶构造

其设计要点为：架空层的净高随屋面宽度和坡度增大而增大，但不宜超过 360mm，否则架空层内风速会变小；其净高一般以 180～240mm 为宜；其周边设一定数量的通风孔。

2．*种植屋面*

种植屋面是在建筑屋面顶板的防水层覆土或铺设锯末、蛭石等松散材料，并种植植物，起到隔热作用的屋面，如图 9.40 所示。

种植屋面的结构层宜采用现浇钢筋混凝土。种植屋面防水层的合理使用年限应≥15 年。应采用两道或两道以上防水层设防，最上道防水层必须采用耐根穿刺防水材料，如图 9.41 和图 9.42 所示。当屋面坡度大于 20％时，其保温隔热层、防水层、排(蓄)水层、种植土层等应采取防滑措施。常年有六级风以上地区的屋面，不宜种植大型乔木。

图 9.40　种植屋面

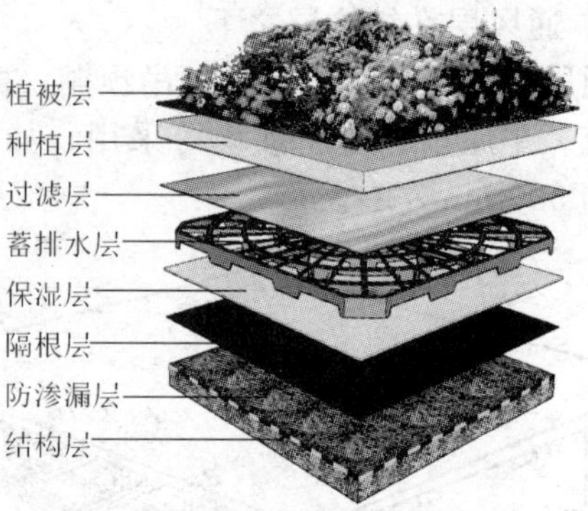

图 9.41　种植屋面构层次

3. 蓄水屋面

屋面上蓄水，由于水的蓄热和蒸发，可大量消耗投射在屋面上的太阳辐射热，这使蓄水后传到屋面上的热量要比太阳辐射热直接作用到屋面上的热量少得多，这对调节室内温度起到很大的作用，如图 9.43 所示。同时蓄水屋面对防水层和屋盖结构起到有效的保护，延缓了防水层的老化。但它要求屋面防水有效和耐久，否则引起渗漏很难修补。蓄水屋面的构造设计主要应解决好以下几方面的问题。

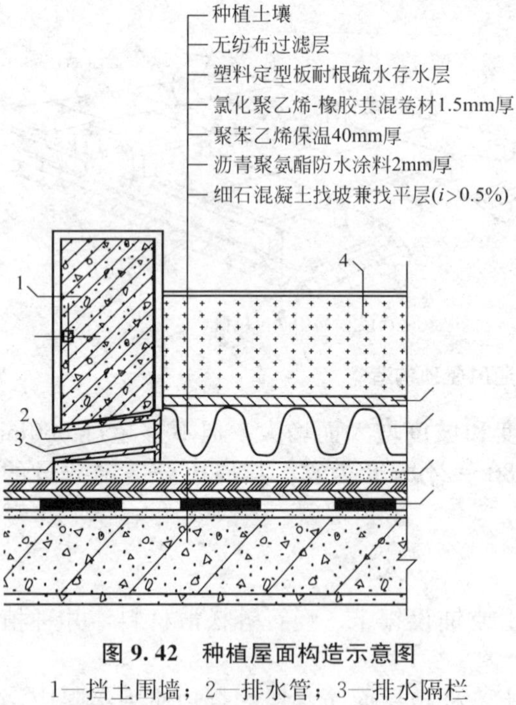

图 9.42　种植屋面构造示意图

1—挡土围墙；2—排水管；3—排水隔栏

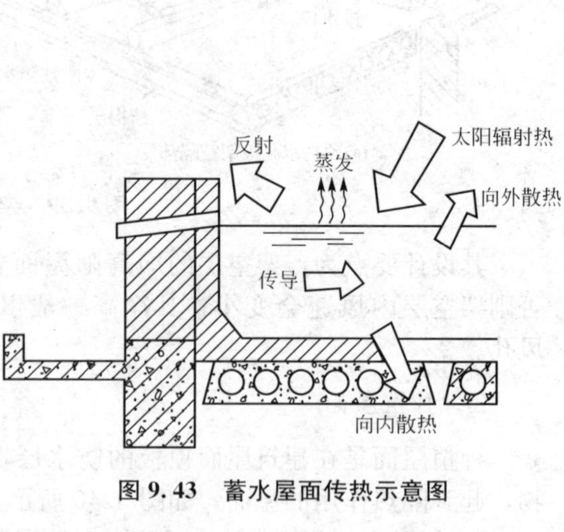

图 9.43　蓄水屋面传热示意图

1）水层深度及屋面坡度

适宜的水层深度为 150～200mm。蓄水屋面的坡度不宜大于 0.5%。

2）防水层的做法

蓄水屋面宜选用刚性细石混凝土防水层或在柔性防水层上面再做刚性细石混凝土防水

层复合，蓄水屋面的分格缝不能过多，一般要放宽间距，分格间距不宜大于 10m。

3）蓄水区的划分

为了便于分区检修和避免水层产生过大的风浪，蓄水屋面应划分为若干蓄水区，每区的边长不宜超过 10m。蓄水区间用混凝土做成分仓壁，壁上留过水孔，如图 9.44(b)所示，使各蓄水区的水层连通，但在变形缝的两侧应设计成互不连通的蓄水区。当蓄水屋面的长度超过 40m 时，应做横向伸缩缝一道。为避免暴雨时蓄水深度过大，应在蓄水池布置若干溢水孔，为便于检修时排除蓄水，应在池壁根部设泄水孔，泄水孔和溢水孔均应与排水檐沟或水落管连通，如图 9.44(c)所示。其实蓄水屋面与普通平屋顶防水屋面不同的就是增加了一壁三孔，所谓一壁是指蓄水池的仓壁，三孔是指溢水孔、泄水孔、过水孔，如图 9.44(a)所示。

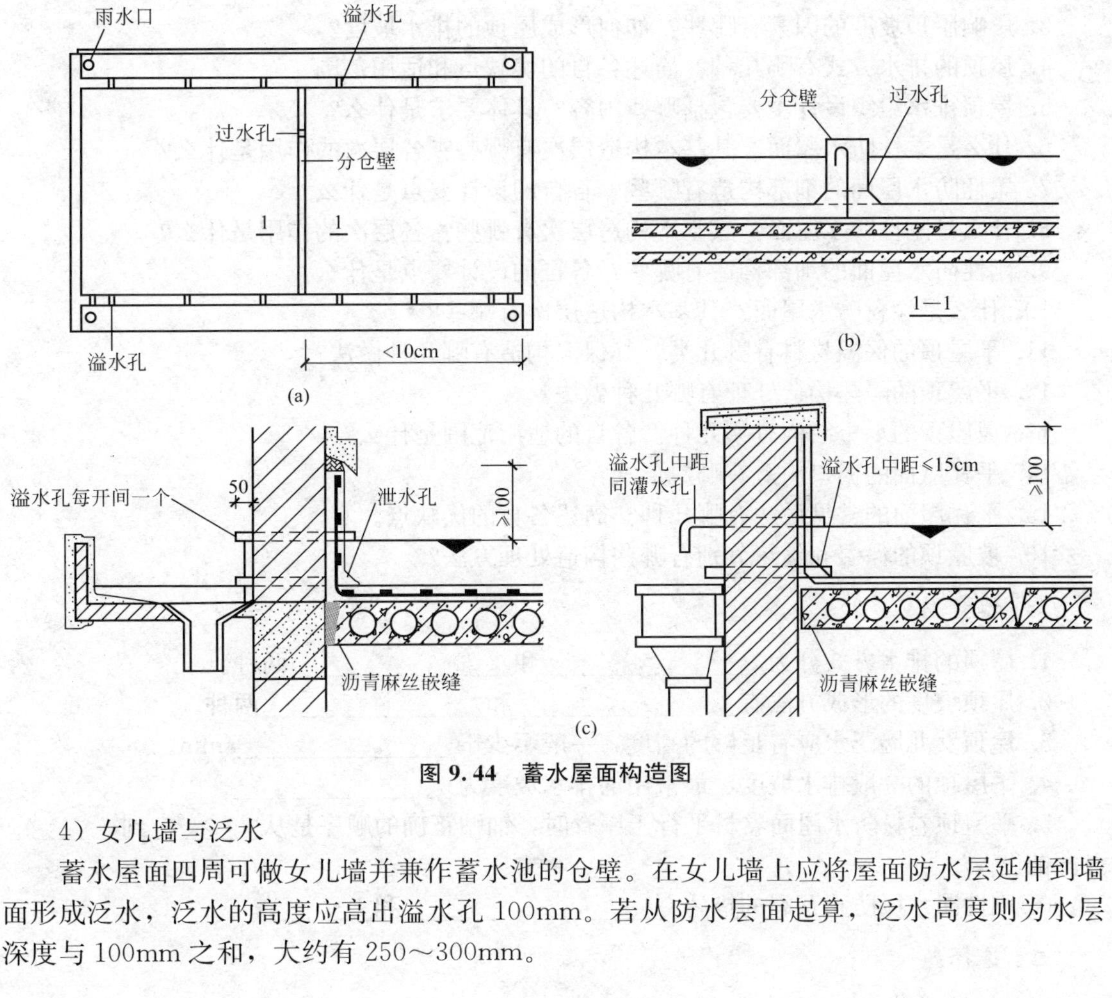

图 9.44 蓄水屋面构造图

4）女儿墙与泛水

蓄水屋面四周可做女儿墙并兼作蓄水池的仓壁。在女儿墙上应将屋面防水层延伸到墙面形成泛水，泛水的高度应高出溢水孔 100mm。若从防水层面起算，泛水高度则为水层深度与 100mm 之和，大约有 250～300mm。

本 章 小 结

本章主要围绕屋顶的一系列功能，讲述相关的屋顶功能的构造体系。关于排水功能，需掌握的要点是排水的方式与组织；防水功能中需掌握防水的种类和基本构造层次。关于保温隔热的功能，需掌握保温的原理和构造方法，了解隔热的常见形式。关于坡屋顶，需了解常见坡屋顶的形式。

习　题

一、简答题

1. 屋顶由哪几部分组成？它们的主要功能是什么？
2. 屋顶设计应满足哪些要求？
3. 影响屋顶坡度的因素有哪些？如何形成屋顶的排水坡度？
4. 屋顶的排水方式有哪几种？简述各自的优缺点和适用范围。
5. 屋顶排水组织设计主要包括哪些内容？具体要求是什么？
6. 什么是柔性防水屋面？其基本构造层次有哪些？各层次的作用是什么？
7. 柔性防水屋面的细部构造有哪些？各自的设计要点是什么？
8. 什么是刚性防水屋面？其基本构造层次有哪些？各层次的作用是什么？
9. 刚性防水屋面的细部构造有哪些？各自的设计要点是什么？
10. 什么是涂料防水屋面？其基本构造层次有哪些？
11. 平屋顶的保温材料有哪几类？其保温构造有哪几种做法？
12. 平屋顶的隔热构造处理有哪几种做法？
13. 坡屋顶的承重结构有哪几种？各自的适用范围是什么？
14. 平瓦屋面的檐口构造有哪些形式？
15. 平瓦屋面的常见做法有哪几种？简述各自的优缺点。
16. 坡屋顶的保温和隔热分别有哪些构造处理方法？

二、填空题

1. 屋顶的排水方式分为________________和________________两种。
2. 屋顶坡度的形成方法有________________和________________两种。
3. 屋顶女儿墙泛水应有足够的高度，一般不少于________________mm。
4. 平屋顶的一般排水坡度、最常用的排水坡度为________________。
5. 平屋顶卷材防水屋面卷材平行于屋脊时，铺贴正确的顺序是从________到________方向铺设。
6. 刚性防水层防止开裂的措施有________、________和________。

三、选择题

1. 下列哪种建筑的屋面应采用有组织排水方式？（　　）
   A. 高度较低的简单建筑　　B. 积灰多的屋面
   C. 有腐蚀介质的屋面　　D. 降雨量较大地区的屋面
2. 下列哪种构造层次不属于不保温屋面？（　　）
   A. 结构层　　B. 找平层　　C. 隔汽层　　D. 保护层

3. 平屋顶卷材防水屋面油毡铺贴正确的是（　　）。
A. 油毡平行于屋脊时，从檐口到屋脊方向铺设
B. 油毡平行于屋脊时，从屋脊到檐口方向铺设
C. 油毡铺设时，应顺常年主导风向铺设
D. 油毡接头处，短边搭接应不小于 70mm

4. 屋面防水中泛水高度最小值为(　　)mm。
A. 150　　B. 200　　C. 250　　D. 300

5. 属于柔性防水屋面构造层次范围的是(　　)。
A. 保护层、防水层、隔汽层、隔热层
B. 保护层、保温层、隔汽层、隔离层
C. 保护层、保温层、混凝土垫层、找平层
D. 找坡层、保温层、隔汽层、防水层

6. 上人屋面构造层次中，隔离层的作用是(　　)。
A. 透气　　B. 排除水蒸气　　C. 保护上人面层　　D. 保护防水层

7. 坡屋顶坡度及平屋顶坡度多用的表示方法为(　　)。
A. 斜率法，百分比法　　B. 角度法，斜率法
C. 百分比法，斜率法　　D. 角度法，百分比法

8. 屋面排水区一般按每个雨水口排除屋面(水平投影)面积(　　)来划分。
A. $100\sim120m^2$　　B. $150\sim200m^2$　　C. $120\sim150m^2$　　D. $200\sim250m^2$

9. 平屋顶采用材料找坡的形式时，垫坡材料不宜用(　　)。
A. 水泥炉渣　　B. 石灰炉渣　　C. 细石混凝土　　D. 膨胀珍珠岩

10. 混凝土刚性防水层面，为减少结构变形对防水层影响，常在防水层与结构层之间设置(　　)。
A. 隔蒸气层　　B. 隔离层　　C. 隔热层　　D. 隔声层

11. 在刚性防水层面中，可用作隔离层的材料是(　　)。
A. 石灰砂浆　　B. 水泥砂浆　　C. 细石混凝土　　D. 混合砂浆

12. 天沟内的纵坡值取(　　)为宜。
A. 2%～3%　　B. 3%～4%　　C. 0.1%～0.3%　　D. 0.5%～1%

四、绘图题

1. 绘制图 9.45 所示屋面的构造层次及泛水做法，标出各层次的名称及构造做法。

条件：(1)屋顶为不上人平屋顶；(2)屋顶采用柔性防水；(3)屋顶设置保温层，不设隔气层；

2. 绘图标明如图 9.46 所示保温上人柔性防水层面的构造层次。

3. 绘出如图 9.47 所示坡屋顶保温防水屋面的构造及挑檐沟构造做法。注明材料层次及必要的尺寸（檐沟尺寸)。

4. 绘图说明柔性防水屋面的构造层次及挑檐沟做法。并注明材料层次及必要的尺寸。

5. 分别绘制刚性防水屋面挑檐沟和女儿墙处的构造做法。

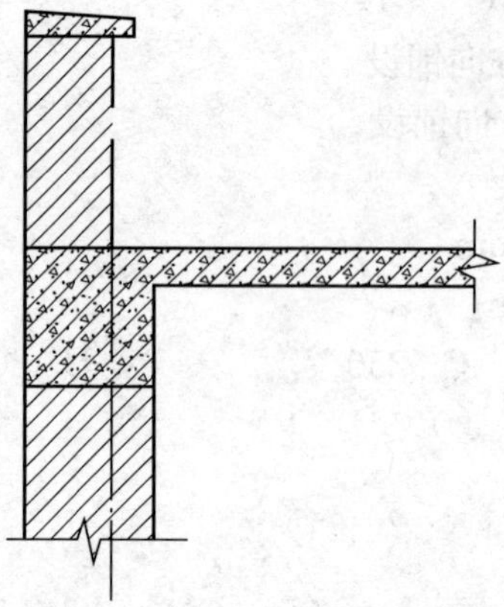

图 9.45　女儿墙泛水屋面示意

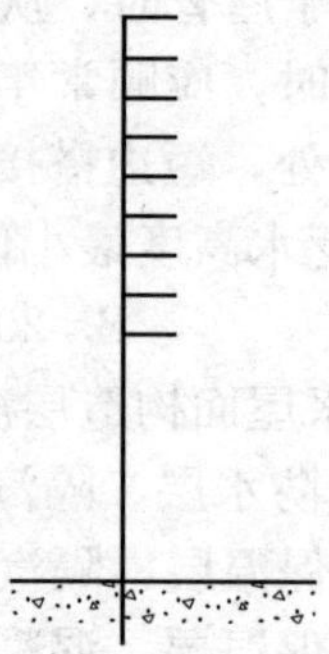

图 9.46　某屋面构造层次

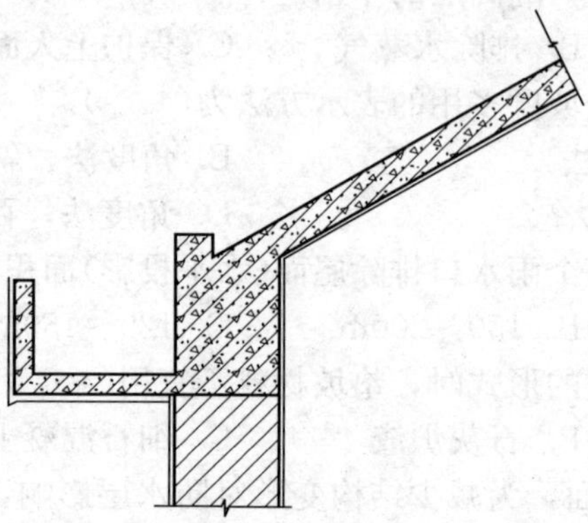

图 9.47　坡屋顶防水屋面挑檐沟构造

第10章 门窗和遮阳构造

教学目标

本章主要讲述门和窗的种类、作用以及基本构造。通过本章学习，应达到以下目标：

(1) 了解门窗按开启方式和材料的分类；

(2) 掌握各种门窗的优缺点及其基本构造；

(3) 了解常见的建筑遮阳形式。

教学要求

知识要点	能力要求	相关知识
门窗的形式与尺度	了解门窗的形式及尺度	(1) 窗的形式与尺度 (2) 门的形式与尺度
木门窗、金属门窗及塑料门窗构造	掌握各种材料门窗的构造	(1) 平开门、平开窗的构造 (2) 金属及塑料门窗构造
遮阳形式	了解基本遮阳形式	各种遮阳措施

基本概念

门窗的功能、门窗的尺度、门窗的开启方式、木门窗、钢门窗、铝合金门窗、塑料门窗、遮阳形式、立口、塞口

引例

老子在《道德经》中说：“埏埴以为器，当其无，有器之用。凿户牖以为室，当其无，有室之用。”意思是：建造房屋开凿门窗，有了门窗、四壁内的空虚部分，才有房屋的作用。

王充在《论衡·别通》中说：“开户内日之光，日光不能照幽，凿窗启牖，以助户明也。”意思是：为了让房屋内有充足的光线，人们已不局限于造天窗，而是开始在四面墙壁上开凿窗子，用以透气纳光，排烟通风。

从以上两段话中可见，在古代居住建筑中，门窗很早就作为一种改善室内环境的装置而得以广泛运用。

10.1 概　　述

门和窗作为围护构件，应能阻止风、霜、雨、雪等的侵蚀，并具有隔声作用。此外，门和窗是建筑外观的一部分，它们对建筑立面处理和室内装饰都有影响。在设计门窗时，应根据有关规范、房屋的使用及建筑外观上的协调统一来决定它们的数量、大小、尺度、位置、开启方式，构造上应保证坚固耐用，开启灵活，关闭严密，便于维修和清洁，尺寸、规格、类型应尽量统一，并符合建筑统一模数制的要求，以适应工业化生产的需要。

10.1.1　窗的类型

1. 固定窗

固定窗是将玻璃直接镶嵌在窗框上，不能开启，不需要窗扇，仅供采光及眺望，不能通风，如图 10.1 所示。

2. 平开窗

平开窗是民用建筑中使用最为广泛的一种，平开窗的窗扇侧边用铰链与窗框连接，水平开启，其构造简单、开关灵活、维修方便，有内开和外开之分，如图 10.1 所示。

3. 悬窗

悬窗按照开启时转动横轴的位置不同，有上悬、中悬和下悬之分，如图 10.1 所示。上悬窗的铰链安装在窗扇的上边，外开的上悬窗防雨通风较好；中悬窗在窗两侧中部装有水平转轴，开启时窗扇上部向内，下部向外，能防止雨雪飘入室内，常用于高窗；下悬窗的铰链装在窗扇的下边，下悬窗一般很少用于外墙，有时用作通风窗，如图 10.1 所示。

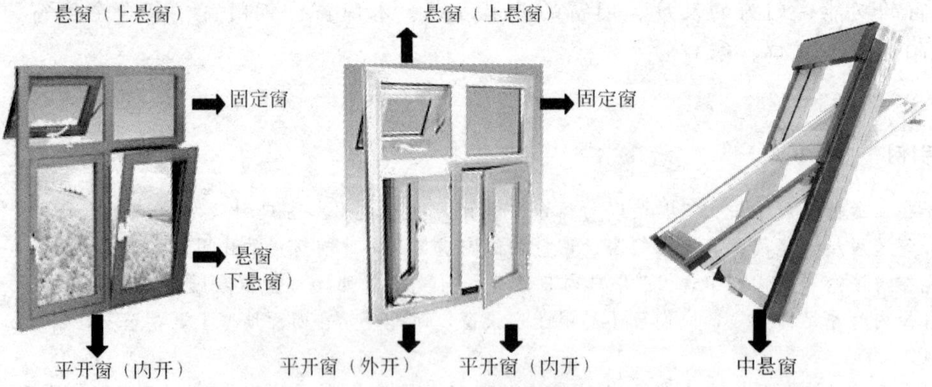

图 10.1　多类型窗的组合

4. 立转窗

立转窗是一种开启时的转动竖轴设于窗扇中心或略偏于窗扇一侧的窗型。立转窗开启方便，通风好，但防雨和密闭性较差，构造复杂，下冒头与窗框接缝处容易向室内渗水，需要采用局部暗裁口的方法，如图 10.2 所示。

图 10.2　立转窗

5. 推拉窗

推拉窗是窗扇沿上、下导轨或滑槽进行推拉，分水平推拉和垂直推拉两种，推拉窗构造较复杂，但开启时不占空间，且由于窗扇的受力比较均匀，可以将窗扇的尺寸做得比较大，有利于室内的采光和眺望，如图 10.3 所示。

(a) 水平推拉窗

(b) 垂直推拉窗

图 10.3　推拉窗

6. 内开内倒窗

内开内倒式窗既可以内开也可以下悬，其开启主要由把手处开关实现，如图 10.4 所示。

图 10.4　内开内倒窗

10.1.2 门的类型

1. 平开门

木门的铰链装于门扇侧面，是建筑中最常用的一种形式。其构造简单、开启灵活、加工制作方便、易于维修。平开门有单扇、双扇之分，以及内开、外开之分。这种门广泛应用于一般房间，如图 10.5 所示。

2. 弹簧门

弹簧门是平开门中的一种特殊形式，其特点是用弹簧铰链代替普通铰链，以使门能够在开启后自动回弹关闭。弹簧门分为单面、双面和地弹簧等类型。单向弹簧门的合页设在门的侧面，单向弹动，常用于有自动关闭要求的房间，如公共卫生间的门。双向弹簧门须用内外双向弹动的弹簧合页或采用设于地面上的地弹簧，多用于出入较频繁和需要自动关闭的门，如各类公共建筑门厅的门等。双向弹簧门应安装透明的大玻璃，以便于出入的人们互相察觉和礼让，如图 10.6 所示。

3. 转门

转门是一种装设在同一竖轴上的三扇或四扇、组合成风车形、在两个弧形门套内旋转的门。可作为人员出入频繁，有空调或寒冷地区公共建筑的外门，但不能作为疏散门，一般在转门两旁另设弹簧门以作疏散等用途，如图 10.7 所示。

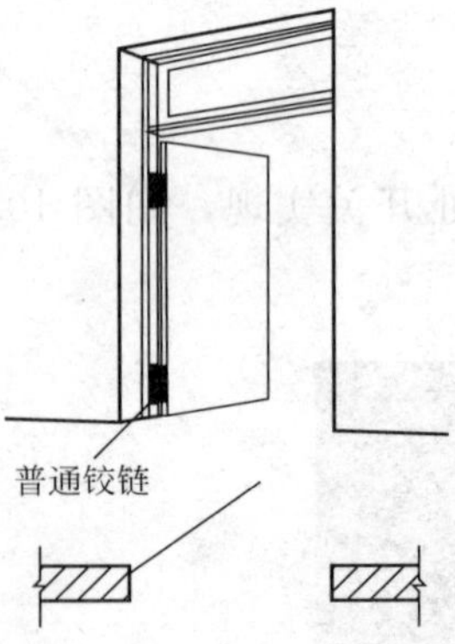

图 10.5　平开门

图 10.6　弹簧门

图 10.7　旋转门

4. 推拉门

推拉门的门扇开关时沿轨道左右滑行，开启时不占空间、受力合理、不易变形，有单扇、双扇推拉门，滑动的门扇或靠在墙的内侧、外侧，或藏于夹层墙内，一般可分为上挂式和下滑式两种，如图 10.8 所示。当门扇高度小于 4m 时多用上挂式，为了保持垂直状态下稳定运行，门下部可设导向装置；当门扇高度大于 4m 时门扇较重，多用下滑式。

5. 折叠门

折叠门适用于宽度较大的洞口，开启时占空间少，构造较复杂，一般可分为侧挂折叠

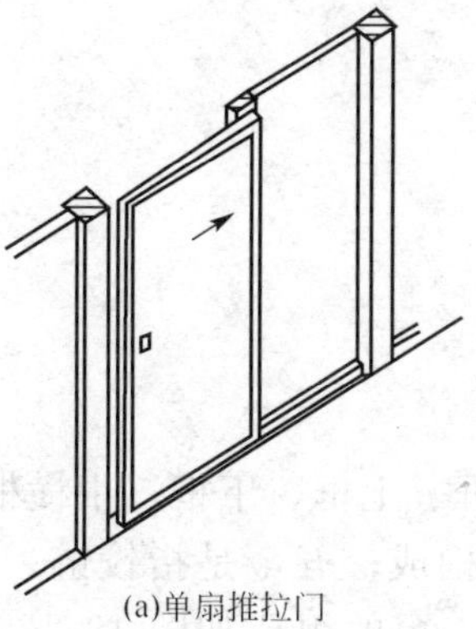

(a)单扇推拉门

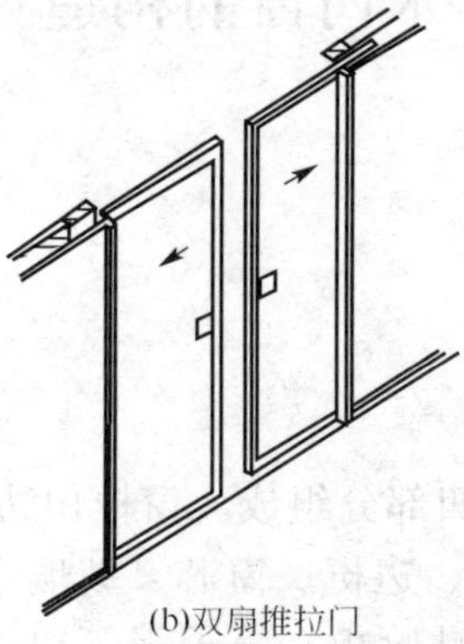

(b)双扇推拉门

(c)实列

图 10.8 推拉门

门和推拉折叠门两种。侧挂折叠门的组成及构造与普通平开门相似，只是门扇间用铰链连接，形成折叠门，如图 10.9 所示。推拉式折叠门与推拉门构造相似，在门顶或门底装设滑轮及导向装置，在门扇间连以铰链，开关时，门扇通过滑轮沿着导向装置移动。开启时，门扇相互折叠在一起，每扇门的宽度一般不大于 600mm。

图 10.9 折叠门

6. 立轴转门

立轴转门是门扇绕其中间的转轴旋转，这种门关闭不严密，如图 10.10 所示。

另外还有卷帘门、升降门等，如图 10.11 和图 10.12 所示。

图 10.10 立轴转门

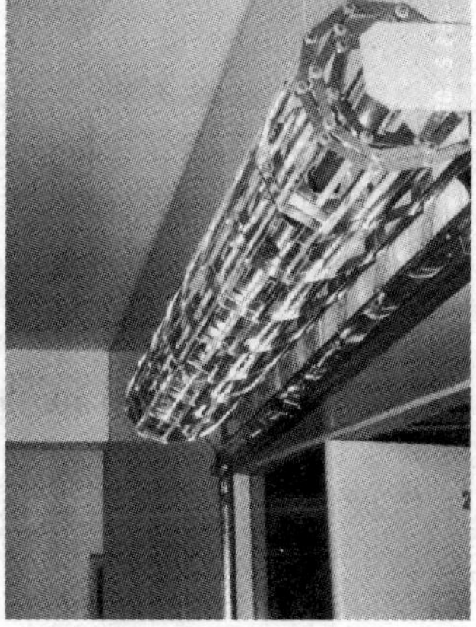

图 10.11 卷帘门

图 10.12 升降门

10.2 木门窗的构造

10.2.1 木窗构造

1. 木窗的组成和一般尺寸

窗由窗框、窗扇、五金零件及附件四部分组成。窗框由边框、上框、下框、中横框、中竖框等构成；窗扇由上冒头、下冒头、边梃、窗芯、玻璃等构成；五金是指铰链、风钩、插销等；附件由窗帘盒、窗台板、贴脸板、筒子板等组成。窗的组成如图 10.13 所示。一般平开窗扇高不宜大于 1500mm，宽不宜大于 600mm。但这不是绝对的，由于各地木材质量和窗扇断面规格而有所不同，应根据具体情况设计和选用。

2. 窗扇

窗扇由上冒头、下冒头、边梃榫接而成，有的中间还用窗芯子(窗棂)分格。下冒头考虑窗扇的变形或加设披水条等原因，断面高度宜大一些，如图 10.14 所示。为安装玻璃，窗扇设玻璃口。

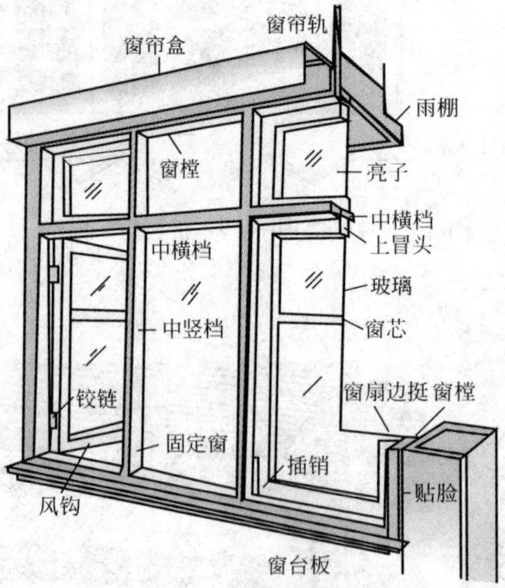

图 10.13 窗的组成

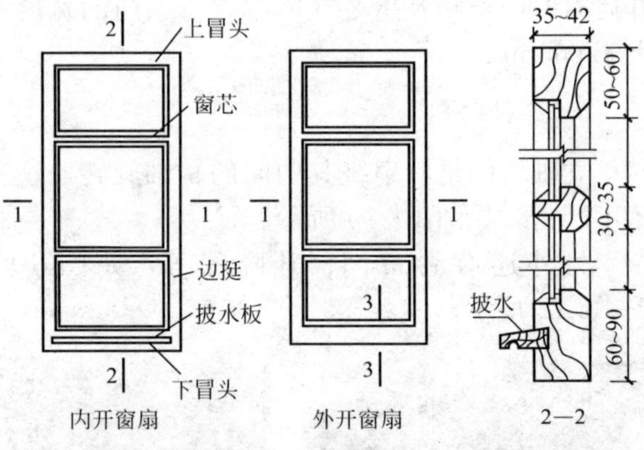

图 10.14 玻璃窗扇构造

玻璃可选择的种类较多，有普通平板玻璃、磨砂玻璃、压花玻璃、夹丝玻璃、钢化玻璃或有机玻璃等。玻璃的安装采用具有良好弹性的玻璃密封膏进行密封。

3. 窗框

窗框的安装与门框一样，分后塞口与先立口两种。窗框与墙身的结合位置，如图 10.15

所示。窗框立于墙中时，应内设窗台板，外设窗台。窗框外平时，靠室内一侧设窗台板。窗框断面设裁口，以便安装窗扇。窗框靠墙侧设灰口。

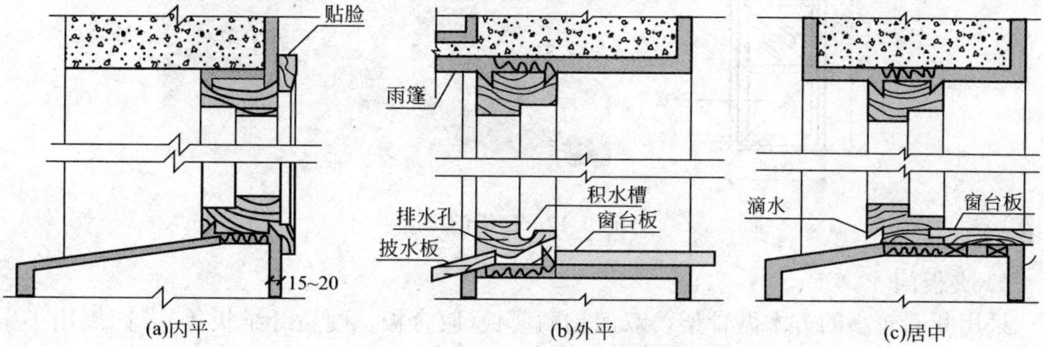

图 10.15 木窗框在墙中的位置

10.2.2 木门的构造

1. 门的组成和一般尺寸

门主要由门框、门扇、亮子、五金零件及其他附件组成，如图 10.16 所示。单扇门宽：一般房间门宽为 900～1000mm；辅助房间(如厕所、贮藏室)门宽为 700～800mm。双扇门宽为 1200～1800mm。2000mm 以上为三扇或四扇。门的高度尺寸不宜超过 2100mm。整樘门的高度超过 2100mm 时，一般采用门上部设亮子的方式进行调整。无亮子门高 2100～2400mm，有亮子的门一般为 2400～2700mm，公共建筑的门厅等处的门可以根据需要做得更高。

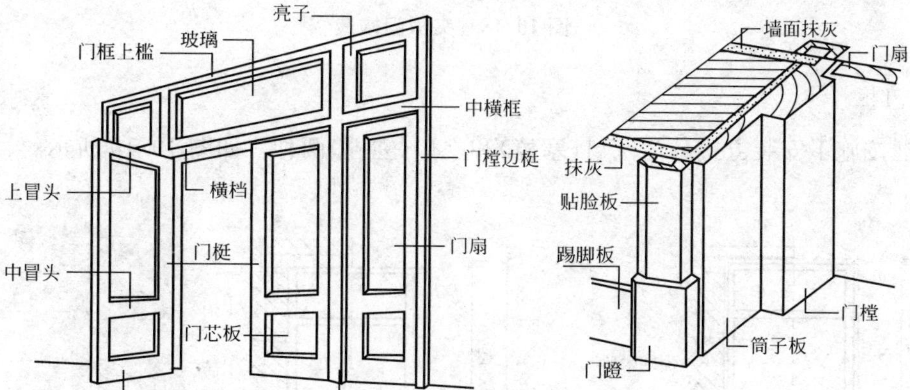

图 10.16 木门的组成

2. 门扇

1) 镶板门

镶板门是最常用的一种门扇形式，由边梃、上冒头、中冒头、下冒头组成骨架，内镶门芯板。其构造简单，制作方便，如图 10.17 所示。

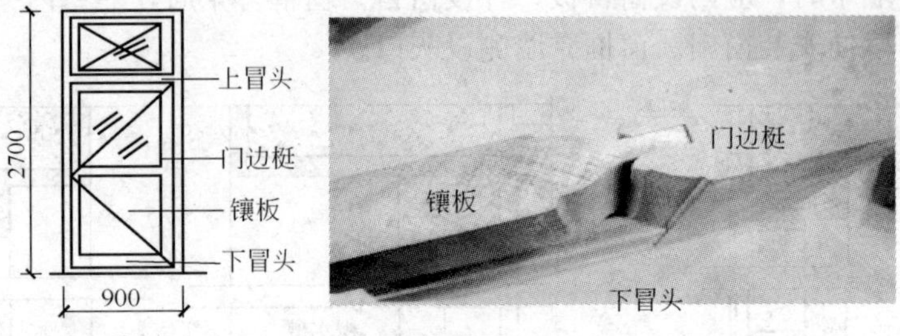

图 10.17　镶板门构造

2）夹板门

采用断面较小的方木做骨架，双面粘贴薄板(胶合板、硬质纤维板等)，四周用小木条镶边。夹板门制作可利用小料、短料，可节省木材，自重轻，外形简洁，便于工业化生产，不宜用作外门，如图 10.18 所示。

另外，门扇还有玻璃门、百叶门以及组合材料门等。

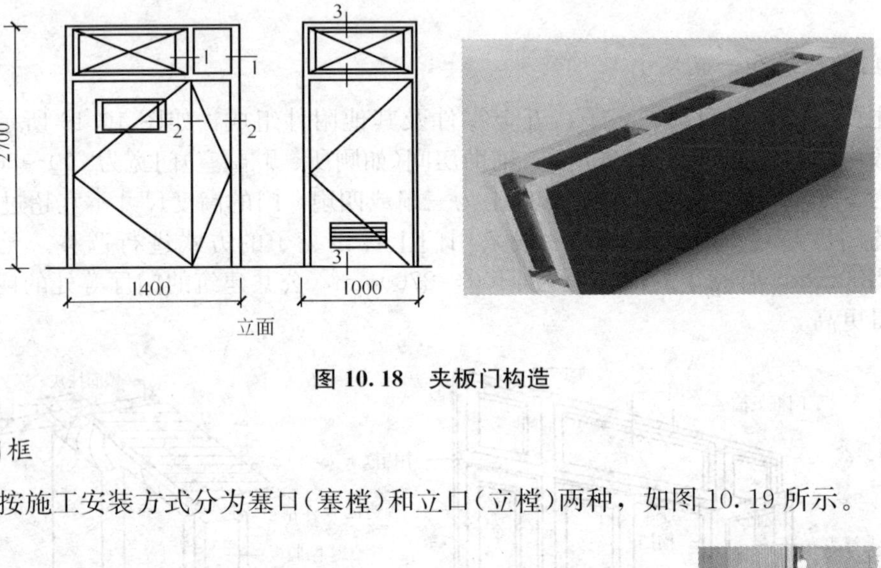

立面

图 10.18　夹板门构造

3. 门框

门框按施工安装方式分为塞口(塞樘)和立口(立樘)两种，如图 10.19 所示。

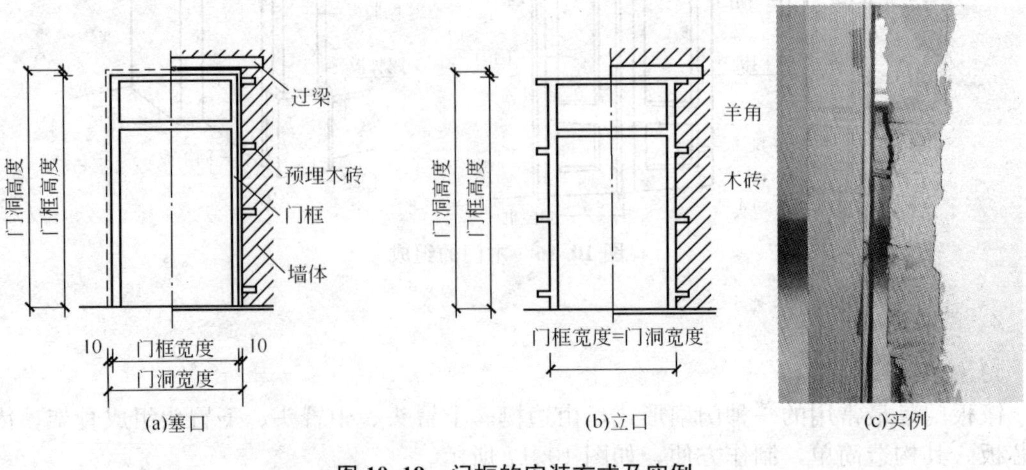

(a)塞口　(b)立口　(c)实例

图 10.19　门框的安装方式及实例

塞樘是指在砌墙时预留出门洞口，以后再安装门框，这样安装门框与砌砖工序互不交叉干扰，是常用的施工方式。门框宽度应比砖墙洞口小 10～20mm，在门洞两侧墙上每 500～700mm 砌入防腐木砖，每侧不少于两块，安装时用圆钉将木框钉在木砖上。塞口的缺点是墙与门框间的缝隙较大，需用沥青麻丝嵌填。

立樘是指在砌砖墙之前用支撑先立起门框，砌砖时使门框与墙紧密结合不留缝隙，同时也需要每隔 500～700mm 砌入防腐木砖，用钉钉牢。立口安装的缺点是砌墙时受门框安装的影响，施工不便，门框易受碰损或产生移位。

门框与墙体的相对位置有外平、内平、立中等情况，如图 10.20 所示。由于门框四周抹灰极易开裂，宜做贴脸板，盖住缝隙。门框断面设裁口，便于安装门扇。减少木门框料靠墙一面因受潮变形，常在木框背后开背槽。

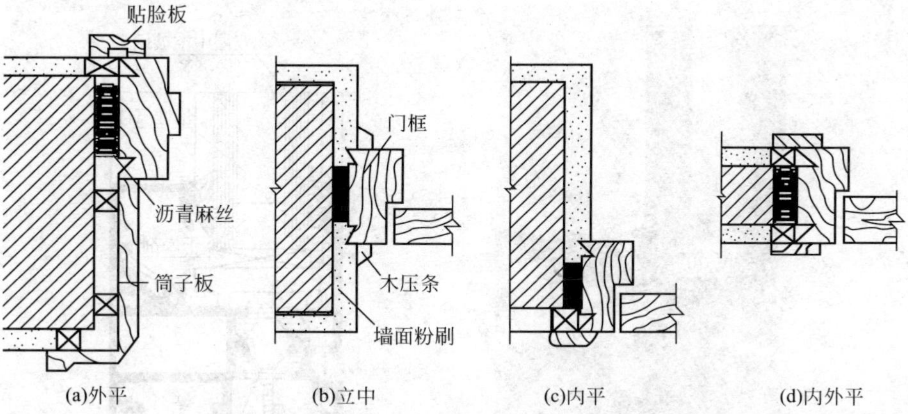

图 10.20 木门框在墙洞中的位置

10.3 金属门窗构造

金属门窗是指用金属型材加工制作框料的门窗，如钢门窗、铝合金门窗、镀锌彩板门窗、不锈钢门窗等。金属门窗大多强度高、精度高，且空腹型材能减轻自重，但一般金属材料易于在空气中氧化，因此表面常需要做特殊处理。同时，由于金属的热传导性好，为了保证室内温度的舒适性，在提高门窗玻璃部分的热阻的同时，也需要注意门窗框的冷热桥的断桥处理。目前主要用浇筑式、插条式、垫片式、复合式等几种方式来切断室内外金属框体的热传导以提高热阻。金属门窗中目前应用较为广泛的主要是铝合金门窗。

铝合金门窗是一种利用变形铝合金挤压成型的薄型结构，随着建筑的发展，铝合金门窗因其用料省、质量轻、密闭性好、耐腐蚀、坚固耐用、色泽美观、维修费用低等特点而得到广泛的应用，为提高铝合金的耐腐蚀性、耐磨性和美观性，一般会在铝合金表面通过阳极氧化、喷涂漆膜、烤瓷镀膜等方式进行处理，形成丰富的质感，如图 10.21 所示。为了提高铝合金门窗的保温隔热性能，常使用断桥铝合金门窗，如图 10.22 所示。

图 10.21　铝合金门窗

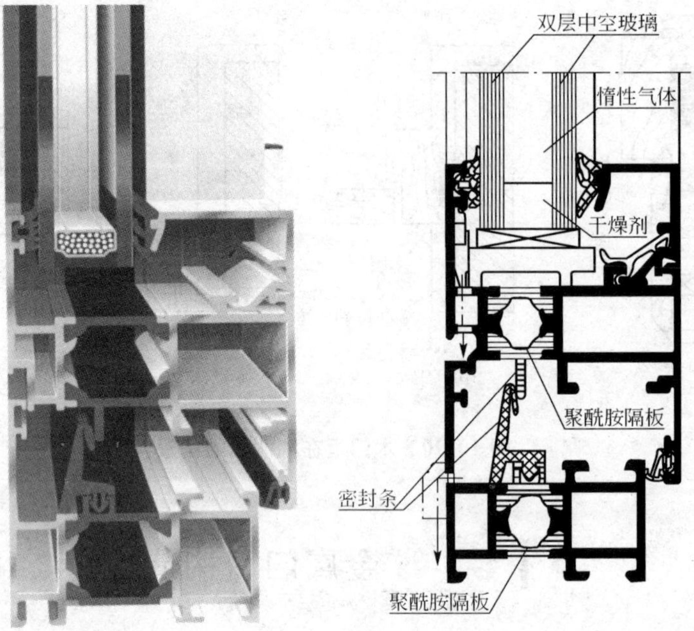

图 10.22　断桥铝合金窗

铝合金门窗安装使用时要特别注意金属的电蚀作用，门窗的固定件和连接件除了铝型材和不锈钢外均应做防腐处理外，还应在与铝材的接触面上加设塑料或橡胶垫片。铝门窗也不能与水泥、混凝土等材料直接接触，以防止碱对金属门窗框的腐蚀。安装时，应采用预留洞口后装法，根据饰面材料的不同，每边预留 20～60mm 的安装间隙，通常的安装做法是先将门窗框在抹灰前立于门窗洞处，与墙内预埋件对正，然后用木楔将三边固定。经检验确定门、窗框的水平和垂直后，用连接件将铝合金框固定在墙(柱、梁)上，连接件固定可采用焊接、膨胀螺栓或射钉方法。铝合金门窗外框与洞口应采用弹性连接牢固的方式，用柔性材料分层填塞，不得将门窗外框直接埋入墙体。为了增强密闭性，外表留 5～8mm 深的槽口用密封膏密封，如图 10.23 所示。铝合金窗安装实例如图 10.24 所示。

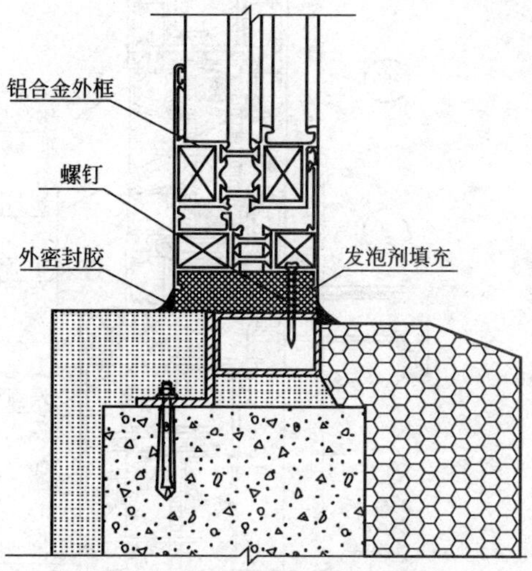

图 10.23 铝合金门窗安装示意图

图 10.24 铝合金窗框安装实例

10.4 塑料门窗构造

1. 常用塑料门窗

塑料门窗系采用添加耐候耐酸性剂的聚氯乙烯为型材原料制成的型材制成的门窗，其具有耐水、抗风、耐腐蚀、保温、抗冲击、耐老化、阻燃、不需涂装等特点。塑料门窗最大的优点是节约木材、不需油漆，隔声、防水、保温的性能较好比铝门窗更经济。樘子与门窗扇之间，以及玻璃的镶嵌均采用专制的密封条，如图 10.25 所示。为了加强樘子和门窗扇框子的刚度，尺寸较大的门窗在空心的断面内需加薄钢板冷轧型钢作为内衬，如图 10.26 所示。

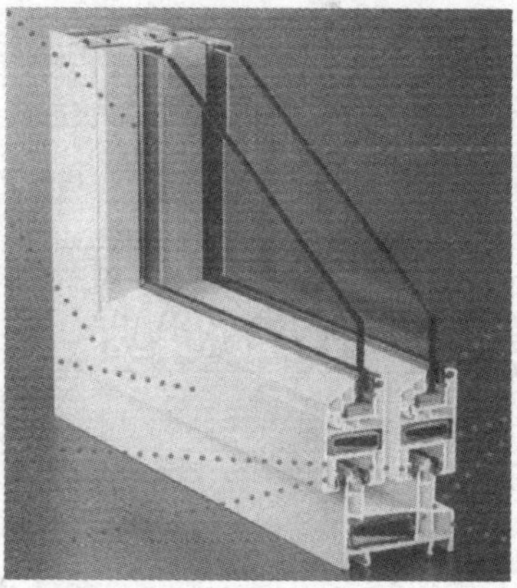

图 10.25 塑钢窗户

2. 塑料窗与墙体的连接

塑料窗与墙体的固定方法，常见的有连接件法、直接固定法和假框法三种。塑料窗安装示意图如图 10 - 27 所示。

(1) 假框法。做一个与塑钢门窗框相配套的镀锌铁金属框，预先将其安装在门窗洞口上，抹灰装修完后再安装塑钢门窗，用自攻螺钉紧固。

(2) 固定件法。门窗框通过固定铁件与墙体连接，先用自攻螺钉将铁件安装在门窗框上，然后将门窗框送入洞口定位。

(3) 直接固定法。即在墙体内预埋木砖，用木螺钉直接穿过门窗型材与木砖连接。

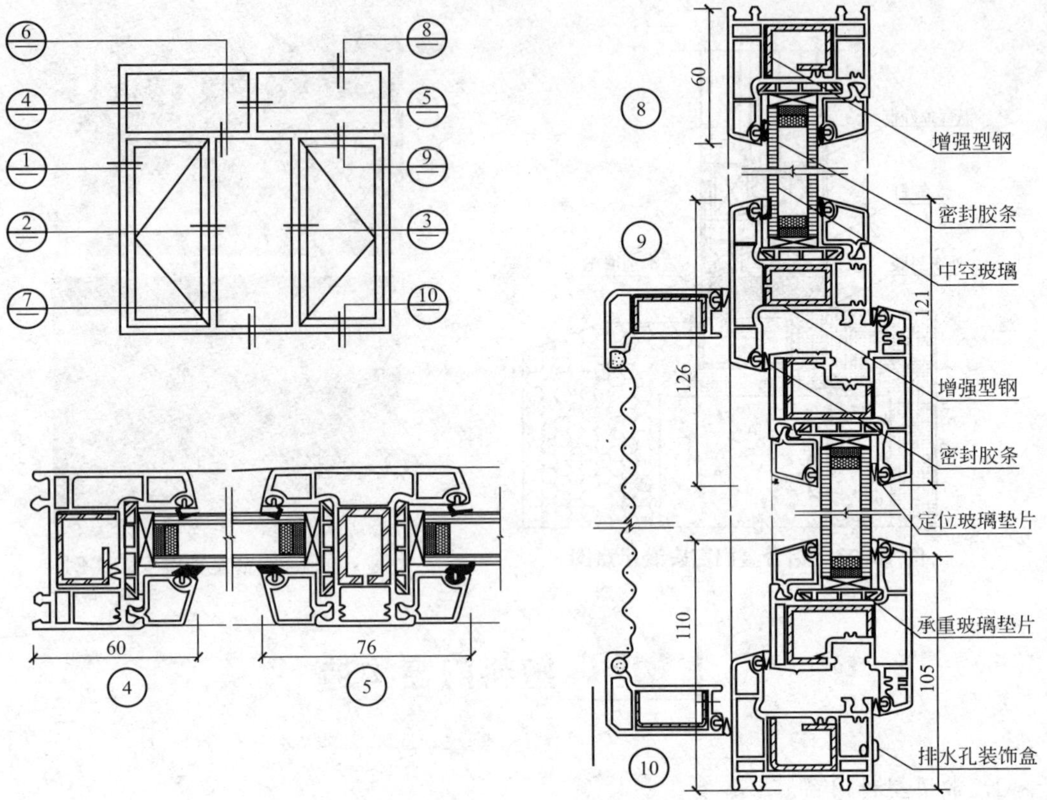

图 10.26 塑料窗详图

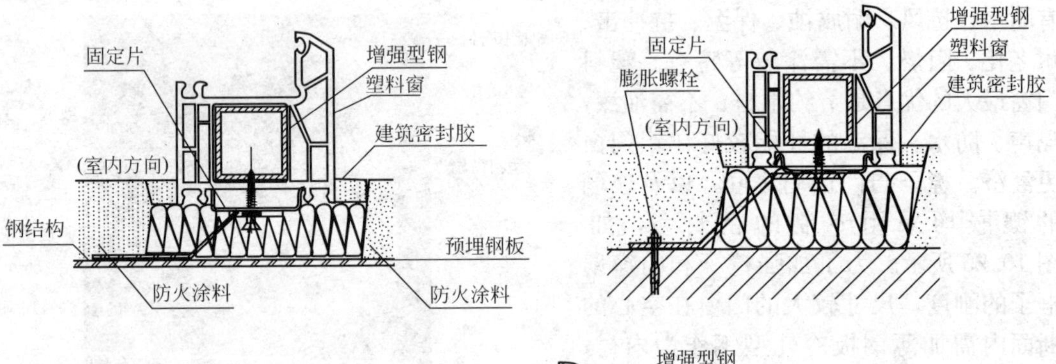

图 10.27 塑料窗安装示意图

10.5 遮阳措施

10.5.1 遮阳作用

在南方炎热地区的夏季，阳光如果直射室内，会使房间局部过热，并产生眩光，严重影响人们的工作和生活。窗户遮阳的作用就是为了避免阳光直射室内，减少进入室内的太阳辐射热量，特别是防止局部过热和眩光的产生，以利保护物品而采取的建筑措施。北方地区以防止西晒为主。

10.5.2 遮阳形式

1. 绿化遮阳

对于低层建筑来说，这是一种既有效又经济美观的遮阳措施，可采取种树和棚架攀缘植物的方式。种树要根据窗口朝向选择和配置树种。棚架攀缘植物可水平和垂直布置。

2. 简易活动遮阳

固定遮阳不可避免地会带来与采光、自然通风、冬季采暖、视野等方面的矛盾。活动遮阳可以让使用者根据环境变化和个人喜欢，自由地控制遮阳系统的工作状况。其经济易行、灵活、可拆卸、对房屋的通风采光有利，缺点是耐久性差。其具体形式有遮阳卷帘、活动百叶遮阳、遮阳篷、遮阳纱幕等，如图 10.28 所示。

图 10.28 活动遮阳

3. 建筑构件遮阳板

结合建筑立面处理和窗过梁设置，用钢筋混凝土构件等做成永久性遮阳板，既美观耐久，又可起挡雨板的作用。但这样会增加造价，处理不好还将影响采光通风。常见的遮阳板基本形式如图 10.29 所示。

1）水平式

能够遮挡高度角较大的，从窗口上方射来的阳光。适用于南向窗口和北回归线以南的低纬度地区的北向窗口。

水平遮阳板由于阳光照射板面后产生辐射热影响室内，可将遮阳板底比窗上口提高

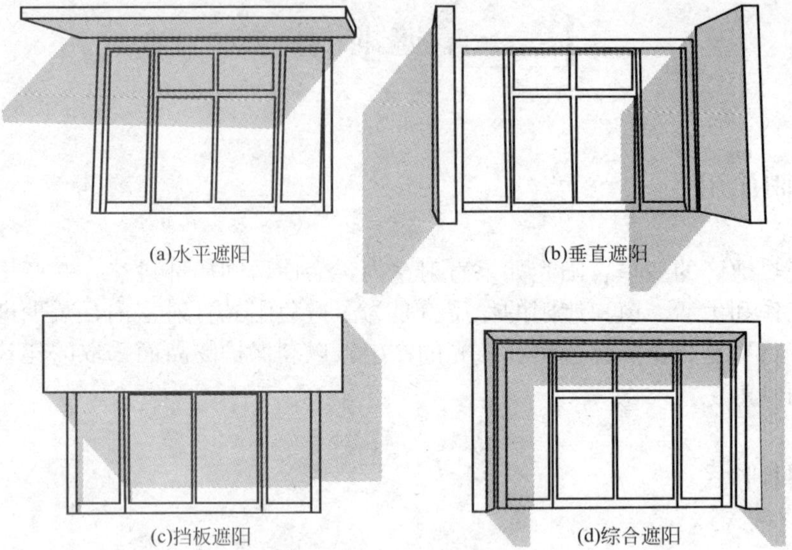

图 10.29　建筑构件遮阳板

200mm 左右，这样当风吹入室内时，还可减少被遮阳板加热的空气进入室内。

为了减轻水平遮阳板的重量和使热随气流上升散发，可做成空格式百叶板，百叶板格片与太阳光线垂直。实心水平遮阳板与墙面交接处需注意防水处理，以免雨水渗入墙内。

当水平遮阳板出挑很大时，可做成两层或多层遮阳板形式，以减少每层遮阳板出挑的距离。当设置多层悬出式水平遮阳板时，需注意留出窗扇开启时所占的空间，以免影响窗户的开启。

2）垂直式

能够遮挡高度角较小的，从窗口两侧斜射来的阳光，适用于偏东、偏西的南或北向窗口。

3）综合式

水平式和垂直式的综合形式，能遮挡窗口上方和左右两侧射来的阳光，适用于南、东南、西南向的窗口以及北回归线以南低纬度地区的北向窗口。

4）挡板式

能够遮挡高度角较小的，正射窗口的阳光，适用于东、西向及其附近窗口。

由于遮阳板是外露构件，对建筑形象影响较大，应结合立面处理，以及构件、施工要求进行设计，使其实用、坚固、美观。

根据以上四种基本形式，可以灵活组合演变成各种遮阳形式，设计时应依据具体条件予以选用，如图 10.30 所示。

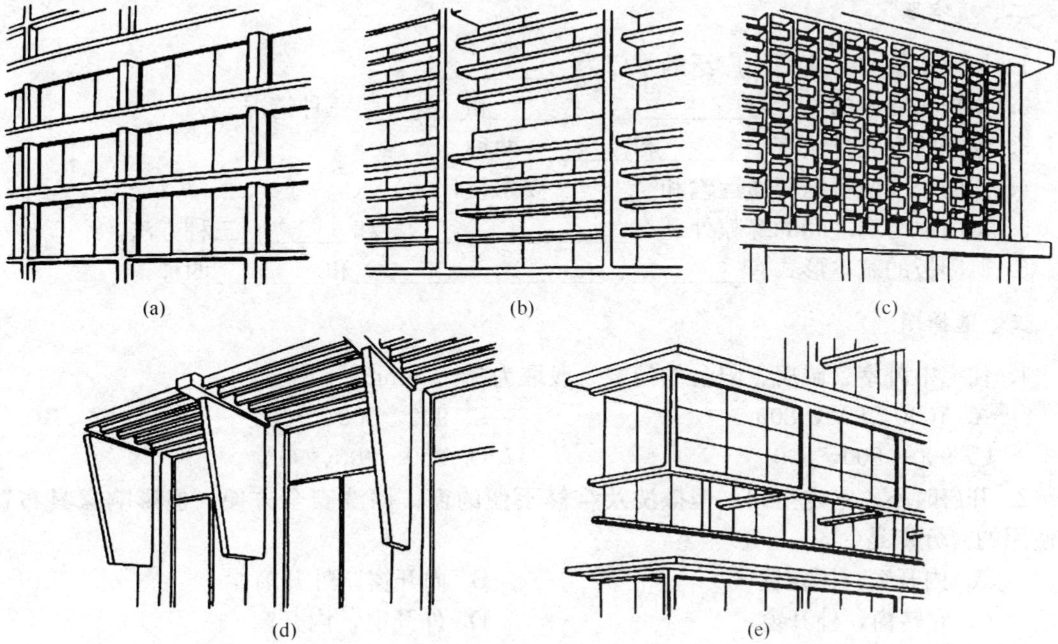

图 10.30 遮阳处理示例

本章小结

本章主要讲述房屋的重要围护结构门和窗，需要重点掌握的是门窗的功能构造体系，要能够理解门窗构造设计的原理，并可以结合理论绘制各种门窗；需要了解的是门窗的形式、尺度以及常见门窗的类型、应用范围，及其优缺点，需要一般了解的是建筑遮阳的常见形式。

习 题

一、简答题

1. 门和窗各有哪几种开启方式？分别说明它们的特点和适用范围。
2. 平开木门、木窗的构造组成是哪些？
3. 木门框与砖墙连接方法有哪几种？
4. 简述夹板门和镶板门门扇的构造组成。用简图表示一种基本做法。
5. 空腹型钢门窗基本形式有几种？什么是组合式钢门窗？
6. 铝合金门窗框与墙体如何连接？
7. 简述塑料门窗的优点。
8. 遮阳的种类有哪些种？窗口构件遮阳的形式有哪些？分别适合何种朝向窗的遮阳？

二、填空题

1. 居住建筑中，使用最广泛的木门为____________。
2. 窗框在墙中的位置有________、________和________三种情况。
3. 窗框的安装方法有________和________两种。
4. 门的尺度应根据交通运输和________要求设计。
5. 木门框与墙之间的缝隙处理有________、________和________三种方法。
6. 遮阳板的基本形式有________、________、________和________四种。

三、选择题

1. 住宅中卧室、厨房、阳台的门宽一般取为(　　)mm。
A. 1000，900，800　　B. 900，800，700
C. 900，800，800　　D. 900，900，900

2. 开启时不占室内空间，但擦洗及维修不便的窗；擦洗安全方便，但影响家具布置和使用的窗分别是(　　)。
A. 内开窗，固定窗　　B. 内开窗，外开窗
C. 立转窗，外开窗　　D. 外开窗，内开窗

3. 木窗的窗扇是由(　　)组成。
A. 上、下冒头，窗芯，边框　　B. 边框，上下框，玻璃
C. 边框，五金零件，玻璃　　D. 亮子，上冒头，下冒头，玻璃

4. 为了减少木门框料靠墙一面因受潮而变形，常在木框背后开(　　)。
A. 背槽　　B. 裁口　　C. 积水槽　　D. 回风槽

5. 平开木门扇的宽度一般不超过(　　)mm。
A. 600　　B. 900　　C. 1100　　D. 1200

6. 西向窗口适合采用哪一种遮阳形式？(　　)
A. 水平式　　B. 垂直式　　C. 挡板式　　D. 综合式

7. 在住宅建筑中无亮子的木门其高度不低于(　　)。
A. 1600mm　　B. 1800mm　　C. 2100mm　　D. 2400mm

8. 居中建筑中，使用最广泛的木门是(　　)。
A. 推拉门　　B. 弹簧门　　C. 转门　　D. 平开门

9. 下列描述中，错误的是(　　)。
A. 塑料门窗有良好的隔热和密封性
B. 塑料门窗变形大，刚度差，大风地区慎用
C. 塑料门窗耐腐蚀，不用涂涂料
D. 塑料门窗保温性比钢窗好

四、填图题

1. 标出如图 10.31 所示平开窗所指的构件名称。

2. 进行如图 10.32 所示窗立面划分设计。要求：合理进行窗立面划分，表明开启方法（至少 2/3 开启）、注明必要尺寸，尽可能符合模数。

3. 如图 10.33 所示为某建筑的对外主要出入口的门洞，试进行门立面划分及组织，

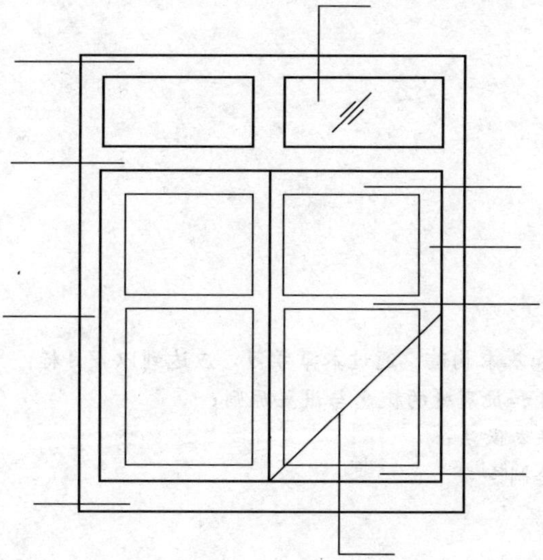

图 10.31　平开窗立面示意图

并注明有关尺寸及门的开启方法。

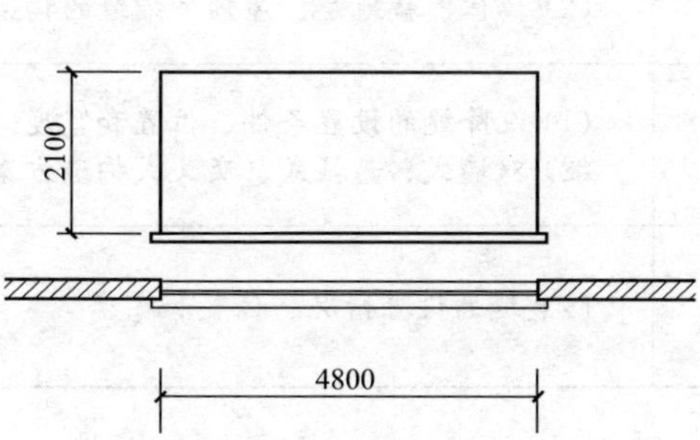

图 10.32　某窗户的示意图

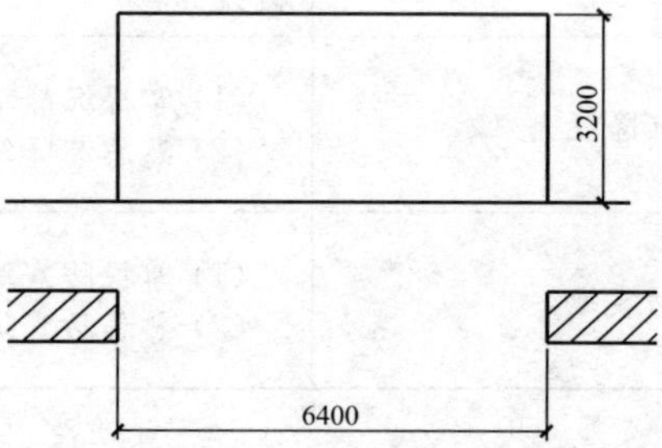

图 10.33　某建筑对外出入口的门洞示意图

第11章
变 形 缝

教学目标

主要讲述变形缝的形式和基本构造。通过本章学习，应达到以下目标：

(1) 掌握伸缩缝、沉降缝和抗震缝的概念与设置原则；

(2) 掌握三种变形缝的基本做法；

(3) 熟悉节点大样图的绘制。

教学要求

知识要点	能力要求	相关知识
伸缩缝	(1) 掌握伸缩缝的设置要求 (2) 掌握伸缩缝的基本构造做法	(1) 伸缩缝的最大间距、位置和宽度 (2) 墙体、楼地层、屋顶伸缩缝的构造
沉降缝	(1) 掌握沉降缝的设置要求 (2) 熟悉沉降缝的构造做法	(1) 沉降缝的设置条件、位置和宽度 (2) 双墙式、悬挑式、交叉式构造方案
防震缝	(1) 掌握防震缝的设置要求 (2) 熟悉防震缝的构造做法	防震缝的设置情况、位置和宽度

基本概念

伸缩缝、沉降缝、防震缝

引例

随着我国经济的发展，各地都出现了体量大、投资多、标准高的工程项目，设计师在单体设计中经常会遇到建筑物长度较长、平面变化较多、结构类型变化较大以及新旧建筑物紧邻等建筑问题，这样的建筑物会由于温度变化、地基不均匀沉降以及地震等因素的影响产生不同方向和数量上的变形，为了防止变形所造成的开裂甚至倒塌，我们应该采用什么样的构造方式解决呢？

当建筑物面积很大，长度很大或各部分高差较大时，因温度变化、地基沉陷及地震影响，结构内将产生附加变形和应力，使建筑物变形、开裂，甚至破坏。故在设计时，应先将建筑物分为几个独立部分，使各部分能够自由变形。这种将建筑物垂直分开的预留缝称为变形缝。

变形缝按其功能分为伸缩缝、沉降缝、防震缝。

11.1 伸缩缝

为了防止建筑构件因温度变化、热胀冷缩使房屋出现裂缝或破坏，在沿建筑物长度方向相隔一定距离须预留垂直缝隙。这种因温度变化而设置的缝叫做温度缝或伸缩缝。

伸缩缝要求从基础顶面开始，将建筑物的墙体、楼板、屋顶全部断开，基础因埋在地下，受温度变化影响较小，不必断开。

11.1.1 伸缩缝的设置

伸缩缝的设置间距与结构所用材料、结构类型、施工方式、建筑所处环境和位置有关。在有关结构规范中，明确规定了砌体结构和钢筋混凝土结构伸缩缝的最大间距，见表11－1和表11－2。

表11－1 砌体结构伸缩缝的最大间距

砌体	屋顶或楼层结构类型		间距
各种砌体	整体式或装配整体式钢筋混凝土结构	有保温层或隔热层的屋顶、楼层	50
		无保温层或隔热层的屋顶	40
	装配式无檩体系钢筋混凝土结构	有保温层或隔热层的屋顶、楼层	60
		无保温层或隔热层的屋顶、楼层	50
	装配式有檩体系钢筋混凝土结构	有保温层或隔热层的屋顶、楼层	75
		无保温层或隔热层的屋顶、楼层	60
黏土砖、空心砖砌体	黏土瓦或石棉瓦屋顶、木屋顶或楼层、砖石屋顶或楼层		100
石砖体			80
硅酸盐块砌体和混凝土块砌体			75

注：① 层高大于5m的砌体结构单层建筑，其伸缩缝间距可按表中数值乘以1.3，但当墙体采用硅酸盐砌块和混凝土砌块砌筑时，不得大于75m。

② 温度较高且变化频繁地区和严寒地区不采暖的建筑物伸缩缝的最大间距，应按表中数值予以适当减少。

表 11-2　钢筋混凝土结构伸缩缝的最大间距

结构类别		室内或土中	露　天
排架结构	装配式	100	70
框架结构	装配式	75	50
	现浇式	55	35
剪力墙结构	装配式	65	40
	现浇式	45	30
挡土墙、地下室墙壁等类结构	装配式	40	30
	现浇式	30	20

注：① 装配整体式结构房屋的伸缩缝间距宜按表中现浇式的数值取用。

② 框架-剪力墙结构或框架-核心筒结构房屋的伸缩缝间距可根据结构的具体布置情况取表中框架结构和剪力墙结构之间的数值。

③ 当屋面无保温或隔热措施时，框架结构、剪力墙结构的伸缩缝间距宜按表中露天栏的数值取用；对排架结构的伸缩缝间距宜适当减小。

④ 柱高低于 8m 的排架结构，宜适当减小伸缩缝间距。

⑤ 材料收缩大、室内结构因施工外露时间较长，宜适当减小伸缩缝间距。

11.1.2　伸缩缝的构造

1. 墙体伸缩缝的构造

伸缩缝的缝宽一般为 20～30mm。根据墙的厚度，可做成平缝、错口缝和企口缝等形式，如图 11.1 所示。

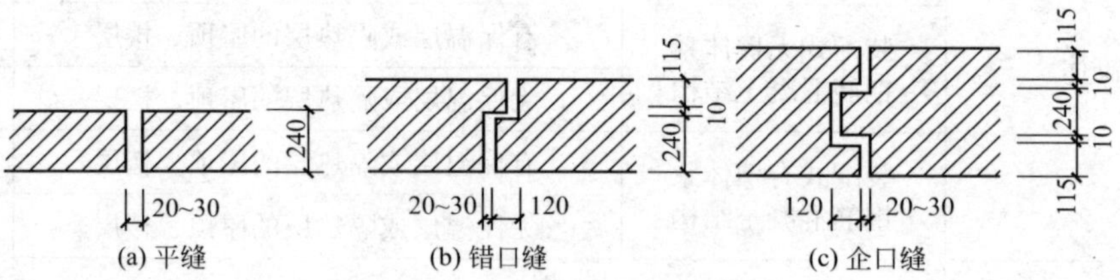

图 11.1　砖墙伸缩缝的截面形式

为避免外界对室内的影响以及考虑到建筑立面处理的需要和室内空间的使用要求，需要对伸缩缝进行嵌缝和盖缝处理，缝内一般填沥青麻丝、油膏、泡沫塑料等防水防潮的有弹性的保温材料。当防水要求较高时，则应在嵌缝材料的外部再嵌以弹性聚氨酯嵌缝膏或硅橡胶嵌缝膏。当缝口较宽时，应用镀锌铁皮、铝皮等金属调节片覆盖，如图 11.2 所示。对内墙和外墙内侧的伸缩缝常用装饰性木质盖缝条遮盖，盖缝板常一侧固定，以保证结构在水平方向的自由伸缩，如图 11.3 所示。

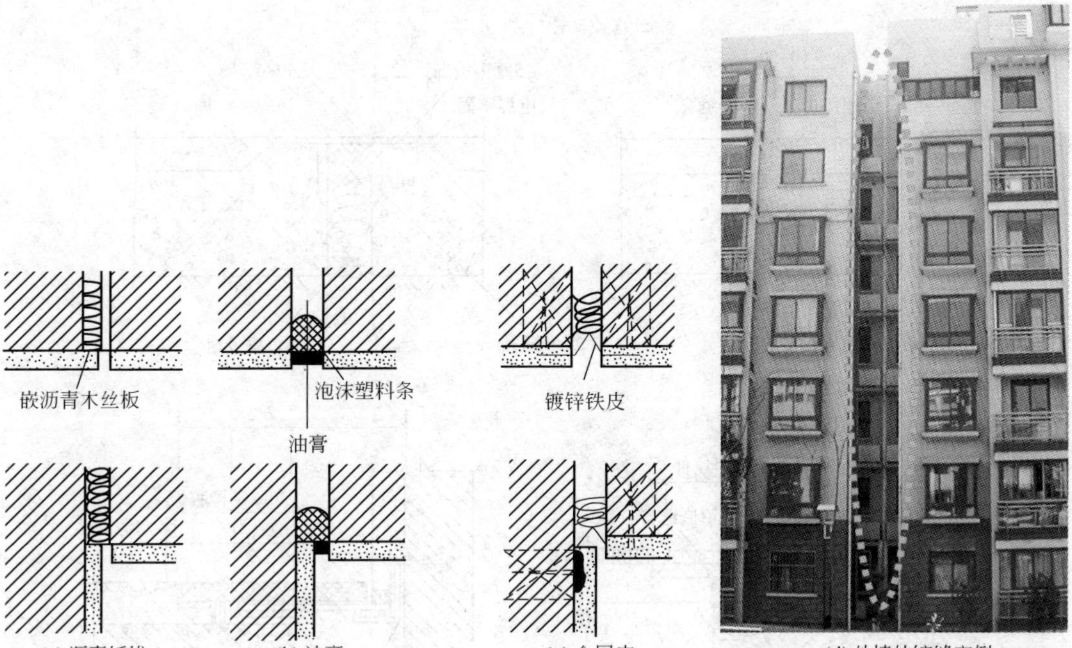

(a) 沥青纤维　(b) 油膏　(c) 金属皮　(d) 外墙伸缩缝实例

图 11.2　外墙伸缩缝的构造

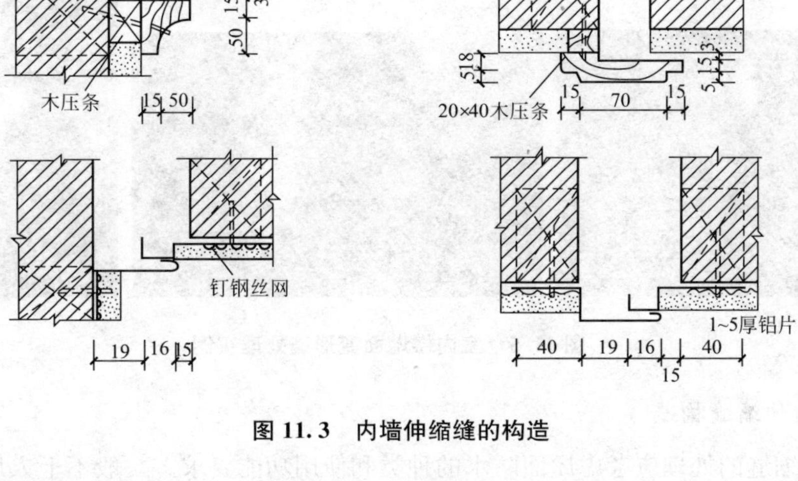

图 11.3　内墙伸缩缝的构造

2. 楼地层伸缩缝构造

楼地板层伸缩缝的处理应满足地面平整、光洁、防滑、防水和防尘的要求。一般常用沥青麻丝、橡胶、金属等弹性材料封缝，上铺活动盖板或橡胶、塑料板等地面材料。顶棚盖缝条只固定一侧，以保证两侧构件自由变形，如图 11.4 所示。楼地面变形缝处理实例如图 11.5 所示。

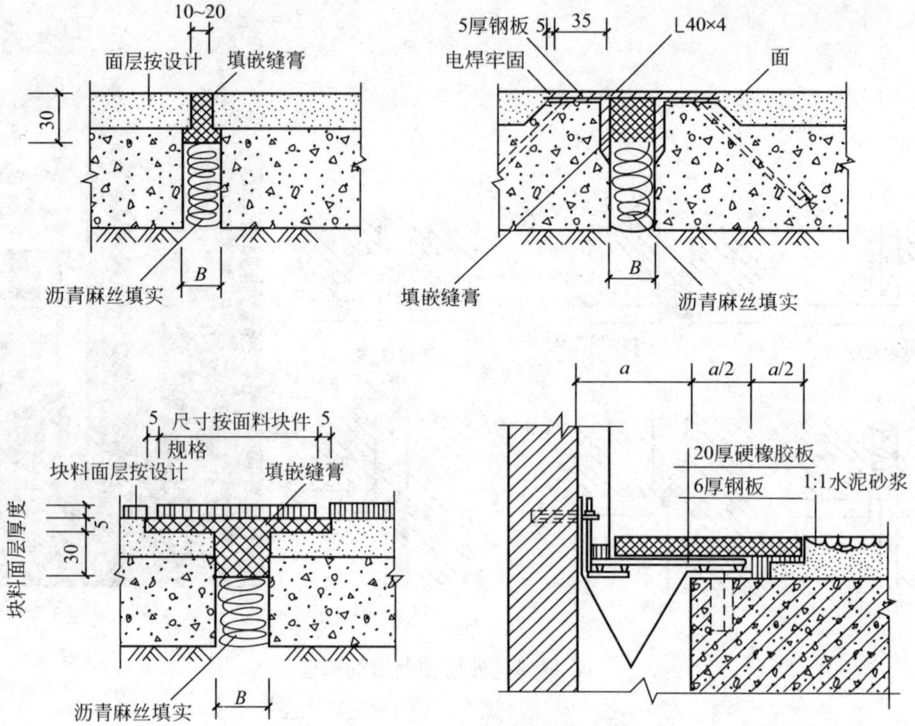

图 11.4　楼地面变形缝的构造

图 11.5　室内楼地面变形缝处理实例

3. *屋顶伸缩缝构造*

屋顶伸缩缝的处理应考虑屋面防水的种类和使用功能要求。一般不上人屋面可在伸缩缝两侧加砌矮墙，做好泛水处理，在盖缝处应保证自由伸缩而不漏水。上人屋面多用油膏嵌缝并做泛水。常见防水屋面伸缩缝构造如图 11.6 和图 11.7 所示。

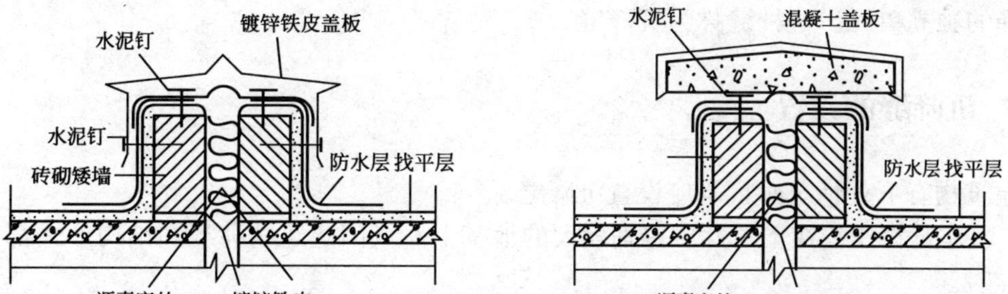

(a) 等高屋面变形缝的构造

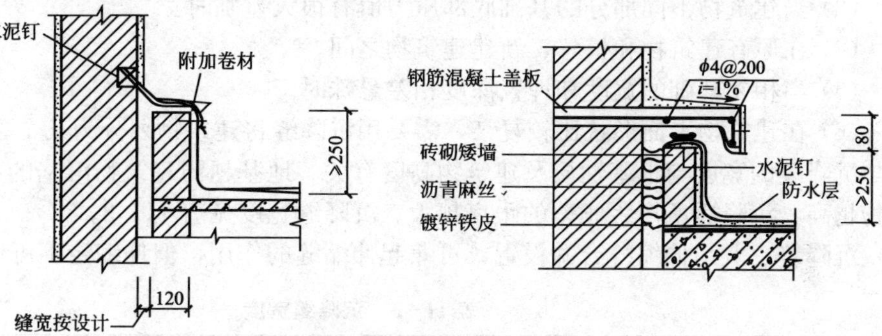

(b) 高低屋面变形缝的构造

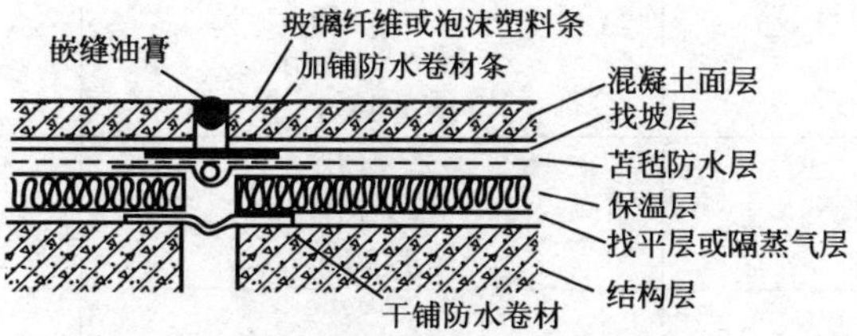

(c) 卷材防水层

图 11.6　卷材防水屋面变形缝的构造

图 11.7　屋面变形缝构造处理实例

11.2 沉　降　缝

为了防止建筑物各部分由于地基不均匀沉降，使建筑物的某些薄弱环节发生错动开裂，在建筑物的某些部位设置从基础到屋面全部断开的垂直预留缝，把建筑物分成几个可自由沉降的独立单元。这种缝称为沉降缝。

11.2.1 沉降缝的设置

当建筑物有下列情况时，均应设置沉降缝。

（1）当建筑物建造在土层性质差别较大的地基上，或因建筑物荷载和结构形式都有较大的差异时。

（2）当建筑物相邻部分的高度相差两层以上或高度差超过 10m 时。

（3）当建筑物不同部分的基础底部压力值有很大差别时。

（4）在原有建筑物和扩建、新建建筑物之间。

（5）当相邻基础的宽度和埋置深度相差悬殊时。

（6）在建筑物平面形状比较复杂，需要用沉降缝将建筑物划分为几个独立部分时。

沉降缝的宽度与地基性质及建筑物高度有关。地基越弱建筑物沉陷的可能性越大，建筑物越高，沉降后所产生倾斜的距离越大。沉降缝宽度见表 11－3。

沉降缝一般与伸缩缝合并设置，可兼起伸缩缝的作用，但伸缩缝不可代替沉降缝。

表 11－3　沉降缝宽度

地基性质	建筑物高度(H)或层数	缝宽/mm
一般地基	H<5m H=5～10m H=10～15m	30 50 70
软弱地基	2～3 层 4～5 层 6 层以上	50～80 80～120 >120
湿陷性黄土地基		≥30～70

11.2.2 沉降缝的构造

1. 墙体沉降缝的构造

墙体沉降缝的构造与伸缩缝构造基本相同，但要求调节片或盖缝板在构造上保证两侧结构在竖向的相对位移不受约束，如图 11.8 和图 11.9 所示。

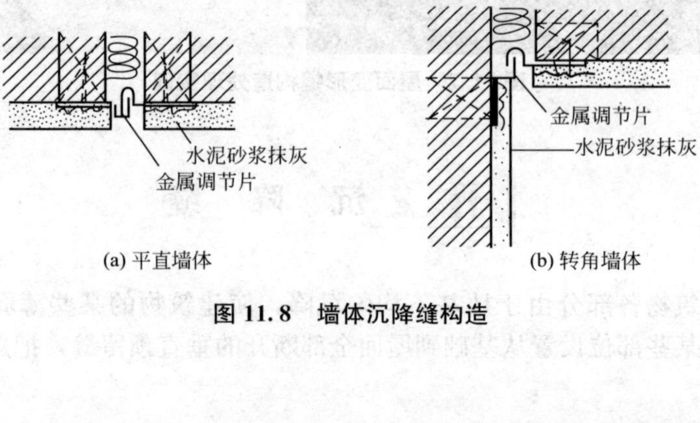

(a) 平直墙体　　(b) 转角墙体

图 11.8　墙体沉降缝构造

(a) 某建筑外观图　　(b) 沉降缝建成前　　(c) 沉降缝建成后

图 11.9　某扩建建筑沉降缝建成前后室内实例

2. 基础沉降缝构造

沉降缝需要沿基础断开，所以基础沉降缝应另行处理，常见的有双墙式和悬挑式两种。

(1) 双墙式方案。在沉降缝两侧都设承重墙，以保证每个独立单元都有纵横墙封闭联结。但基础偏心受力，如图 11.10(a)所示。若采用交叉式基础方案，可改善基础偏心受力，如图 11.10(c)所示。

(2) 悬挑式方案。为了让沉降缝两侧墙身的基础能自由沉降而又互不影响，常用挑梁基础的办法解决。即在沉降缝一侧的墙不做处理，而另一侧的纵墙由悬挑的基础承担。因此，挑梁端上的隔墙尽量用轻质墙，如图 11.10(b)所示。如图 11.11 所示为上海浦东机场采用双柱方案设缝处理。

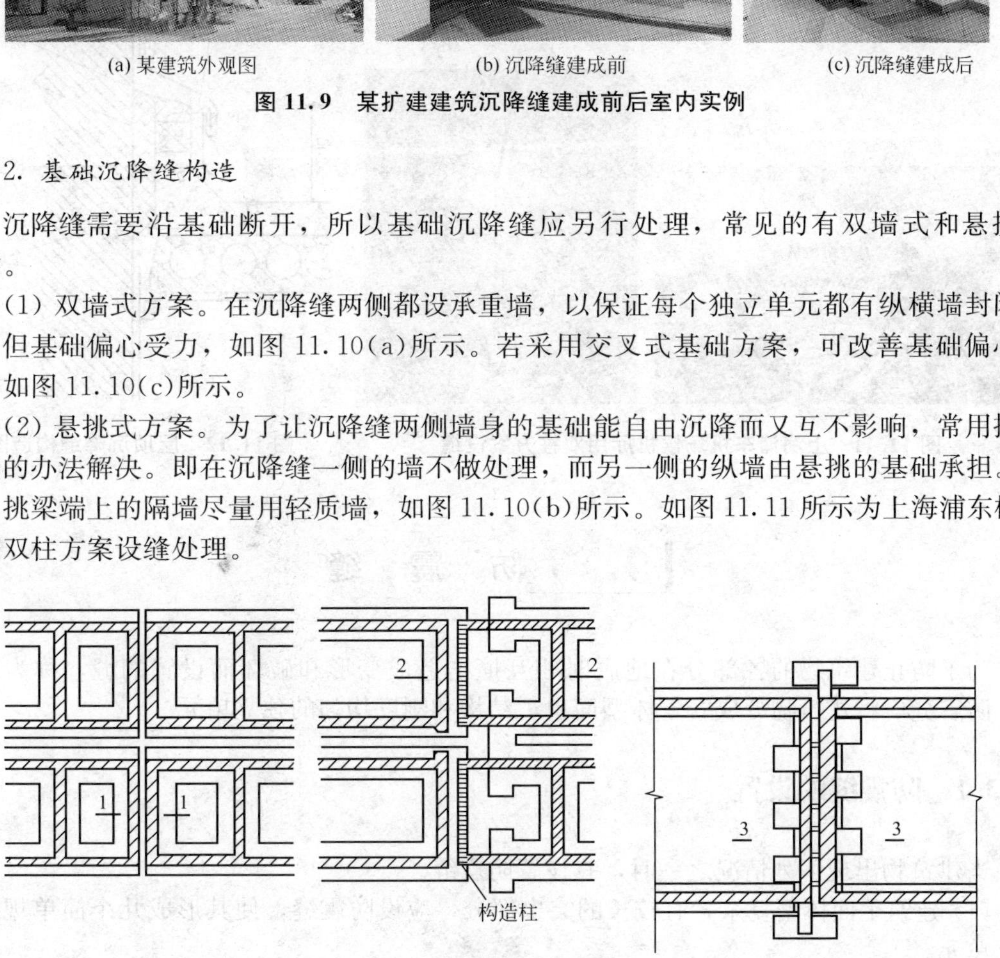

(a) 双墙方案沉降缝　　(b) 悬挑基础方案的沉降缝　　(c) 双墙基础交叉排列方案的沉降缝

图 11.10　基础沉降缝处理示意

3. 屋顶沉降缝的构造

屋顶沉降缝处的泛水金属铁皮或其他构件应满足沉降变形的要求，如图 11.12 所示。

图 11.11 上海浦东机场候机厅用双柱方案设缝

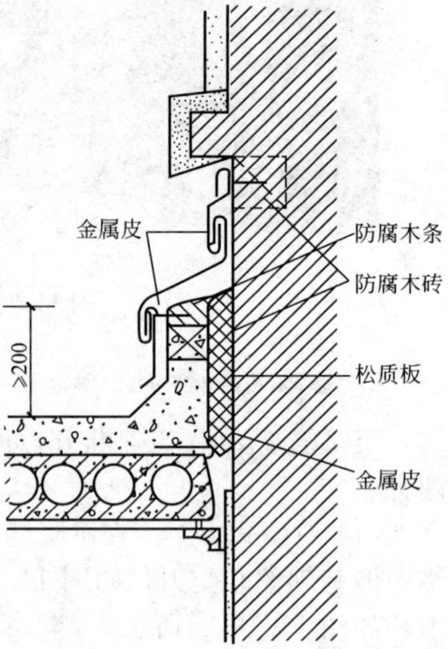

图 11.12 屋顶沉降缝构造图

11.3 防 震 缝

为了防止建筑物的各部分在地震时相互撞击造成变形和破坏而设置的缝，称为防震缝。防震缝应将建筑物分成若干体型简单、结构和刚度均匀的独立单元。

11.3.1 防震缝的设置

当建筑物出现下列情况之一时，宜设置防震缝。

(1) 建筑平面体型复杂，有较长的突出部分，应设防震缝，使其形成几个简单规整的独立单元。

(2) 建筑物立面高差超过 6m，在高度变化处须设防震缝。

(3) 建筑物毗邻部分结构的刚度、自重相差悬殊处，需用防震缝分开。

(4) 建筑物有错层且楼板高差较大时，需在高度变化处设防震缝。

防震缝应沿建筑物竖向全高布置，缝两侧的承重墙或框架柱应成双布置，通常基础可不必分开，但对还必须设置伸缩缝或沉降缝的建筑，则应按两种或三种缝结合起来处理。防震缝的宽度与结构形式、设防烈度、建筑物高度有关。一般多层砌体结构建筑的缝宽为 50～100mm。框架结构房屋的防震缝宽度，当高度不超过 15m 时可采用 70mm；超过 15m 时，6 度、7 度、8 度和 9 度相应每增加高度 5m、4m、3m 和 2m，宜加宽 20mm。框架-抗震墙结构房屋的防震缝宽度可按框架结构房屋防震缝宽度的 70%采用，抗震墙结构房屋防震缝宽度可按框架结构房屋防震缝宽度的50%采用，且均不宜小于70mm。

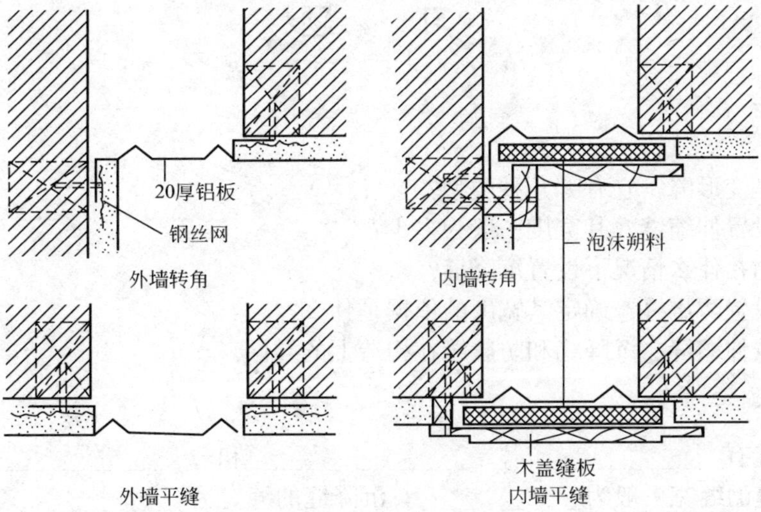

图 11.13 防震缝构造

11.3.2 防震缝的构造

防震缝在墙身、楼层以及屋顶各部分的构造基本上和沉降缝各部分的构造相同，在两个独立单元相连的走道上防震缝可用简支的混凝土盖板或金属盖板盖上，如图11.13所示。

变形缝也可以采用后浇带的做法，如图11.14所示。

图 11.14 后浇带实例

本 章 小 结

本章主要讲述三种变形缝——伸缩缝、沉降缝、防震缝的概念、设置原则以及主要位置的变形缝构造做法。

本章的重点是三种变形缝的概念、设置原则以及常见的构造做法。

习　　题

一、简答题

1. 什么是变形缝？它有哪几种类型？
2. 何时设置伸缩缝？其宽度一般为多少？
3. 建筑物在什么情况下设置沉降缝？
4. 何时设置防震缝？确定其宽度的依据是什么？
5. 试比较伸缩缝、沉降缝和防震缝在构造上的异同。

二、填空题

1. 变形缝有________________、________________和________________三种形式。

2. 伸缩缝的缝宽一般为____________；沉降缝的缝宽为____________；防震缝的缝宽一般取____________。

3. 伸缩缝是为防止________而设置的，其要求________必须断开，而基础________。

4. 沉降缝是应对________________而设置的，要求________必须断开。

5. 抗震缝是应对________而设置的，其要求________必须断开，而基础________。

三、选择题

1. 温度缝又称伸缩缝，是将建筑物(　　)分开。
   ①地基与基础　②墙体　③楼板　④楼梯　⑤屋顶
   A. ①②③　　B. ①③⑤　　C. ②③④　　D. ②③⑤
2. 现浇式钢筋混凝土框架结构设置伸缩缝的最大间距是(　　)。
   A. 50m　　B. 55m　　C. 35m　　D. 40m
3. 伸缩缝是为了预防(　　)对建筑物的不利影响而设置的。
   A. 温度变化　　B. 地基不均匀沉降
   C. 地震　　D. 建筑平面过于复杂
4. 关于变形逢的构造做法，下列哪种是正确的？(　　)
   A. 当建筑物的长度超过一定限度时，要设沉降缝
   B. 在沉降缝处应将基础以上的墙体、楼板全部分开，基础可不分开
   C. 当建筑物竖向高度相差悬殊时，应设伸缩缝
   D. 在伸缩缝处应将基础以上的墙体、楼板全部分开，基础可不分开

四、绘图题

1. 完成如图 11.15 所示的外墙面沉降缝构造处理。
2. 完成如图 11.16 所示构造设计(内外墙伸缩缝处理)。
3. 完成如图 11.17 所示高低屋面处泛水构造处理(柔性防水屋面留变形缝)。
4. 完成如图 11.18 所示的不上人屋面泛水构造。

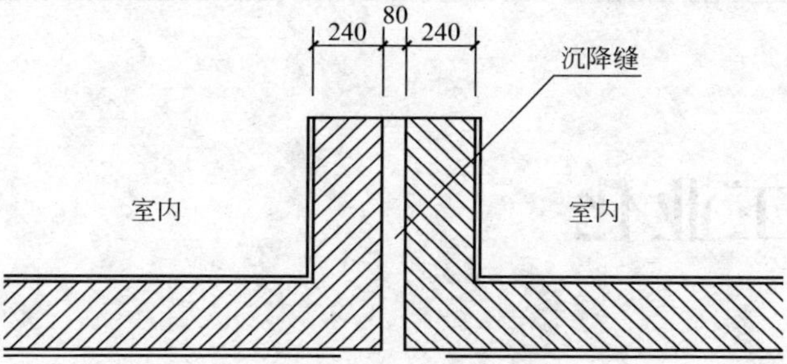

图 11.15　某外墙面构造

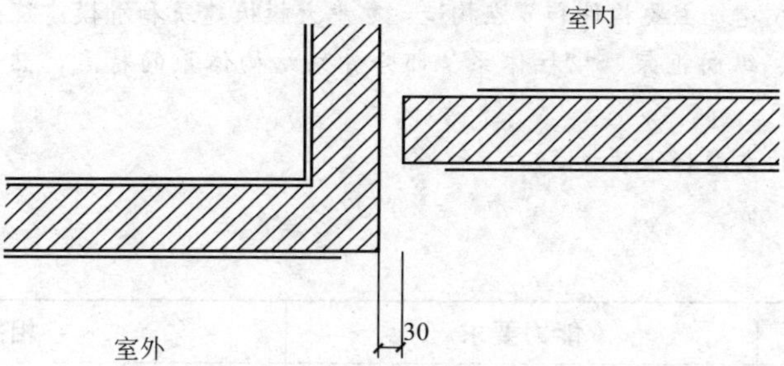

图 11.16　内墙外墙伸缩缝处理

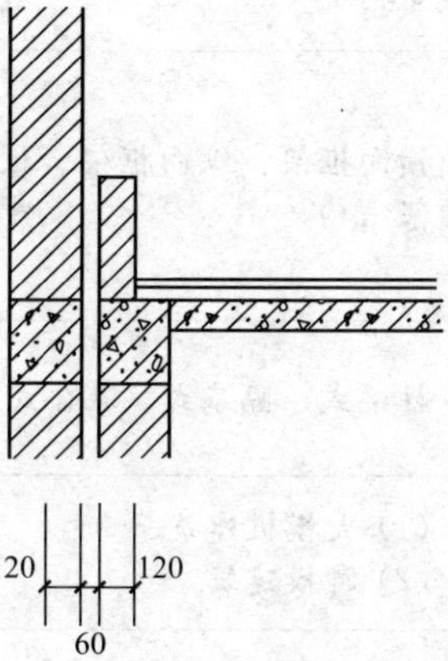

图 11.17　高低屋面处泛水构造

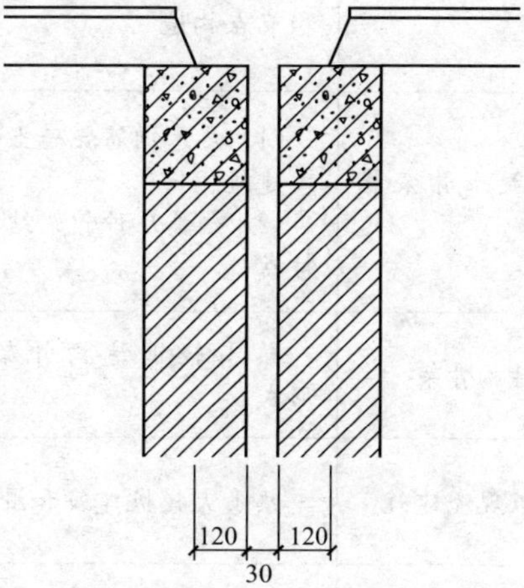

图 11.18　屋面伸缩缝泛水构造

第12章 民用建筑工业化

教学目标

主要讲述建筑工业化的类型和基本构造原理、方法。通过本章学习，应达到以下目标：

(1) 熟悉板材装配式建筑主要构件和节点构造，熟悉大模板建筑和滑模建筑；

(2) 熟悉横向框架、纵向框架、板柱体系、部分骨架结构体系的特点，熟悉轻钢结构骨架的常见形式；

(3) 了解盒子建筑的类型和组装方式。

教学要求

知识要点	能力要求	相关知识
板材装配式建筑	(1) 了解何为大板建筑 (2) 熟悉大板建筑的主要构件和节点构造	(1) 外墙板、内墙板、隔墙板、屋面板、楼面板等 (2) 墙板之间、墙板与楼板、接缝处防水等构造要点
钢筋混凝土骨架装配式建筑	(1) 熟悉钢筋混凝土骨架装配式建筑 (2) 熟悉几种骨架结构体系的特点	横向框架、纵向框架、板柱体系、部分骨架结构
轻型钢结构骨架	熟悉轻钢结构骨架的常见形式	柱梁式、隔扇式、混合式、盒子式
工具模板现浇建筑	熟悉大模板建筑和滑模建筑	(1) 大模板建筑 (2) 滑模建筑
盒子建筑	了解盒子建筑的类型和组装方式	盒子建筑组装类型

基本概念

板材装配建筑、骨架装配式建筑、轻型钢结构骨架、工具模板现浇建筑、盒子建筑

引例

热火朝天的施工场面，常常伴随着尘土飞扬。据环保部门数据显示，建筑工地的施工扬尘，是城市

空气污染物的重要组成部分。目前，国内的建筑业依然还是以粗放型发展方式为主，浪费非常严重，大量现场湿作业的传统生产方式存在着能耗高、资源消耗大、质量和安全问题多、建筑劳动力成本升高且资源短缺、建筑业科技含量及生产效率低等问题。建筑工业化是解决这些问题的出路之一，未来，要实现在工厂里生产建筑构件，工地上像搭积木一样盖房子！

12.1 概　　述

12.1.1 建筑工业化的含义和意义

建筑工业化是通过现代化的制造、运输、安装和科学管理的大工业生产方式，来代替传统的、分散的手工业生产方式。实行建筑工业化的意义在于能够加快建设速度，降低劳动强度，减少人工消耗，提高施工质量，彻底改变建筑业的落后状态。

建筑工业化的基本特征主要表现在设计标准化、构件工厂化、施工机械化、管理科学化四点上。设计标准化是建筑工业化的前提条件，它主要是将房屋的主要构配件按模数设计，批量生产；构件工厂化是建立完整的预制加工企业，形成施工现场的技术后方，提高施工速度；施工机械化是建筑工业化的核心；管理科学化是实现建筑工业化的保证，只有以科学的管理组织来协调，工业化生产才能避免混乱。

12.1.2 实现建筑工业化的途径

1. 预制装配式建筑

预制装配式建筑是建造房屋时的构配件制品，如同工厂制造的产品一样，用工业化方法生产，然后运到现场进行安装。装配式建筑的主要优点是：生产效率高，构件质量好，受季节影响小。一般是在固定的工厂预制，也有在工地现场流动制作的。其缺点是生产基地一次性投资大，在建筑量不稳定的情况下，预制厂的生产能力不能充分发挥。

这种途径包括的建筑类型有：砌块建筑、大板建筑、框架建筑、盒子建筑。

2. 工具式模板现浇与预制相结合建筑

这类建筑中的主要承重构件，如墙和楼板，采用大块模板、台模、滑升模板等现场浇注，而一些自承重构件仍采用预制方法。这种方法的优点：结构整体性好，适应性大，运输费用省，可以组织大面积的流水施工，生产基地的一次性投资少。

这种途径包括的建筑类型有：大模建筑、滑模建筑和升板升层建筑等。

12.2 板材装配式建筑

板材装配式建筑按规模，分中型板材建筑和大型板材建筑两种，如图 12.1 所示。

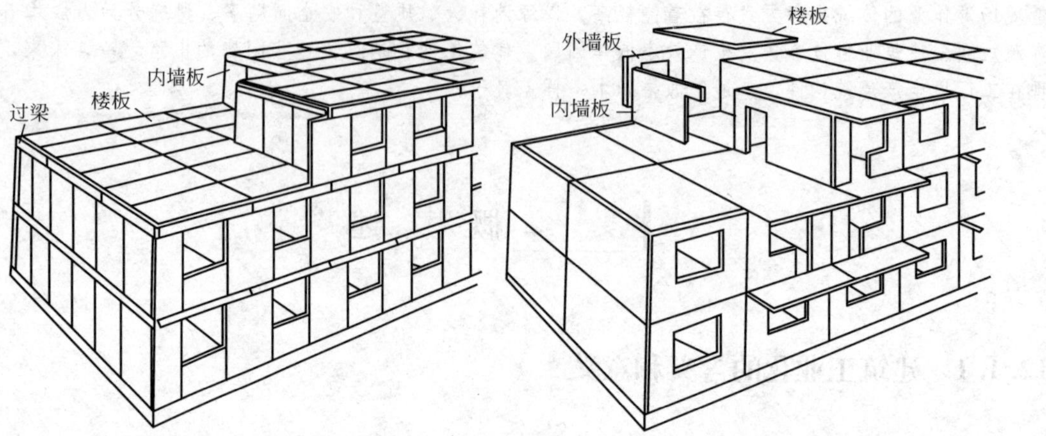

(a) 中型板材　　(b) 大型板材

图 12.1　板材装配式建筑的

12.2.1　大板建筑的结构体系

大板建筑的结构体系主要有：横向墙板承重体系，纵向墙板承重体系，纵、横内墙板承重体系和部分梁柱承重体系等，如图 12.2 所示。

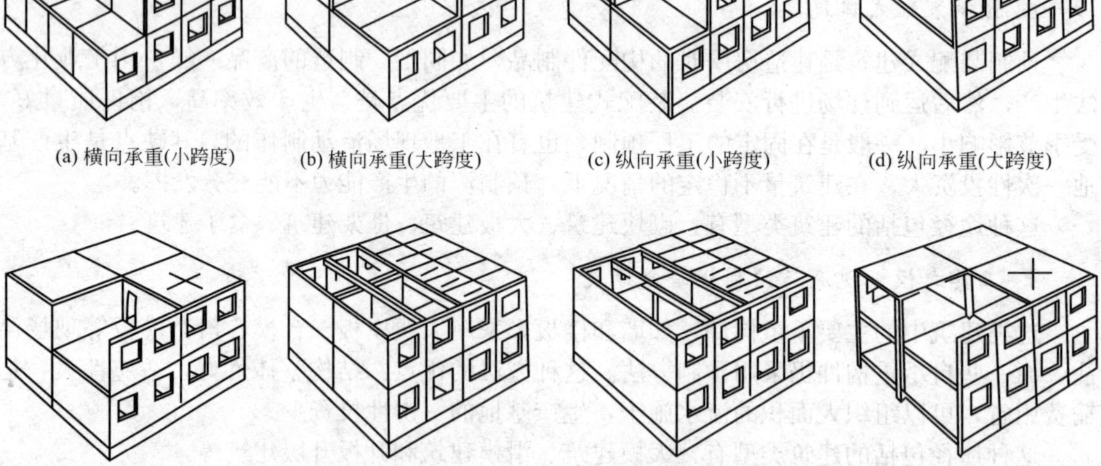

(a) 横向承重(小跨度)　(b) 横向承重(大跨度)　(c) 纵向承重(小跨度)　(d) 纵向承重(大跨度)

(e) 双向承重　(f) 内墙板搁大梁承重　(g) 内骨架承重　(h) 楼板四点搁置，内柱承重

图 12.2　板材装配式建筑的结构支承方式

1. 横向墙板承重体系

横向墙板承重体系是将楼板搁置在横墙上，如图 12.2(a)、(b)所示。这种体系的结构刚度大、整体性好，但承重墙较密，对建筑平面限制较大。横向墙板承重体系主要适用于住宅、宿舍、公寓等小开间建筑。

2. 纵向墙板承重体系

纵向墙板承重体系是将楼板搁置在纵墙上，如图 12.2(c)、(d)所示。这种结构体系的结构刚度和整体性较横墙承重体系小，需间隔一定距离设横向剪力墙拉结，其优势在于纵向墙板承重体系对建筑平面限制较小，内部分隔灵活。

3. 纵、横内墙板承重体系

纵、横内墙板承重体系是将楼板的四边搁置在纵、横两个方向的墙板上，如图 12.2(e)所示。这种结构形式的墙为井格式，房间的平面尺寸受到限制，房间布置不灵活。

4. 部分梁柱承重体系

这种承重体系是利用纵墙来搁置横梁，如图 12.2(f)所示，楼板可采用中型楼板，以减少构件的尺度和自重，有利于机械化程度不高地区的生产吊装。也可将把内纵墙局部地改为内柱，使柱与梁结合，形成内骨架结构形式，如图 12.2(g)所示。甚至也可采用四点搁置的楼板，省去横梁的形式，如图 12.2(h)所示。

12.2.2 装配式大板建筑的主要构件

1. 外墙板

在装配式大板建筑中外墙板一般是承自重或非承重的，如图 12.3 所示。外墙板应该满足保温隔热、防止风雨渗透等围护要求，同时还应考虑立面的装饰作用。

2. 内墙板

横向内墙板是建筑物的主要承重构件，通常采用单一材料的实心板，如混凝土板、粉煤灰矿渣混凝土板、振动砖板等。

3. 隔墙板

隔墙板主要用于建筑内部房间的隔墙，一般没有承重要求。为了减轻自重，提高隔声效果和防火、防潮性能，常选择加气混凝土、泡沫混凝土、碳化石灰板、石膏板等。

图 12.3 装配式大板建筑施工

4. 楼板与屋面板

大板建筑中的楼板与屋面板一般为钢筋混凝土板。根据承重方式的不同，楼板分为单向承重和双向承重。板的形式有实心板、空心板、肋形板等，如图 12.4 所示。

(a) 实心板　　(b) 空心板　　(c) 肋形板

图 12.4　楼板与屋面板

12.2.3　大板建筑的节点构造

1. 墙板之间的连接

墙板之间的连接通常有两种方式：一种是用钢筋或钢板，将墙板中的预埋铁件焊接在一起并浇灌细石混凝土而连接，如图 12.5 所示；另一种是将墙板上、下端伸出的连接钢筋搭接或加短筋连接，再用混凝土浇灌成整体，如图 12.6 所示。

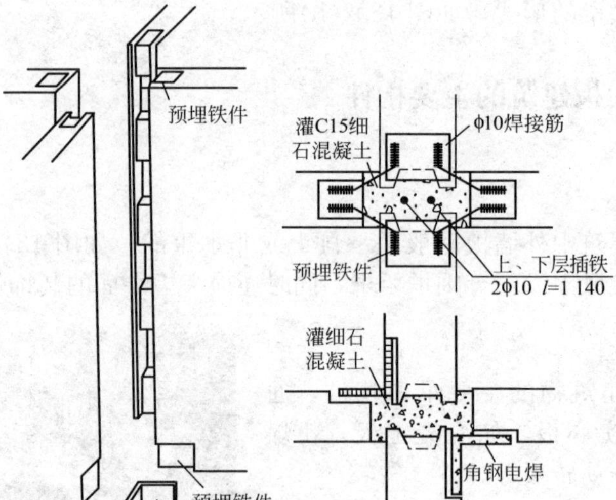

图 12.5　预埋铁件焊接

2. 楼板与墙板之间的连接

楼板在墙板上的搁置长度应不小于 60mm，可采用平缝砂浆灌缝的连接方式。为了增强结构的整体性和稳定性，楼板与墙板的连接多用连接墙板中的预留钢筋并现浇混凝土的方法，如图 12.7 所示。

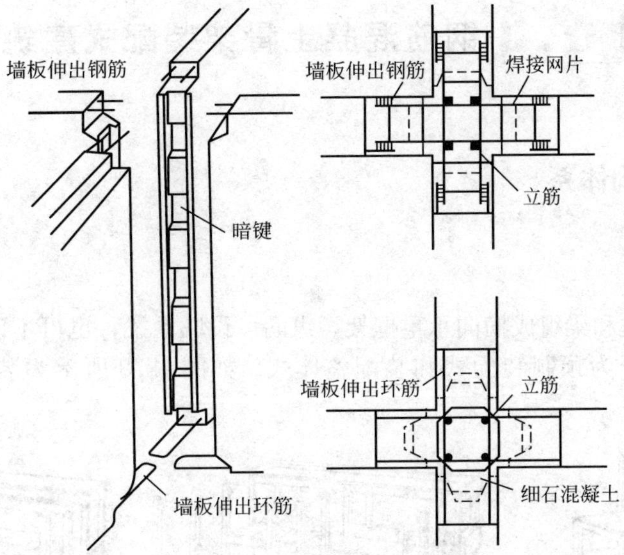

图 12.6 伸出钢筋电焊连接

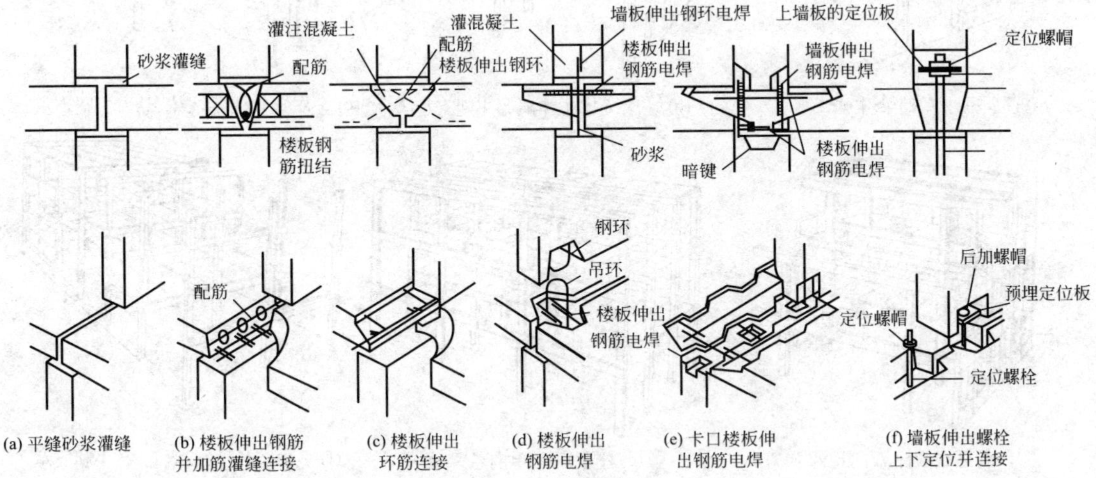

图 12.7 楼板间的连接

3. 外墙板接缝处的防水构造

外墙板间的接缝是最易漏水的地方。引起外墙板接缝漏水的原因是墙板间的灌缝混凝土和砂浆产生裂缝，雨水顺着裂缝渗漏至室内。

外墙板接缝主要有水平缝和垂直缝。常用的方法有材料防水和构造防水，材料防水是指在外墙板接缝内填塞防水材料，以阻止雨水进入缝内，常用的防水材料有砂浆、细石混凝土、胶泥、防水油膏等；构造防水是改善外墙板的形状，构成滴水、挡水台阶、企口、空腔等各种防水构造，以阻止雨水向室内渗漏。

12.3 钢筋混凝土骨架装配式建筑

12.3.1 骨架结构体系

1. 横向框架

横向框架是由柱和梁组成横向承重框架，纵向可设联系梁，也可不设联系梁，直接用楼板连系。横向框架分为预制装配式和装配整体式。如图 12.8 所示为装配式横向框架结构形式。

(a) 逐层短柱、单跨梁、牛腿支承　(b) 多层统长柱、单跨梁牛腿支承　(c) 多层统长柱、简支梁、悬臂牛腿支承

(d) 逐层短柱、双向悬臂梁　(e) 逐层短柱、单向悬臂梁　(f) 多层统长柱、双梁双跨、牛腿支承

(g) 门形、L形刚架组合　(h) 中间刚架、双侧逐层梁、柱组合　(i) 土字形梁、柱组合框架

图 12.8　装配式横向框架结构形式

2. 纵向框架

纵向框架是由梁和柱组成纵向承重框架，横向可设置或不设置联系梁。一般比横向框架采用的柱距大，使建筑设计的纵向分间较灵活，如图 12.9 所示。

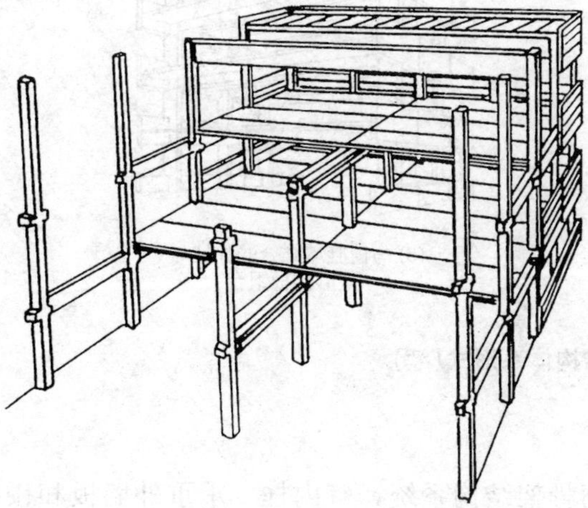

图 12.9 纵框架结构形式

3. 板柱体系

板柱体系是预制楼板和柱子组合的结构系统，如图 12.10 所示。一般楼板采用四个支点搁置。短柱往往采用四周挑牛腿，形成支承楼板的平台，再用钢筋锚接或焊接浇成整体；短柱也可以不挑牛腿，而把楼板搁在上下柱之间，楼板及上下柱留孔，将钢筋插入，灌砂浆锚。长柱可制作成双面牛腿搁置，也可预埋钢板焊接钢牛腿搁置楼板。

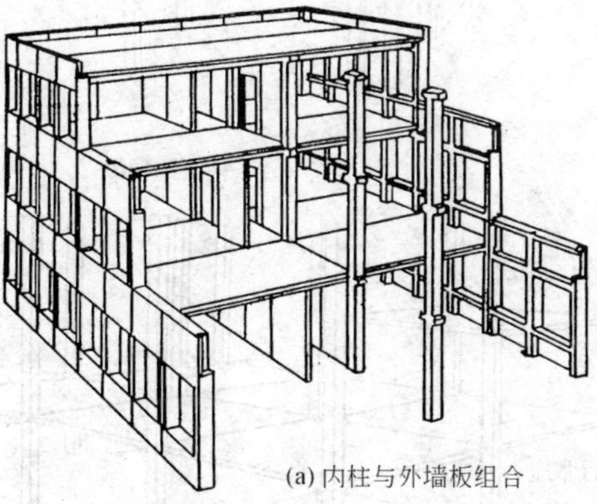

(a) 内柱与外墙板组合

(b) 外柱与外墙板组合

图 12.10 板柱结构体系形式

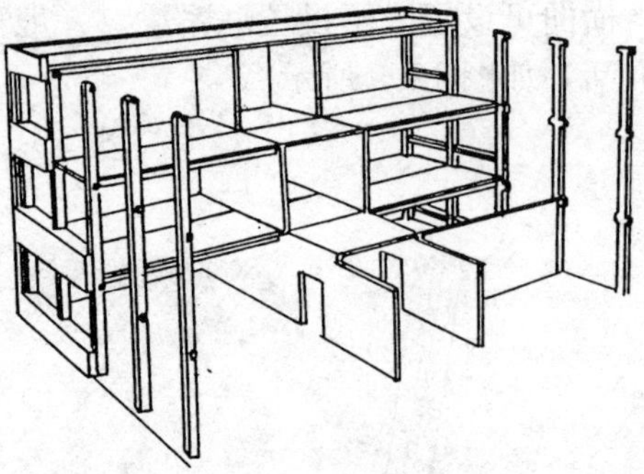

(c) 外柱与两道内墙板组合

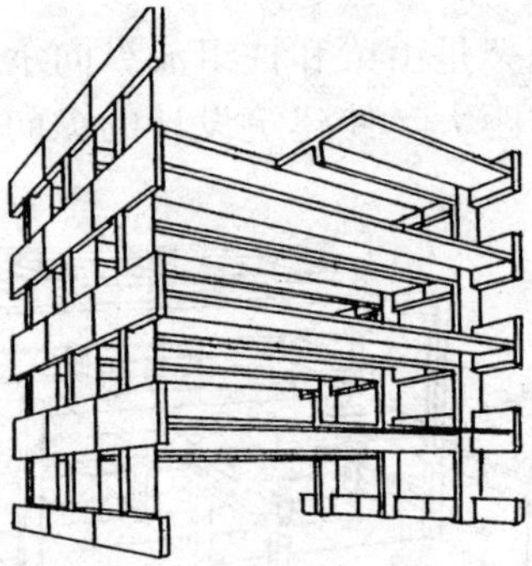

(d) 与窗肚墙结合的外柱与T形楼板组合

图 12.10　板柱结构体系形式(续)

4. 部分骨架

部分柱子和部分墙板以及楼板或梁组成的骨架结构系统，有内柱、承重外墙板和楼板的组合，外柱、承重内墙板和楼板的组合，柱与窗肚板结合的外柱与 T 形大跨楼板的组合等，如图 12.11 所示。

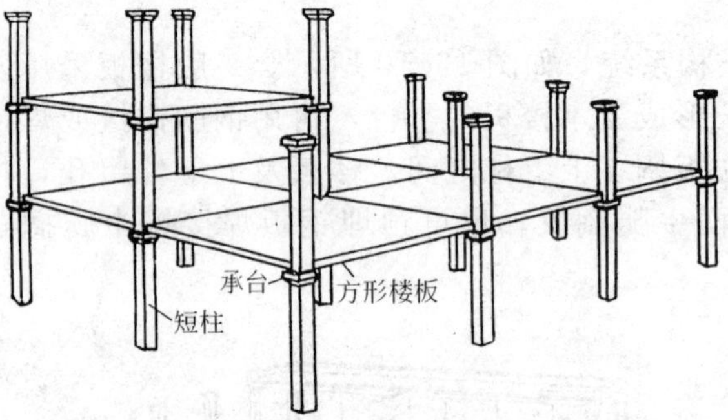

(a) 短柱承台式

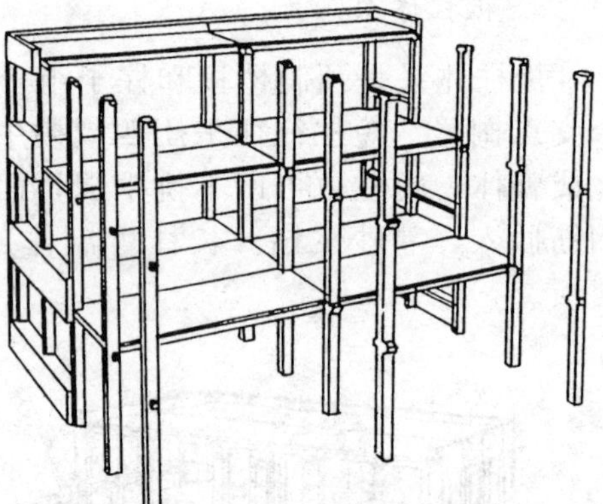

(b) 长柱大跨楼板

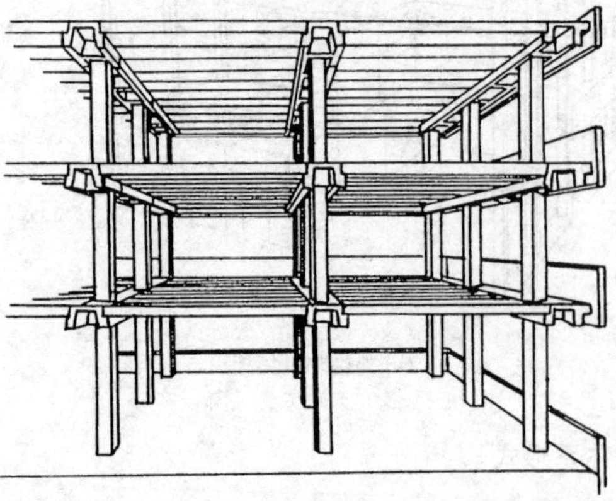

(c) 长柱板梁式

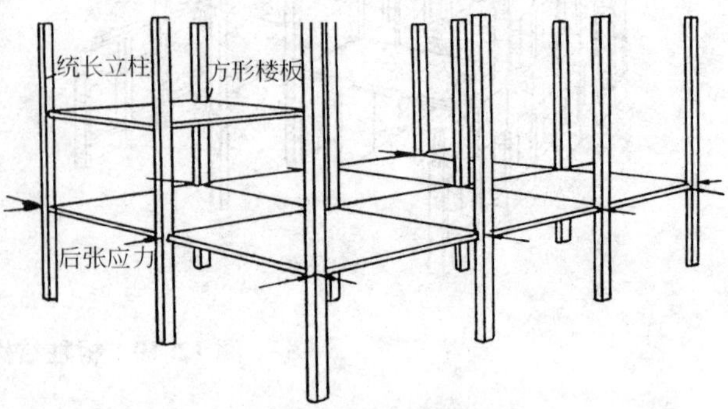

(d) 后张应力板柱摩擦支承

图 12.11　部分骨架结构组合形式

12.4 轻型钢结构骨架建筑

轻型钢结构建筑是由轻钢结构作骨架，多层组合的轻体墙作外围护结构，经装修和装饰而成的房屋，如图 12.12 所示。

图 12.12 盒子式框架轻钢骨架

12.4.1 支承骨架的结构体系

骨架是轻钢建筑的支承体，承受房屋的全部荷载，具有抵抗水平荷载和振动荷载。常见的结构体系如下。

1. 柱梁式

柱梁式是采用轻钢结构的柱子、梁和桁架组合的房屋支承骨架；节点多用节点板和螺栓进行连接。为了加强整体骨架的稳定性和抗风能力，在墙体、楼层及屋顶层的必要部分设置斜向支撑或剪力式可调节的拉杆，如图 12.13 所示。

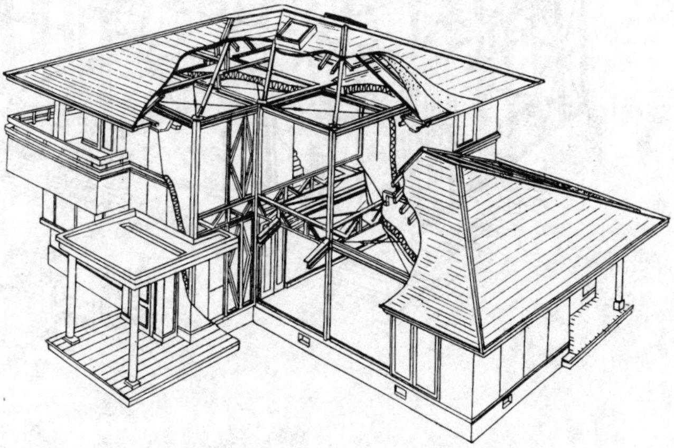

图 12.13 梁柱式轻钢建筑剖视图

2. 隔扇式

隔扇式是将承重墙、外围护墙和楼板层按模数划分为许多单元的轻钢隔扇，从而组合成的房屋支承骨架，如图 12.14 所示。

3. 混合式

混合式是外墙采用隔扇，内部采用柱梁而混合组合的骨架体系，如图 12.15 所示。

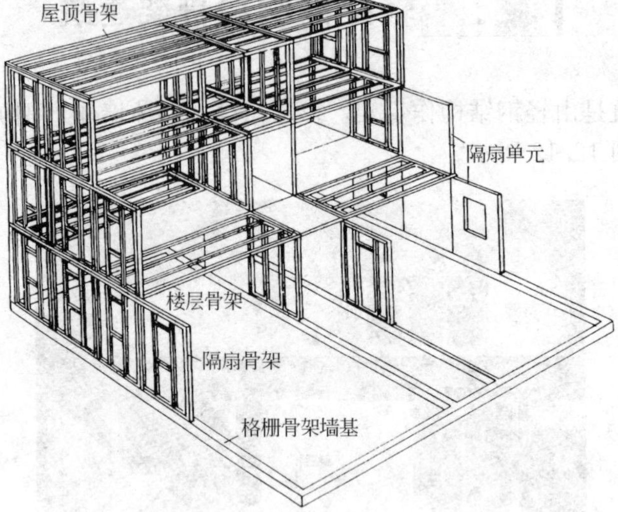

图 12.14　格栅单元式轻钢骨架

图 12.15　外部格栅内部梁柱的轻钢骨架

4. 盒子式

盒子式是在工厂把轻钢型材组装成盒型框架构件，再运到工地装配成建筑的支承骨架，如图 12.16 所示。以这骨架为基础，最后安装楼板、内外墙、屋顶、顶棚等构件。

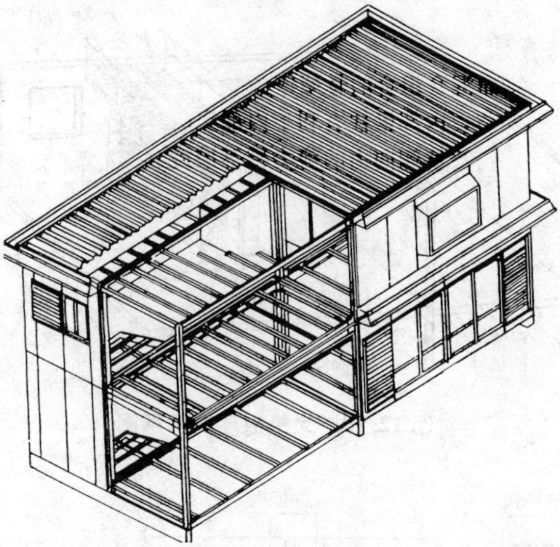

图 12.16 盒子式框架轻钢骨架

12.5 工具式模板现浇建筑

工具式模板现浇建筑是采用大型组装式模板或滑升式模板，作为墙体或楼板的成型工具，在建筑现场采用机械化方式浇筑混凝土施工的建筑。

12.5.1 大模板建筑

大模板建筑是指用工具式大型模板现浇混凝土楼板和墙体的一种建筑，如图 12.17 所示。一般是根据某一类大量性建造的建筑物的通用设计参数来设计制定的。

全现浇大模板建筑的墙体和楼板均采用现浇。楼板现浇一般用台模、隧道模，设备要求高；现浇与预制结合式大模板建筑，墙体为全现浇，也可以是内墙为现浇、外墙为预制。大模板建筑节点构造主要有墙体与墙体、墙体与楼板的连接等，如图 12.18～12.20 所示。

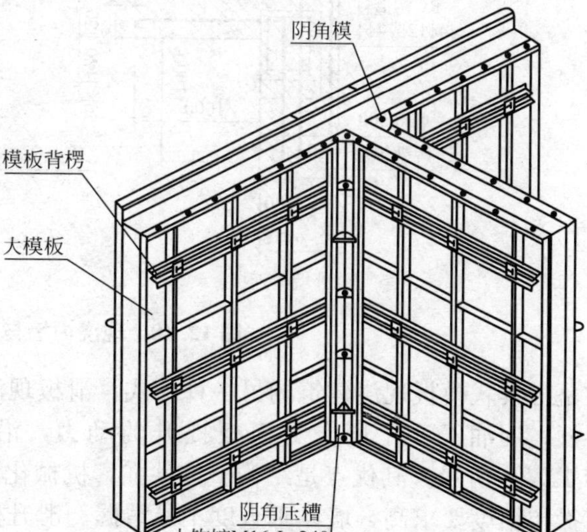

图 12.17 整片墙体部位大模板构造图

12.5.2 滑升模板建筑

滑升模板建筑是用滑升模板来现浇墙体的一种建筑，如图 12.21 所示。

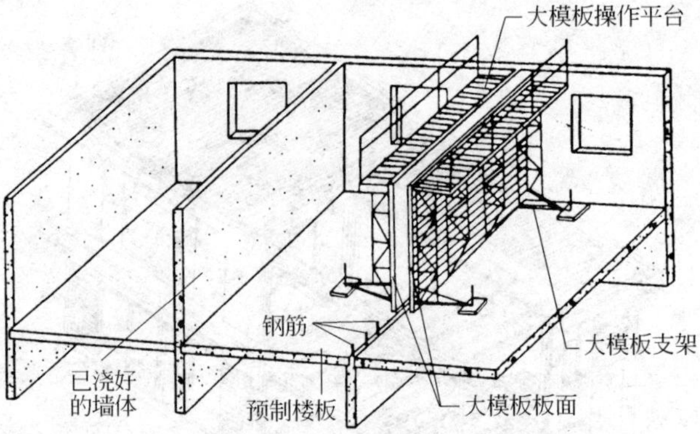

图 12.18 大模板建筑示意图

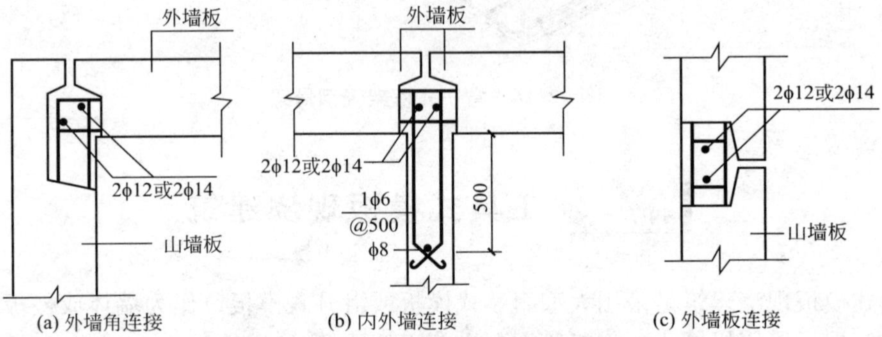

图 12.19 现浇内墙与外挂墙板连接

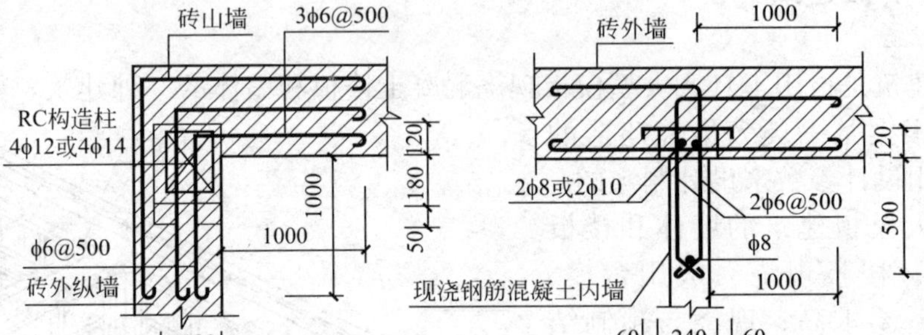

图 12.20 现浇内墙与砖砌外墙连接

它是工具式模板现浇建筑的另一种形式。滑板现浇墙体的工作原理是利用墙体内的钢筋作导杆，用油压千斤顶作为模板提升的动力，沿竖向连续浇筑混凝土墙体的方法，如图 12.22 所示。其优点是结构整体性强，机械化程度高，施工速度快，节省模板；缺点是对操作精度要求高，墙体垂直度不易掌握。滑升模板适用于外形简单、上下墙壁厚度相同的建筑物、构筑物。

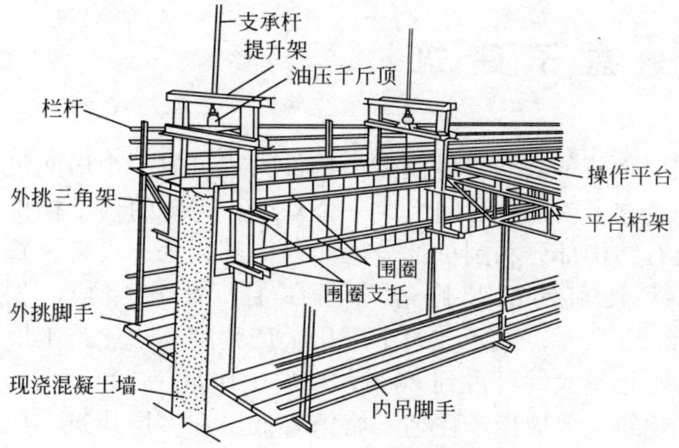

图 12.21　滑模示意

图 12.22　滑模建筑施工

按滑板部位的不同，分为内外墙滑板、内墙滑板外墙挂板、外框架核心筒体滑板，如图 12.23 所示。滑板建筑楼板的安装和浇筑方法有多种，有搭起悬挂式楼板模板，采用由上而下逐层现浇；或预制楼板，在浇筑墙体后，由下而上逐层安装；也可采用边滑墙体边安装或现浇楼板的方法等，如图 12.24 所示。

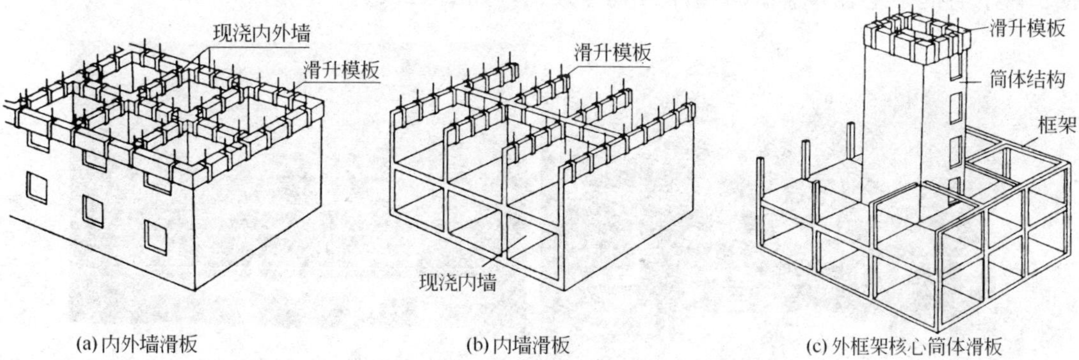

(a) 内外墙滑板　(b) 内墙滑板　(c) 外框架核心筒体滑板

图 12.23　滑模部位

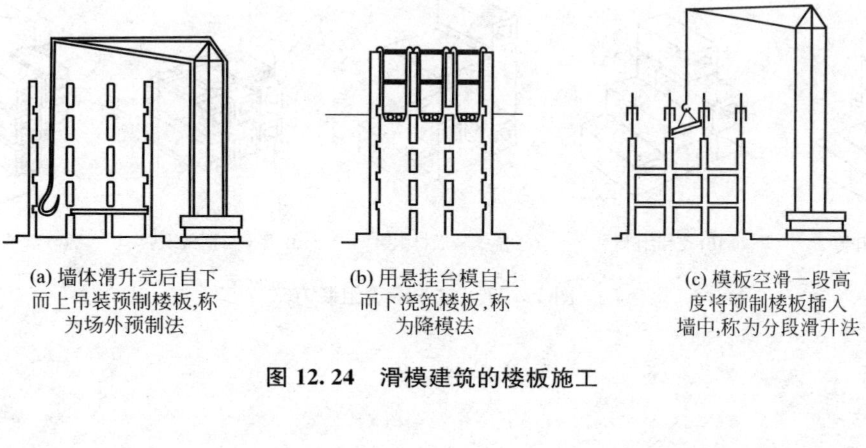

(a) 墙体滑升完后自下而上吊装预制楼板,称为场外预制法　(b) 用悬挂台模自上而下浇筑楼板,称为降模法　(c) 模板空滑一段高度将预制楼板插入墙中,称为分段滑升法

图 12.24　滑模建筑的楼板施工

12.6 盒子建筑

盒子建筑是由盒子状的预制构件组合而成的建筑。预制盒子构件大小可以一个房间组成一个盒子或几个房间组成一个盒子。完善的盒子构件不仅有结构部分和围护部分，而且内部装饰、设备、管线、家具和外部装修等均可在工厂生产完成，如图 12.25 所示。盒子建筑工厂化生产程度高，建筑工厂内的工程量大约可占到 80%；现场工作量仅 20%左右。盒子建筑主要应用于住宅、旅馆等低层和多层建筑，如图 12.26 所示。

图 12.25　集成盒子单元

盒子构件可分为有骨架盒子构件和无骨架盒子构件。有骨架盒子构件常用钢、铝、木材、钢筋混凝土等作骨架，以轻型板材围合成盒子；无骨架盒子构件一般用钢筋混凝土制作。

用盒子构件组装成盒子建筑有多种形式，大体分重叠组装、交错组装、盒子与板材组装、盒子与框架组装和盒子与筒体组装等方式，如图 12.27。

图 12.26　盒子建筑的组装

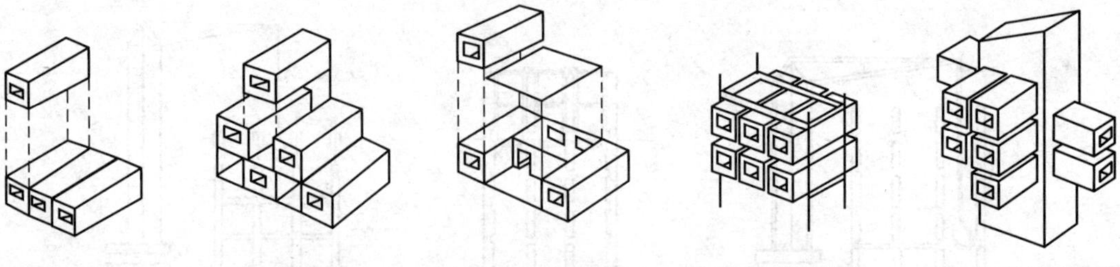

(a) 重叠组装　(b) 交错组装　(c) 盒子与板材组装　(d) 盒子与框架组装　(e) 盒子与筒体组装

图 12.27　盒子建筑组装方式

本章小结

本章主要内容为板材装配式建筑，其中着重讲述大板建筑的主要构件及其节点构造；钢筋混凝土骨架装配式建筑，着重讲述四种骨架结构体系；轻型钢结构骨架建筑，着重讲述梁柱式、隔扇式、混合式、盒子式四种体系；工具模板现浇建筑，着重讲述大模板和滑模建筑。了解盒子建筑的常见结构体系、建筑材料、施工方式及优缺点。

习题

一、简答题

1. 建筑工业化的意义是什么？
2. 实现建筑工业化的途径有哪些？
3. 大板建筑的结构体系有哪些？各有什么特点？
4. 钢筋混凝土骨架装配式建筑的骨架体系有哪些？
5. 轻型钢结构骨架建筑的结构体系有哪些？
6. 什么是大模板建筑？
7. 什么是滑板建筑？
8. 什么是盒子建筑？

二、填空题

1. 盒子建筑大体可以分为________、________、________、________和________。
2. 装配式建筑的主要优点是：________、________和________。
3. 工具式模板现浇与预制相结合建筑包括的建筑类型有：________、________、和________。
4. 预制装配式建筑包括的建筑类型有：________、________、________和________。
5. 轻钢建筑的常见结构体系有：________、________、________和________。

第13章 工业建筑概论

教学目标

主要讲述工业建筑的特点及其设计要求。通过本章学习，应达到以下目标：

(1) 熟悉工业建筑的特点及分类；

(2) 熟悉工业建筑的设计要求；

(3) 了解工业建筑内部的起重运输设备。

教学要求

知识要点	能力要求	相关知识
工业建筑的特点	熟悉工业建筑与民用建筑的异同	(1) 工业建筑的生产工艺流程 (2) 工业建筑的荷载与生产设备
厂房内部的起重运输设备	熟悉单轨悬挂式吊车、梁式吊车与桥式吊车	工业建筑内部各类吊车的特点

基本概念

生产工艺、单轨悬挂吊车梁式吊车、桥式吊车、单层厂房、多层厂房、混合层次厂房

引例

工业建筑是指为满足人们从事各类工业生产而建造的房屋，即通常所指的厂房或车间。工业建筑起源于工业革命最早的英国，随后在欧美几个工业发展较快的国家迅速盛行，大量厂房的兴建对工业建筑的提高和发展起了重要的推动作用。我国在新中国成立后新建和扩建了大量工厂和工业基地，现已形成比较完整的工业体系。由于贯彻“坚固适用，经济合理，技术先进”的设计原则，我国的工业建筑设计水平不断提高，在今后把我国建设成为现代化强国的伟大实践中，工业建筑必将得到更快更大的发展。

13.1 概述

工业建筑在设计原则、建筑用料和建筑技术等方面，与民用建筑有很多的相同之处，但是生产工艺的复杂多样性又决定着工业建筑在很多方面有着不同于民用建筑的特点。

13.1.1 工业建筑的特点

(1) 工艺在先。厂房的建筑设计以工艺设计人员提出的工艺设计图为基础，在适应生产工艺要求的前提下，为工人创造良好的生产环境，同时满足建筑设计的一般原则。

(2) 内部空间较大。厂房内需放置数量多、体量大的生产设备，并有各种起重运输设备通行，为满足正常工业生产的需要，厂房内部应有较大的敞通空间。例如，一般厂房长度在数十米以上，有些大型轧钢厂，其长度可达数百米甚至超过千米；有桥式吊车的厂房，室内净空高度一般在8m以上；水压机在6000t以上的锻压车间，室内净空高度可超过20m。

(3) 屋顶构造复杂。当厂房宽度较大时，特别是多跨厂房，屋顶上往往设有天窗以满足室内采光、通风的需要。同时为了屋面防水、排水的需要，还应设置屋面排水系统(天沟及水落管)。

(4) 承重结构复杂。一般墙承重的结构方式仅用于荷载较小的厂房建筑中。由于结构荷载和吊车荷载较大，厂房多采用钢筋混凝土骨架承重。特别高大的厂房或有重型吊车的厂房或高温厂房，还采用钢骨架承重。

此外，因为生产工艺不同，对厂房的内部环境、局部构造要求都不同，因此应采用相应的技术措施，例如，有的厂房要求保持一定的温度、湿度或要求防尘、防震、防辐射性等。总之，不同的厂房有不同的个体特点，设计时应综合考虑。

13.1.2 工业建筑的分类

由于生产工艺的多样化和复杂化，工业建筑有很多类型，在设计中常按厂房的用途、内部生产性质和层数进行分类。

1. 按厂房的用途分

(1) 主要生产车间。是指工厂中在其中进行加工产品从原料到成品的整个加工装配过程的车间。例如：机械制造厂的铸造车间、机械装配车间，钢铁厂的炼钢、轧钢车间等。这类厂房的建筑面积较大，人数较多，是工厂的主要厂房，在全厂中占重要地位。

(2) 辅助生产车间。是指不直接加工产品但为主要生产车间服务的各类厂房，如机械制造厂中的机修车间、模型车间、工具车间等。

(3) 动力用厂房。工厂中必须有为全厂生产提供能源和动力的场所，这类厂房称为动力用厂房，如发电站、变电站、锅炉房等。

(4) 储藏用厂房。是指工厂中储存各种原材料、成品和半成品的仓库。根据所储存物品的不同性质，在防水、防潮、防爆、防腐蚀、防变质等方面有不同的要求，设计时应按相关规范采取妥善措施。

(5) 运输工具用厂房。指用来停放、检修各种运输工具的库房，如电瓶车库、汽车库等。

(6) 其他厂房。如水泵间、污水处理建筑等。

2. 按厂房的层数分

(1) 单层厂房。多用于冶金、中型及重型机械工业等。其优点是便于沿地面水平方向组织生产工艺流程，生产设备荷载直接传递给地基，比较适用于有大型生产设备、振动机械、地沟或有重型起重运输设备的厂房；缺点是厂房占地面积大，围护结构面积大，维护管理费用高，各种管线长，平面狭长，立面单调。

单层厂房按跨数有单跨和多跨之分，如图 13.1 所示。实际中多跨大面积厂房用得较多，单跨厂房用得较少。但有的工厂，如飞机装配车间和飞机库常采用跨度很大(36～100m)的单跨厂房。

(a) 单跨厂房

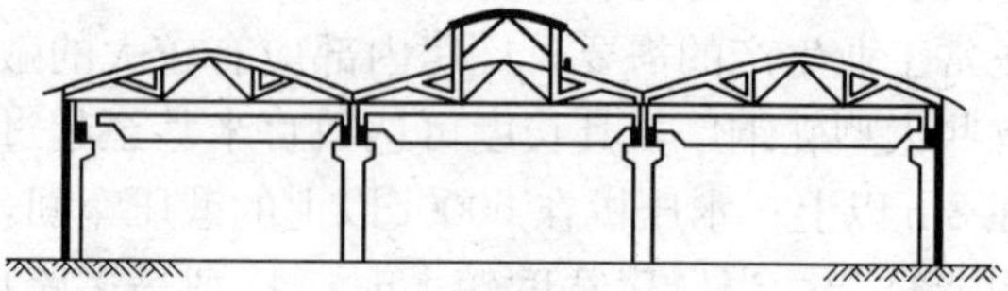

(b) 多跨厂房

(c) 单层厂房实例

图 13.1 单层厂房

(2) 多层厂房。多用于食品、电子、精密仪器工业等可垂直方向组织生产、工艺流程的生产企业，如图 13.2 所示。其优点是占地面积少，管道集中，采光、通风及屋面排水易于解决，适用于用地紧张的城市建造。

(3) 层次混合的厂房。同一厂房建筑有单层，又有多层，在满足生产的前提下，外观造型丰富，可用于某些化学工业、热电厂的主厂房等，如图 13.3 所示。

3. 按车间内部生产状况

(1) 热加工车间。生产过程中散发出大量热量、烟尘或者有害气体，如铸造、冶炼、热轧、锅炉房等，此类厂房需考虑通风和散热问题。

(2) 冷加工车间。是指在正常环境温度、湿度条件下进行生产操作的车间，如机械加工、装配、机修等车间。

(3) 恒温恒湿车间。为保证产品质量，有些产品需在内部环境温、湿度波动很小的范

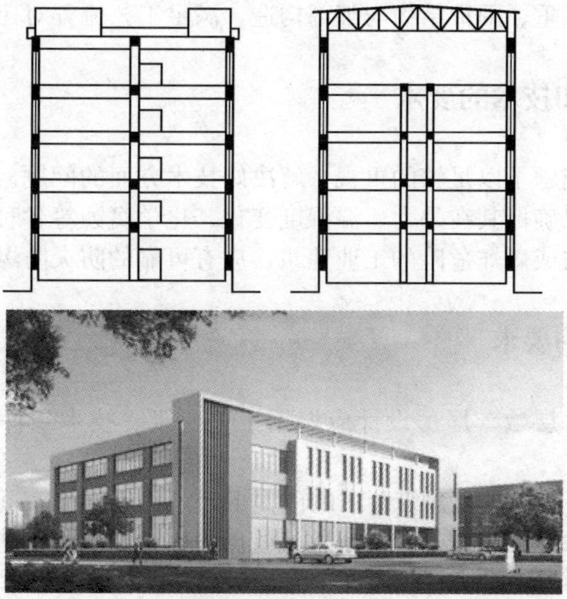

图 13.2 多层厂房

图 13.3 混合层次厂房

围内生产，如精密机械、纺织、酿造等。此类车间除内部需装有空调设备外，对建筑本身也需采取相应的构造措施，以减少室外环境对室内温、湿度的影响。

(4) 洁净车间。有些车间对室内空气的洁净程度要求很高，如集成电路车间、精密仪器加工及装配车间、医药工业中的粉针剂车间等。这类车间为保证产品质量，需对室内空气进行净化处理，将空气中的含尘量控制在允许的范围内，同时，厂房的围护结构也应保证严密，以免大气灰尘的侵入。

(5) 其他特殊状况的车间。如有爆炸可能性、大量腐蚀性物质、有放射性物质、高度隔声、防电磁波干扰的车间等。这些车间在建筑材料选择、构造处理及安全防范方面都应采取相应的措施。

13.2 工业建筑的设计要求

13.2.1 满足生产工艺的需要

生产工艺是工业建筑设计的主要依据，必须正确选择厂房的平面、剖面及跨度、高度和柱距，确定合理的承重、围护结构与细部构造，满足工艺流程对建筑提出的各种要求。

13.2.2 满足安全和技术的要求

设计中应对安全问题予以足够的重视，解决好技术方面的问题。工业建筑应具有必要的坚固性、耐久性，以确保其在外力、温湿度变化、化学腐蚀等各种不利因素作用下能够保证安全。对于有火灾或爆炸危险的工业建筑，应有可靠的防火防爆设施等安全措施。

13.2.3 满足经济的要求

(1) 合理选定厂房层数。厂房设计应根据工艺要求、技术条件等，选定单层或双层厂房。

(2) 建成联合厂房。在满足建筑要求的前提下，可将若干个车间合并成联合厂房，因联合厂房占地较少，外墙面积减少，并可缩短管网线路，能满足工艺更新的需求。

(3) 尽量降低材料的用量。在满足厂房坚固、耐久、生产操作、使用要求等条件的前提下，可尽量降低材料的消耗，从而降低建筑造价，同时还可减轻构件的自重。

(4) 充分利用建筑空间。在满足生产要求的前提下，设法缩小建筑体积，合理减少结构面积，提高使用面积，有效利用建筑空间以节约造价。

(5) 设计方案采用先进的、配套的结构体系及工业施工方法。当然，必须结合当地的材料供应情况、施工机具的规格和类型等多方面综合考虑来选择施工方案。

13.2.4 满足卫生的要求

为保证厂房内部正常的生产，为工人提供舒适的工作环境，厂房内部应满足卫生安全方面的要求。厂房内应有足够的采光和通风设施；为了维持正常的卫生工作环境，采用排除生产余热、烟尘废气的设施；还应采取净化、隔离、消声、隔声等措施。

13.3 厂房内部的起重运输设备

为满足工业生产中运送原材料、成品和半成品的需要，厂房内部一般设置有必要的起重运输设备。常见的形式有单轨悬挂式吊车、梁式吊车和桥式吊车。

13.3.1 单轨悬挂式吊车

单轨悬挂式吊车的操作方法有手动和电动两种。吊车通常安装在工字形钢轨上，钢轨悬挂在屋架(或屋面大梁)的下弦上，可直线或曲线(转弯或越跨时)布置，如图 13.4 所示。单轨悬挂式吊车适用于起重量较小的车间，起重量一般为 1～2t。

(a) 单轨悬挂式吊车示意　　(b) 单轨悬挂式吊车实例

图 13.4　单轨悬挂式吊车

1—钢轨；2—电动葫芦；3—吊钩；4—操纵开关；5—屋架或屋面大梁下表面

13.3.2　梁式吊车

梁式吊车有手动和电动两种，一般厂房多采用电动式。

梁式吊车由起重行车和支承行车的工字形横梁组成。横梁既可直接作为起重行车的轨道，又可通过设置于两端的行走轮在吊车轨道上运行。吊车轨道可悬挂在屋架下弦上或者支承在吊车梁上，如图 13.5 所示。梁式吊车的起重量一般不超过 5t。

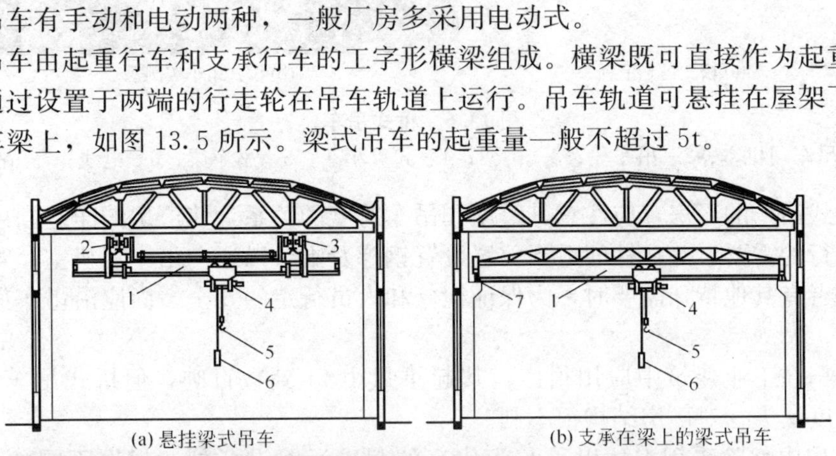

(a) 悬挂梁式吊车　　(b) 支承在梁上的梁式吊车

(c) 支承梁式吊车实例

图 13.5　梁式吊车

1—钢梁；2—运行装置；3—轨道；4—提升装置；5—吊钩；6—操纵开关；7—吊车梁

13.3.3 桥式吊车

桥式吊车由桥架和起重行车组成。桥架上铺有起重行车运行的轨道使起重行车沿厂房横向运行，同时桥架借助于两端车轮可在吊车轨道上沿厂房纵向运行。吊车轨道铺设在由柱子支承的吊车梁上，如图 13.6 所示。桥式吊车的司机室多设在吊车端部。

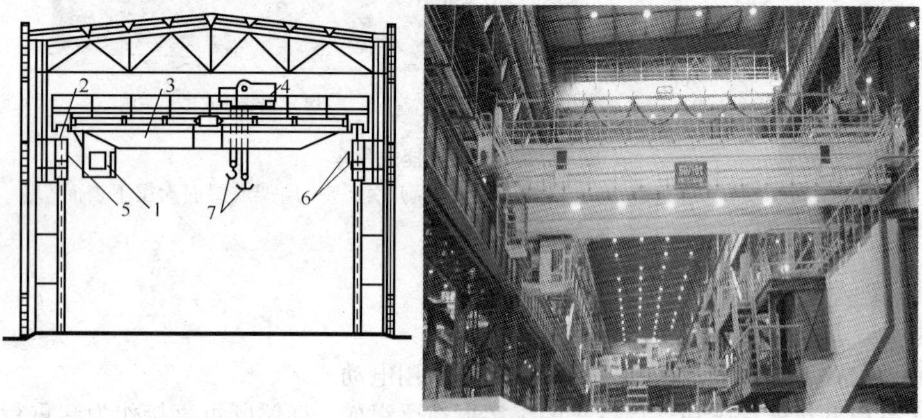

(a) 桥式吊车示意　　(b) 桥式吊车实例

图 13.6　桥式吊车

1—吊车司机室；2—吊车轮；3—桥架；4—起重小车；5—吊车梁；6—电线；7—吊钩

设有桥式吊车的厂房，应注意其跨度和吊车跨度的关系，使厂房的净空高度和净宽度满足吊车运行的需要，并在柱间适当位置设置钢梯及平台以通向吊车司机室。当吊车为重级工作制或者有其他特殊需要时，为保证检修和人员行走的安全，尚应沿吊车梁侧设置安全走道板。

桥式吊车在工业建筑中应用很广，其起重量由 5t 到数百吨，但桥式吊车本身很重，所需净空高度又大，对厂房结构很不利。

单层厂房内部除采用上述以吊车为代表的起重运输设备外，根据不同的生产特点，还有其他形式的运输设备，如拖拉机制造厂装配车间的吊链；冶金工厂轧钢车间的辊道；铸工车间的传送带；此外还有气垫等较新的运输工具，甚至还包括载重汽车和火车等。

本章小结

本章主要讲述工业建筑的特点及分类，工业建筑与民用建筑的区别，工业建筑的设计要求以及厂房内部的起重运输设备。

本章的重点是工业建筑的特点与分类。

习 题

一、简答题

1. 什么是工业建筑？工业建筑与民用建筑的区别？
2. 工业建筑如何进行分类？
3. 对工业建筑设计的要求是什么？

二、填空题

1. 厂房的建筑设计以工艺设计人员提出的________________为基础，在适应生产工艺要求的前提下，为工人创造良好的生产环境，同时满足建筑设计的一般原则，即________________。

2. 工业建筑中有桥式吊车的厂房，室内净空高度一般在________以上；水压机在6000t 以上的锻压车间，室内净空高度可超过________。

3. 工业建筑由于结构荷载和吊车荷载较大，厂房多采用________承重。特别高大的厂房或有重型吊车的厂房或高温厂房，还采用________。

4. 单轨悬挂式吊车适用于起重量较小的车间，起重量一般为________。

5. 梁式吊车的起重量一般不超过________。

6. 桥式吊车在工业建筑中应用很广，其起重量由________________到数百吨。

三、选择题

1. 单层工业厂房一般用于(　　)工业部门。

A. 食品　　B. 冶金　　C. 轻工　　D. 电子

2. 某厂房吊车的起重量为10t，应选择下列哪一种吊车。

A. 桥式吊车　　B. 支撑梁式吊车　　C. 悬挂梁式吊车　　D. 单轨悬挂吊车

3. 垂直工艺流程的厂房适合采用(　　)。

A. 单层厂房　　B. 多层厂房　　C. 混合层次厂房　　D. 多跨单层厂房

第14章 工业建筑设计

教学目标

主要讲述单层厂房的结构形式和设计。通过本章学习，应达到以下目标：

(1) 熟悉单层厂房的结构形式；

(2) 熟悉单层厂房的平面、剖面和立面设计；

(3) 掌握单层厂房的定位轴线；

(4) 了解多层厂房的平面、剖面和立面设计。

教学要求

知识要点	能力要求	相关知识
单层厂房的结构形式及其结构构件	(1) 熟悉工业建筑与民用建筑结构的差别 (2) 熟悉单层厂房结构构件的形式	(1) 钢筋混凝土排架结构 (2) 钢筋混凝土门式刚架结构 (3) 单层厂房支撑系统
单层厂房的平面设计	(1) 熟悉单层厂房平面形式及特点 (2) 熟悉生产工艺对平面设计的影响	(1) 单层厂房平面形式 (2) 单层厂房柱网选择的特点
单层厂房的剖面设计	(1) 熟悉单层厂房高度 (2) 熟悉单层厂房天然采光的要求 (3) 熟悉单层厂房自然通风的要求	(1) 厂房高度 (2) 单层厂房天然采光方式 (3) 单层厂房自然通风原理
单层厂房的定位轴线	掌握单层厂房横向定位轴线与纵向定位轴线	(1) 横向定位轴线 (2) 纵向定位轴线 (3) 纵横向交接处定位轴线

基本概念

钢筋混凝土排架结构、钢筋混凝土门式刚架结构、扩大柱网、柱距、跨度、厂房高度、自然采光、自然通风、横向定位轴线、纵向定位轴线

引例

工业生产技术发展迅速，生产体制变革和产品更新换代频繁，厂房向大型化和微型化两极发展；使用上具有更大的灵活性，以利发展和扩建。工业建筑设计的趋向：①适应建筑工业化的要求，扩大柱网

尺寸，厂房的结构形式和墙体材料向高强、轻型和配套化发展。②适应产品运输的机械化、自动化要求。③适应产品向高、精、尖方向发展的要求，对厂房的工作条件提出更高要求。如利用地下温湿条件相对稳定、防震性能好的地下厂房。地下厂房现已成为工业建筑设计中的一个新领域。④适应生产向专业化发展的要求。不少国家采用工业小区的做法，或集中一个行业的各类工厂，或集中若干行业的工厂。

14.1 单层厂房的结构组成与结构构件

14.1.1 单层厂房的结构组成

单层厂房的结构形式通常有混合结构、钢结构和钢筋混凝土结构。

对于厂房内部无吊车或吊车起重量不超过 50kN、跨度在 15m 以内、柱顶标高在 8m 以下的小型厂房，可采用混合结构，如图 14.1 所示。对于吊车起重量在 2500kN(中级荷载)以上、跨度大于 36m 的大型工厂或有特殊工艺要求的厂房，常用钢屋架、钢筋混凝土柱或全钢结构，如图 14.2 所示。其他大部分单层厂房常采用钢筋混凝土结构，如图 14.3 所示。

单层钢筋混凝土厂房常用的结构形式有排架和刚架两种。

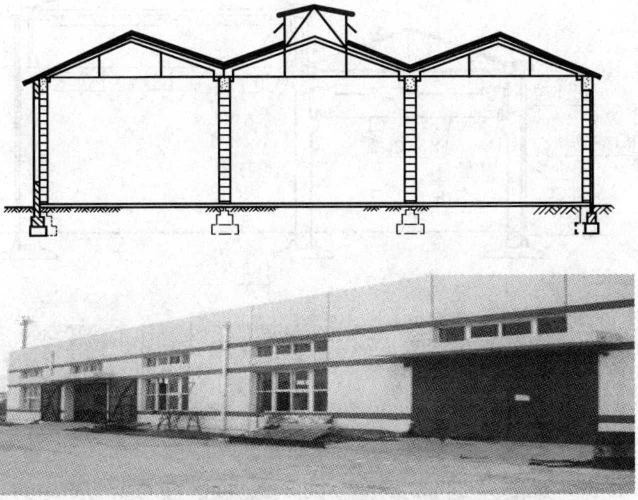

图 14.1 砖混结构厂房

(1) 排架结构。单层厂房中应用最普遍的结构形式，主要由屋面梁或屋架、柱和基础组成横向骨架。其优点是具有一定的刚度和抗震性能，其结构构件可预制装配，对建筑设计工业化有利。此结构形式施工安装方便，适用范围较广，除用于一般中小型单层厂房外，还可用于跨度较大、高度达 20～30m 及以上、设有起重量不小于 1500kN 吊车的大型厂房。其构件组成如图 14.4 所示。

(2) 装配式钢筋混凝土门式刚架结构。如图 14.5 所示，一般由柱和横梁刚接而成为同一构件，柱及基础可铰接。目前一般用于屋盖较轻的无桥式吊车或吊车起重量不超过

图 14.2　钢结构厂房

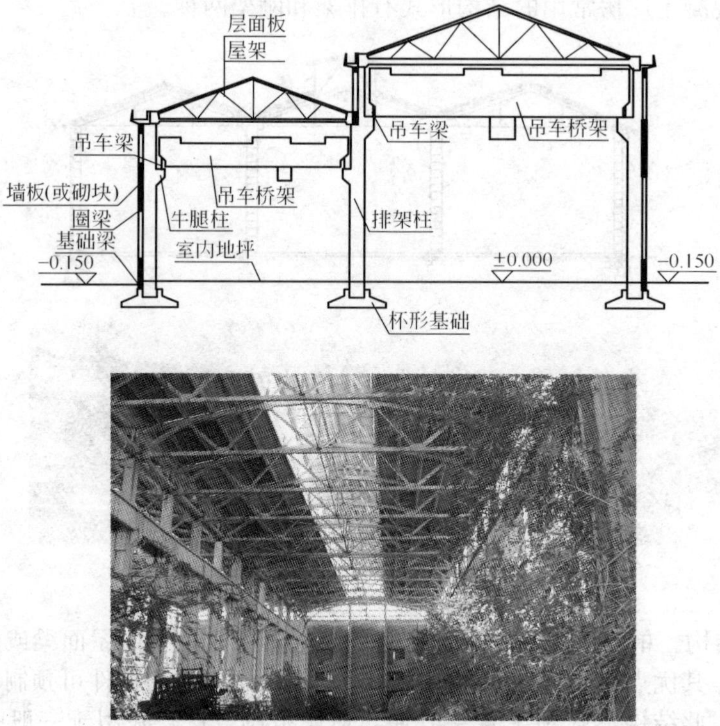

图 14.3　装配式钢筋混凝土厂房

100kN、跨度为 16～24m 及以下和高度为 6～10m 的中小型金工、机修、装配等车间和仓库。

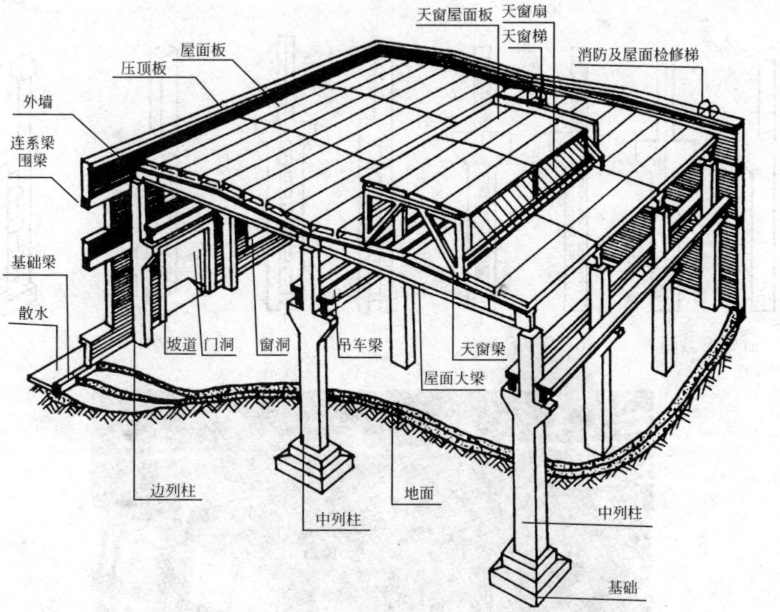

图 14.4　装配式钢筋混凝土单层厂房的构件组成

14.1.2　单层厂房的结构构件

1. 柱子

柱子是厂房的主要受力构件，承受屋盖、吊车梁、连系梁等传来的荷载，并将荷载传给基础。按截面形式，常用的有矩形柱、工字形柱、双肢柱、管柱等，如图 14.6 所示。

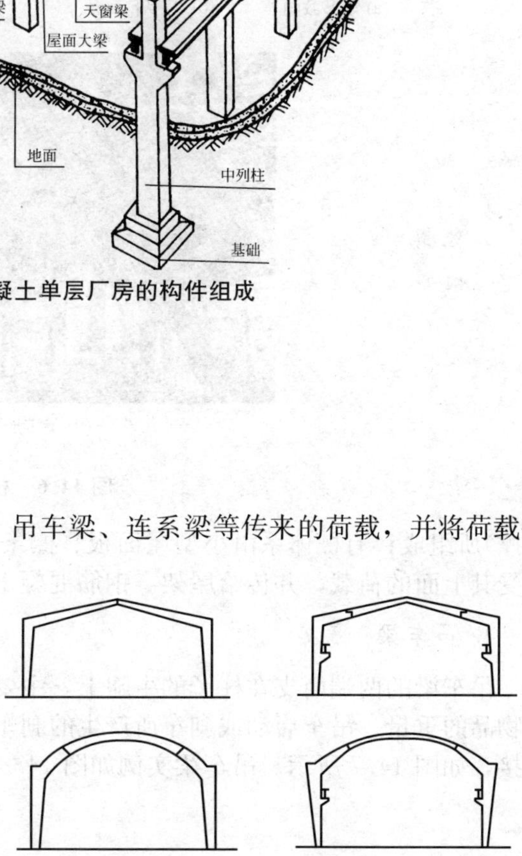

图 14.5　门式刚架结构

矩形柱截面形式简单，便于制作，沿截面两个方向上受力性能较好，但混凝土用量多、自重大，混凝土性能不能充分发挥，一般适用于中小型厂房。工字形柱是将横截面上受力较小的中间部分混凝土省去，可节约混凝土 30%～50%。双肢柱由两根承受轴向力的肢杆和连系两肢杆的腹杆组成。管柱是在离心制管机上成型制作的，具有质量好、拼装方便、可减少现场湿工作量、受气候影响小等优点，但是较难预埋，与墙的连接也不如其他形式的柱子。

2. 基础和基础梁

基础梁承受其上部墙体荷载，并将荷载传给基础。基础前面已叙述，基础梁在第 15 章介绍。

3. 屋盖体系

屋盖体系分无檩和有檩两种体系，无檩体系由大型屋面板、屋面梁或屋架(包括屋盖

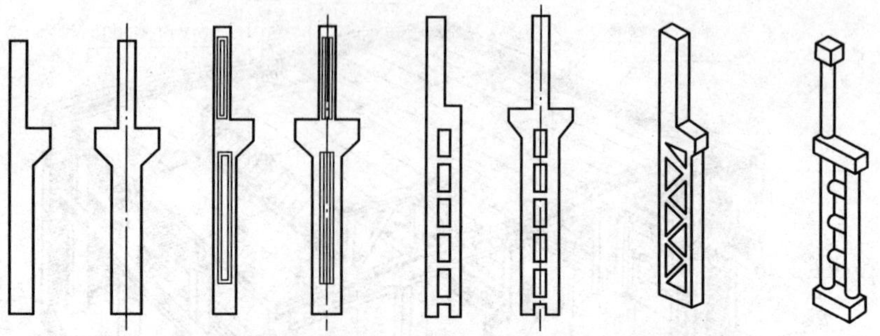

(a) 矩形截面　(b) 工字形截面　(c) 双肢柱

(d) 工字形柱实例

图 14.6　柱截面形式

支撑)所组成；有檩体系由小型屋面板、檩条、屋架(包括屋盖支撑)所组成。屋面板直接承受其上面的荷载，并传给屋架。钢筋混凝土屋架形式有多种。

4. 吊车梁

吊车梁的两端简支在柱子的牛腿上，主要承受吊车竖向和水平荷载，如吊车自重、起吊物品的重量、吊车启动或刹车所产生的刹车力等，并将这些荷载传递给柱。吊车梁与柱连接，如图 14.7 所示。吊车梁实例如图 14.8 所示。

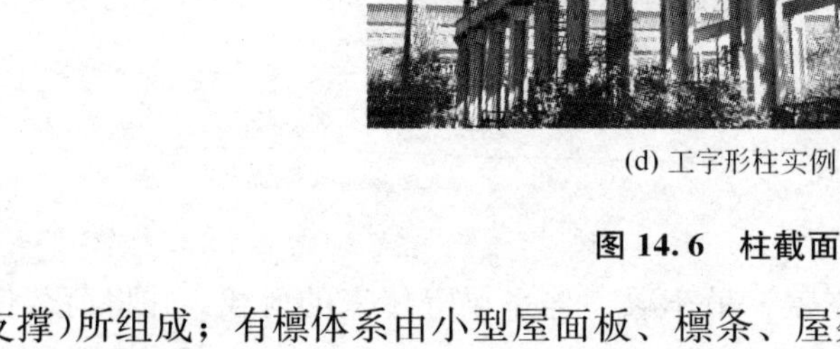

图 14.7　吊车梁与柱的连接

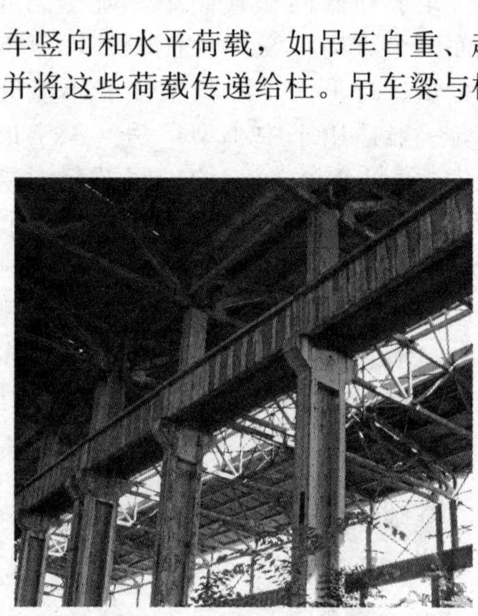

图 14.8　吊车梁实例

5. 连系梁和圈梁

连系梁是厂房纵向柱列的水平连系构件，用以增加厂房的纵向刚度，承受风荷载和上部墙体的荷载，并将荷载传递给纵向柱列。圈梁起加强厂房整体空间刚度的作用。详见第15章。

6. 支撑体系及抗风柱

支撑体系包括柱间支撑、屋盖支撑和天窗架支撑等，分别设在纵向柱列之间、屋架之间及天窗架之间，其作用是加强厂房的空间刚度和稳定性，并传递水平荷载和吊车上的水平刹车力或地震力的作用。抗风柱一般设在山墙内侧，起抵抗风荷载的作用。如图14.9所示为柱间支撑实例，如图14.10所示为屋架支撑实例。

图14.9 柱间支撑实例

图14.10 屋架支撑实例

14.2 单层工业建筑平面设计

单层工业建筑的平、立、剖面图之间是有机联系的，必须综合在一起考虑设计问题。

14.2.1 单层工业建筑平面设计与生产工艺的关系

厂房建筑与民用建筑的平面设计有所不同。民用建筑设计是由建筑设计人员来完成，而厂房设计是工艺设计人员首先进行工艺平面设计，建筑设计人员在工艺平面基础上进行建筑设计。生产工艺平面图包括以下内容。

(1) 根据生产的规模、性质、产品的生产要求等确定的生产工艺流程，如图14.11所示。

(2) 选择和布置生产和起重运输设备。

(3) 划分车间内部各生产工段及其所占面积。

(4) 初步拟定工业建筑的跨间数、跨度和长度。

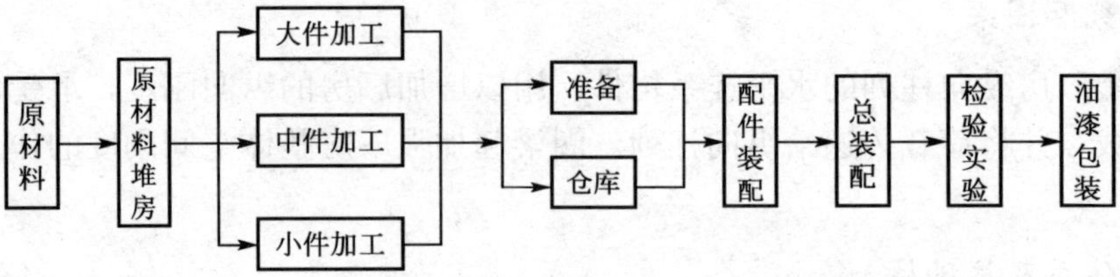

图 14.11　某机械加工装配车间生产工艺流程图

(5) 提出生产工艺对厂房建筑设计的其他要求，如采光、通风、防振、防尘、防辐射等。

厂房的平面设计除满足生产工艺要求外，建筑设计人员平面设计时应使厂房平面形式规整、合理、减少占地面积、简化构造；符合《厂房建筑模数协调标准》；选择技术先进和经济合理的柱网；正确地解决厂房的采光和通风；合理地布置有害工段及生活用房等。

某机械加工车间生产工艺平面图如图 14.12 所示。

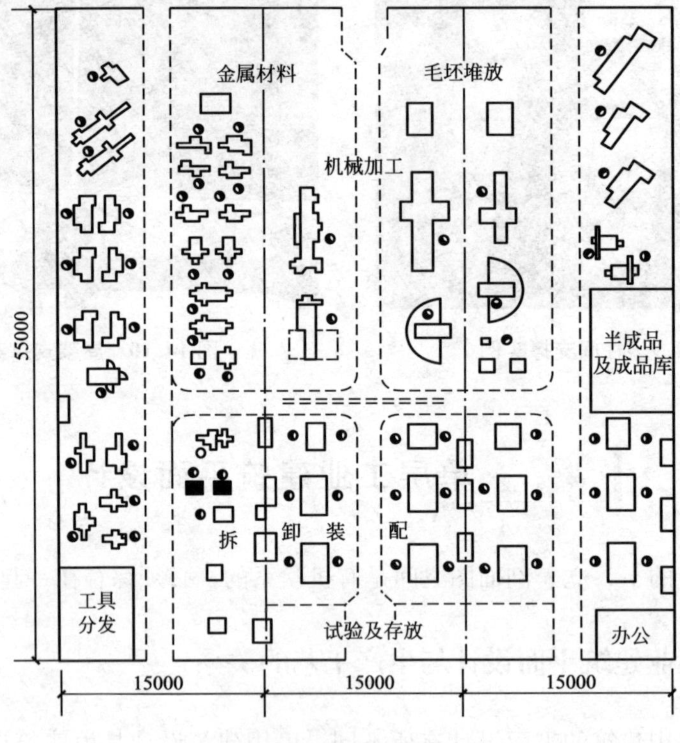

图 14.12　生产工艺平面图

建筑设计人员必须深入实际，调查研究，提高设计水平。例如，某铁合金厂原工艺平面图中炉子为单列布置，厂房平面形式为长条形，长短边长比很大(约 1∶6)，围护结构面积较大。建筑设计人员调查研究以后与工艺设计人员协商，改炉子单列布置为双列布置，如图 14.13 所示，平面形式改长条形为近于方形。修改后的方案，其工艺流程仍合理，却减少建筑体积达 15%，面积达 34%，周长达 43%，柱子数量减少 44%。

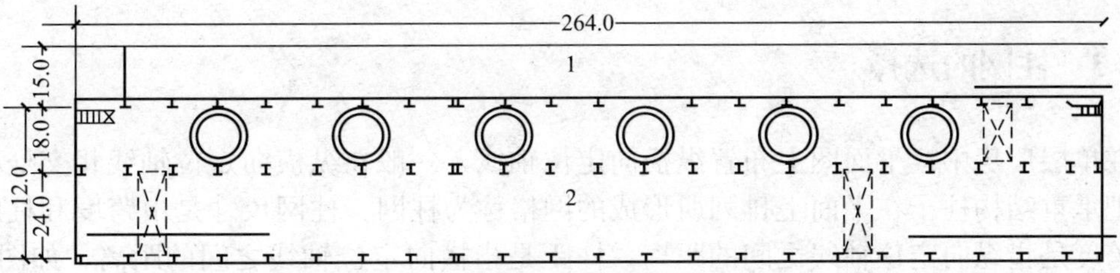

(a) 原工艺布置方案

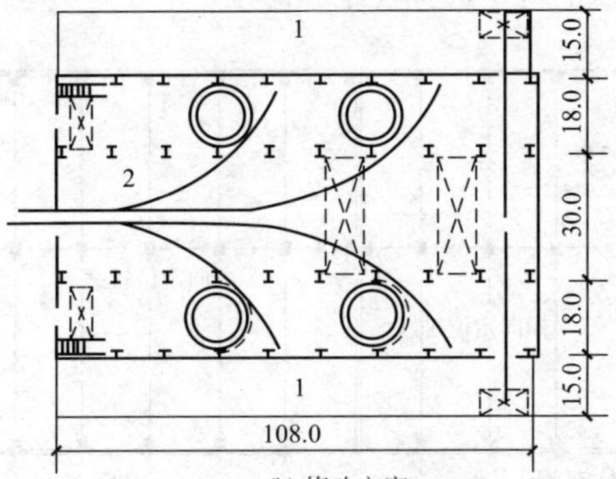

(b) 修改方案

图 14.13　某铁合金厂房平面

1— 变压器平台；2—生产工段

14.2.2　单层厂房平面形式及特点

厂房平面形式与工艺流程、生产特征、生产规模等有直接的关系。常用的平面形式有矩形、方形、L 形、Π 形、Ш 形等，如图 14.14 所示。矩形平面的特点是构造简单、建造方便。L 形、Π 形、Ш 形平面的特点是厂房各部分宽度不大，外围护结构周长较长，在外墙上可以多设门窗，使厂房室内有良好的采光通风，从而改善室内的劳动条件。

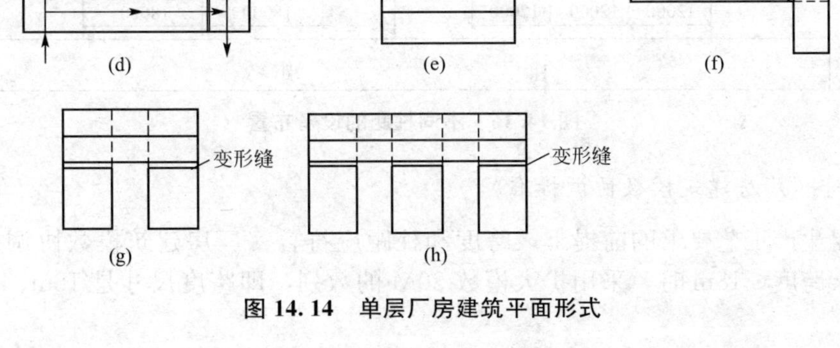

图 14.14　单层厂房建筑平面形式

14.2.3 柱网的选择

在单层厂房中，平面图上布置纵横向定位轴线，一般在纵横向定位轴线相交处布置柱子。把承重结构柱子在平面上排列所形成的网格称为柱网。柱网尺寸是由跨度和柱距组成的。跨度是指纵向定位轴线之间的距离，柱距是指横向定位轴线之间的距离，如图 14.15 所示。平面设计中确定柱网也就是选择柱距和跨度。

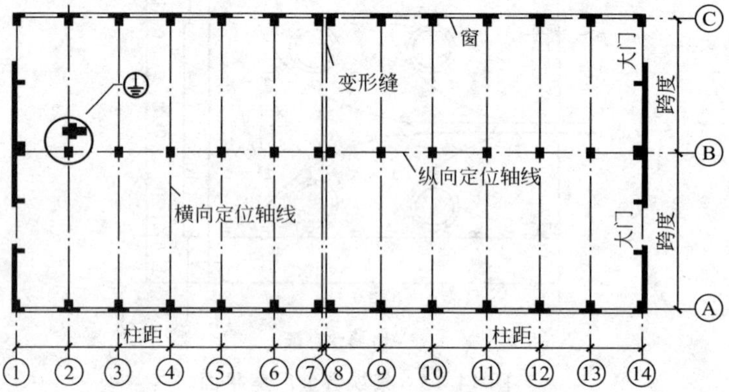

图 14.15　柱网布置示意

柱网尺寸的确定原则如下。

1. 满足生产工艺的要求

跨度和柱距要满足生产设备的大小及布置方式、材料和加工件的运输、生产操作和维修等生产工艺所需的空间要求。不同柱距的设备布置示意如图 14.16 所示；跨度与设备布置的关系如图 14.17 所示。

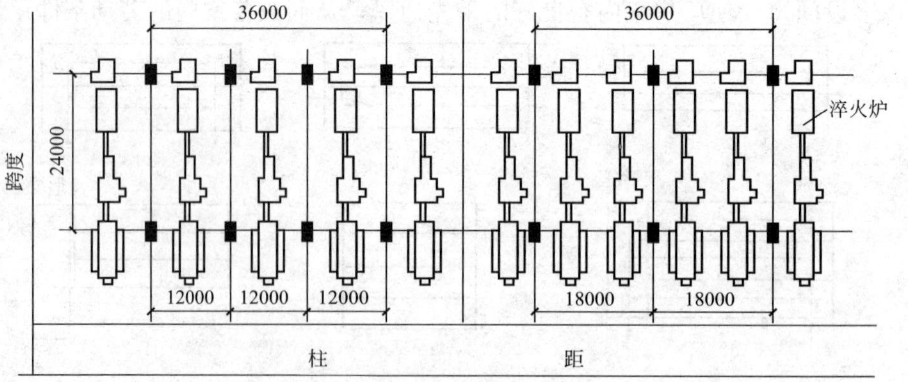

图 14.16　不同柱距的设备布置

2. 遵守《厂房建筑模数协调标准》

在满足生产工艺要求的前提下，跨度和柱距应符合《厂房建筑模数协调标准》的要求。当屋架跨度≤18m 时，采用扩大模数 30M 的数列，即跨度尺寸是 18m、15m、12m、

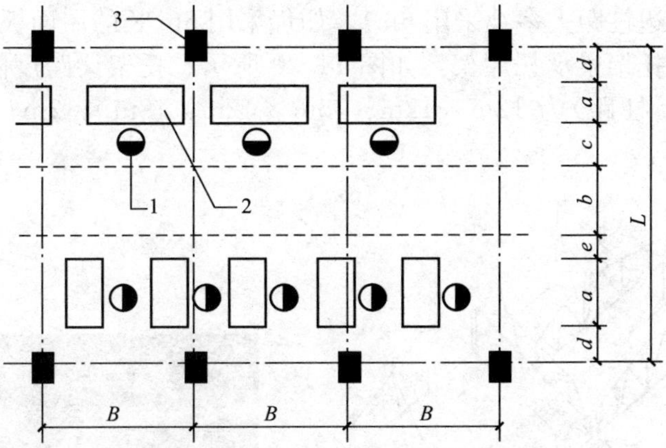

图 14.17　跨度与设备布置的关系

1—操作位置；2—生产设备；3—柱子；L—跨度；B—柱距；a—生产设备宽度或长度；b—通道宽度；c—操作宽度；d—生产设备边缘与柱轴线的距离；e—生产设备边缘至通道边缘的安全距离

9m；当屋架跨度>18m 时，采用扩大模数，即跨度尺寸是 24m、30m、36m 等。当工艺布置有明显优越性时，跨度尺寸也可采用 21m、27m、33m。装配式钢筋混凝土结构体系柱距采用扩大模数 60M 的数列，即 6m、12m、18m，其基本柱距是 6m。当采用砖混结构的砖柱时，其柱距宜小于 4m，可采用 3.9m、3.6m、3.3m 等。

3. 调整和统一柱网

在某些情况下，因生产工艺要求，有时需要越跨布置大型设备时，一般柱距不能满足要求，这就要在内部柱列拔掉一些柱子，这时将出现柱距大小不一的现象，这会给结构布置、计算和施工带来复杂性，这时就要全面考虑调整柱距。跨越布置设备示意如图 14.18 所示。另外，拔掉柱子有利于大型设备的布置和产品的运输，扩大柱距后增加设备的布置如图 14.19 所示。

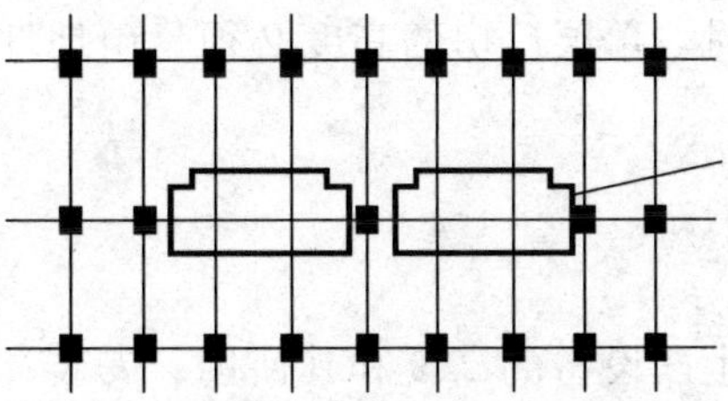

图 14.18　跨越布置设备示意

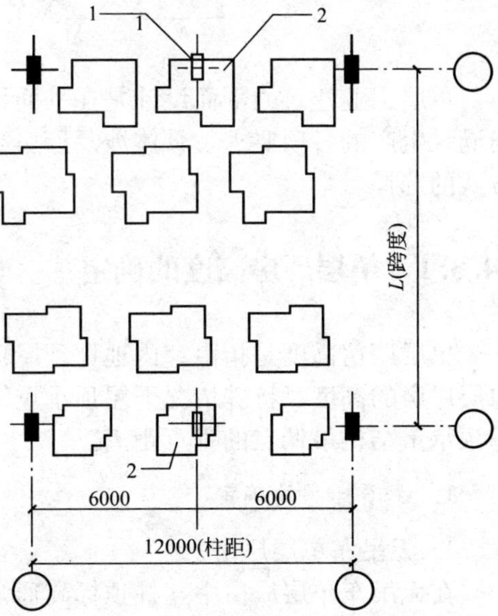

图 14.19　扩大柱距后增加设备的布置示意图

1—扩大柱距后省去的柱子；2—增加的设备

柱距扩大以后(边柱距大多数采用 6m)，如仍采用 6m 长的屋面板，为了支撑屋架（屋面大梁)，上部采用托架梁承托屋架，如图 14.20 所示。托架梁跨度随柱距大小而定。常用扩大柱网(跨度×柱距)为 12m×12m、15m×12m、18m×12m、24m×12m、18m×18m、24m×24m 等。

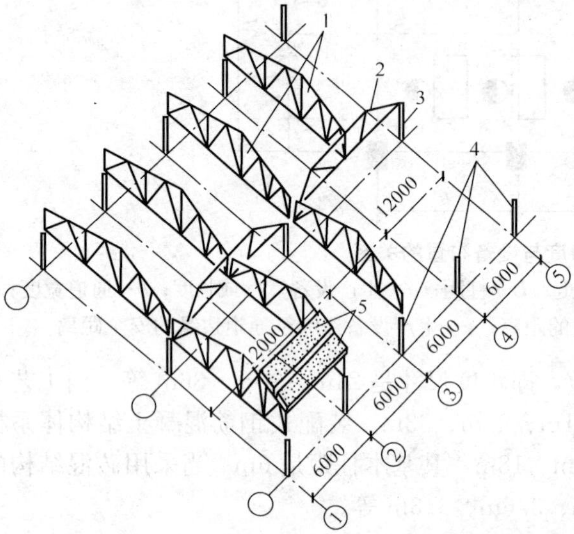

图 14.20　有托架时屋顶承重结构布置图

1—屋架；2—托架梁；3—柱距为 12m 的内柱列；
4—柱距为 6m 的边柱列；5—长度为 6m 的屋面板

14.3　单层工业建筑剖面设计

单层工业建筑的剖面设计是在平面设计的基础上进行的，着重解决在垂直空间方面如何满足生产的各项要求，具体涉及厂房高度的确定，以及天然采光、自然通风和屋面排水方式的选择。

14.3.1　单层厂房高度的确定

单层厂房高度是指由室内地坪到屋顶承重结构最低点的距离。通常以柱顶标高来代表单层厂房的高度。特殊情况下屋顶承重结构为下沉式时，单层厂房的高度必须是由地坪至屋顶承重结构最低点的垂直距离。

1. 柱顶标高的确定

1）无吊车单层厂房

在无吊车单层厂房中，柱顶标高通常是根据最大生产设备的高度和其使用、安装、检修时所需的净空高度确定的。同时，必须考虑采光和通风，以及满足《工业企业卫生设计标准》的要求。柱顶标高应符合扩大模数 3M 的数列规定，一般不低于 3.9m。

2）有吊车单层厂房

在有吊车单层厂房中，如图 14.21 所示，其柱顶标高可按照下式来计算：

柱顶标高 $H = H_1 + H_2$

轨顶标高 $H_1 = h_1 + h_2 + h_3 + h_4 + h_5$

轨顶至柱顶高度 $H_2 = h_6 + h_7$

式中：h_1——需跨越最大设备，室内分隔墙或检修所需的高度；

h_2——起吊物与跨越物间的安全距离，一般为 400～500mm；

h_3——被吊物体的最大高度；

h_4——吊索最小高度，根据起吊物件大小和起吊方式而定，一般大于 1000mm；

h_5——吊钩至轨顶面的最小尺寸，由吊车规格表中查得；

h_6——吊车梁轨顶至小车顶面的净空尺寸，由吊车规格表中查得；

h_7——屋架下弦至小车顶面之间的安全距离，主要应考虑到屋架下弦及支撑可能产生的下垂挠度，以及厂房地基可能产生不均匀沉降时对吊车正常运行的影响。最小尺寸为 220mm，湿陷性黄土地区一般不小于 300mm。如屋架下弦悬挂有管线等其他设施时，还需另加必要的尺寸。

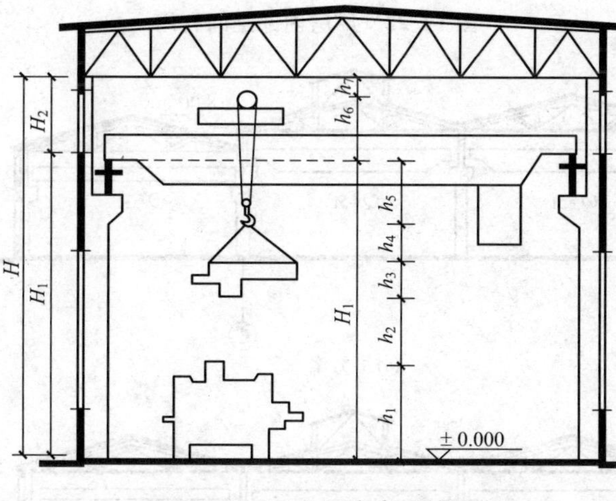

图 14.21 工业厂房高度的确定

《厂房建筑模数协调标准》规定，柱顶标高 H 应符合扩大模数 3M 数列，H_1 为吊车轨顶标高，一般由工艺设计人员提出。其中柱牛腿标高应符合扩大模数 3M 数列，当牛腿标高大于 7.2m 时，应符合扩大模数 6M 数列。

2. 厂房高度的调整

在确定单层厂房的高度时，应注意有效地利用和节约空间，对降低建筑造价具有重要意义。

（1）在厂房内部有个别高大设备或有需要高空间操作的工艺环节时，可采取降低局部地面标高的方式来减小厂房空间高度。某厂房的变压器修理工段的剖面如图 14.22(a) 所示。

（2）在工艺条件允许的情况下，把高大设备布置在两榀屋架之间，利用屋顶空间起到缩短柱子长度的作用，从而降低了厂房高度。某厂原工艺布置如图 14.22(b)所示。

（3）由于生产工艺和设备布置的要求，横剖面出现高低错落时，可提高低跨高度，变高低跨为等高跨。我国《工业化建筑统一化基本规则》规定：在多跨工业建筑中，当高差值等于或小于 1.2m 时不设高差；在不采暖的多跨工业建筑中，高跨一侧仅有一个低跨，且高差值等于或小于 1.8m 时，也不设高差。某机械加工车间为三跨，设有高差，如将低跨与高跨拉平，则柱子类型从四种减至两种，柱断面由复杂变简单，简化了结构与构造，便于施工，如图 14.23 所示。

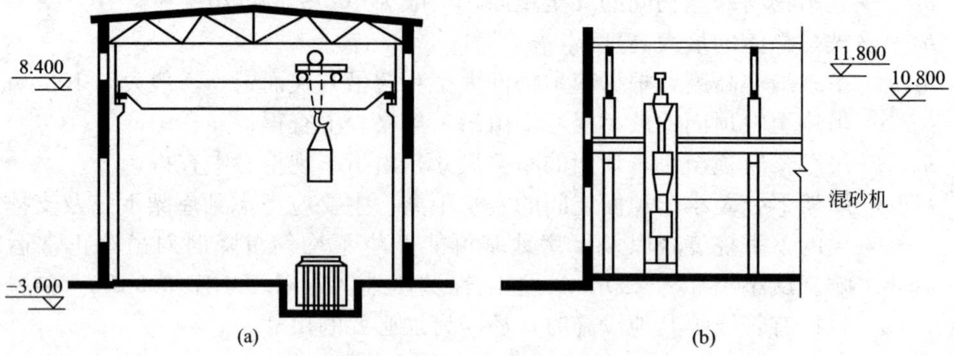

图 14.22　厂房内部空间利用

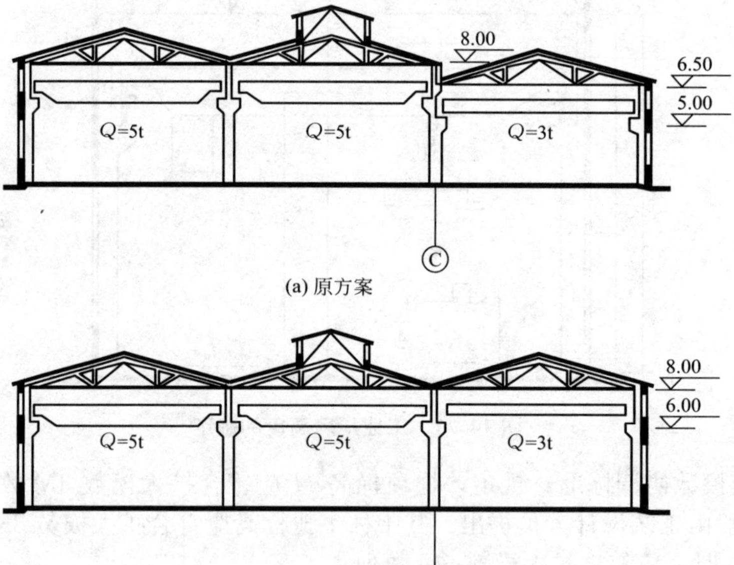

图 14.23　某机械加工车间剖面方案

14.3.2　天然采光

天然采光方式有三种：侧面采光(侧窗)、顶部采光(天窗)、混合采光(侧窗＋天窗)，如图 14.24 所示。侧面采光是利用设在侧墙上的窗子进行采光；顶部采光是利用开设在屋顶上的窗子进行采光；混合采光是这两种方式组合起来同时采光。

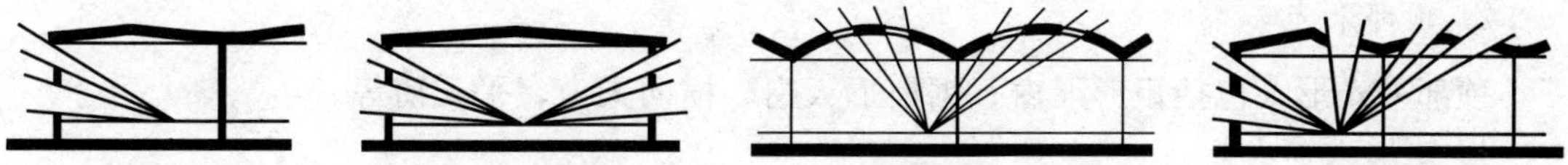

(a) 单侧采光　　(b) 双侧采光　　(c) 顶部采光　　(d) 混合采光

图 14.24　单层厂房天然采光方式

1. 侧面采光

侧面采光分单侧采光和双侧采光两种。单侧采光光线不均匀，房间的天然光照度随进深的增加而迅速降低，如图 14.25 所示。即单侧采光房间的进深一般不超过窗高的 1.5～2.0 倍为宜。如厂房很宽，超越单侧采光所能解决的范围时，就要辅以双侧采光或人工照明。

在有桥式吊车的厂房中，常将侧窗分为上下两段布置，上段称之为高侧窗，下段称之为低侧窗。在一定高度处有吊车梁通过，在吊车梁处开窗是没有必要的。为不使吊车梁遮挡光线，高侧窗下沿距吊车梁顶面不应过高和过低，一般取 600mm 左右为宜，如图 14.26 所示。高侧窗投光远，光线均匀，能提高远窗点的采光效果。因此，设计中，若工艺条件合适，宜尽量利用高低侧窗结合布置解决厂房的采光问题，如图 14.27 所示。

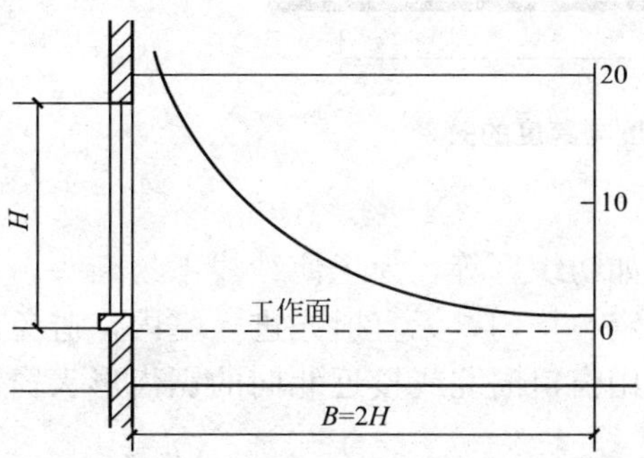

图 14.25　单侧采光系数衰减示意

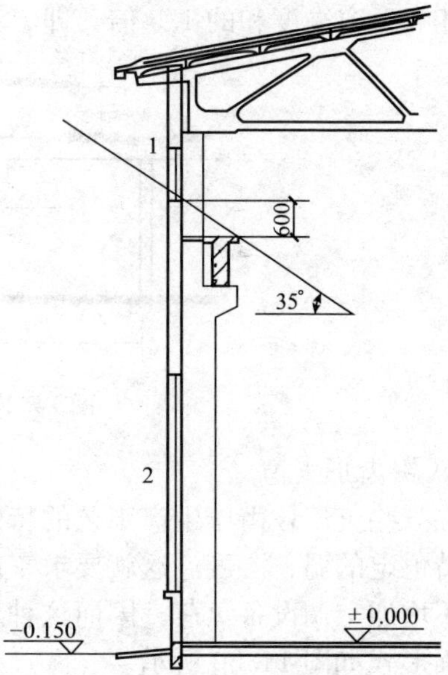

图 14.26　高低侧窗示意图

1—高侧窗；2—低侧窗

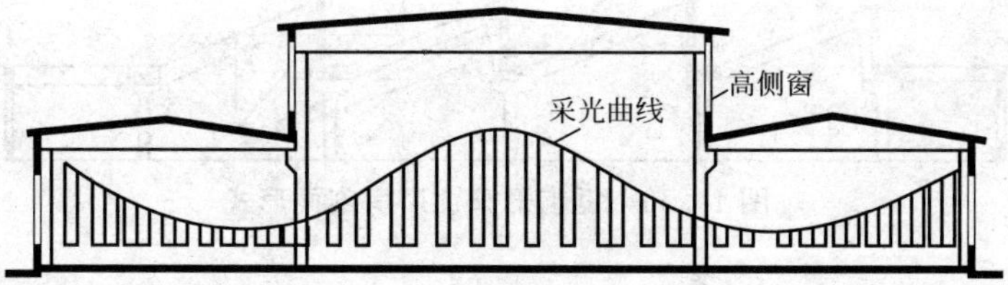

图 14.27　高低侧窗结合布置采光

2. 顶部采光

顶部采光形式包括矩形天窗、锯齿形天窗、横向天窗、平天窗等。

1）矩形天窗

矩形天窗是沿跨间纵向升起局部屋面，在高低屋面的垂直面上开设采光窗而形成的，是我国单层工业厂房应用最广的一种天窗形式，其采光特点与侧窗采光类似。

矩形天窗的厂房剖面形式如图 14.28 所示。这种天窗，室内光线均匀；由于玻璃面是垂直的，受污染程度小，易于防水；窗扇可开启，有一定的通风作用。矩形天窗的缺点是增加了屋顶承重结构的集中荷载，造价高，抗震性能不好。

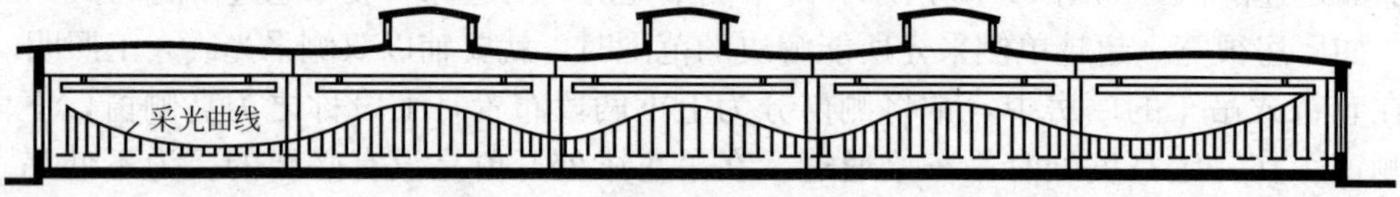

图 14.28　矩形天窗的厂房剖面形式

为了获得良好的采光效果，合适的天窗宽度为$\frac{1}{3}\sim\frac{1}{2}$厂房跨度。两天窗的边缘距离应大于相邻天窗高度和的 1.5 倍，即 $l>1.5(h_1+h_2)$，如图 14.29 所示。

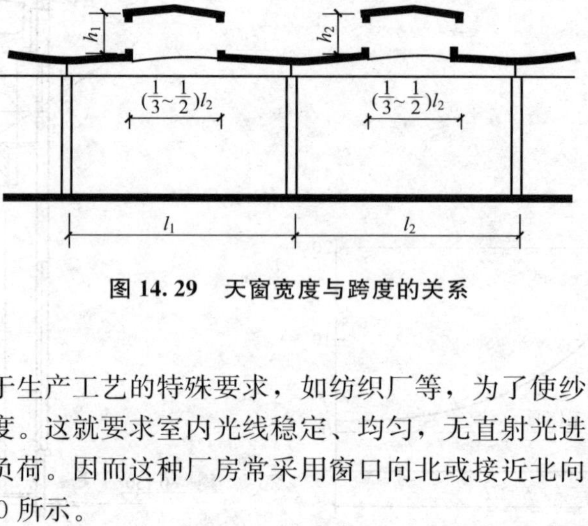

图 14.29　天窗宽度与跨度的关系

2）锯齿形天窗

在某些工厂，由于生产工艺的特殊要求，如纺织厂等，为了使纱线不易断头，厂房内要保持恒定的温、湿度。这就要求室内光线稳定、均匀，无直射光进入室内，避免产生眩光及不增加空调设备负荷。因而这种厂房常采用窗口向北或接近北向的锯齿形天窗。其厂房剖面形式如图 14.30 所示。

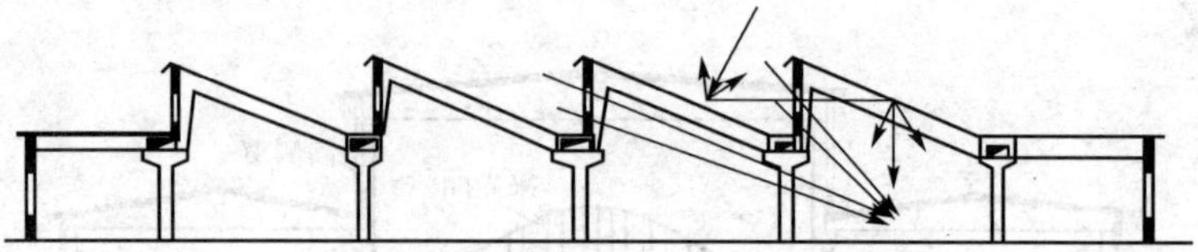

图 14.30　锯齿形天窗厂房剖面形式

3）横向天窗

当厂房采光要求较高或受建设地段条件的限制不得不将厂房纵轴南北向布置时，如仍用矩形天窗，就会产生西晒，导致夏季室内过热。为避免这种现象，可采用横向天窗。将一个柱距或几个柱距内的屋面板下沉，支承在屋架下弦上，相邻屋面板仍支于屋架上弦上，利用两部分屋面板位置的高差作采光口，这种天窗称之为横向下沉式天窗，如图 14.31 所示。

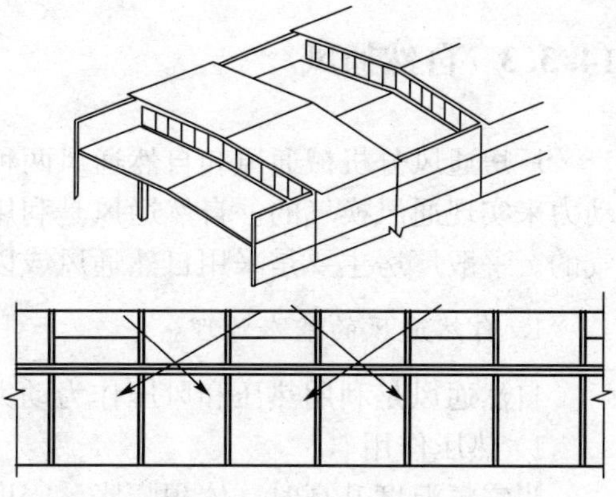

图 14.31 横向下沉式天窗厂房剖面形式

4）平天窗

平天窗就是在屋面板直接设置水平或接近水平的采光口，如图 14.32 所示。这种天窗采光效率高，采光均匀，在采光面积相等时，平天窗在水平面上的照度比矩形天窗高 2～3 倍。平天窗有三种形式，即采光板、采光罩和采光带，分别如图 14.33(a)、(b)、(c)所示。

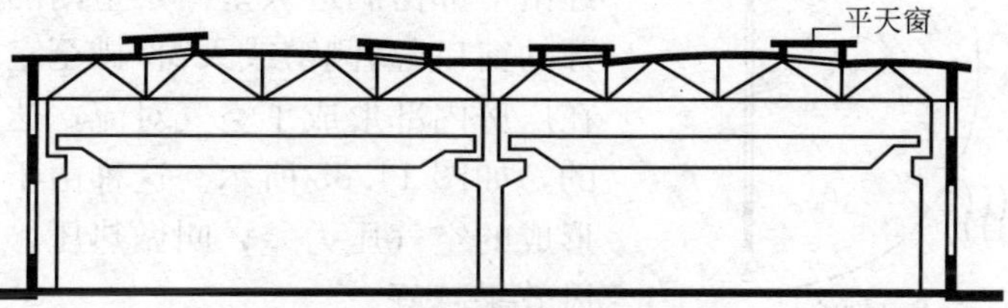

图 14.32 平天窗厂房剖面形式

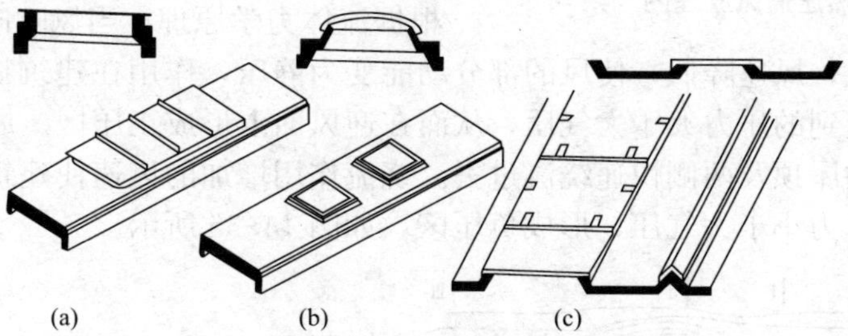

(a) (b) (c)

图 14.33 平天窗形式

为便于排水，减少积尘，在实践中还出现了三角形天窗，如图 14.34 所示。即将玻璃面抬高（一般与水平面夹角 30°～45°)，宽度为 3～6m，需要设天窗架。

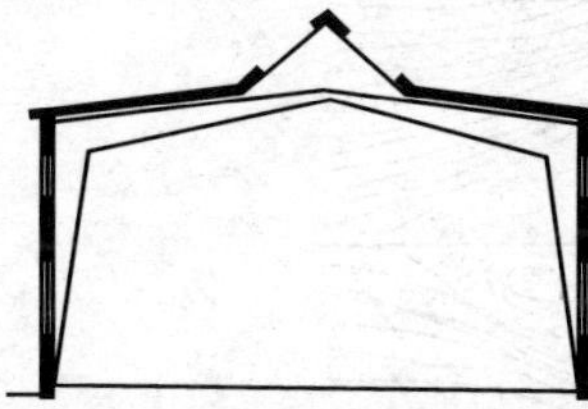

图 14.34 三角形天窗厂房剖面图

3. 混合采光

当厂房很宽，侧窗采光不能满足整个厂房的采光要求时，则须在屋顶上开设天窗，即采用混合采光的方式。

14.3.3 自然通风

厂房通风分机械通风和自然通风两种。机械通风是依靠通风机的力量作为空气流动的动力来实现通风换气的。自然通风是利用自然力作为空气流动的动力来实现厂房的通风换气的。一般厂房主要是采用自然通风或以自然通风为主辅之以简单的机械通风。

1. 自然通风的基本原理

自然通风是利用热压和风压作为动力来实现的。

1）热压作用

当空气温度升高时，体积膨胀，密度减小。由于室内外空气温度不同，空气密度也不一样。于是室内外空气形成了重力差。如果在厂房下部开设门窗洞口(如侧窗)，则室外的冷空气就会经由下部窗洞进入室内，室内的热空气由厂房上部开的窗口(高侧窗或天窗)排至室外。如此循环，就在厂房内部形成了空气对流，达到了通风换气的目的，如图 14.35 所示。这种由于厂房内外温度差所形成的空气压力差，叫做热压。热压越大，自然通风效果越好。

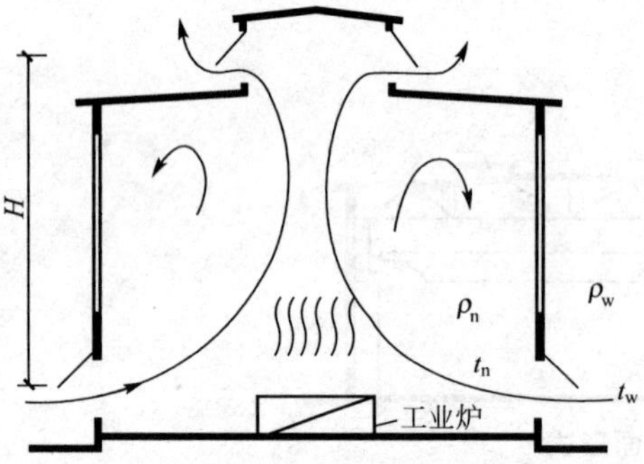

图 14.35 热压通风原理图

2）风压作用

根据流体力学原理，当风吹向房屋时，迎风面墙壁空气流动受阻，风速降低，使风的部分动能变为静压，作用在建筑物的迎风面上，因而使迎风面上所受到的压力大于大气压，从而在迎风面上形成正压区。风受到迎风面的阻挡后，从建筑物的屋顶及两侧快速绕流过去。绕流作用增加的风速使建筑物的屋顶、两侧及背风面受到的压力小于大气压，形成负压区，如图 14.36 所示。

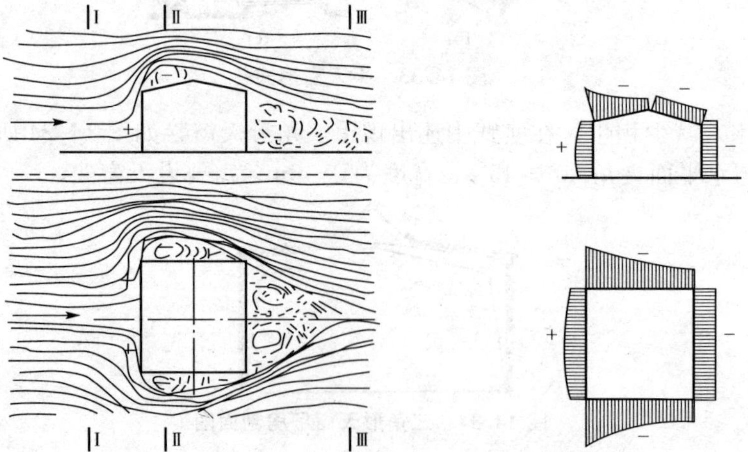

图 14.36 风绕房屋流动状况及风压分布

如果在建筑物的迎风面和背风面上开口，气流就会从正压区流入室内，再从室内流向负压区，把室内的热空气或有害气体从排风口排至室外，这就形成了风压通风。

2. 自然通风设计一般原则

1）建筑朝向的选择

为了充分利用自然通风，应限制厂房宽度并使其长轴垂直于当地夏季主导风向。从减少建筑物接受太阳辐射和组织自然通风角度综合来说，厂房南北朝向是最合理的。

2）建筑群的布局

整个建筑群的布局安排好，才能组织好室内的通风。一般建筑群平面布局有行列式、错列式、斜列式、周边式、自由式五种。从自然通风角度来看，错列式和斜列式布局更好。

3）厂房开口与自然通风

一般来说，进风口直接对着出风口，会使气流直通，风速较大，但风场影响范围小。如果进出风口错开互为对角，则风场影响的区域会大些。若进出风口相距太近则会使气流偏向一侧，室内通风效果不佳。

4）导风设计

中轴旋转窗扇、水平挑檐、挡风板、百叶板、外遮阳板及绿化均可以挡风、导风，可有效地组织室内通风。

14.3.4 单层厂房屋面排水

有组织排水中要设天沟、女儿墙或檐口板、水斗、水落管和地下排水管网。无组织排水，雨雪水由屋檐处不经任何组织自由落下排至室外。

常用的屋顶形式有两种。

(1) 多脊双坡屋顶天沟排水。如图 14.37 和图 14.38 所示。其优点是屋顶承重构件受力合理，屋顶承重构件已定型化；其不足之处是水斗、水落管易被堵塞，屋面易渗漏。

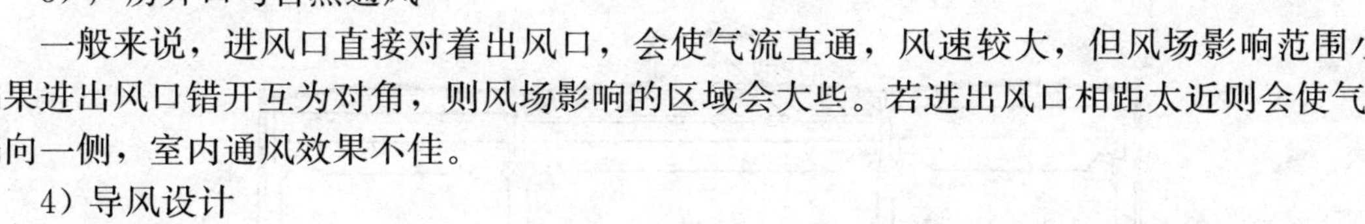

图 14.37 有组织内排水

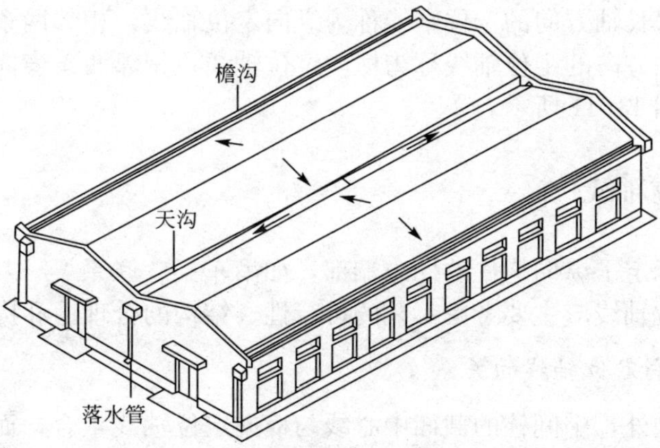

图 14.38 长天沟端部外排水

(2) 缓长坡形式屋顶。这种屋顶可避免多脊双坡屋顶的缺点，且构造简单，可以减少维修和投资费用，如图 14.39 和图 14.40 所示。

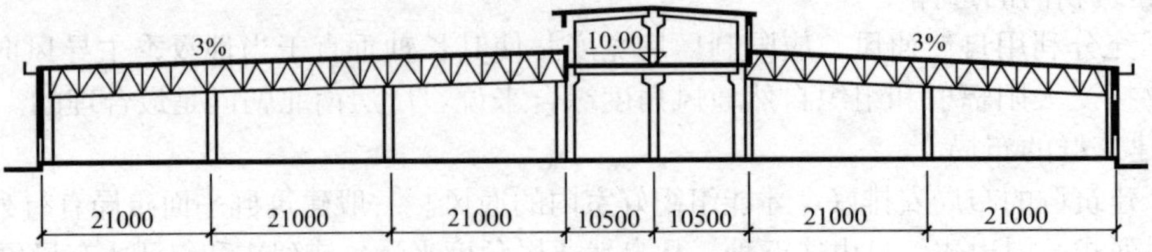

图 14.39　缓长坡屋顶外排水

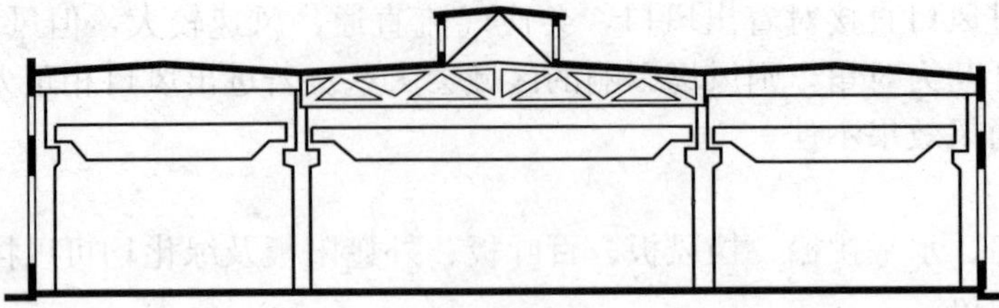

(a) 原剖面方案

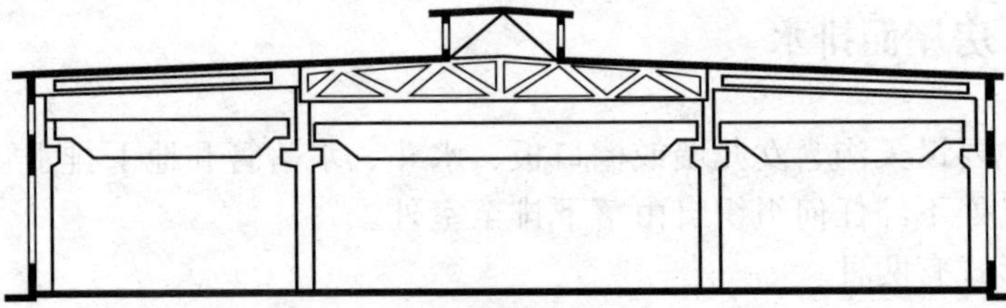

(b) 修改后方案

图 14.40　屋面排水方案比较

14.4 单层厂房定位轴线

单层厂房定位轴线是确定单层厂房主要承重构件的平面位置及其标志尺寸的基准线，同时也是单层厂房施工放线和设备安装定位的依据。

通常，单层厂房长轴方向的定位轴线称为纵向定位轴线，相邻两条纵向定位轴线的间距为厂房跨度。短轴方向的定位轴线称为横向定位轴线，相邻两条横向定位轴线的间距为单层厂房柱距，如图 14.41 所示。

14.4.1　横向定位轴线

横向定位轴线标定了纵向构件的标志端部，如吊车梁、联系梁、基础梁、屋面板、墙板等。确定横向定位轴线应主要考虑工艺的可行性、结构的合理性和构造的简单可行性。

1. 中间柱与横向定位轴线的关系

除两顶端的边柱外，中间柱的截面中心线与横向定位轴线重合，而且屋架中心线也与横向定位轴线重合，如图 14.42 所示，纵向的结构构件，如屋面板、吊车梁、联系梁的标

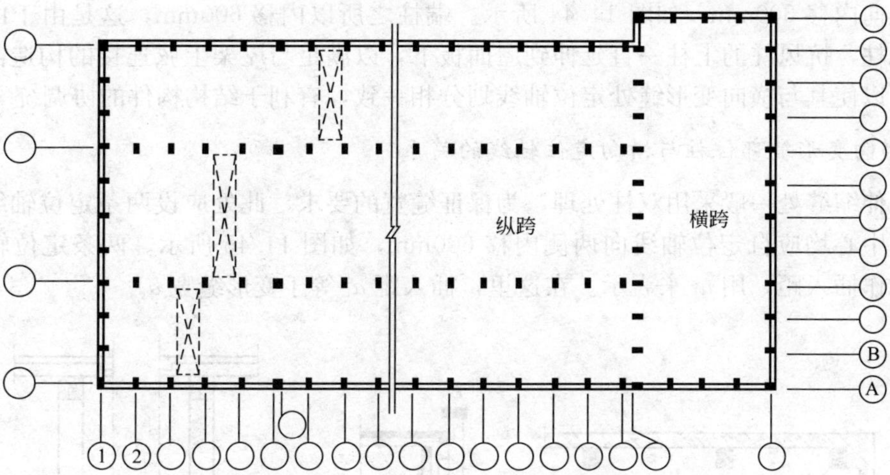

图 14.41 单层厂房定位轴线示意

志长度皆以横向定位轴线为界。

2. 山墙与横向定位轴线的关系

单层厂房的山墙按受力情况，分为非承重山墙和承重山墙。

1）承重山墙

当山墙为承重山墙时，承重山墙内缘与横向定位轴线的距离应按砌体块材的半块或半块的整倍数、或者取墙体厚度的一半，如图 14.43 所示，以保证构件在墙体上有足够的结构支承长度。

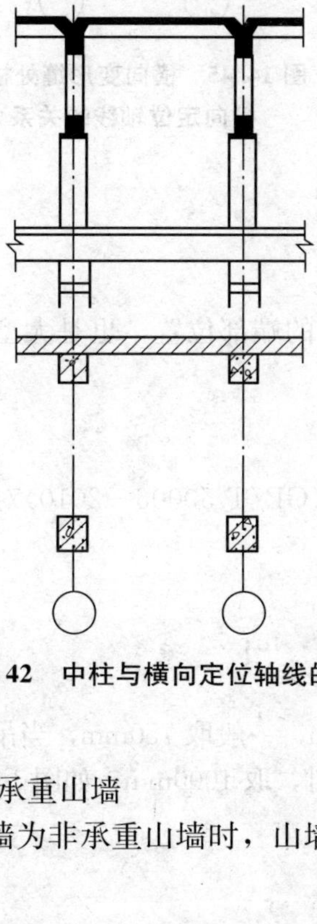

图 14.42 中柱与横向定位轴线的关系

图 14.43 承重山墙横向定位轴线

λ—墙体块材的半块、半块的倍数或墙厚的一半

2）非承重山墙

当山墙为非承重山墙时，山墙内缘与横向定位轴线重合，端部柱截面中心线应自横向

定位轴线向内移 600mm，如图 14.44 所示。端柱之所以内移 600mm，这是由于山墙内侧设有抗风柱，抗风柱的上柱一直延伸到屋面板下，以满足与屋架上弦连接的构造需要；而且这样可以使其与横向变形缝处定位轴线划分相一致，有利于结构构件的协调统一。

3. 横向变形缝部位柱与横向定位轴线的关系

横向伸缩缝处一般采用双柱处理，为保证缝宽的要求，此处应设两条定位轴线，缝两侧柱截面中心均应自定位轴线向两侧内移 600mm，如图 14.45 所示。两条定位轴线之间的距离称作插入距，用 a_i 来表示。在这里，插入距 a_i 等于变形缝宽 a_e。

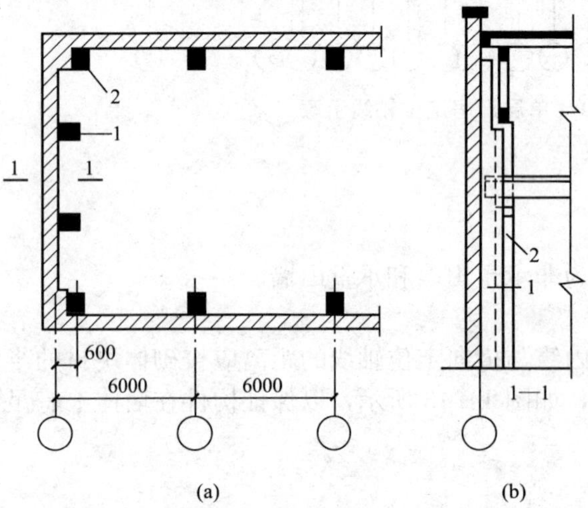

图 14.44　非承重山墙处端柱与横向定位轴线的关系

1—抗风柱；2—端部柱

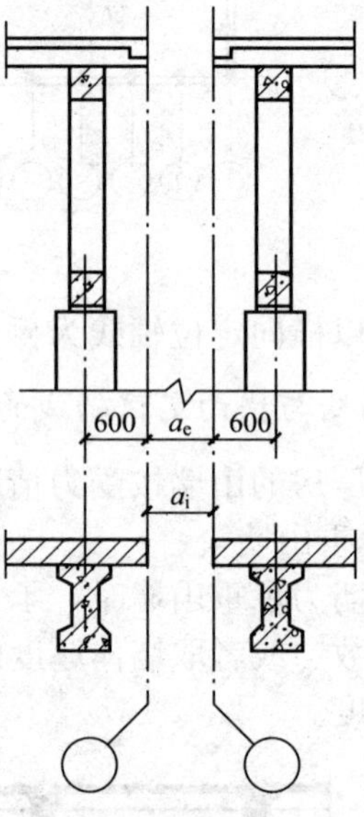

图 14.45　横向变形缝处柱与横向定位轴线的关系

14.4.2　纵向定位轴线

纵向定位轴线标定横向构件屋架或屋面大梁标志尺寸的端部位置，也是大型屋面板边缘的位置。

1. 外墙、边柱与纵向定位轴线的关系

在有吊车的单层厂房中，《厂房建筑模数协调标准》(GB/T 50006—2010)对吊车规格与单层厂房跨度的关系为：

$$L_k = L - 2e$$

式中：L_k——吊车跨度，即吊车两轨道中心线之间的距离，m；

L——单层厂房跨度，m；

e——吊车轨道中心线至纵向定位轴线的距离，mm，一般取 750mm，当吊车起重量大于 50t 或者为重级工作制需设安全走道板时，取 1000mm，如图 14.46 所示。

$$e = h + C_b + B$$

式中：h——上柱截面宽度，mm，根据单层厂房高度、跨度、柱距及吊车起重量确定；

B——吊车桥架端部构造长度，mm，即吊车轨道中心线至吊车端部外缘的距离：

C_b——吊车端部外缘至上柱内缘的安全净空尺寸，吊车起重量 $Q\leqslant 50t$ 时，$C_b\geqslant 80mm$；$Q\geqslant 75t$ 时，$C_b\geqslant 100mm$。

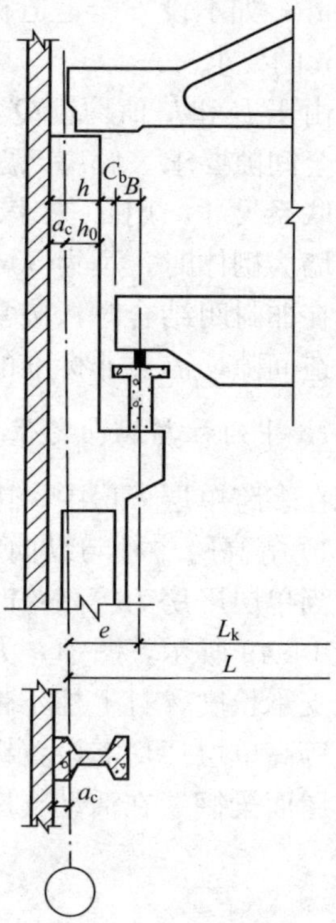

图 14.46　吊车与单层厂房空间关系示意图

由于吊车起重量、单层厂房柱距、跨度不同，以及是否有安全走道板等条件，边柱外缘纵向定位轴线的关系有下面两种情况。

1）封闭式结合

在无吊车或只有悬挂式吊车，以及柱距为 6m，桥式吊车起重量 $Q\leqslant 20t/5t$ 条件下的单层厂房中，采用封闭结合式定位轴线，如图 14.47 所示，即边柱外缘与纵向定位线相重合。

此时相应的参数为：$B\leqslant 260mm$，$C_b\geqslant 80mm$，$h\leqslant 400mm$，$e=750mm$。

则 $C_b=e-(h+B)\geqslant 90mm$，满足 $C_b\geqslant 80mm$ 的要求。

封闭式结合中，屋面板全部采用标准板，具有构造简单、施工方便等优点。

2）非封闭式结合

在柱距为 6m、吊车起重量 $Q\geqslant 30t/5t$ 的单层厂房中，边柱、外墙与纵向定位轴线之间有一定的距离，如图 14.48 所示。

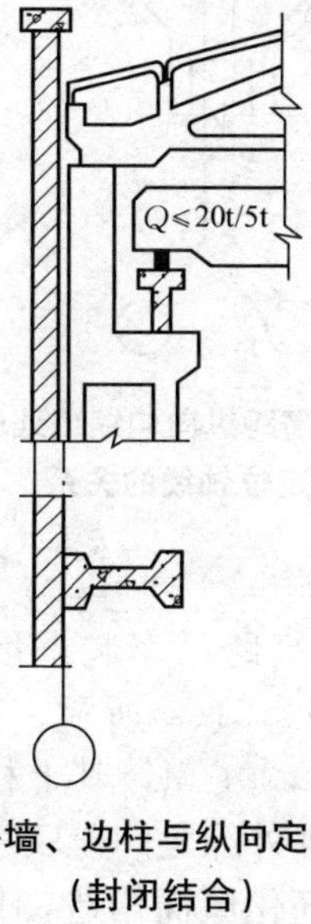

图 14.47　外墙、边柱与纵向定位轴线的关系（封闭结合）

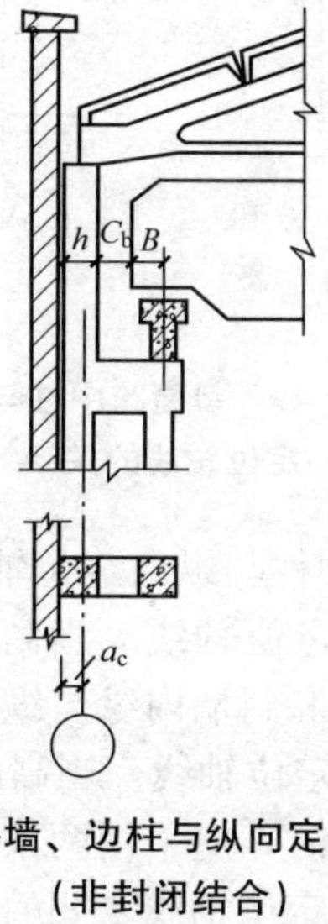

图 14.48　外墙、边柱与纵向定位轴线的关系（非封闭结合）

当 $Q\geqslant 30t/5t$ 时，$B=300mm$，$C_b=80mm$；因为吊车较重或柱距较大，故 $h=$

400mm；如不设安全走道板，e=750mm。则 $C_b = e-(h+B)$=50mm，不能满足上述 $C_b \geqslant$ 80mm 的要求。

由于 B 和 h 值均较 $Q \leqslant$ 20t/5t 时大，如继续采用封闭式结合，已不能满足吊车运行所需安全间隙要求。解决问题的办法是将边柱外缘自定位轴线向外移动一定距离，这个距离称为联系尺寸，用 a_c 来表示。为了减少构件类型，a_c 值须取 300mm 或 300mm 的整倍数。当外墙为砌体时，可为 50mm 或 50mm 的整倍数。

在非封闭结合时，按常规布置屋面板只能铺至定位轴线处，与外墙内缘出现了非封闭的构造间隙，需要非标准的补充构件板。非封闭式结合构造复杂，施工较为麻烦。

2. 中列柱与纵向定位轴线的关系

在多跨单层厂房中，中列柱有等高跨和不等高跨两种情况。

1）等高跨中柱与纵向定位轴线

当单层厂房为等高跨时，中柱通常采用单柱，其柱截面中心与纵向定位轴线相重合，如图 14.49 所示，图中 h 为上柱宽度。此时上柱截面一般取 600mm，以满足屋架或屋面大梁的支承长度，且上柱不带牛腿，构造简单。

等高单层厂房需设置纵向伸缩缝时，可采用单柱并设两条定位轴线。伸缩缝一侧的屋架或屋面梁搁置在活动支座上，如图 14.50 所示。此时，$a_i = a_e$。

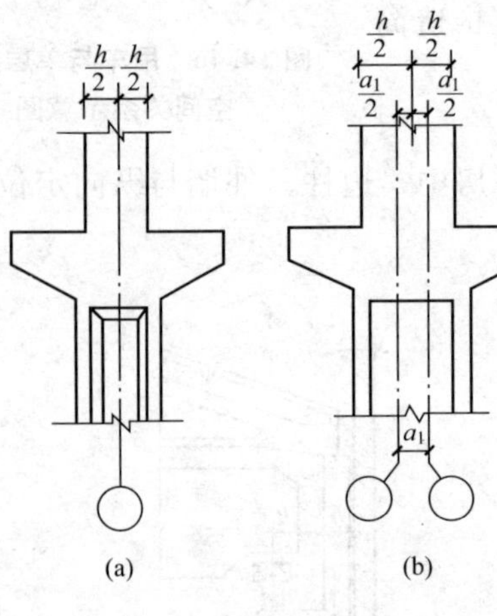

图 14.49　等高跨中柱与纵向定位轴线的关系

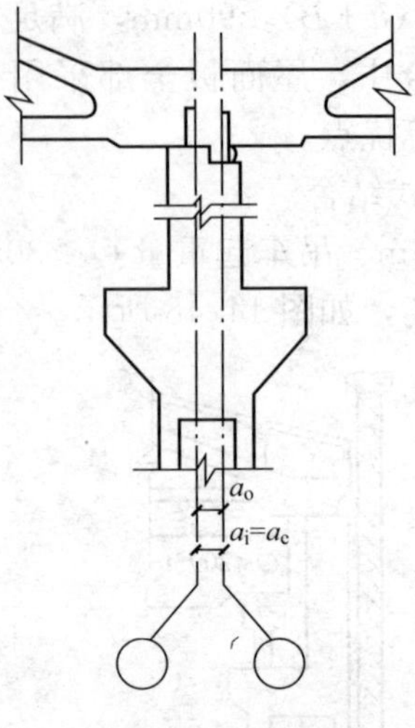

图 14.50　等高跨纵向伸缩缝处中柱与纵向定位轴线的关系

2）高低跨中柱与纵向定位轴线的关系

(1) 设一条定位轴线。当高低跨处采用单柱时，如果高跨吊车起重量为 $Q \leqslant$ 20t/5t，则高跨上柱外缘和封墙内缘与纵向定位轴线相重合，如图 14.51(a)所示。

(2) 设两条定位轴线。当高跨吊车起重量较大，如 $Q \geqslant$ 30t/5t，其上柱外缘与纵向定位轴线不能重合时，应采用两条定位轴线。高跨轴线与上柱外缘之间设联系尺寸 a_c。低跨定位轴线与高跨定位轴线之间的插入距离为插入距 a_i，为简化屋面构造，其定位轴线应自上柱外缘、封墙内缘通过，即插入距 a_i 等于联系尺寸 a_c，如图 14.51(b)所示。此时同一柱子的两条定位轴线分属高低跨。如封墙采用墙板结构时，可按图 14.51(c)、(d)处理。

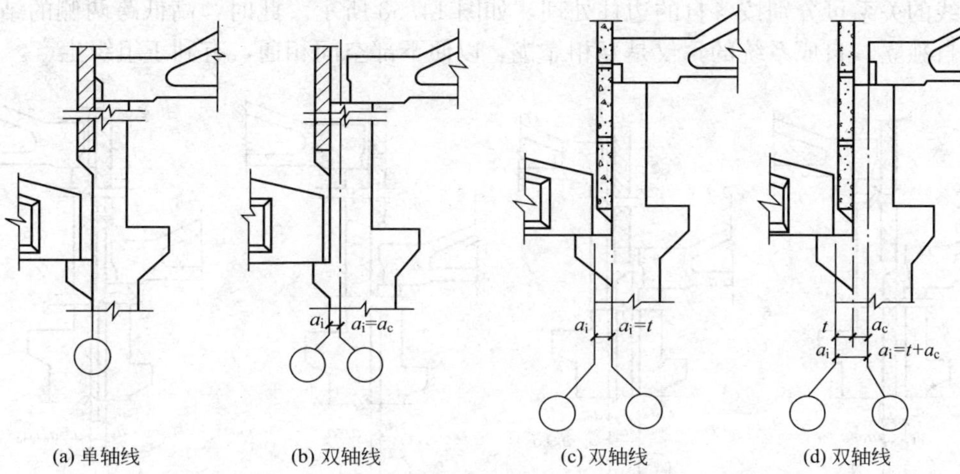

图 14.51 高低跨中柱与纵向定位轴线的关系

a_i—插入距；a_c—联系尺寸；t—封墙板厚

(3) 纵向变形缝处柱与纵向定位轴线的关系。不等高单层厂房设置纵向伸缩缝时，一般设置在高低跨处。当采用单柱处理时，低跨的屋架或屋面梁可搁置在设有活动支座的牛腿上，高低跨处应采用两条纵向定位轴线，其间设插入距 a_i。此时插入距 a_i 在数值上与伸缩缝宽度 a_e、联系尺寸 a_c、封墙厚度 t 的关系如图 14.52 所示。

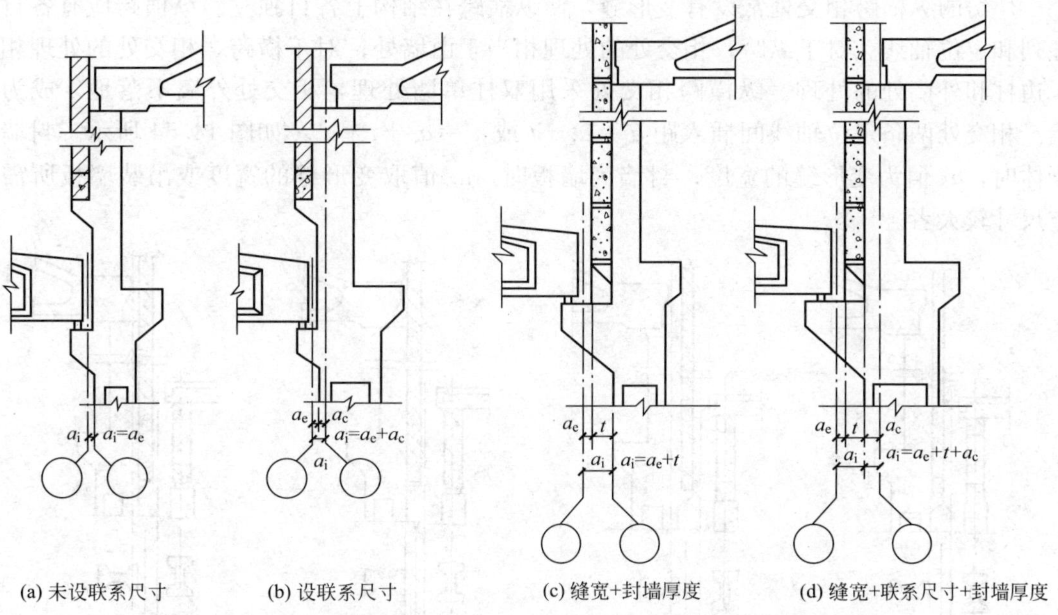

图 14.52 不等高单层厂房纵向伸缩缝处单柱与纵向定位轴线的关系

a_i—插入距；a_c—联系尺寸；t—封墙厚；a_e—缝宽

高低跨采用单柱处理，结构简单，吊装工程量少，但柱外形较复杂，制作不便，此时可结合伸缩缝或防震缝采用双柱结构方案。

当伸缩缝或防震缝处采用双柱时，应采用两条纵向定位轴线，并设插入距。柱与纵向定位轴线的关系可分别按各自的边柱处理，如图 14.53 所示。此时，高低跨两侧的结构实际是各自独立、自成系统的，仅是互相靠拢，以便下部空间相通，有利于组织生产。

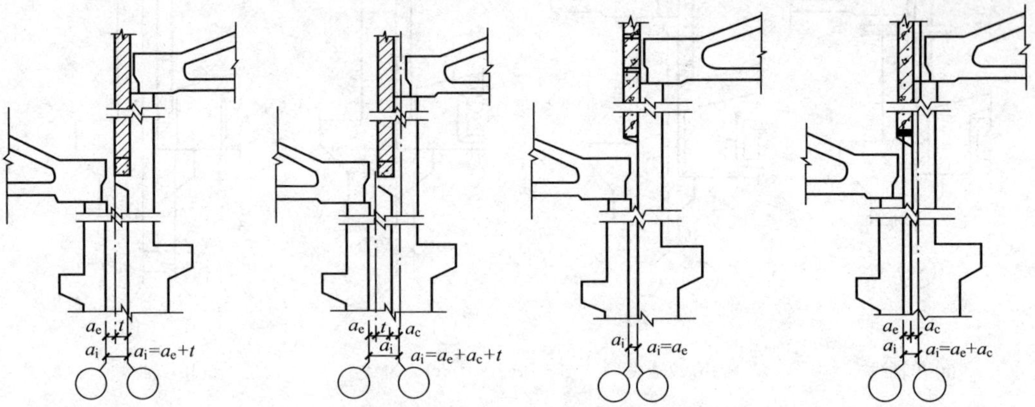

(a) 未设联系尺寸　(b) 设联系尺寸　(c) 墙板和未设联系尺寸　(d) 墙板和联系尺寸

图 14.53　不等高单层厂房纵向伸缩缝处双柱与纵向定位轴线的关系

a_i—插入距；a_c—联系尺寸；t—封墙厚；a_e—缝宽

14.4.3　纵横相交处定位轴线

厂房的纵横跨相交处常设有变形缝，使纵横跨在结构上各自独立。纵横跨应有各自的柱列和定位轴线。对于纵跨，相交处的处理相当于山墙处；对于横跨，相交处的处理相当于边柱和外墙处的处理。纵横跨相交处采用双柱单墙处理，相交处外墙不落地，成为悬墙。相交处两条定位轴线间插入距 $a_i=a_e+t$ 或 $a_i=a_e+t+a_c$，如图 14.54 所示。封墙为砌体时，a_e 值为变形缝的宽度；封墙为墙板时，a_e 值取变形缝的宽度或吊装墙板所需净空尺寸较大者。

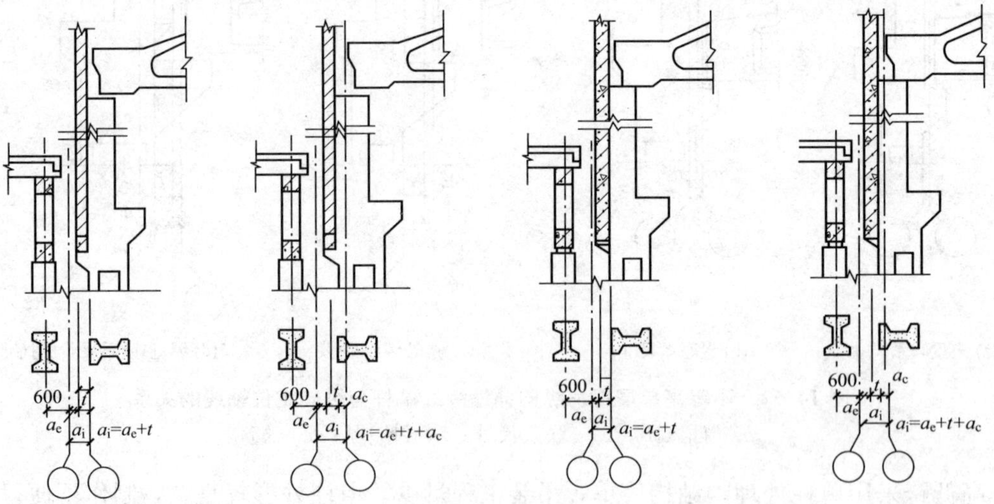

(a) 未设联系尺寸　(b) 设联系尺寸　(c) 封墙为墙板　(d) 封墙为墙板

图 14.54　纵横跨相交处柱与纵向定位轴线的关系

a_i—插入距；a_c—联系尺寸；t—封墙厚；a_e—缝宽

14.5 厂房扩建

设计厂房时，根据需要和可能，在遵照党和国家的基本建设方针和政策的前提下，考虑发展的余地，一般留出扩建场地，正确处理近期建设和远景发展的关系，做到既经济又合理。

14.5.1 厂房扩建应注意的问题

(1) 厂房设计时，需考虑近期使用的合理性和长期发展的可能性，合理预留扩建面积。

(2) 根据生产发展的规划和生产工艺的要求，合理确定扩建方式，使扩建后仍能保证原有生产工艺不受影响。

(3) 深入调查研究，了解原厂房设计情况、现状施工质量等，做出符合实际的扩建方案。

(4) 扩建设计时，合理解决原有及扩建厂房部分的衔接构造问题，如不均匀沉降、温度变形、构件的连接等，并处理好原有厂房和扩建部分的采光、通风、保温及隔热等问题。

(5) 扩建时应考虑施工的方便性，并做到经济合理。

14.5.2 厂房扩建形式

根据扩建厂房与原厂房的相对位置，厂房的扩建形式有横向扩建、纵向扩建以及垂直扩建三种。

1. 横向扩建

在原有厂房一侧横向增建新跨，如图 14.55 所示。该扩建形式，不受原有厂房跨度、高度和吊车起重量等的限制，可用于产品产量和类型需扩大或增多时的厂房扩建。厂房横向扩建需注意以下几个问题。

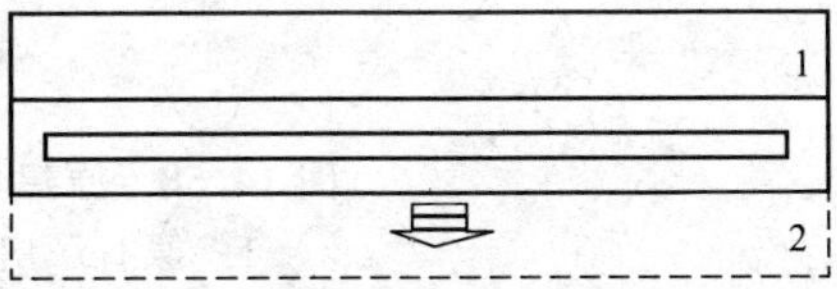

图 14.55 横向扩建示意图

1—原有厂房；2—扩建部分

(1) 厂房扩建后沿跨度方向，其总宽度未超过伸缩缝允许范围，则扩建侧的边柱应按扩建后的中柱进行设计。该柱与纵向定位轴线的关系根据扩建跨的高低有两种，当扩建跨较高时，应按扩建跨边柱原则处理，如图 14.56 所示；当扩建跨较低时，该柱应按原建跨边柱原则处理，如图 14.57 所示。

(2) 厂房扩建后沿跨度方向，其总宽度超过伸缩缝允许范围，这种情况下有两种处理方法：一是采用单柱伸缩缝，扩建侧边柱应按中柱设计；二是采用双柱伸缩缝，两柱分别根据所属的边进行边柱的设计和处理。

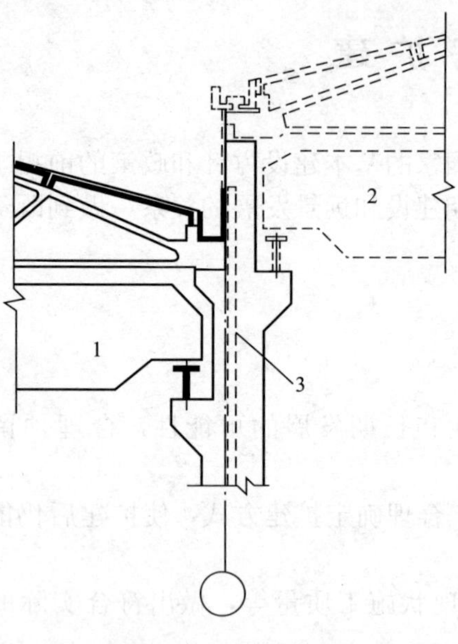

图 14.56 横向扩建厂房较高时的处理方案

1—原有厂房；2—扩建厂房；3—原墙拆除

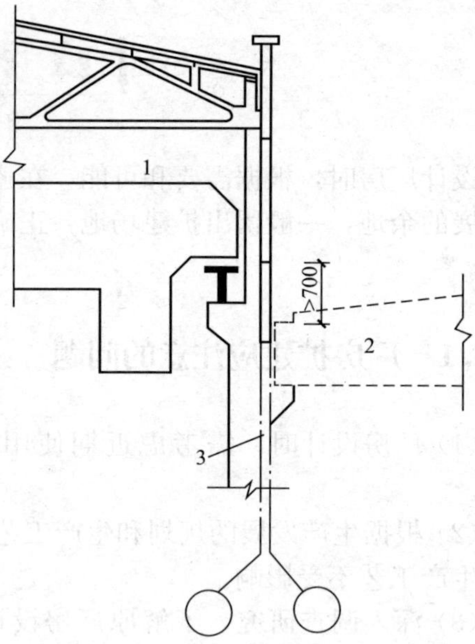

图 14.57 横向扩建厂房较低时的处理方案

1—原有厂房；2—扩建厂房；3—原墙拆除

(3) 现有厂房建设时没有考虑扩建，现今又有扩建之需要，在总图容许的前提下，可考虑将扩建部分离开既有厂房一段距离，两者之间用通廊连接，如图 14.58 所示。

(4) 扩建部分的厂房如果对原有厂房的采光、通风等卫生条件产生影响时，原厂房应预先设置天窗，以保证扩建后有足够的采光和通风口，满足使用要求。

(5) 扩建侧的围护结构应尽可能采用可以拆卸的板材，以便重复利用。

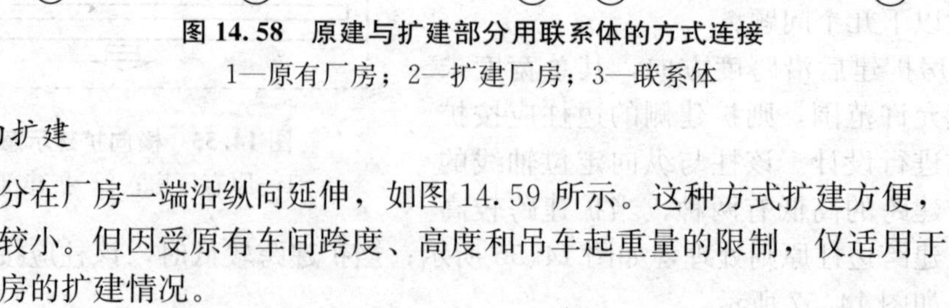

图 14.58 原建与扩建部分用联系体的方式连接

1—原有厂房；2—扩建厂房；3—联系体

2. 纵向扩建

扩建部分在厂房一端沿纵向延伸，如图 14.59 所示。这种方式扩建方便，对原有车间的生产影响较小。但因受原有车间跨度、高度和吊车起重量的限制，仅适用于只有产量扩大的生产厂房的扩建情况。

纵向扩建时，扩建端有两种处理方式：一是与双柱伸缩缝结合，在扩建端预留柱子基础杯口，如图 14.60 所示；二是不结合伸缩缝，在原厂房扩建端山墙位置距离端部定位轴线 600mm 处设置山墙抗风柱，并考虑将该处的屋面板采取封闭措施，如图 14.61 所示。

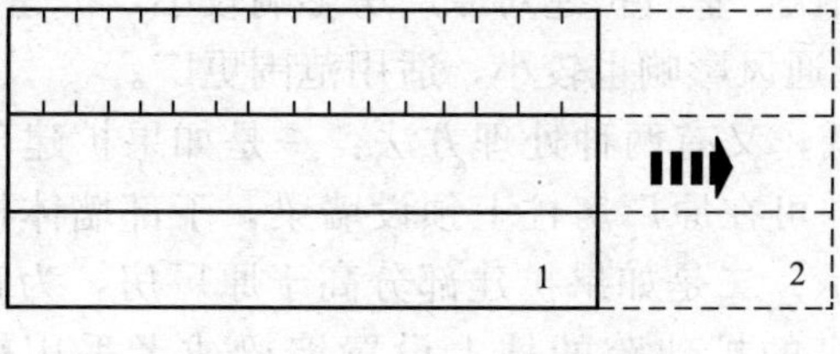

图 14.59 纵向扩建示意

1—原有厂房；2—扩建部分

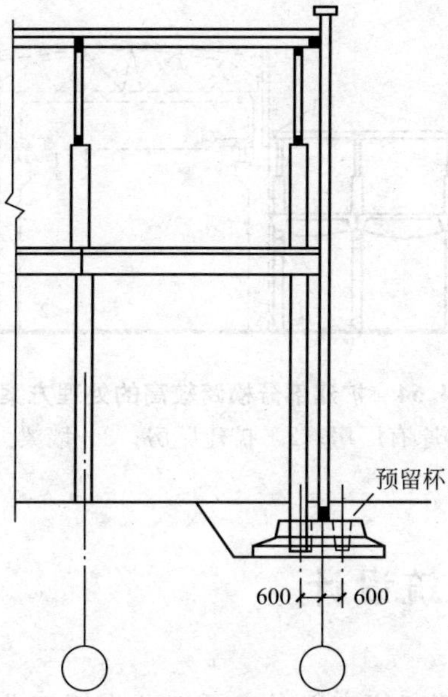

图 14.60 扩建端预留基础杯口处理

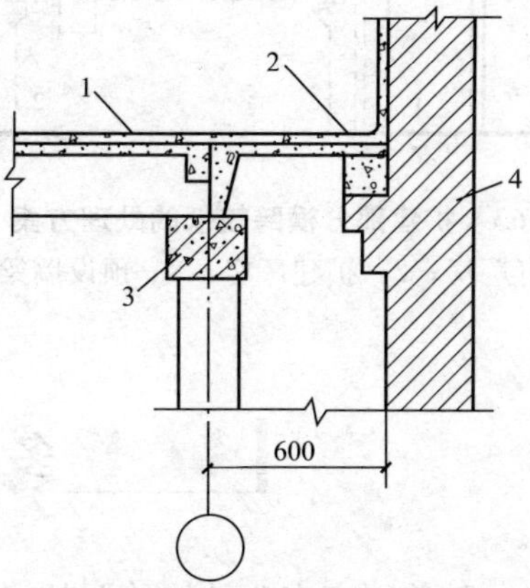

图 14.61 扩建端山墙出屋面板封闭

1—标准屋面板；2—非标准屋面板；3—屋架上弦；4—山墙

3. 垂直扩建

即与原有厂房平面呈直角方向扩建，如图 14.62 所示。

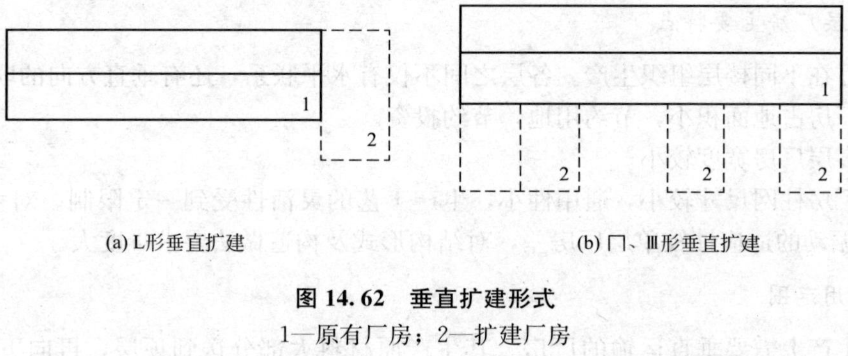

图 14.62 垂直扩建形式

1—原有厂房；2—扩建厂房

同前两种扩建形式相比，垂直扩建对原厂房影响较小，扩建部分也不受原厂房过多的限制，对原有厂房的采光通风影响也较小，适用范围更广。

根据扩建部分的高低，又有两种处理方法：一是如果扩建部分低于原厂房，为承托原厂房高出部分的封墙，可在原厂房柱上预设墙梁，下部墙体根据工艺要求可局部或全部拆除，如图 14.63 所示；二是如果扩建部分高于原厂房，为解决扩建跨高出部分的封护问题，可在连接处较高的扩建跨的柱上设置墙梁或者采用轻质悬挂墙，如图 14.64 所示。

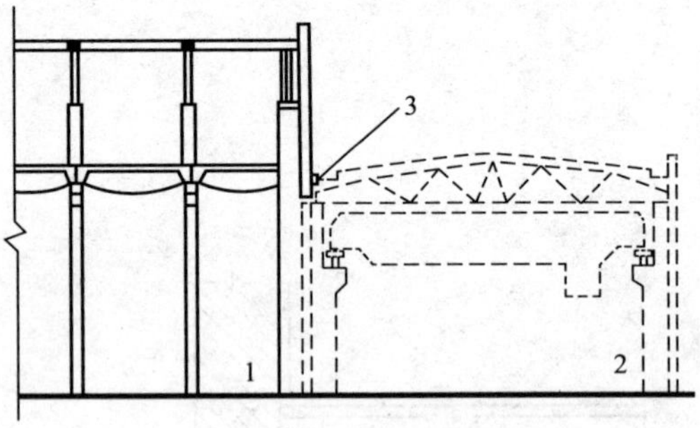

图 14.63　扩建部分横跨较低的处理方案

1—原有厂房；2—扩建厂房；3—预设墙梁

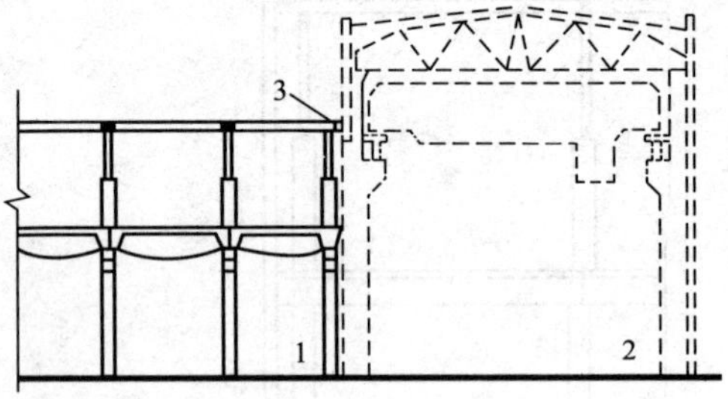

图 14.64　扩建部分横跨较高的处理方案

1—原有厂房；2—扩建厂房；3—墙梁

14.6 多层厂房建筑设计

近年来，随着国家产业结构的调整，精密机械、精密仪表以及电子工业、轻工业、国防工业得到迅速发展，由于城市工业用地日趋紧张以及城市规划的要求，多层厂房迅速发展起来。多层厂房不仅能提高城市建筑用地的利用率，而且对改善城市景观也起着积极作用。

14.6.1　概述

1. 多层厂房主要特点

(1) 可在不同楼层组织生产。各层之间不仅有水平联系，还有垂直方向的联系。

(2) 厂房占地面积小，节约用地，节约投资。

(3) 多层厂房宽度较小。

(4) 厂房柱网尺寸较小，通用性小，生产工艺的灵活性受到一定限制。对大荷载、大设备、强振动的适应性较单层厂房差，对结构形式及构造做法要求难度大。

2. 使用范围

(1) 生产上需要垂直运输的厂房。其生产原材料大部分送到顶层，再向下传送加工，底层出产品，如面粉厂、啤酒厂、乳品厂、化工厂等。

(2) 生产上要求在不同楼层操作的厂房。如化工厂的大型蒸馏塔、碳化塔等，这些设备高度较大，生产需在不同层高上进行。

(3) 生产工艺对生产环境有特殊要求的厂房。如要求恒温、恒湿、洁净或无尘无菌的电子、医药、食品类厂房，利用多层厂房较易满足这些技术要求。

(4) 生产设备、原料及产品较轻，运输量不大的厂房。如电器厂、仪表厂。

(5) 城市建设规划需要或厂区基地受到限制的厂房。

3. 结构形式

厂房结构形式应综合考虑生产工艺及层数的要求、当地材料供应情况、施工技术条件、基地的自然条件后进行选择。目前我国多层厂房根据所采用的材料不同，主要有以下几种结构形式，如混合结构、钢筋混凝土结构、钢结构。

14.6.2 多层厂房平面设计

1. 生产工艺要求

生产工艺流程的布置是厂房平面设计的主要依据。不同的生产工艺流程、工段组合、交通运输直接影响了多层厂房的平面形状和各层间的相互关系。按生产工艺流程的不同，多层厂房的生产工艺流程布置一般有下列三种类型，如图 14.65 所示。

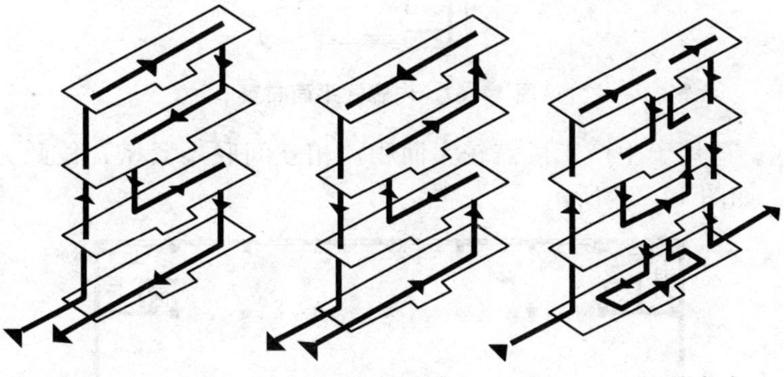

(a) 自上而下式　(b) 自下而上式　(c) 上下往复式

图 14.65 三种类型的生产工艺流程

(1) 自上而下式。这种布置的特点是将其生产原材料大部分送到顶层，按照生产工艺流程自上而下传送加工，底层出产品。

(2) 自下而上式。这种布置的特点是按照生产工艺流程自下而上传送加工，顶层出产品。

(3) 上下往复式。这种布置方式能适应不同情况的要求，应用范围较广。

2. 柱网选择

柱网的选择是平面设计的主要内容之一。柱网的选择首先应满足生产工艺的要求，同时，还应考虑厂房的平面形状、结构形式、建筑材料、构造做法以及在经济上是否合理。跨度一般采用扩大模数 15M 数列，常用的有 6.0m、7.5m、9.0m、10.5m、12m；

柱距采用6M数列，常用的有6.0m、6.6m、7.2m；走廊跨度采用3M数列，常用的有2.4m、2.7m和3m。常用的多层厂房柱网布置主要有以下几种类型，如图14.66所示。

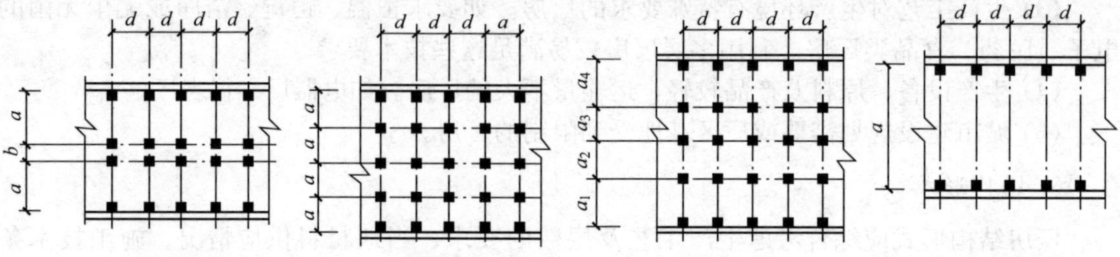

(a) 内通道式　(b) 等跨式　(c) 对称不等跨式　(d) 大跨度式

图 14.66　柱网布置的类型

3. 平面布置形式

(1) 内廊式。适用于生产工段所需面积不大，各工段间在生产上既要求密切联系，又要求互不干扰的厂房，如图14.67所示。

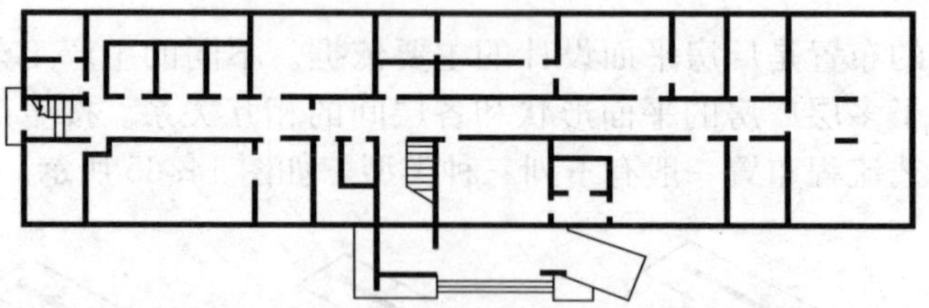

图 14.67　内廊式平面布置

(2) 统间式。适用于生产工段需较大面积，相互间联系紧密，彼此无干扰，不需设分隔墙的厂房，如图14.68所示。

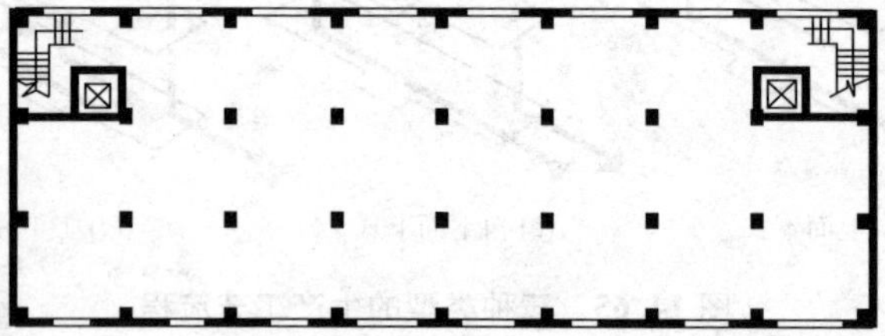

图 14.68　统间式布置

(3) 大宽度式。也称厅廊式布置，适用于生产工段需要大面积、大空间和高精度的厂房。

(4) 混合式。将内廊式和统间式混合布置，使其能更好地满足生产工艺的要求，具有较大的灵活性。但平面形状复杂，结构类型增多，施工麻烦，且不利于抗震，如图14.69所示。

4. 交通运输

楼梯和电梯是多层厂房竖向交通运输的工具。一般情况下，楼梯解决人流的交通和疏散，电梯解决货物的运输。通常将电梯和主要楼梯布置在一起，组成交通枢纽。

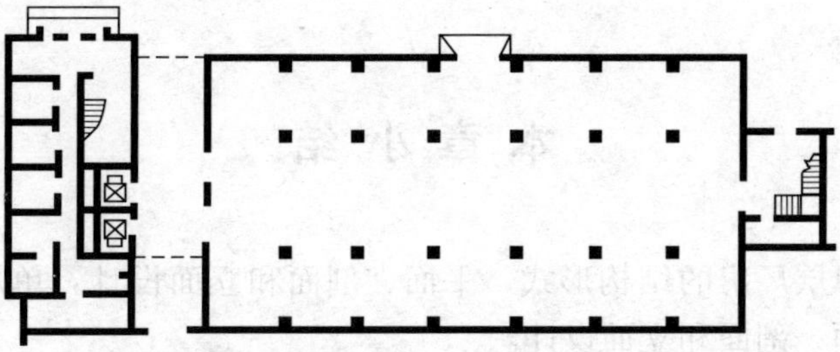

图 14.69 混合式平面布置

楼梯在平面设计中，应使人货互不交叉和干扰，位置明显，满足安全疏散及防火、卫生等要求。结合厂房实际情况，处理好与出入口的关系，组织好人行和货运交通。

14.6.3 多层厂房剖面设计

多层厂房的剖面设计主要是确定厂房的层数、层高、剖面形式及工程管线的布置等。

1. 层数确定

多层厂房层数的确定应综合考虑生产工艺、经济、城市规划、技术条件等因素。

1）生产工艺的影响

多层厂房层数的确定，首先要考虑生产工艺流程的要求。厂房根据竖向生产工艺流程确定各生产工段相对位置和面积的同时，也就确定了厂房的层数。

2）城市规划及其他技术条件的影响

多层厂房层数的确定还应符合城市规划、周围环境以及工厂群体组合的要求。另外，还应综合考虑地质条件、结构形式、施工方法、材料供应等情况。

2. 层高确定

多层厂房的层高主要取决于生产设备、运输设备、管道敷设所需的空间以及厂房的宽度、采光、通风等影响因素。

1）层高与生产、运输设备的关系

多层厂房的层高在满足生产工艺要求的同时，还应考虑起重运输设备对厂房高度的影响。通常在工艺允许的情况下，可把一些重量大、体积大和运输量大的设备布置在底层，根据需要可增加底层高度，对个别较大设备，采用局部抬高层高或降低地面等方法来解决。

2）层高与采光、通风的关系

多层厂房一般通过双面侧窗达到天然采光的目的。当厂房宽度较大时，为满足《工业企业采光设计标准》的要求，必须加大层高，相应提高侧窗的高度，满足厂房中部的采光。

3）层高与管道布置的关系

层高还受到厂房管道布置方式的影响，例如厂房空调管道的高度影响其层高。

目前，我国多层厂房常采用的层高有 4.2m、4.5m、4.8m、5.1m、5.4m、6.0m 等数值。

本章小结

本章主要讲述单层厂房的结构形式，平面、剖面和立面设计，单层厂房的定位轴线，以及多层厂房的平面、剖面和立面设计。

本章的重点是单层厂房的平面、剖面、立面设计和结构形式，以及单层厂房的定位轴线的特点。

本章的难点是单层厂房的平面、剖面以及单层厂房的定位轴线。

习　　题

一、简答题

1. 单层厂房的结构形式都有哪些？其适用范围是什么？

2. 单层厂房的结构组成都有哪些？各起什么作用？

3. 厂房有哪几种平面形式？

4. 什么叫柱网？什么叫跨度？什么叫柱距？确定单层厂房柱网尺寸应考虑哪些因素？常用的柱距、跨度尺寸有哪些？

5. 如何确定厂房高度？

6. 常用的采光天窗及其布置方法有哪些？

7. 自然通风的基本原理是什么？

8. 定位轴线的含义和作用是什么？在标定定位轴线时，什么是封闭结合和非封闭结合？什么条件下会出现非封闭结合？它们在构造处理上有什么特点？

二、填空题

1. 单层厂房的高度是指________________________的高度。

2. 单层厂房当跨度 $L \leqslant 18\text{m}$，采用扩大模数________的数例，当 $L > 18\text{m}$，采用________的数例。

3. 一般情况下，桥式吊车的跨度 L_k 与厂房跨度 L 的关系是________，当________情况下，应设置联系尺寸，这是因为________尺寸、________尺寸、________尺寸之和超过了________ mm 所致。

4. 单层厂房承重结构主要采用________结构。它包括________、________和________等几个部分承重构件。

5. 自然通风基本原理是____________和____________的共同作用。

6. 单层厂房天然采光方式有__________、__________和__________三种。

7. 装配式单层厂房的横向骨架包括的构件有________、________和________，纵向联系构件有__________、__________、__________和__________。

三、选择题

1. 单层工业厂房一般用于(　　)等工业部门。

A. 食品　　B. 冶金　　C. 轻工　　D. 电子

2. 对于要求光线稳定、调节温湿度的厂房(如纺织厂)，锯齿形天窗窗口的朝向应为(　　)。

A. 东　　B. 南　　C. 西　　D. 北

3. 单层厂房采用下列哪一种平面形式时，有利于提高经济指标(　　)。

A. L形　　B. 矩形　　C. 方形　　D. 门形

4. 单层厂房的山墙为非承重墙时，横向定位轴线与(　　)。

A. 山墙中线重合　　B. 山墙外皮重合

C. 山墙内皮重合　　D. 距山墙内皮半块砌块的整倍数

5. 柱网的选择，实际上是(　　)。

A. 确定跨度　　B. 确定柱距　　C. 确定跨度和柱距　　D. 确定定位轴线

6. 端部的横向定位轴线应如图(　　)所示(山墙为非承重墙)。

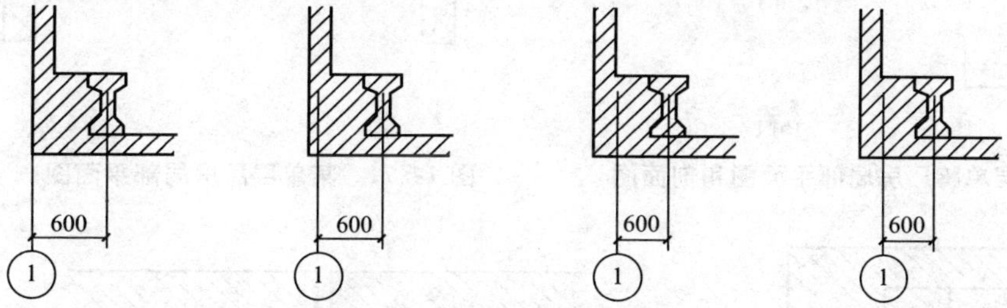

A.　　B.　　C.　　D.

7. 单层厂房跨度小于18m时，应采用的模数数列是(　　)。

A. 30M　　B. 60M　　C. 15M　　D. 12M

8. 单层厂房的柱顶标高应采用的模数数列为(　　)。

A. 3M　　B. 6M　　C. 12M　　D. 15M

9. 一般情况下，吊车轨道中心线与纵向定位轴线之间的距离是(　　)。

A. 500　　B. 550　　C. 600　　D. 750

10. 厂房室内外地坪高差一般为(　　)mm。

A. 150　　B. 300　　C. 450　　D. 600

11. 骨架结构的单层厂房，其纵向联系构件包括(　　)。

A. 抗风柱　　B. 牛腿柱　　C. 屋面板　　D. 屋架

12. 下列哪一组构件属于单层装配式厂房的横向骨架？(　　)

A. 大型屋面板，基础，屋架　　B. 基础，屋架，柱子

C. 大型屋面板，吊车梁，屋架　　D. 基础，屋架，吊车梁

四、绘图题

1. 已知某单层单跨厂房的局部平面图如图14.70所示，厂房内采用桥式起重机，起重量为10t。

要求：(1) 在1—1剖面中绘出屋架端部示意图，标明屋架与其他构件的关系。

（2）在平面图和剖面图中注明纵向定位轴线。

2. 划分如图 14.71 所示的某单层厂房定位轴线，柱距为 6000mm，不设联系尺寸，注明必要尺寸。

3. 标出下列如图 14.72 所示某单层厂房的纵横向定位轴线。

4. 划分如图 14.73 所示的某单层厂房纵横交叉跨处定位轴线(封闭结构)。纵横双向定线均需标出，并注明必要尺寸(沉降缝宽 70)。

5. 划分如图 14.74 所示的某单层厂房结构布置的纵横向定位轴线(封闭结构)。

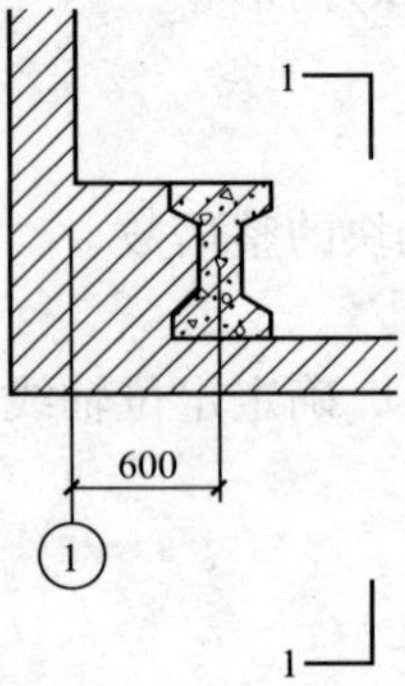

(a) 局部平面图

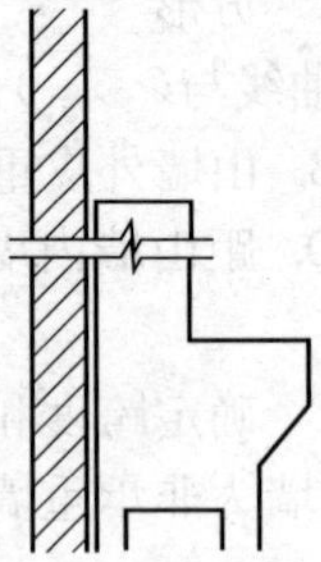

(b) 1—1平面图

图 14.70　某单层单跨厂房局部平面图和剖面图

图 14.71　某单层厂房局部平面图

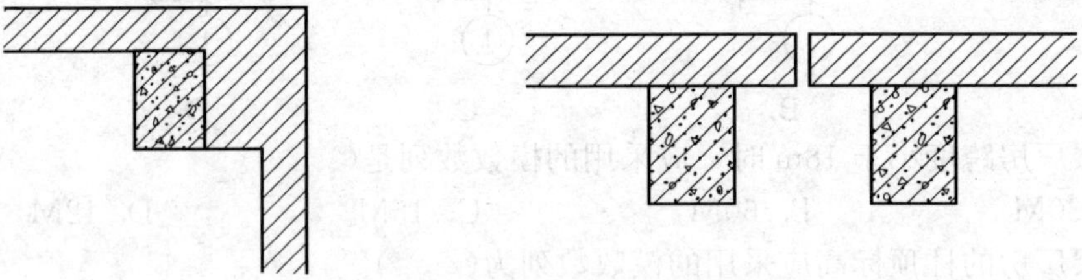

图 14.72　某单层厂房局部平面图

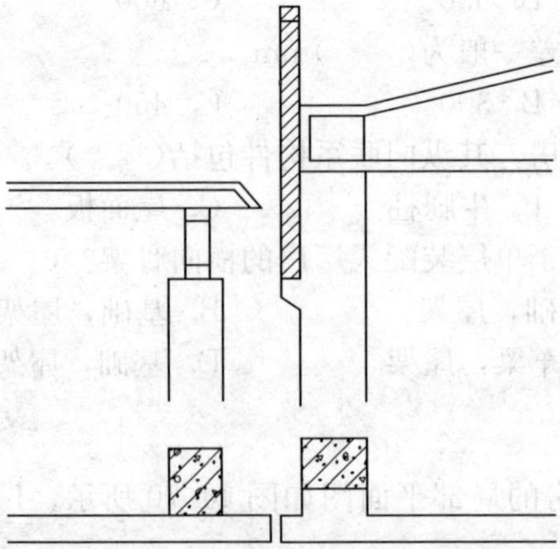

图 14.73　某单层厂房局部剖面图

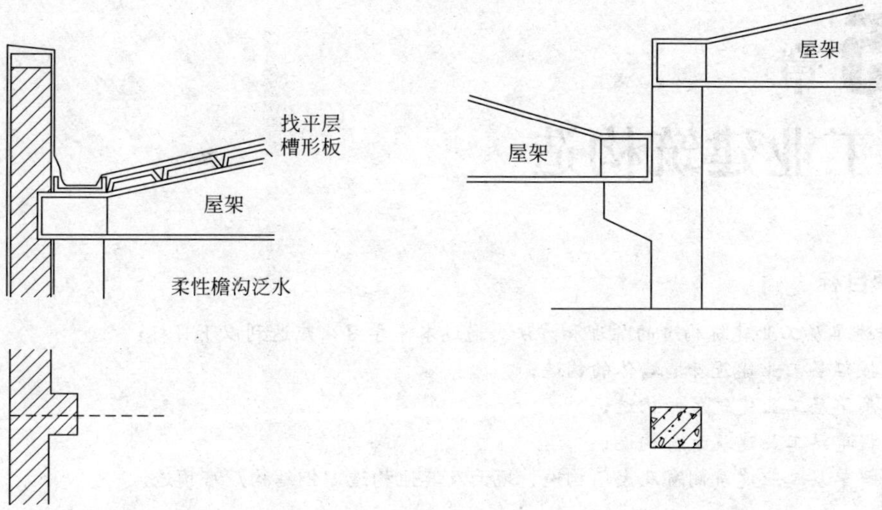

(a) 有壁柱砖混结构　　(b) 装配式排架结构

图 14.74　某单层厂房局部结构布置图

第15章

单层工业建筑构造

教学目标

主要讲述单层工业建筑构造的原理和方法。通过本章学习，应达到以下目标：

(1) 掌握单层工业建筑外墙墙体的构造；

(2) 熟悉单层工业建筑屋面构造；

(3) 掌握单层工业建筑天窗构造；

(4) 了解单层工业建筑侧窗及大门构造、地面及其他构造、钢结构厂房构造。

教学要求

知识要点	能力要求	相关知识
单层工业建筑外墙构造	掌握单层工业建筑外墙墙体构造	(1) 砌体墙构造 (2) 板材墙构造 (3) 开敞式外墙构造
单层工业建筑屋面构造	熟悉单层工业建筑屋面构造	(1) 屋面基本类型及组合 (2) 屋面排水、防水构造 (3) 屋面细部构造、保温隔热构造
单层工业建筑天窗构造	掌握单层工业建筑天窗构造	(1) 矩形天窗组成及构造 (2) 平天窗组成及构造 (3) 矩形通风天窗组成及构造 (4) 下沉式通风天窗组成及构造
单层工业建筑侧窗及大门构造、地面及其他构造、钢结构厂房构造	了解单层工业建筑侧窗及大门构造、地面及其他构造、钢结构厂房构造	(1) 侧窗及大门构造 (2) 地面及其他构造 (3) 钢结构厂房构造

基本概念

砌体墙、板材墙、开敞式外墙、有檩体系、无檩体系、卷材防水屋面、波形瓦防水屋面、钢筋混凝土自防水屋面、矩形天窗、平天窗、矩形通风天窗、下沉式通风天窗

引例

伴随着我国工业的不断发展，工业建筑以及工业建筑技术也在不断地发展。从开始的砌体结构到后来的钢筋混凝土结构再到现在普遍采用的钢结构，不断地提高着工业建筑的实用性和安全性，也不断地

更新着工业建筑建设的时间周期。这些技术的发展给服务于不同生产流程的工业建筑提供了更多的选择。但对于某一工业建筑，应该选择什么样的建筑材料和结构形式？这些材料和结构形式有何特点？各自适合用于什么样的建筑？构造做法又是如何？本章将就这些问题进行探讨。

15.1 外墙构造

单层工业建筑的外墙，根据使用要求、材料和构造形式等不同可采用砌体墙、板材墙、波形瓦(含压形钢板)墙以及开敞式外墙等。如图 15.1 所示为砌体墙单层厂房。

15.1.1 砌体墙

图 15.1 砌体墙单层厂房

1. 承重砌体墙

承重砌体墙是由墙体承受屋顶及吊车荷载，地震区还要承受地震荷载。这种墙体经济实用，但整体性差，抗震能力弱。根据《建筑抗震设计规范》(GB 50011—2010)的规定，其适用于6～8 度的烧结普通砖、混凝土砌块砌筑的柱(墙垛)承重的中小型单层工业建筑：单跨和等高多跨且无桥式吊车；跨度不大于 15m 且柱顶标高不大于 6.6m。

2. 非承重砌体墙

非承重砌体墙是指采用强度较高的材料做骨架来承重，使承重与围护的功能分开，外墙只起围护作用和承受自身重量及风荷载，如图 15.2 所示。

1) 非承重墙的支承

单层厂房非承重外墙一般都不做带形基础，而是支承在基础梁上，这样可避免墙、柱、基础相遇处构造处理复杂，同时可加快施工速度。采用基础梁支承墙重时，当墙体(240mm 厚)高度超过 15m 时，上部墙体由连系梁支承，经柱牛腿将墙重传给柱子再传至基础，下部墙重则通过基础梁传至柱基础。

图 15.2 非承重砌体墙厂房

基础梁与基础的连接，一般有两种情况，当基础埋置较浅时，基础梁可直接或通过混凝土垫块搁置在柱基础杯口的顶面上，如图 15.3(a)、(b)所示；当基础埋置较深，基础梁则搁置在高杯形基础或柱牛腿上，如图 15.3(c)、(d)所示。基础梁的截面通常为梯形，顶面标高通常比室内地面(±0.000)低 50mm，并高于室外地面 100mm。

冬季，北方地区非采暖厂房，回填土为冻胀土时，基础梁下部宜用炉渣等松散材料填充，以防土冻胀对基础梁及墙身产生不利的反拱影响，如图 15.4(a)所示；冻胀严重时还

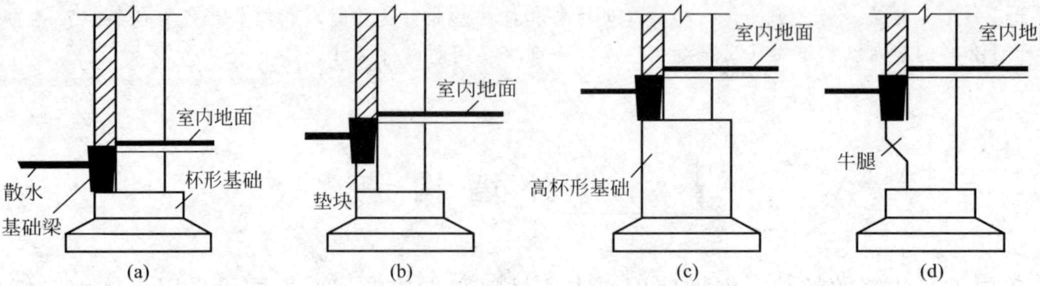

图 15.3　基础梁与基础的连接

可在基础梁下预留空隙，如图 15.4(b)所示。基础梁实例如图 15.5 所示。

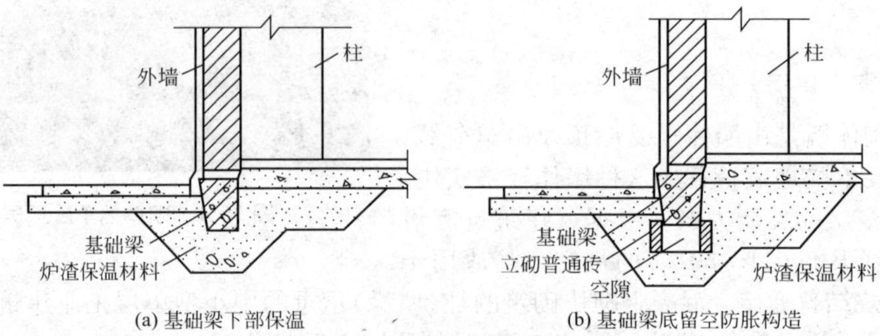

图 15.4　基础梁下的保温措施

2）非承重墙与柱的连接

非承重墙与柱子(包括抗风柱)、屋架端部采用钢筋连接，如图 15.6 所示，由柱子、屋架沿高度每隔 500～600mm 伸出 2φ6 钢筋砌入砖墙水平缝内，以达到锚拉作用。

图 15.5　基础梁实例

3）非承重墙与屋架的连接

当屋架端头高度较大时，应在端头上部与柱顶处各设现浇闭合圈梁一道(变形缝处仍断开)，非承重墙与屋架连接如图 15.7 所示。

4）非承重墙与屋面板的连接

非承重女儿墙与屋面板之间通过拉结筋来连接，如图 15.8 所示。

5）联系梁与圈梁的构造

联系梁的作用：联系梁与厂房的排架柱连接，可增强厂房的纵向刚度；传递水平荷载；承担上部墙体的荷载。联系梁与厂房的排架柱连接方式主要是它支承在排架柱外伸的牛腿上，并通过螺栓或焊接与柱子相连接，如图 15.9 和图 15.10 所示。

承自重墙的圈梁设置要求与承重墙中的圈梁设置要求基本相同，如图 15.11 和图 15.12 所示。

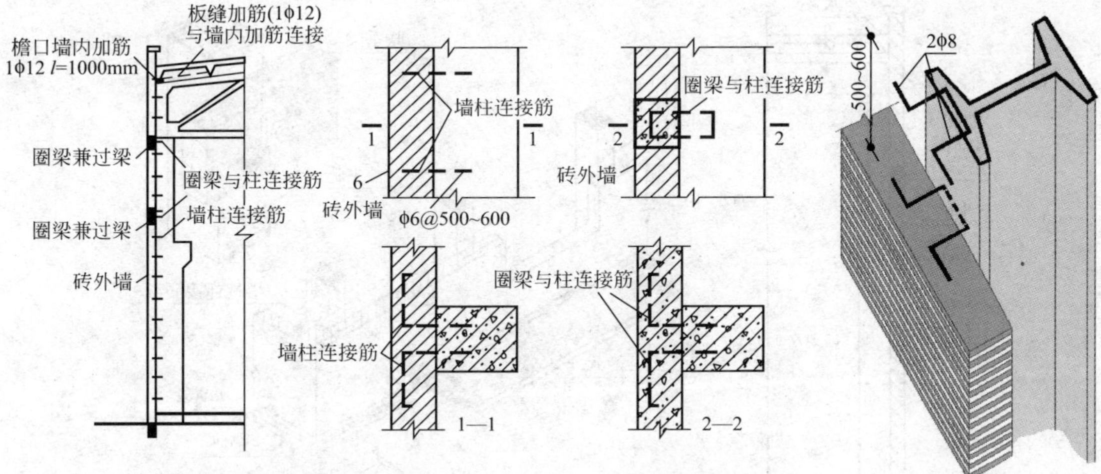

(a) 砖墙与承重骨架的连接　(b) 砖墙与柱子的连接　(c) 圈梁与柱子的连接　(d)

图 15.6　非承重墙与柱的连接

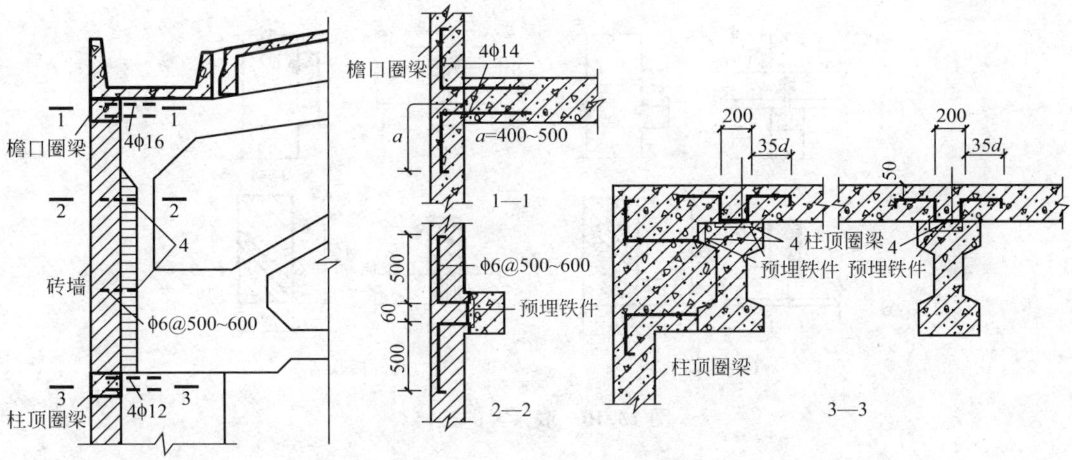

图 15.7　非承重墙与屋架连接示例

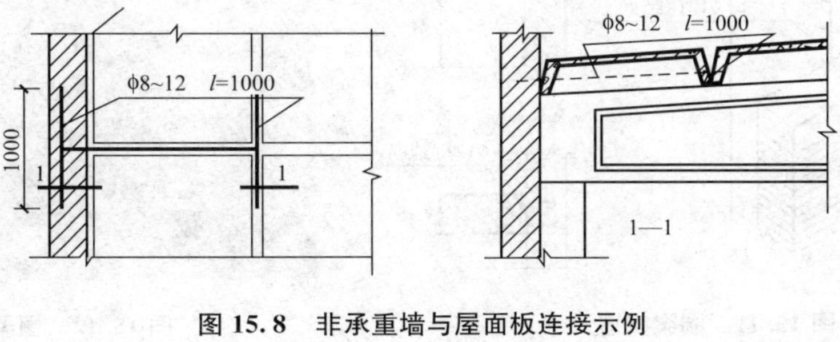

图 15.8　非承重墙与屋面板连接示例

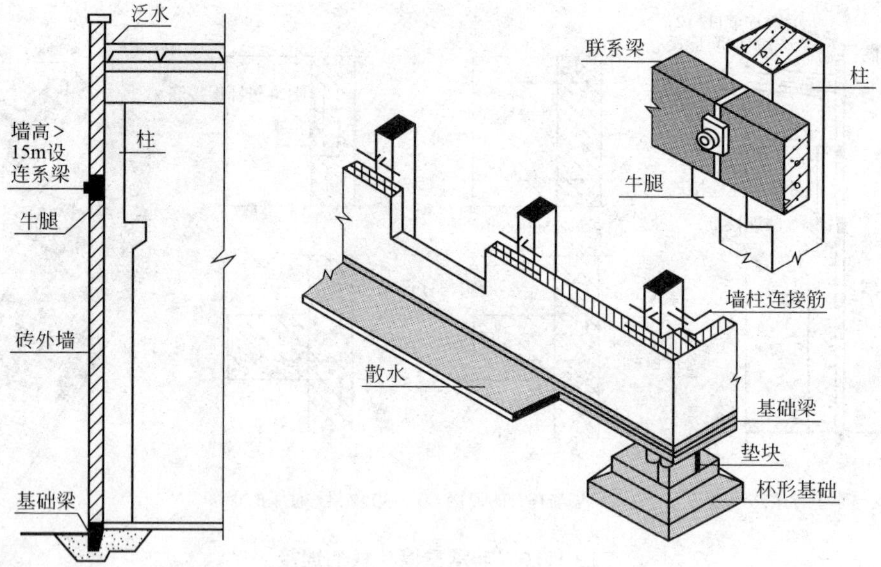

图 15.9　联系梁位置示意

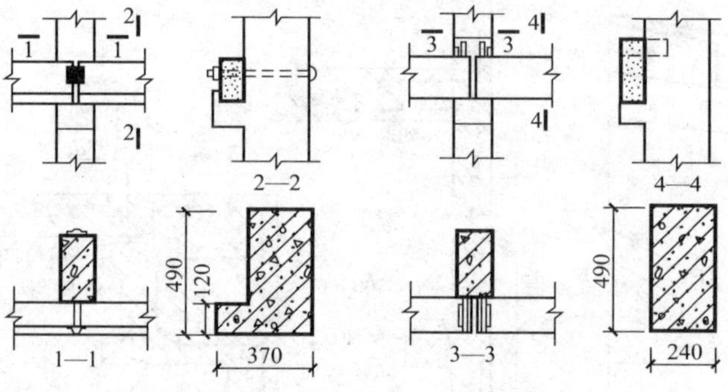

(a) 螺栓联结　　(b) 焊接联结

图 15.10　联系梁的连接

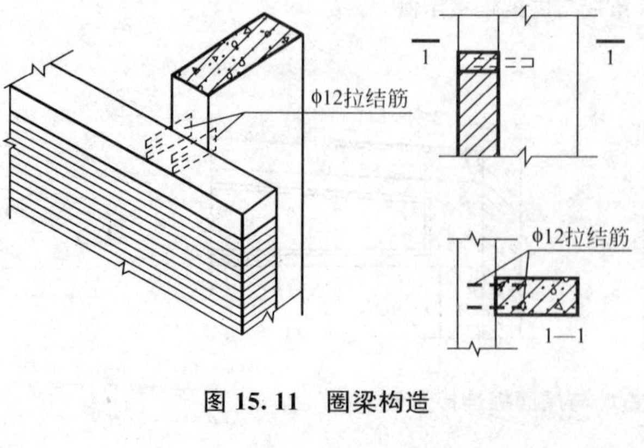

图 15.11　圈梁构造

图 15.12　圈梁实例

15.1.2 板材墙

发展大型板材墙是改革墙体、促进建筑工业化的重要措施之一，这不仅能加快厂房建筑工业化，减轻大量繁重的体力劳动，而且可充分利用工业废料、减轻自重。此外，经震害调查证明，板材墙的抗震性能也远比砖墙优越，故地震区宜优先采用大型板材墙。

1. 墙板规格及分类

我国现行工业建筑墙板规格中，长和高采用扩大模数3M数列。板长有：4500mm、6000mm、7500mm(用于山墙)和12000mm四种，可适用于6m或12m柱距以及3m整倍数的跨距。板高有900mm、1200mm、1500mm和1800mm四种。板厚以20mm为模数进级，常用厚度为160～240mm。

墙板分类根据不同需要有不同的划分，如按保温要求分为保温墙板和非保温墙板；按材料可分为石棉水泥波瓦板、塑料外墙板、金属外墙板等轻质板材。

2. 墙板布置

1）布置方式和排板

单层厂房墙板的布置方式有：横向布置、竖向布置和混合布置三种。

横向布板在工程中采用的比较普遍，如图15.13(a)和图15.14所示，其板长与柱距一致。墙板贴于柱外侧，用连接件与柱相连。

竖向布板如图15.13(b)和图15.15所示，是把墙板嵌在上下墙梁之间，安装比较复杂，墙梁间距必须结合侧窗高度布置，竖缝较多，处理不当易渗水、透风。

混合布板如图15.13(c)所示，与横向布板基本相同，只是增加一种竖向布置的窗间墙板。它打破了横向布板的平直单调感，窗间墙板的厚度可根据立面处理需要确定，使立面处理较为灵活。

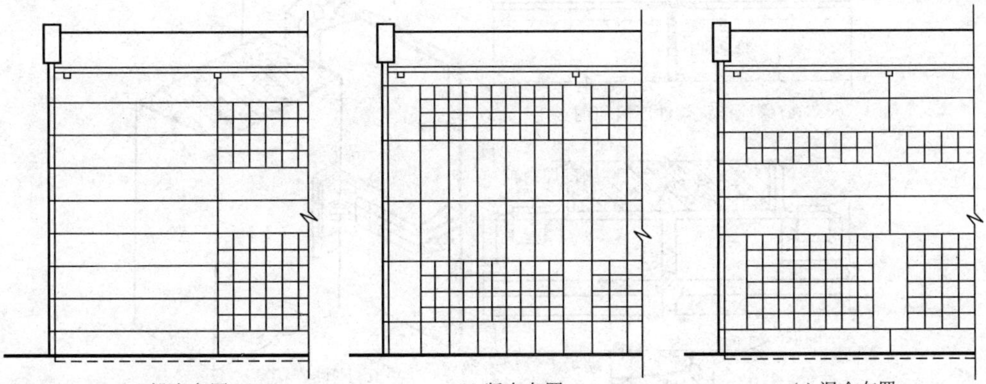

(a) 横向布置　(b) 竖向布置　(c) 混合布置

图15.13　板材布置方式

2）墙板连接

板柱连接分为柔性连接和刚性连接两种方式。连接方法应保证连接安全可靠，便于制作、安装和检修。

图 15.14　板材横向布置实例

图 15.15　板材竖向布置实例

(1) 柔性连接。是指通过墙板与柱的预埋件和柔性连接件将板柱两者拉接在一起。常用的方法有螺栓挂钩连接［图 15.16(a)］、角钢挂钩连接［图 15.8(b)］。其中螺栓挂钩连接方案构造简单，连接可靠，焊接工作量少，维修较方便，但金属零件用量多，易受腐蚀；角钢挂钩连接用钢量较少，施工速度快，但金属件的位置要求精确。柔性连接的特点是，墙板在垂直方向一般由钢支托支承，水平方向由连接件拉接。因此，墙板与厂房骨架以及板与板之间在一定范围内可相对独立位移，能较好地适应振动(包括地震)等引起的变形。

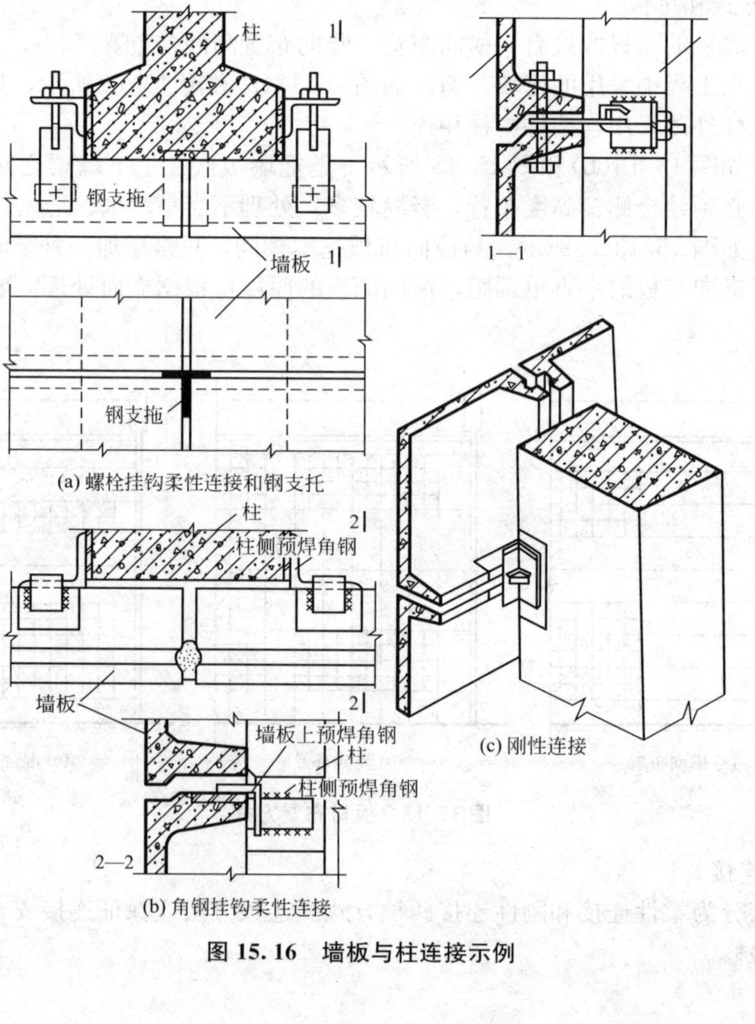

图 15.16　墙板与柱连接示例

(2) 刚性连接。是指将板材与柱子用型钢焊接在一起，无需另设钢支托。其用钢量少，但刚性连接失去了能相对位移的条件，使墙板易产生裂缝，故刚性连接可用在地基条件较好、没有较大振动的设备或地震烈度小于 7 度地区的厂房，如图 15.16(c)所示。

15.1.3 轻质板材墙

国内外单层厂房采用石棉水泥波瓦、镀锌铁皮波瓦、塑料墙板、铝合金板以及压型钢板等轻质板材建造的外墙在不断增加，它们的连接构造基本相同。以石棉水泥波瓦与厂房的连接为例介绍。

石棉水泥波瓦与厂房的连接通常是通过连接件悬挂在联系梁上，石棉水泥波形瓦为脆性材料，多用于不要求保温的中小型加工车间和仓库的外墙。其构造如图 15.17 所示，实例如图 15.18 所示。

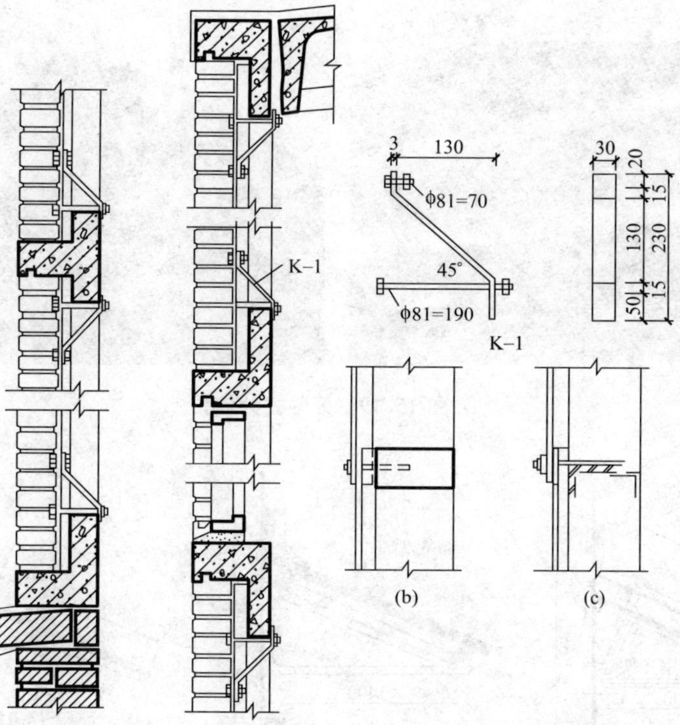

图 15.17 石棉水泥波瓦连接构造

15.1.4 开敞式外墙构造

炎热地区一些热车间以及某些化工车间，为了迅速排散气、烟、尘、热和通风，常采用开敞或半开敞式外墙，这种墙的主要作用是便于通风又能防雨，故其外墙构造主要就是挡雨板的构造，如图 15.19 所示。

开敞式外墙的挡雨板可采用石棉水泥波瓦和钢筋混凝土挡雨板，由支架、挡雨板、防溅板组成。其构造如图 15.20 所示。室外气温很高、灰沙大的干热带地区不应采用开敞式外墙。

图 15.18　石棉水泥波瓦连接实例

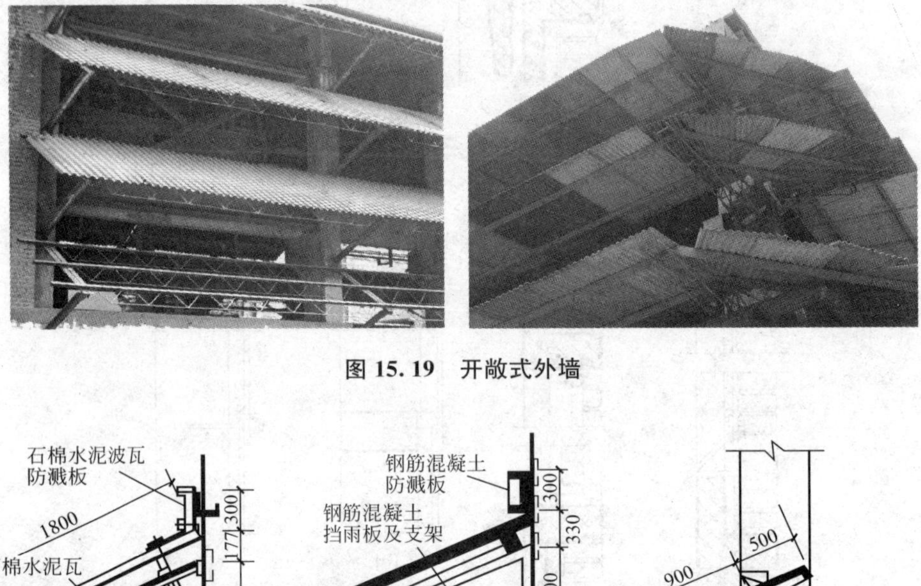

图 15.19　开敞式外墙

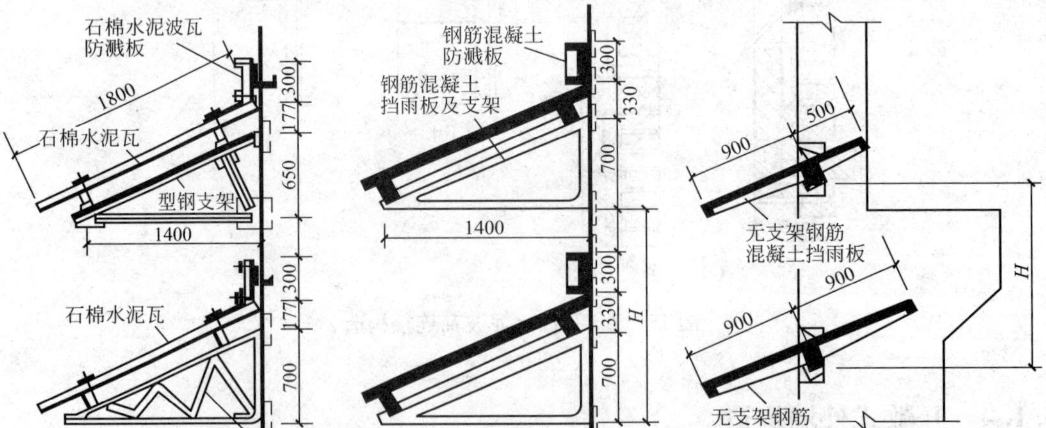

图 15.20　挡雨板构造示例

15.2 屋面构造

单层厂房屋面的作用、要求和构造与民用建筑基本相同，只在某些方面有些差异。

单层厂房屋面面积较大，构造复杂。为解决室内采光和通风，屋面上常设各种形式的天窗；为排除屋面上的雨雪水，需设置天沟、檐沟、水斗及水落管等；在有吊车的厂房中要承受吊车传来的冲击荷载和生产有振动时传来的振动荷载，屋面必须有一定的强度和足够的整体刚度。

15.2.1 屋面基层类型及组成

屋面基层分有檩体系与无檩体系两种，如图 15.21 所示。

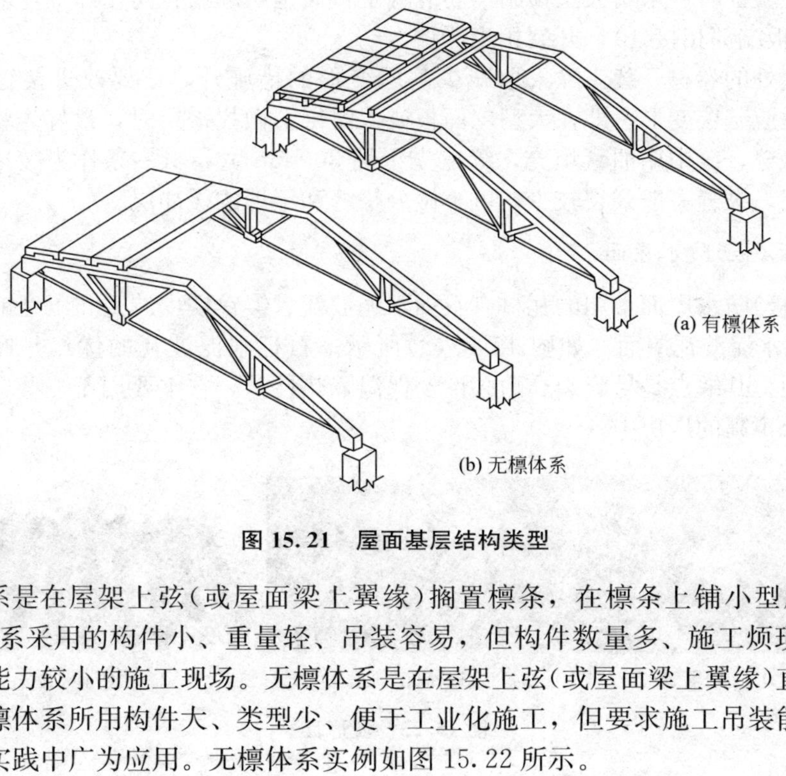

图 15.21 屋面基层结构类型

有檩体系是在屋架上弦(或屋面梁上翼缘)搁置檩条，在檩条上铺小型屋面板(或瓦材)。这种体系采用的构件小、重量轻、吊装容易，但构件数量多、施工烦琐，多用在施工机械起吊能力较小的施工现场。无檩体系是在屋架上弦(或屋面梁上翼缘)直接铺设大型屋面板。无檩体系所用构件大、类型少、便于工业化施工，但要求施工吊装能力强，无檩体系在工程实践中广为应用。无檩体系实例如图 15.22 所示。

15.2.2 厂房屋面防水

按防水材料不同，厂房屋面可分为卷材防水屋面(又称柔性防水屋面)、各种波形瓦(板)防水屋面及钢筋混凝土构件自防水屋面。

图 15.22　无檩体系实例

1. 卷材防水屋面

卷材防水屋面在构造层次上基本与民用建筑平屋顶相同。但也有某些值得注意之点，即多年使用经验证明，采用大型预制钢筋混凝土板做基层的卷材防水屋面，其板缝，特别是横缝(屋面板端部相接处)，开裂相当严重。

防止横缝处的卷材开裂，除采取减少基层变形的措施外，还要改进接缝处的卷材做法，使卷材适应基层变形。即在大型屋面板或保温层上做找平层时，最好先将找平层沿横缝处做出分格缝，缝中用油膏填充，缝上先干铺 300mm 宽卷材一条作为缓冲层，然后再铺卷材防水层。纵缝一般开裂较少，可不做分格缝和干铺的缓冲层。

2. 波形瓦(板)防水屋面

波形瓦(板)防水屋面常用的瓦材有石棉水泥波瓦、镀锌铁皮波瓦和压型钢板瓦等。

(1) 石棉水泥波瓦屋面，如图 15.23(a)所示。石棉水泥波瓦的优点是厚度薄、重量轻、施工简便。其缺点是易脆裂、耐久性及保温隔热性差。它主要用于一些仓库及对室内温度状况要求不高的厂房中。

(a) 石棉水泥波瓦　　(b) 镀锌铁皮波瓦　　(c) 压型钢板瓦

图 15.23　波形瓦

石棉水泥波瓦直接铺设在檩条上，檩条间距应与石棉瓦的规格相适应。檩条有木檩条、钢筋混凝土檩条、钢檩条及轻钢檩条等。石棉水泥波瓦横向间的搭接为一个半波，搭接方向应顺主导风向，以防风和保证瓦的稳定。瓦的上下搭接长度不小于 200mm。在檐口处其挑出长度不大于 300mm。

(2) 镀锌铁皮波瓦屋面，如图 15.23(b)所示。它是较好的轻型屋面，抗震性能好，在高烈度地震区应用比钢筋混凝土大型屋面板优越，适合一般高温厂房和仓库。镀锌铁皮波瓦的连接构造同石棉水泥瓦屋面。

(3) 压型钢板瓦屋面，如图 15.23(c)所示。压型钢板瓦分单层板、多层复合板、金属夹芯板、彩色压型钢板等。其特点是施工速度快，重量轻，表面带有彩色涂层，防锈、耐腐、美观。

3. 钢筋混凝土构件自防水屋面

钢筋混凝土构件自防水屋面是利用钢筋混凝土板本身的密实性，对板缝进行局部防水处理而形成的防水屋面。

钢筋混凝土构件自防水屋面的种类很多，根据其缝的处理方式，分为嵌缝式、脊带式和搭盖式。

1) 嵌缝式、脊带式防水

嵌缝式构件自防水屋面是利用大型屋面板作防水构件，板缝嵌油膏防水，如图 15.24 所示。若在嵌缝上面再粘贴一层卷材(玻璃布较好)做防水层，则成为脊带式防水，其防水性能较嵌缝式为佳。

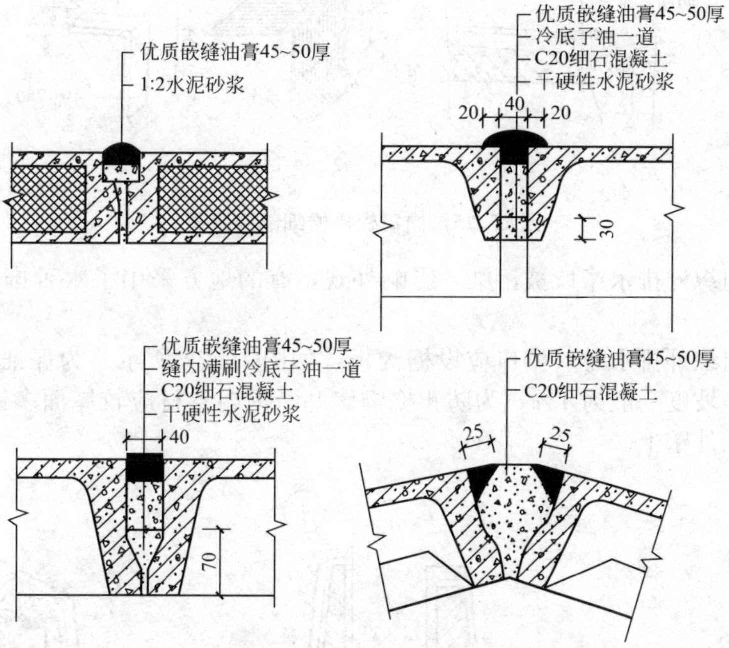

图 15.24 嵌缝式防水构造

2) 搭盖式防水

搭盖式构件自防水屋面的构造原理和瓦材相似，如用 F 型屋面板做防水构件，板的纵缝上下搭接，横缝和脊缝用盖瓦覆盖。这种屋面安装简便，但板型复杂，不便生产，在运输过程中易损坏，盖瓦在振动影响下易滑脱，造成屋面渗漏。

15.2.3 厂房屋面细部构造

厂房屋顶细部构造包括檐口、天沟和泛水等。

1. 檐口

当檐口采用无组织排水时，檐口需外挑一定长度。其构造做法同民用建筑。挑出长度小于 600mm 时，可由屋面板直接挑出，如图 15.25 所示。为防止檐口处卷材起翘和开裂，卷材端头用钉与檐口板内预埋木砖上的木条钉牢。钉头用油膏或沥青胶保护。

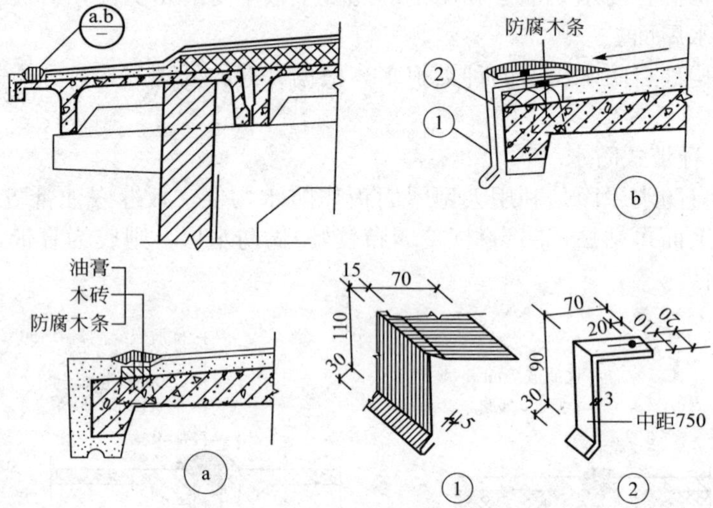

图 15.25　檐口板挑檐细部构造图

为避免无组织外排水檐口被污染，影响外观，有的地方采用了水舌排水，如图 15.26 所示。

当采用有组织外排水时，檐口应设檐沟板，如图 15.27 所示。为保证檐沟排水通畅，沟底应做坡度，坡度一般为 1%，为防止檐沟渗漏，沟内卷材应较屋面多铺一层，卷材端头应封固于檐沟外壁上。

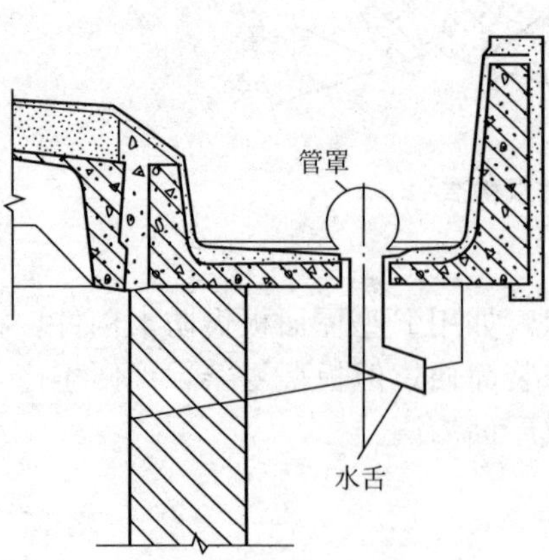

图 15.26　水舌排水示意

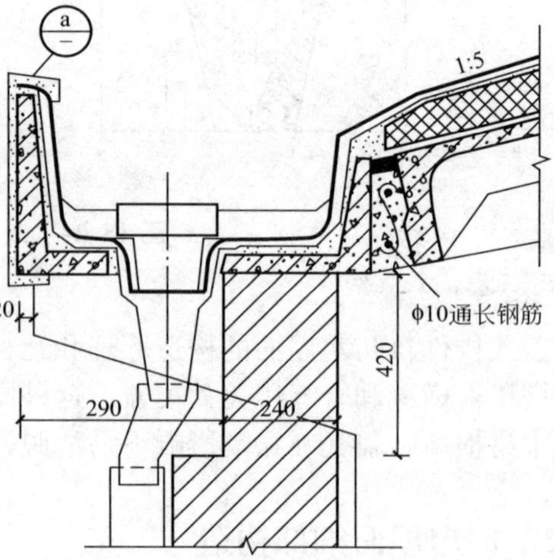

图 15.27　檐沟板排水细部构造

2. 天沟

按所处的位置，天沟可分边天沟(内檐沟)和内天沟两种。如边天沟做女儿墙而采用有组织外排水时，女儿墙根部要设出水口，其构造处理同民用建筑。

内天沟的天沟板是搁置在相邻两榀屋架的端头上，如图 15.28(a)、(b)所示。

天沟除采用槽形天沟板形成外，还可在大型屋面板上直接做天沟。此处防水构造处理较屋面需增加一层卷材，以提高防水能力，如图 15.28(c)所示。

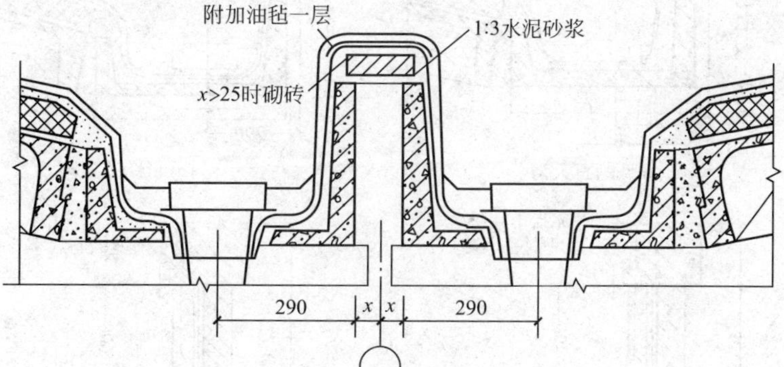

(a) 一般双檐天沟

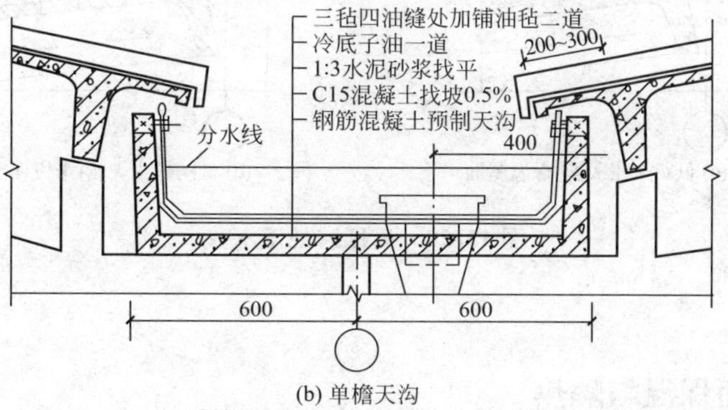

(b) 单檐天沟

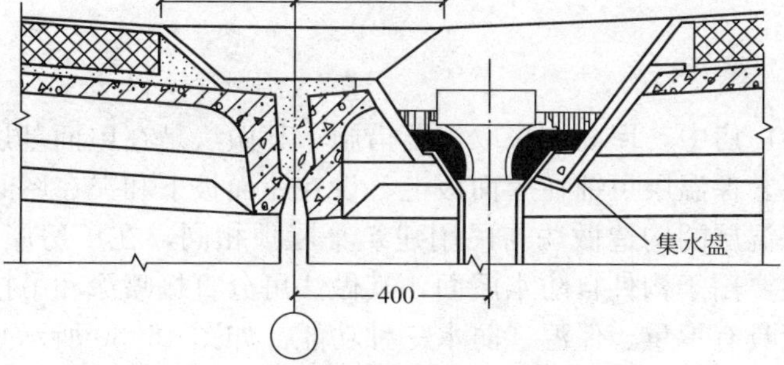

(c) 在大型屋面板上做内天沟

图 15.28　内天沟构造

3. 屋面泛水

厂房屋面的泛水构造与民用建筑屋面基本相同。如图 15.29 所示为高低跨处的泛水

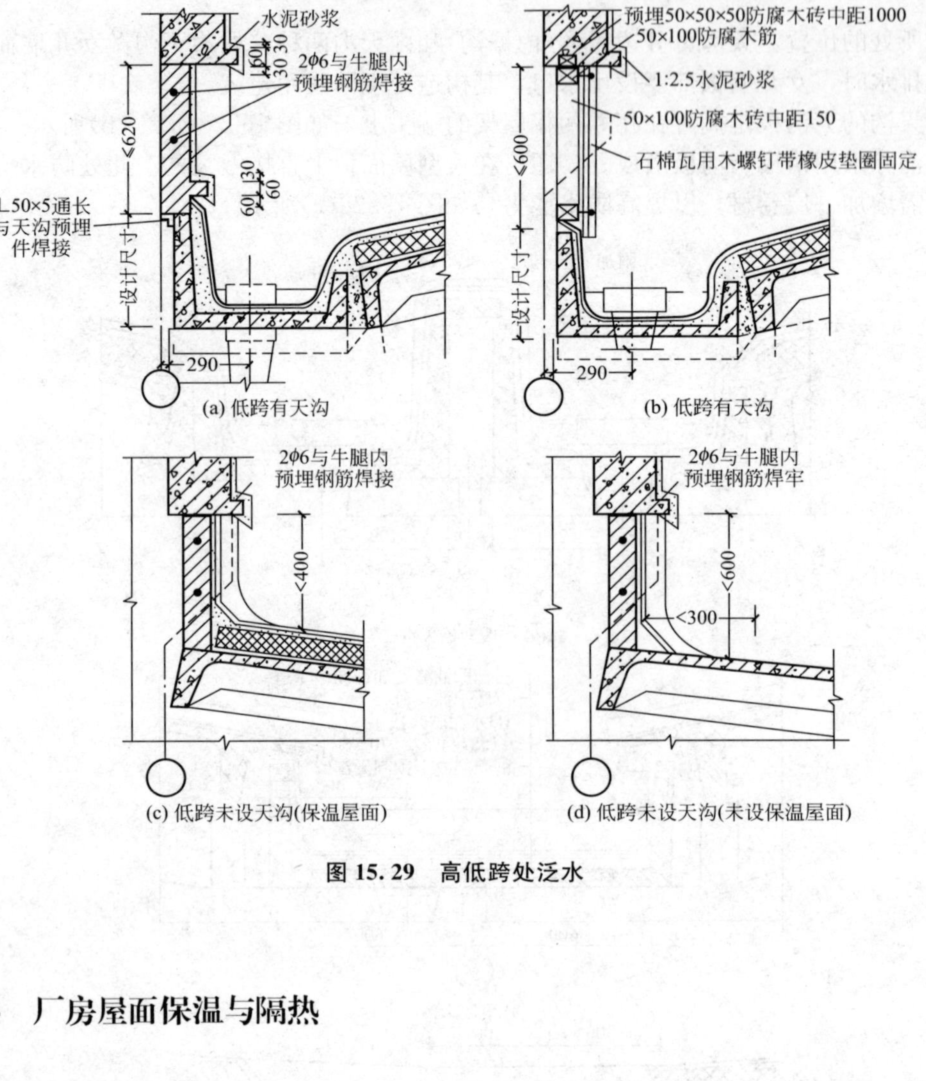

(a) 低跨有天沟　(b) 低跨有天沟

(c) 低跨未设天沟(保温屋面)　(d) 低跨未设天沟(未设保温屋面)

图 15.29　高低跨处泛水

构造。

15.2.4　厂房屋面保温与隔热

1. 屋面保温

在冬季需采暖的厂房中，屋面应采取保温措施。其做法是在屋面基层上按热工计算增设一定厚度的保温层。保温层可铺在屋面板上、设在屋面板下和夹在屋面板中。

屋面板上铺设保温层的构造做法与民用建筑平屋顶相同，在厂房屋面中也广为采用。屋面板下设保温层主要用于构件自防水屋面，其做法可分直接喷涂和吊挂两种。

夹芯保温屋面板具有承重、保温、防水三种功能。如图 15.30 所示是几种夹芯保温屋面板。

为减少屋面工程的施工程序，可将屋面板连同保温层、隔气层、找平层及防水层等均在工厂预制好，运至现场组装成屋面，接缝处再贴以油毡防水条，则可减少现场作业，加快施工进度，保证质量，并可少受气候影响。

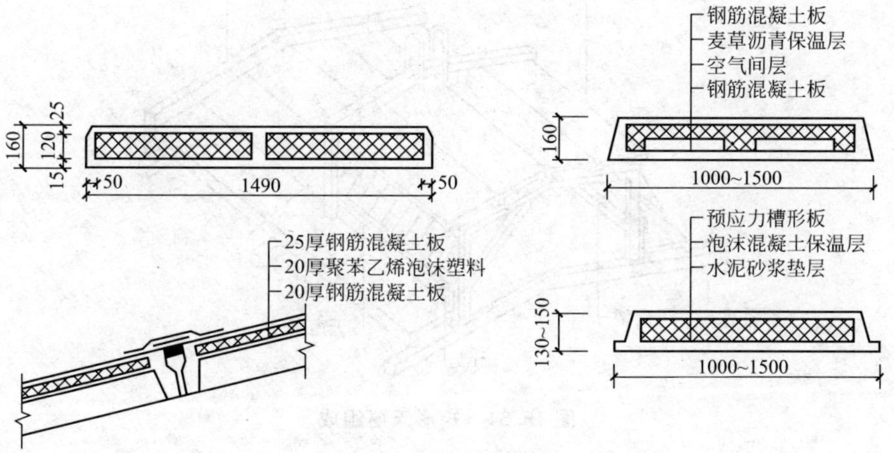

图 15.30 夹芯保暖板

2. 屋面隔热

厂房的屋面隔热措施同民用建筑。当厂房高度低于 8m，且系采用钢筋混凝土结构屋盖时，需考虑屋面辐射热对工作区的影响，屋面应采取隔热措施，可采用通风屋面或种植屋面。

15.3 天窗构造

单层厂房中，为了满足天然采光和自然通风的要求，在屋顶上常设置各种形式的天窗。目前，我国常见的天窗形式，主要用作采光的有矩形天窗、锯齿形天窗、平天窗、三角形天窗、横向下沉式天窗等；主要用作通风的有矩形通风天窗、纵或横向下沉式天窗、井式天窗等。

15.3.1 矩形天窗

矩形天窗具有中等的照度，光线均匀，防雨较好，窗扇可开启以兼作通风，故在冷加工车间广泛应用。其缺点是构件类型多，自重大，造价高。

矩形天窗主要由天窗架、天窗扇、天窗屋面板、天窗侧板及天窗端壁等组成，如图 15.31 所示。

1. 天窗架

天窗架是天窗的承重结构，它直接支承在屋架上，天窗架的材料一般与屋架一致，常用的有钢筋混凝土天窗架和钢天窗架，如图 15.32 所示。目前所采用的钢筋混凝土天窗架的尺寸见表 15-1。

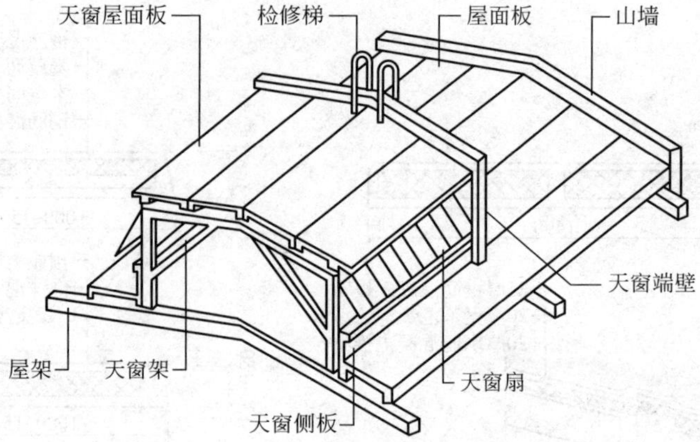

图 15.31　矩形天窗组成

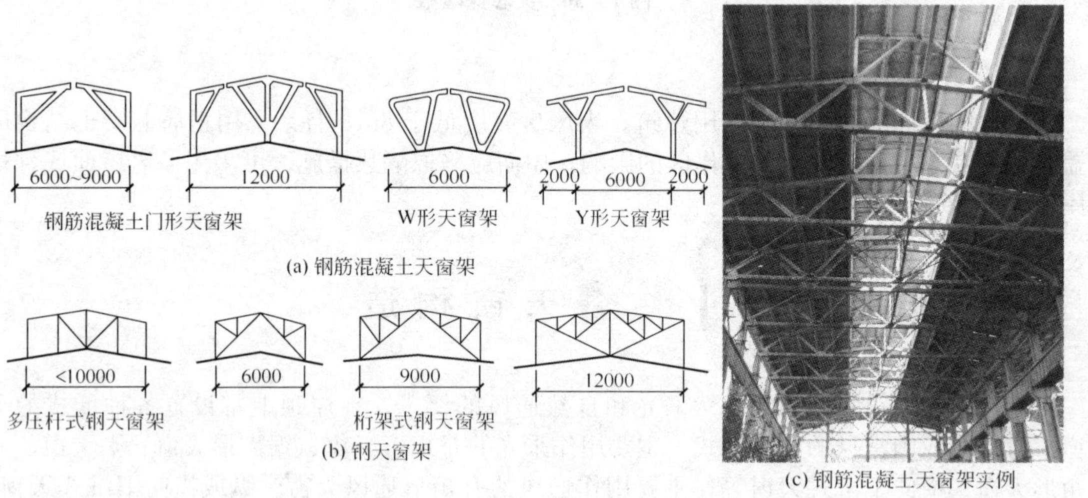

图 15.32　天窗架形式示例

表 15-1　常用钢筋混凝土天窗架的尺寸

天窗架形式	门形							W 形	
天窗架跨度（标志尺寸）	6000				9000			6000	
天窗扇高度	1200	1500	2×900	2×1200	2×900	2×1200	2×1500	1200	1500
天窗架高度	2070	2370	2670	3270	2670	3270	3870	1950	2250

2. 天窗扇

天窗扇有钢和塑钢的。钢天窗扇如图 15.33 所示，具有耐久、耐高温、重量轻、挡光少、使用过程中不易变形、但关闭不紧密等特点。塑钢天窗扇由于其在热工、外形等方面的优点，目前使用较多。天窗扇开启方式分上悬式和中悬式两种。

1）上悬钢天窗扇

上悬钢天窗扇防飘雨较好，但最大开启角只有45°，J815定型上悬钢天窗扇的高度有三种：900mm、1200mm、1500mm（标志尺寸）。根据需要可以组合成不同高度的天窗。上悬钢天窗扇主要由开启扇和固定扇等基本单元组成，可以布置成通长窗扇和分段窗扇。

图 15.33 钢天窗扇

通长窗扇是由两个端部固定窗扇及若干个中间开启窗扇连接而成。开启长度应根据矩形天窗长度、采光和通风要求，以及天窗开关器的启动能力等因素决定，如图15.34(a)、(b)所示。

分段窗扇是每个柱距设一个窗扇，各窗扇可单独开启，如图15.34(c)所示。不管是通长窗扇还是分段窗扇，在开启扇之间以及开启扇与天窗端壁之间，均需设置固定窗扇来起

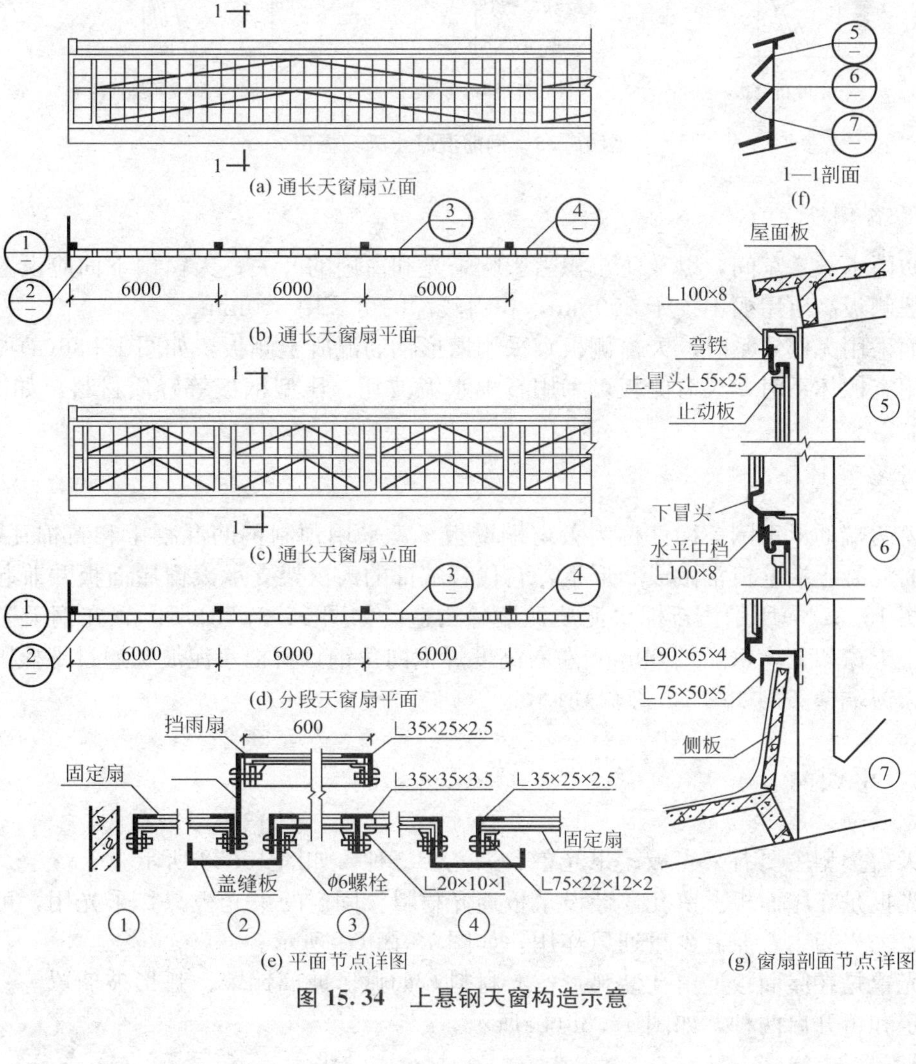

图 15.34 上悬钢天窗构造示意

竖框的作用。

2）中悬钢天窗扇

中悬钢天窗扇因受天窗架的阻挡和受转轴位置的限制，只能分段设置，于每个柱距内设一个窗扇。定型J812中悬钢天窗窗洞的高度有6种尺寸，高度有3种：900mm、1200mm、1500mm，可按需要组合。窗扇的构造是上下冒头及边梃均为角钢，只有垂直窗楞为⊥形。每个窗扇之间设槽钢作竖框，窗扇转轴固定在竖框上。

3. 天窗檐口

一般情况下，天窗屋面的构造与厂房屋面构造相同。天窗檐口常采用无组织排水，由带挑檐的屋面板构成，挑出长度一般为300～500mm，如图15.35所示。

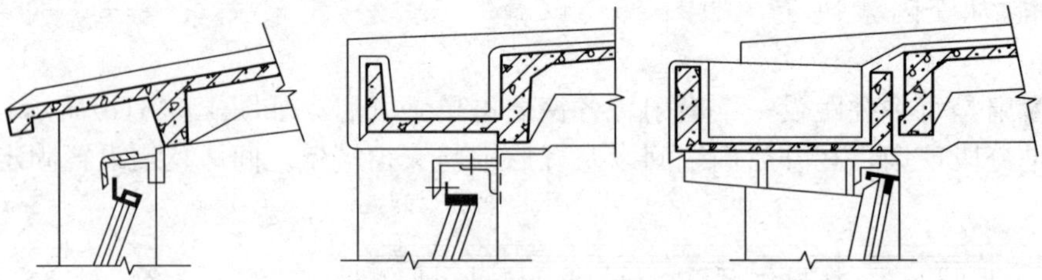

(a) 挑檐板　　(b) 带檐沟屋面板　　(c) 牛腿支承屋面板

图15.35　钢筋混凝土天窗檐口

4. 天窗侧板

为防雨水溅入车间，以及防止积雪影响采光和窗扇的开关，天窗扇下面应设置天窗侧板。一般侧板高出屋面不少于300mm，积雪较深的可采用500mm。

屋面采用无檩体系时，天窗侧板宜采用槽形钢筋混凝土侧板，如图15.36(a)所示。当屋面采用有檩体系时，天窗侧板可采用石棉水泥波瓦、压型钢板等轻质材料，如图15.36(b)所示。

5. 天窗端壁

天窗两端的承重围护构件称为天窗端壁板，常采用预制钢筋混凝土和石棉瓦端壁板。预制钢筋混凝土端壁板常做成肋形板，它代替端部的天窗架支承天窗屋面板并兼起围护作用，如图15.37(a)所示。石棉水泥波瓦端壁构造，如图15.37(b)所示，在钢天窗架或钢筋混凝土天窗架上，每隔1500mm左右高度焊横向角钢，石棉水泥波瓦通过螺栓固定在角钢上。天窗端壁实例如图15.37(c)所示。

15.3.2　平天窗

平天窗类型主要有采光板、采光罩、采光带三种，如图15.38所示。

采光板是在屋面板上留孔，装设平板透光材料。固定的采光板只作采光用，可开启的采光板以采光为主，兼有少量通风作用，如图15.38(a)所示。

采光罩是在屋面板上留孔装弧形透光材料，如弧形玻璃钢罩、弧形玻璃罩等。采光罩分为固定和可开启两种，如图15.38(b)所示。

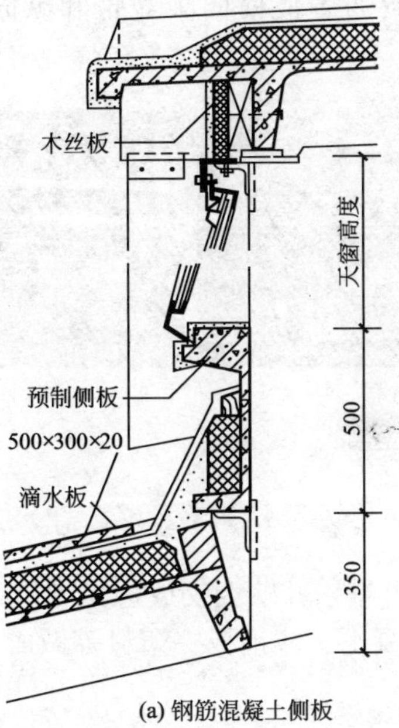

(a) 钢筋混凝土侧板

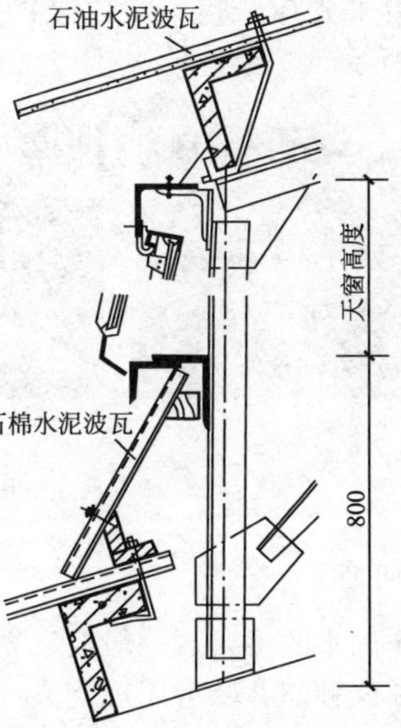

(b) 石棉水泥波瓦侧板

图 15.36　天窗侧板

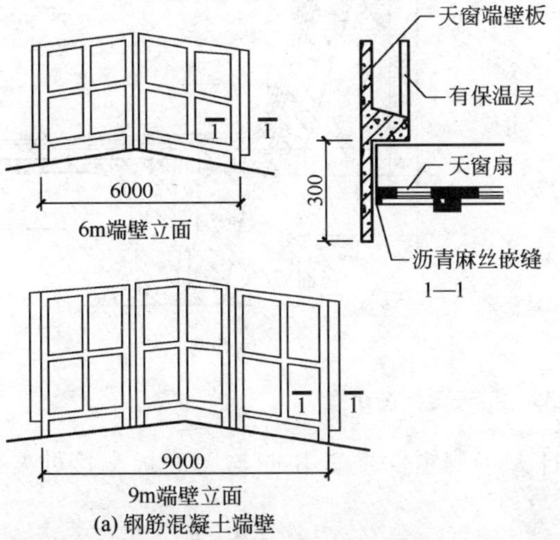

(a) 钢筋混凝土端壁

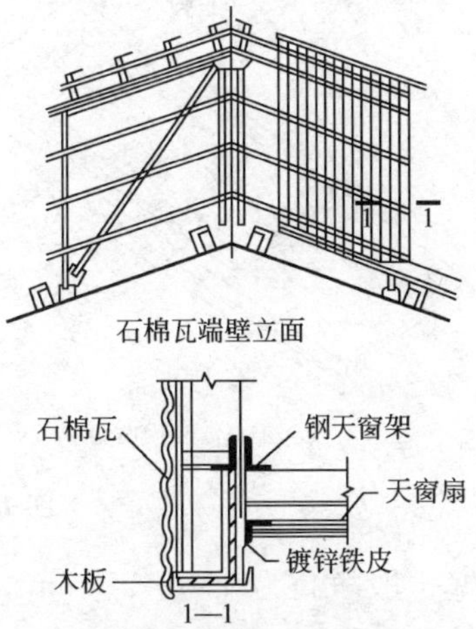

(b) 石棉水泥瓦端壁

(c) 天窗端劈板实例

图 15.37　天窗端壁构造示意

采光带指采光口长度 6m 以上的采光口，可布置成横向采光带和纵向采光带，如图 15.38(c)所示。

(a) 采光板　　(b) 采光罩　　(c) 采光带

图 15.38　平天窗

1. 防水问题

为了防止雨水的渗入，一般在采光口周围作井壁，井壁上安放透光材料。井壁的形式有垂直和倾斜两种。井壁可用现浇或预制钢筋混凝土、薄钢板、塑料等做成，如图 15.39 所示。

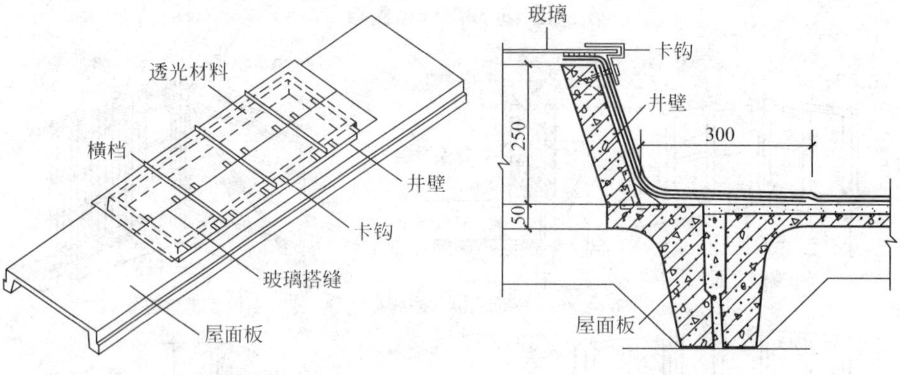

(a) 平天窗的构造组成　　(b) 井壁泛水

图 15.39　平天窗构造示意

井壁一般净高为 150～250mm，且大于积雪深度。井壁与屋面板交接处要做好泛水处理。

采光口尺寸较大时，玻璃左右搭接处须设横档，以作为安装固定玻璃之用，如图 15.40 所示。玻璃上下搭接一般不小于 100mm，用油膏、塑料管等柔性材料嵌缝，如图 15.41 所示。

2. 防太阳辐射和眩光

平天窗直射阳光会使车间内过热和产生眩光，应优先选用扩散性能好的透光材料，如磨砂玻璃、乳白玻璃、夹丝压花玻璃、玻璃钢等，或在平板玻璃下方设遮光格片。

3. 安全防护措施

为保证安全，可采用夹丝玻璃、玻璃钢罩等安全玻璃。如果采用非安全玻璃(如普通平板玻璃、磨砂玻璃等)，应在玻璃下面加设一层金属安全网，如图 15.40(a)所示。

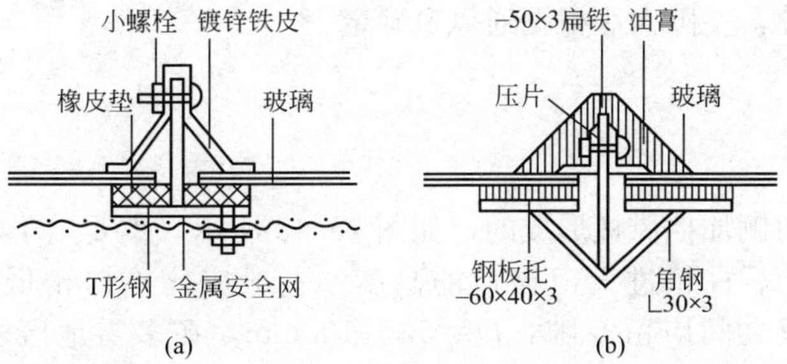

图 15.40 横档节点构造

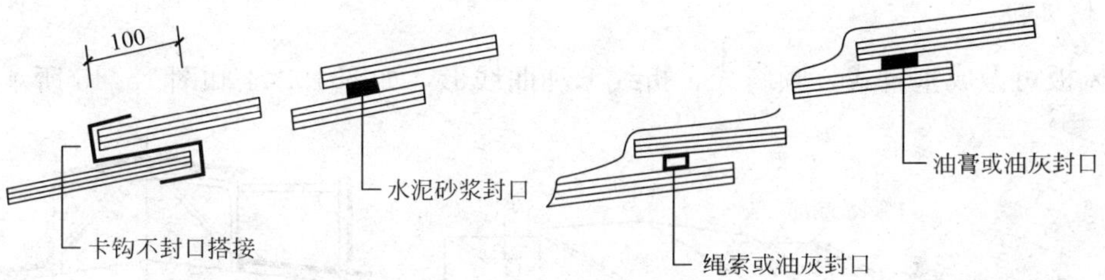

图 15.41 上下玻璃搭接构造

4. 通风问题

平天窗主要作用是采光，若需兼做自然通风时，采用的通风方式有以下两类，如图 15.42 所示。

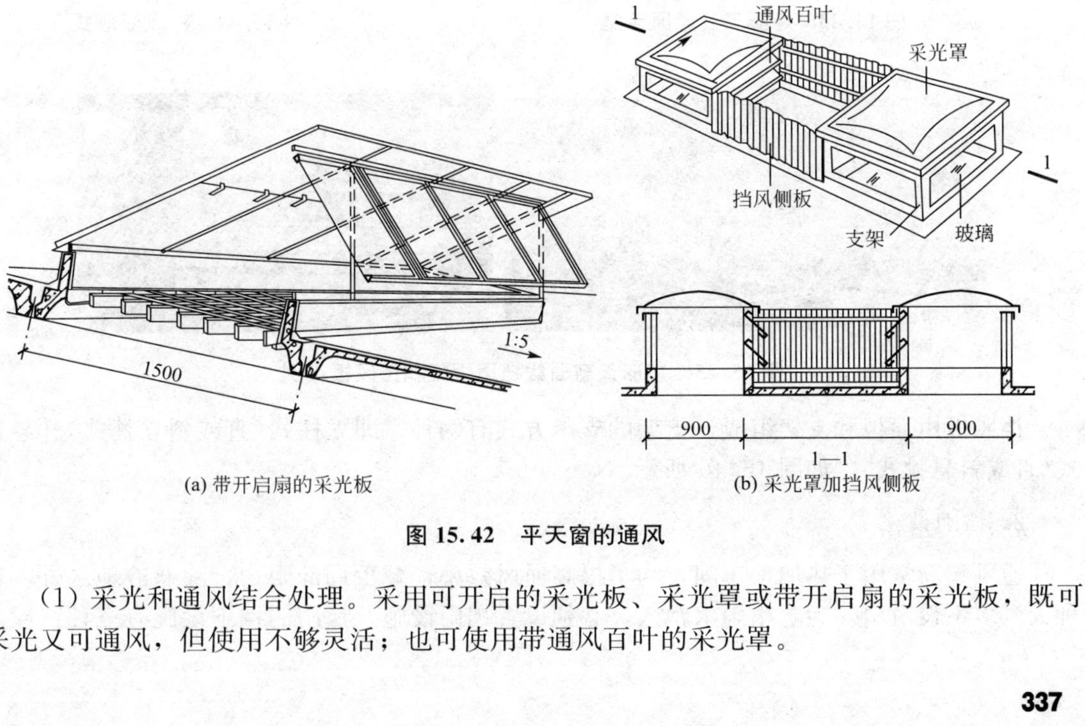

图 15.42 平天窗的通风

(1) 采光和通风结合处理。采用可开启的采光板、采光罩或带开启扇的采光板，既可采光又可通风，但使用不够灵活；也可使用带通风百叶的采光罩。

(2) 采光和通风分开处理。平天窗只考虑采光，另外利用通风屋脊来解决通风。通风屋脊是在屋脊处留一定宽度的空隙，空隙大小根据通风量确定。

15.3.3 矩形通风天窗

矩形通风天窗是在矩形天窗两侧加挡风板形成的，如图 15.43 所示，主要用于热加工车间。矩形通风天窗挡风板高度不宜超过天窗檐口的高度，一般应比檐口稍低，$E=(0.1\sim0.15)h$。挡风板与屋面板之间应留空隙，$D=50\sim100$mm，在多雪地区不大于 200mm。挡风板的端部必须封闭，防止平行或倾斜于天窗纵向吹来的风，影响天窗排气。是否设置中间隔板，应根据天窗长度、风向和周围环境等因素而定。在挡风板上还应设置供清灰和检修时通行的小门。

1. 挡风板

挡风板可做成垂直式、倾斜式、折线形和曲线形，如图 15.44 和图 15.45 所示。

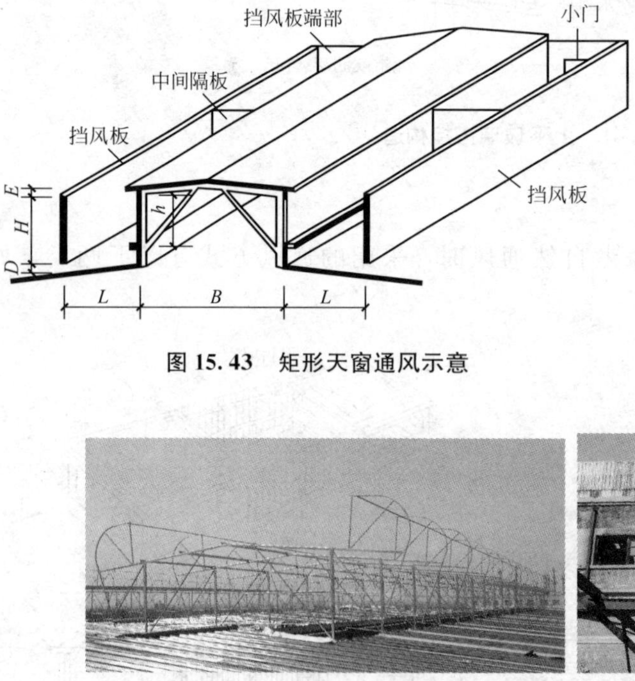

图 15.43 矩形天窗通风示意

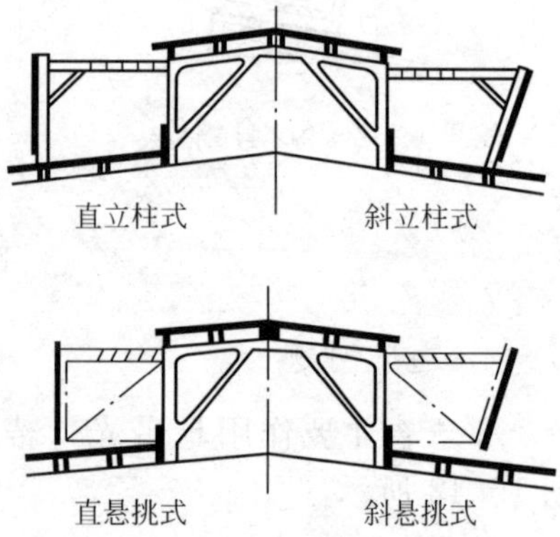

图 15.44 挡风板形式

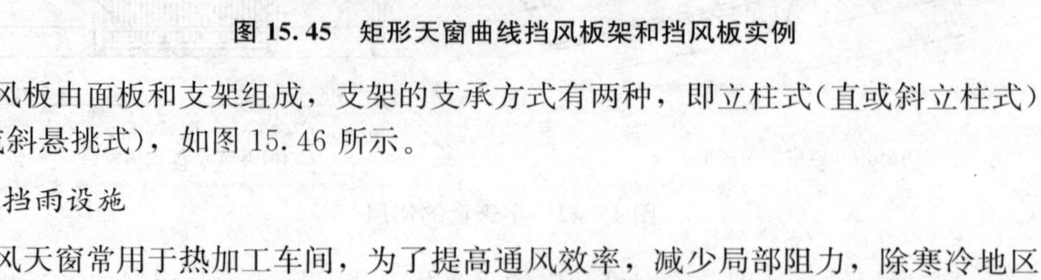

图 15.45 矩形天窗曲线挡风板架和挡风板实例

挡风板由面板和支架组成，支架的支承方式有两种，即立柱式(直或斜立柱式)和悬挑式(直或斜悬挑式)，如图 15.46 所示。

2. 挡雨设施

通风天窗常用于热加工车间，为了提高通风效率，减少局部阻力，除寒冷地区外，这种天窗多不设窗扇，为防止雨水飘入，必须设置挡雨设施。常用的挡雨设施有三种：屋面

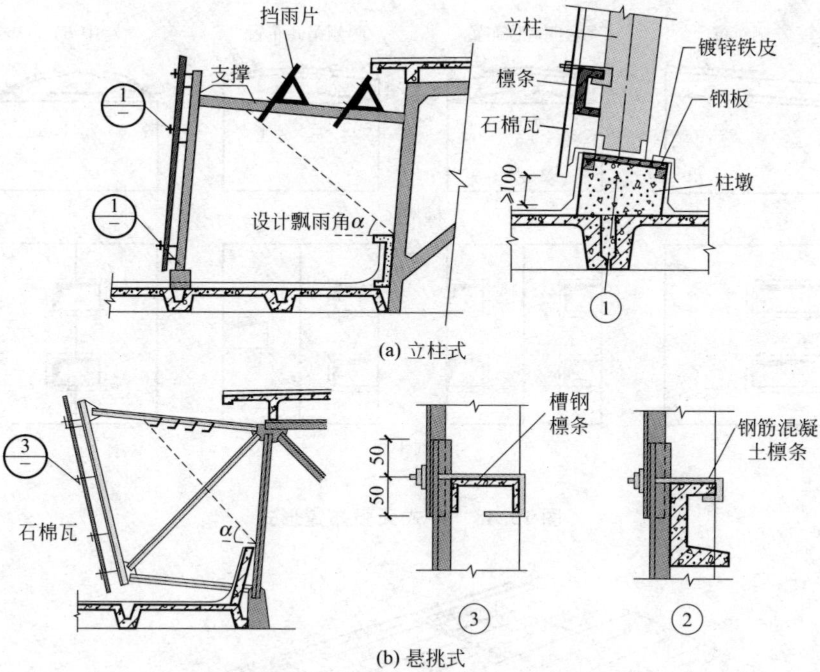

图 15.46 挡风板支架的支承方式

做大挑檐；水平口设挡雨片；垂直口设挡雨板，如图 15.47 所示。挡雨片的间距和数量可用作图法求出。

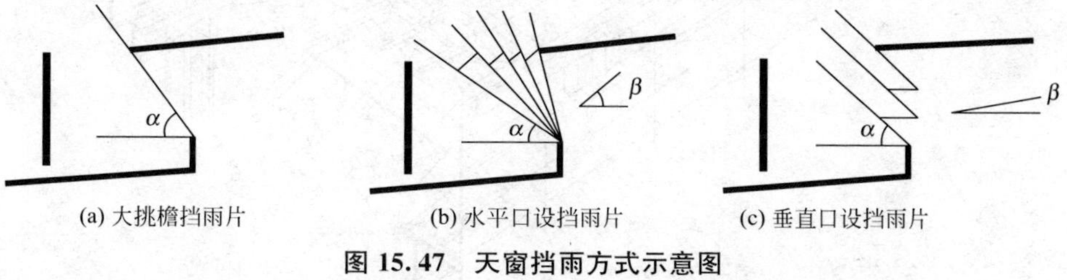

图 15.47 天窗挡雨方式示意图

α—挡雨角；β—挡雨片与水平夹角

15.3.4 下沉式通风天窗

下沉式通风天窗是在屋架上下弦分别布置屋面板，利用上下屋面板之间构成的高差作通风和采光口，从而取消了天窗架和挡风板。下沉式天窗的形式有：井式天窗、横向下沉式天窗、纵向下沉式天窗。横向下沉和纵向下沉式天窗的构造处理均与井式天窗相似，下面以井式天窗为例进行讲述。

井式天窗布置方式主要有：一侧布置、两侧对称或错开布置、跨中布置，如图 15.48 所示。

如图 15.49 所示为井式天窗的构造组成，包括井底板、井底檩条、井口空格板或檩条、挡雨设施、挡风墙，以及排水设施等。

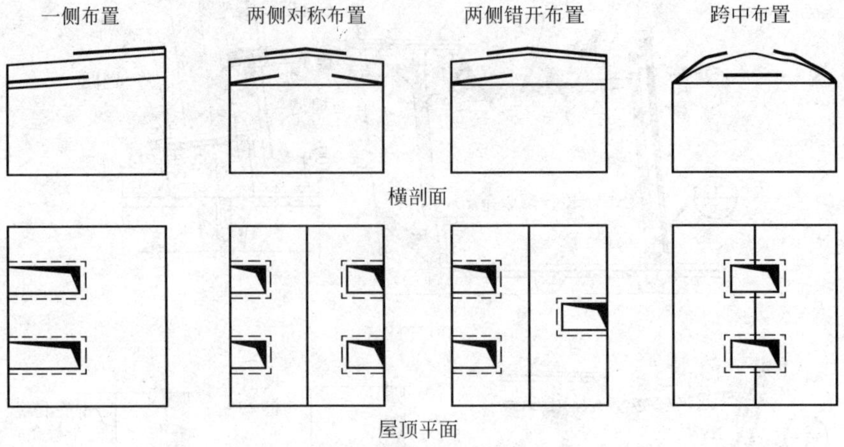

图 15.48　井式天窗布置形式

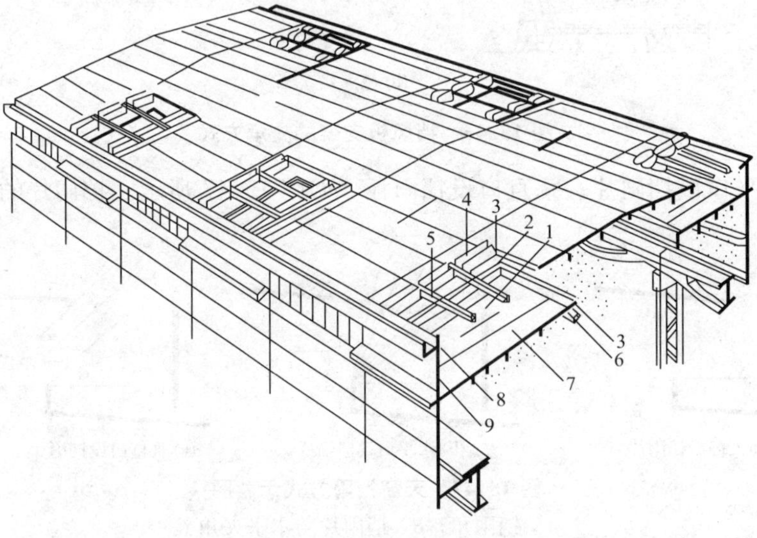

图 15.49　井式天窗示意图

1—水平口；2—垂直口；3—泛水口；4—挡雨片；5—空格板；
6—檩条；7—井底板；8—天沟；9—挡风侧墙

1. 井底板

井底板位于屋架下弦，搁置的方式有两种，即横向铺板和纵向铺板。

(1) 横向铺板。是指井底板平行于屋架布置，先在屋架下弦上搁置檩条，再在檩条上铺设井底板。为防止落在井底板上的雨水溅入车间，井底板边缘应做泛水(300mm 左右)。

为了争取较多的垂直口通风面积，充分利用屋架上下弦之间的净空，常采用下卧式、槽形、L 形等檩条，如图 15.50 所示。将屋面板直接放在檩条的下翼缘上，不但可以争取约 200mm 的天窗净高，而且槽形和 L 形檩条上部还可兼泛水作用。

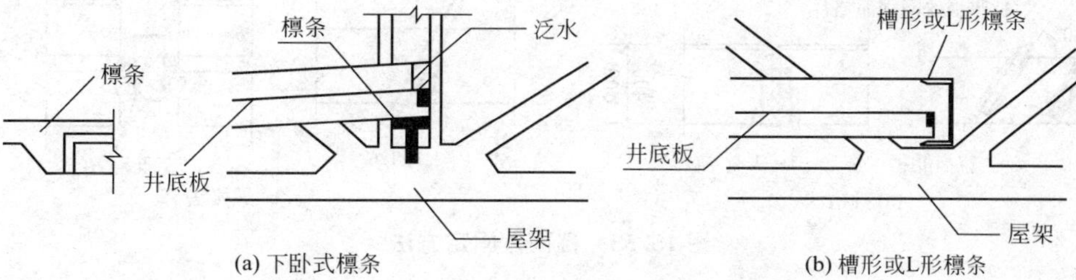

(a) 下卧式檩条　　(b) 槽形或L形檩条

图 15.50　提高垂直口净高的檩条断面尺寸

(2) 纵向铺板。是指井底板直接放在屋架下弦上，有的井底板会与屋架腹杆相碰，井底板必须采用异形板，做成卡口板或出肋板，如图 15.51 所示。

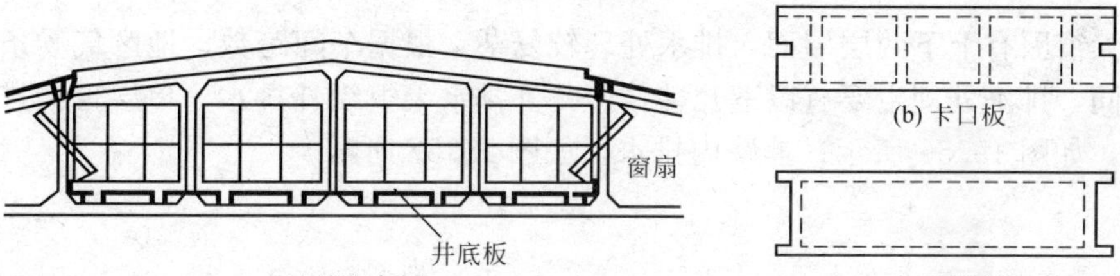

(a) 纵向布板

图 15.51　纵向布板及板的形式

2. 井口板及挡雨设施

井式天窗通风口常不设窗扇而做成开敞式，在井口设置挡雨设施，其做法有井口上设挑檐、井口上设挡雨片、垂直口设挡雨板等方式。

(1) 井口上设挡雨片，如图 15.52 所示。井口上铺设空格板，挡雨片固定在空格板的纵肋上，材料可用石棉瓦、钢丝网水泥片、玻璃等。挡雨片固定方法有：插槽法和焊接法，如图 15.53 所示。

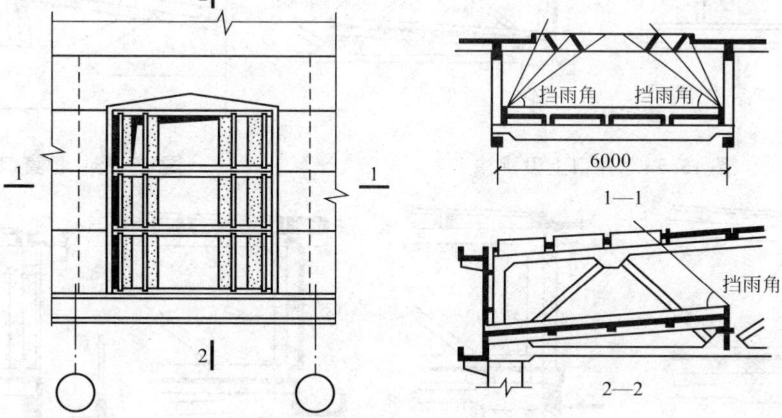

图 15.52　井口上设挡雨片

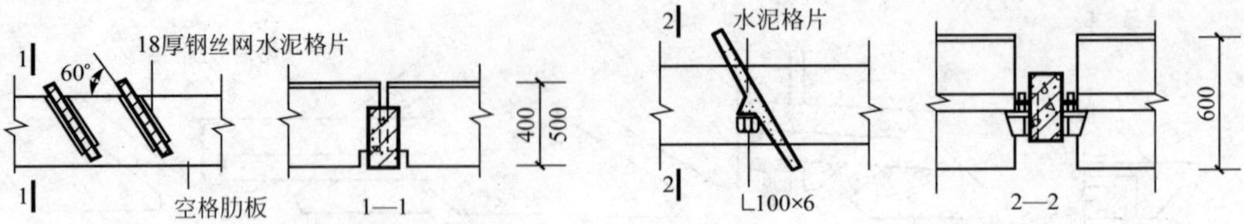

(a) 插槽法　　(b) 焊接法

图 15.53　挡雨片固定方法

(2) 井口上设挑檐，如图 15.54 所示。

(3) 垂直口设挡雨板，如图 15.55 所示。常采用型钢支架上挂石棉瓦，或预制钢筋混凝土小板作挡雨板。

3. 排水措施

井式天窗因有上下两层屋面，排水处理较复杂。根据车间跨数、地区气候条件和生产特点的不同，排水处理主要有以下几种：边井外排水无组织外排水、单层天沟排水、双层天沟排水，如图 15.56 所示；连跨内排水，如图 15.57 所示。

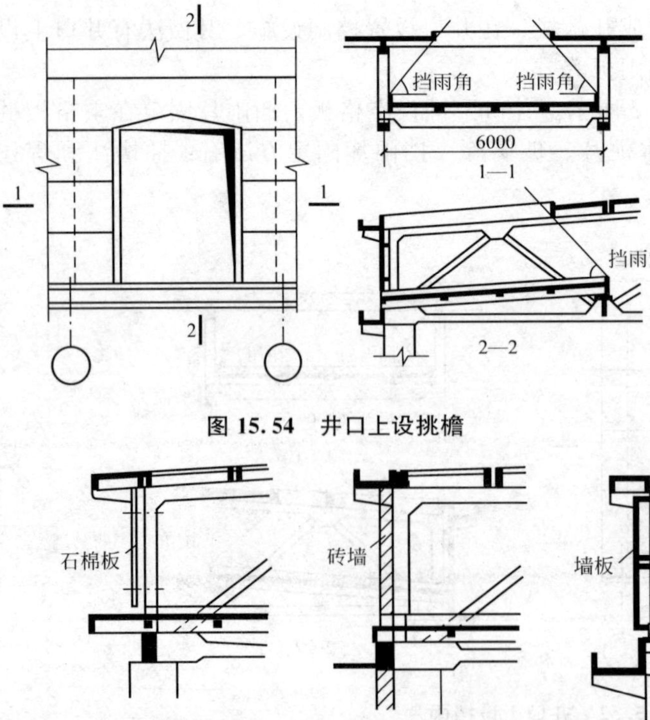

图 15.54　井口上设挑檐

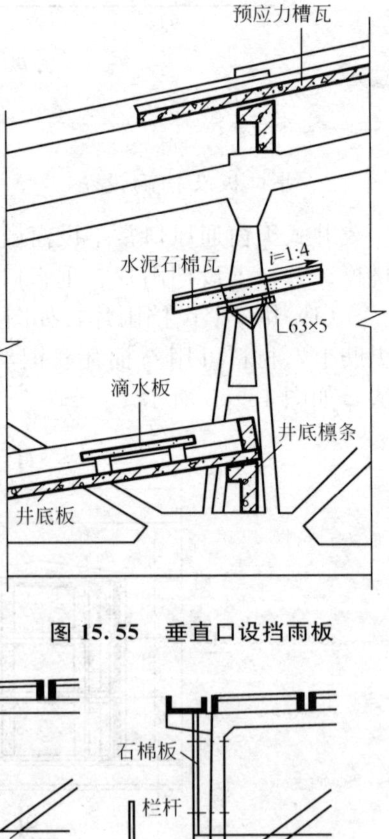

图 15.55　垂直口设挡雨板

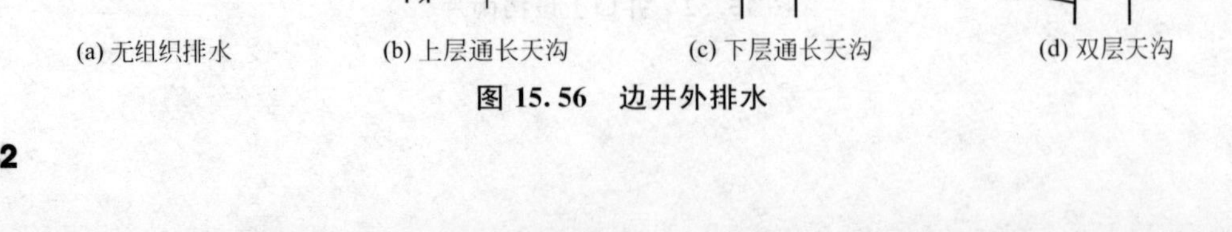

(a) 无组织排水　(b) 上层通长天沟　(c) 下层通长天沟　(d) 双层天沟

图 15.56　边井外排水

4. 井口及井底板泛水

为使屋面雨水不流入井内，在井上口的周围需做150～200mm高的泛水。同理，为防止雨水溅入和流入车间，井底板周围也应设泛水，高度不宜小于300mm，如图15.58所示。

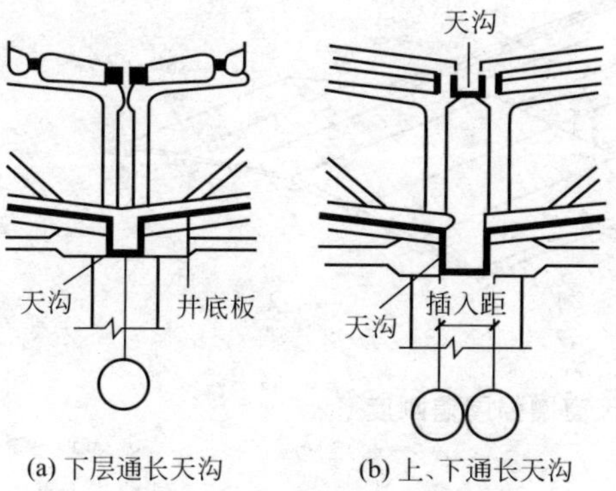

图15.57　连跨内排水示意图

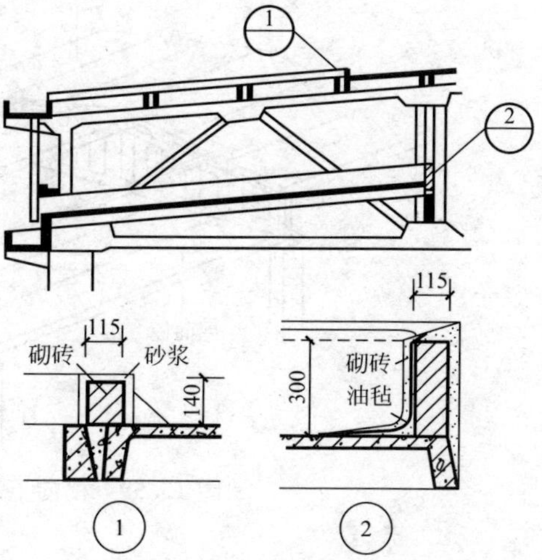

图15.58　泛水构造

5. 屋架选择

屋架下弦要搁置井底板或井底檩条，屋架的腹杆宜采用双竖杆、无竖杆或全竖杆三种形式，见表15－2。

表15－2　用于下沉式天窗的屋架形式

形　式	双竖杆屋架	无竖杆屋架	全竖杆屋架
平行弦	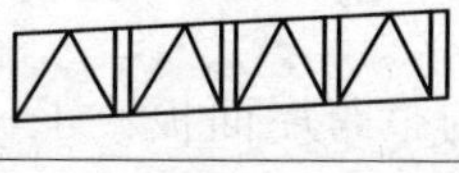		
梯形	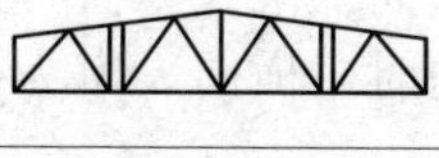	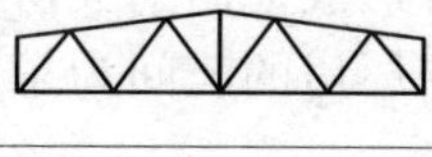	
拱形	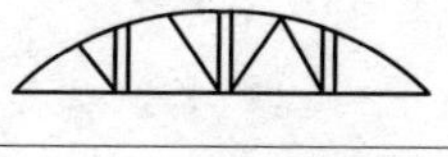	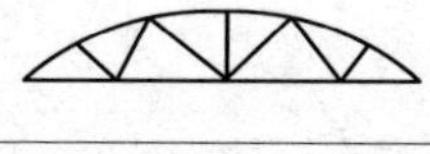	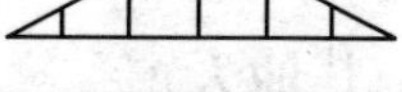
折线形	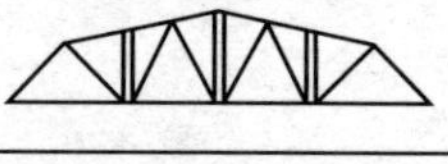	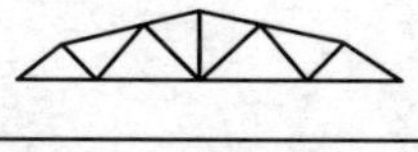	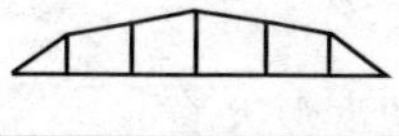

6. 其他设施

1）挡风侧墙

为保证两侧井式天窗有稳定的通风效果，在跨边须设垂直挡风侧墙，材料一般与墙体材料相同。

2）清灰及检修设施

在每个天井内应设置钢梯，供清灰和检修通行。利用下层天沟作清灰通道时，在天沟外沿应设安全栏杆，竖管间距一般不大于 120m。

井口上可设置空格板或连系构件以增强屋盖刚度，如图 15.59 所示。

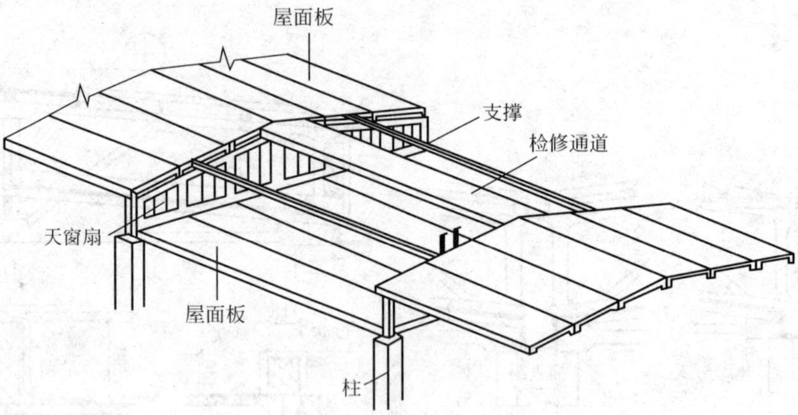

图 15.59　横向下沉式天窗增强屋盖刚度

15.3.5　纵向下沉式天窗概述

纵向下沉式天窗，如图 15.60 所示，是将下沉的屋面板沿厂房纵轴方向通长地搁置在屋架下弦上。根据其下沉位置的不同，分为两侧下沉、中间下沉和中间双下沉三种形式。两侧下沉的天窗通风采光效果均较好；中间下沉的天窗采光、通风均不如两侧下沉的天窗，较少采用；中间双下沉的天窗采光、通风效果好，适用面广。

15.3.6　横向下沉式天窗概述

横向下沉式天窗，如图 15.61 所示，是将相邻柱距的整跨屋面板一上一下交替布置在屋架的上、下弦上，利用屋架高度形成横向的天窗。横向下沉式天窗可根据采光要求及热源布置情况灵活布置。特别是当厂房的跨间为东西向时，横向天窗为南北向，可避免东西晒。

15.3.7　其他天窗

1. 锯齿形天窗

锯齿形天窗，如图 15.62 所示，是将厂房屋盖做成锯齿形，在其垂直面(或稍倾斜)设置采光、通风口。它具有采光效率高、光线稳定等特点，但应注意其采光方向性强，车间内的机械设备宜与天窗垂直布置。锯齿形天窗多用于要求光线稳定和需要调节温、湿度的厂房(如纺织、精密机械等类型的单层厂房)。

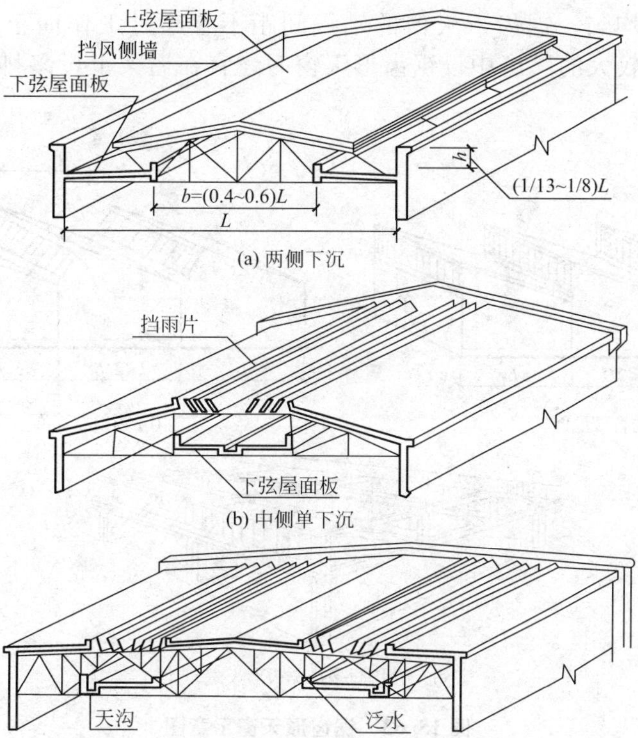

(a) 两侧下沉

(b) 中侧单下沉

(c) 中间双下沉

图 15.60　纵向下沉式天窗示意

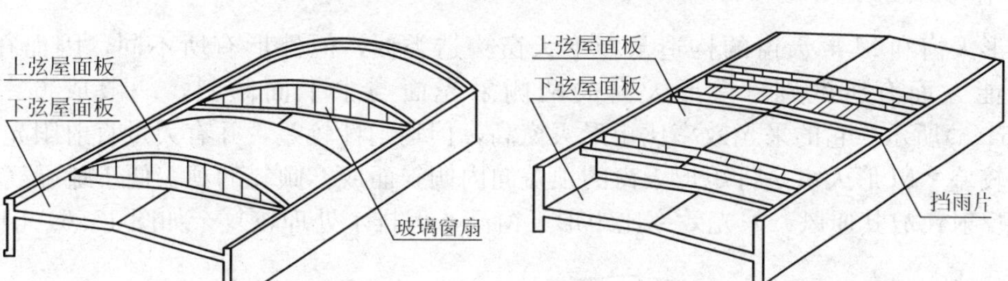

(a) 带玻璃窗扇

(b) 带挡雨片的开敞式

图 15.61　横向下沉式天窗示意

图 15.62　锯齿形天窗实例

为了保证采光均匀，锯齿形天窗的轴线间距不宜超过工作面至天窗下缘高度的 2 倍。因此，在跨度较大的厂房中设锯齿形天窗时，宜在屋架上设多排天窗，如图 15.63 所示。

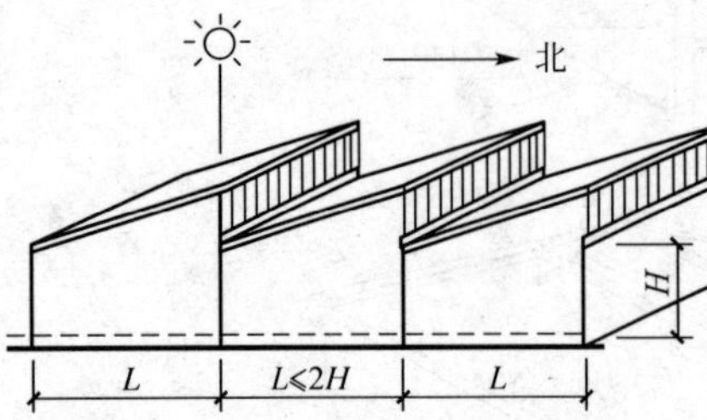

(a) 垂直玻璃面

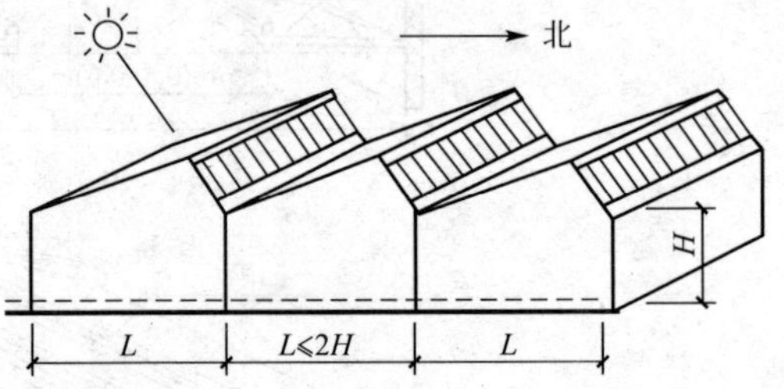

(b) 倾斜玻璃面

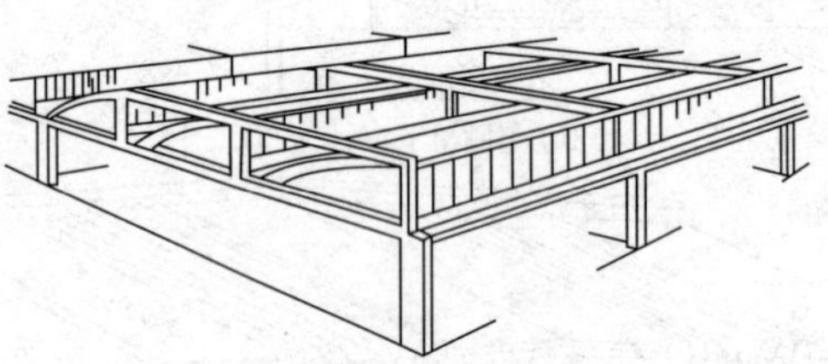

(c) 一跨内设多排锯齿形天窗

图 15.63　锯齿形天窗示意图

2. 梯形天窗与 M 形天窗

梯形天窗和 M 形天窗的构造与矩形天窗构造类似，但外形有所不同，因而在采光、通风性能方面有所区别。梯形天窗的两侧采光面与水平面倾斜，一般成 60°角，如图 15.64(a)所示。它的采光效率比矩形天窗高，但均匀性较差，并有大量直射阳光，防雨性能也较差。M 形天窗是将矩形天窗的顶盖向内倾斜而成。倾斜的顶盖便于疏导气流及增强光线反射，故其通风、采光效率比矩形天窗高，但排水处理较复杂如图 15.64(b)所示。

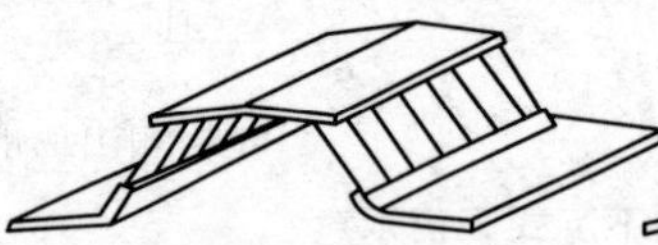

(a) 梯形天窗

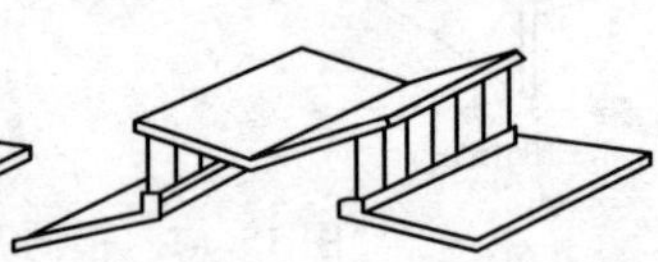

(b) M形天窗

图 15.64　梯形天窗、M 形天窗示意图

3. 三角形天窗

三角形天窗与采光带类似，但三角形天窗的玻璃顶盖呈三角形，通常与水平面成 30°～45°角，宽度较宽(一般为 3～6m)，需设置天窗架，常采用钢天窗架，如图 15.65 所示。

4. 通风屋脊

通风屋脊是在屋脊处留出一条狭长的喉口，然后将此处的脊瓦或屋面板架空，形成脊状的通风口。喉口宽度小时，可用砖墩或混凝土墩子架空，如图 15.66(a)所示；喉口宽度

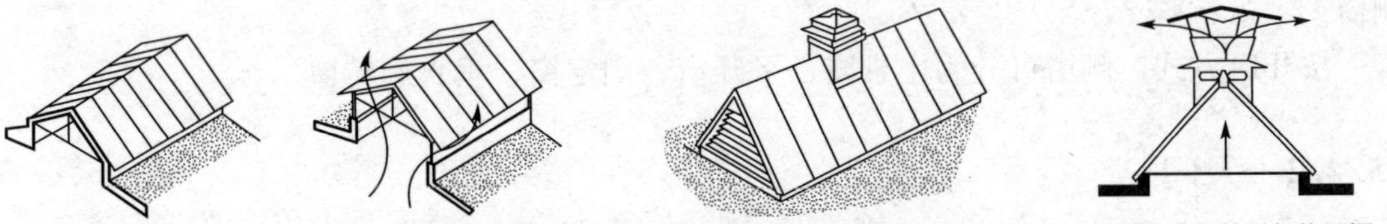

(a) 单纯采光　(b) 天窗檐口下带通风口　(c) 端部设通风百叶及顶部设通风格　(d) 顶部设有抽风机的风帽

图 15.65　三角形天窗的几种形式

大时，可用简单的钢筋混凝土或钢支架支承，如图 15.66(b)所示。在两侧通风口处需设挡雨片挡雨；也可设置挡风板，使排风较为稳定。通风屋脊的构造简单、省工省料，缺点是易飘雨、飘灰，主要用于通风要求不高的冷加工车间。

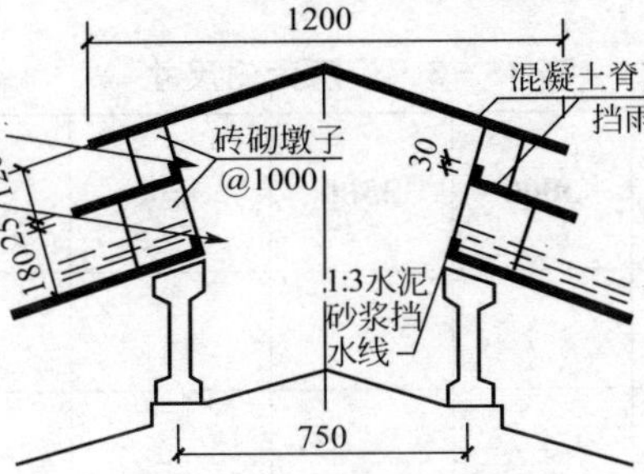

(a) 采用脊瓦及挡雨片的通风屋脊

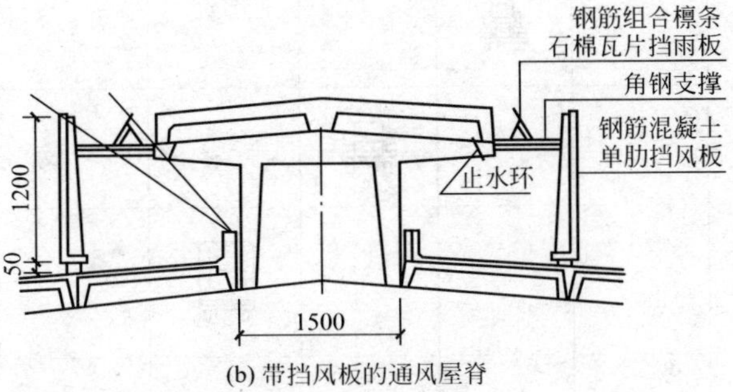

(b) 带挡风板的通风屋脊

图 15.66　通风屋脊构造示

15.4 侧窗及大门构造

15.4.1　侧窗

在工业建筑中，侧窗不仅要满足采光和通风的要求，还要满足工艺上的泄压、保温、隔热、防尘等要求。在进行侧窗构造设计时，除满足生产要求外，还应考虑坚固耐久、开关方便、构造简单、节省材料、降低造价等要求。侧窗构造与民用建筑类似。

按采用的材料，侧窗可分为钢窗、木窗及塑钢窗等。其中应用较多的是钢制和塑钢侧窗。

按开启方式，侧窗可分为中悬窗、平开窗、固定窗、垂直旋转窗。

15.4.2 大门

1. 门的尺寸与类型

工业厂房大门主要是供日常车辆和人通行，以及紧急情况疏散之用。因此门的尺寸应根据所需运输工具类型、规格、运输货物的外形并考虑通行方便等因素来确定。一般门的宽度应比满装货物时的车辆宽 600～1000mm，高度应高出 400～600mm。常用厂房大门的规格尺寸如表 15-3 所示。

表 15-3　厂房大门尺寸

洞口宽 / 运输工具	2100	2100	3000	3300	3600	3900	4200 4500	洞口高
3t 矿车								2100
电瓶车								2400
轻型卡车								2700
中型卡车								3000
重型卡车								3900
汽车 超重机								4200
火　　车								5100 5400

按用途分，厂房大门可分为供运输通行的普通大门、防火门、保温门、防风砂门等。

按材料分，厂房大门可分为木门、钢木门、普通型钢和空腹薄壁钢门等。门宽 1.8m 以内时可采用木制的。当门洞口尺寸较大时，为了防止门扇变形和节约木材，常采用型钢作骨架的钢木大门或钢板门。

按开启方式分，厂房大门可分为平开门、推拉门、折叠门、升降门、上翻门、卷帘门等，如图 15.67 和图 15.68 所示。

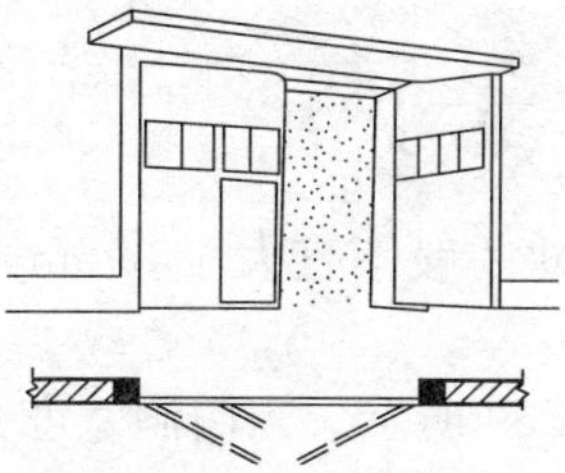

(a) 平开门

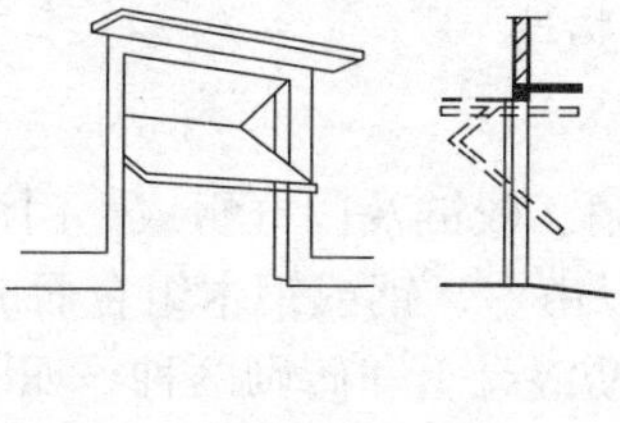

(b) 上翻门

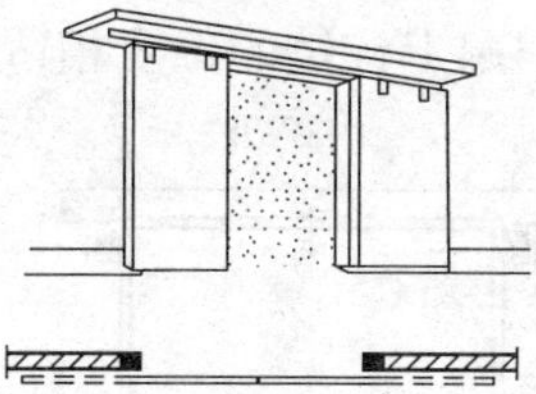

(c) 推拉门

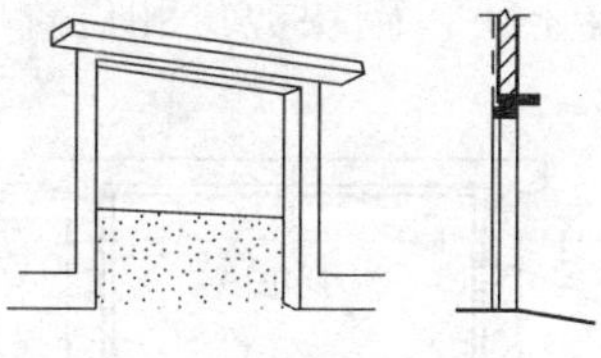

(d) 升降门

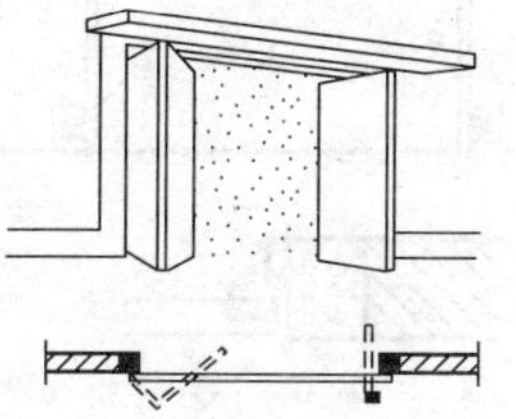

(e) 折叠门

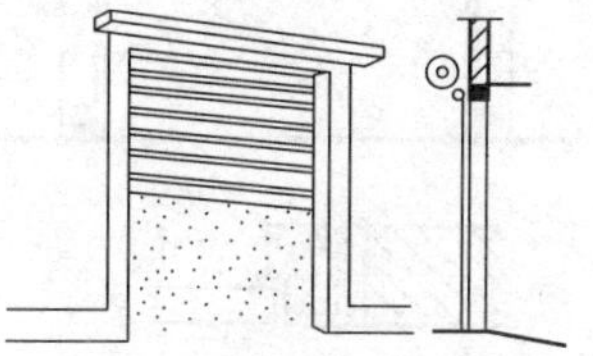

(f) 卷帘门

图 15.67 大门的开启方式

(a) 钢木平开大门

(b) 钢木推拉大门

(c) 铝合金卷帘门

(d) 升降门

图 15.68 各种开启方式不同的厂房大门

2. 一般大门的构造

1）平开门

平开门是由门扇、铰链及门框组成。门洞尺寸一般不宜大于 3.6m×3.6m。根据洞口大小不同，门扇可以由木、钢或钢木组合而成。

大门门框有钢筋混凝土和砖砌两种，如图 15.69 所示。当门洞宽度大于或等于 3m 时，应设钢筋混凝土门框，并在安装铰链处预埋铁件。洞口较小时，可采用砖砌门框，墙内砌入有预埋铁件的混凝土块，砌块数量和位置应与门扇上铰链的位置相适应。

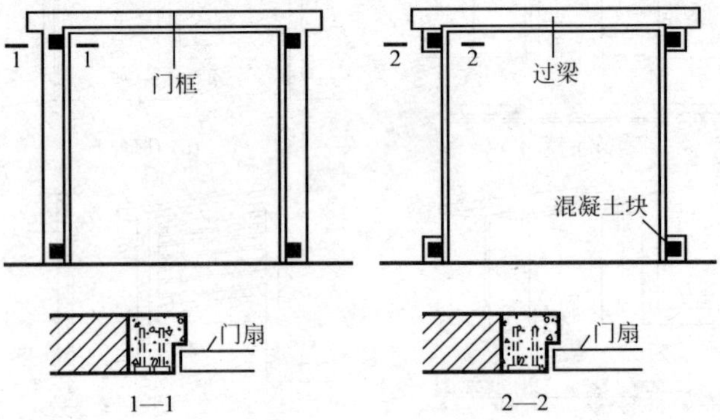

图 15.69　大门门框

2）推拉门

推拉门由门扇、门轨、地槽、滑轮及门框组成。门扇可采用钢木门、钢板门、空腹薄壁钢门等，如图 15.70 所示。常用者为单轨双扇。推拉门支承的方式可分上挂式和下滑式两种。

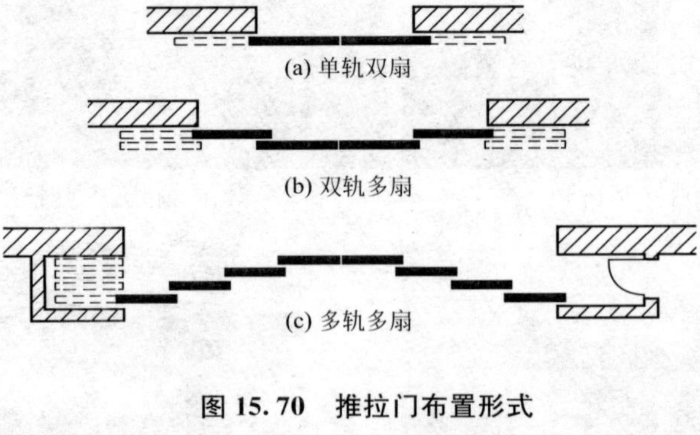

图 15.70　推拉门布置形式

3）折叠门

折叠门一般可分为侧挂式、侧悬式和中悬式三种，如图 15.71 所示。侧挂折叠门可用普通铰链，不适用于较大的洞口。侧悬式和中悬式折叠门，在洞口上方设有导轨，适用于较大的洞口。

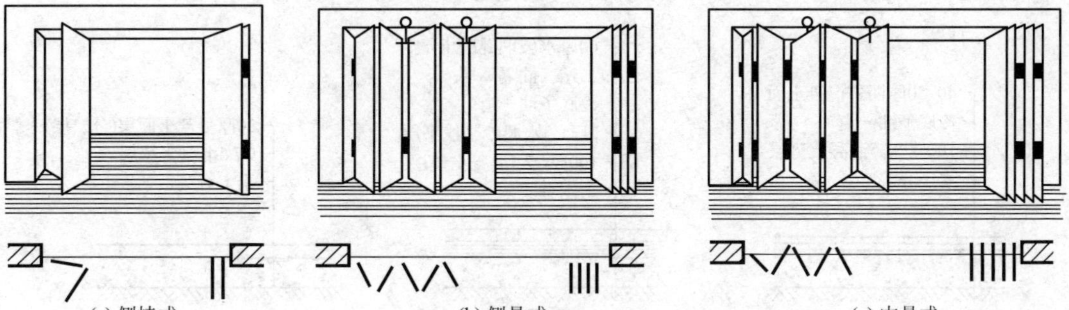
(a) 侧挂式　(b) 侧悬式　(c) 中悬式

图 15.71　折叠门布置形式

15.5 地面及其他构造

单层厂房地面承受的荷载大，要求具有抵抗各种破坏作用的能力，并能满足生产使用的要求。地面构造设计应充分利用地方材料、工业废料，并做到技术先进、经济合理。

15.5.1　地面构造

1. 地面的组成

单层厂房地面与民用建筑地面的构造基本相同，一般由面层、垫层和基层组成。

2. 地面的类型

地面类型按构造特点和面层材料分，分为单层整体地面、多层整体地面及块(板)料地面。

1）单层整体地面

单层整体地面是将面层和垫层合为一层的地面。它由夯实的黏土、灰土、碎石(砖)、三合土或碎、砾石等直接铺设在地基上而成。由于这些材料来源较多，价格低廉，施工方便，构造简单，耐高温，破坏后容易修补，故可用在某些高温车间，如钢坯库等。

2）多层整体地面

多层整体地面的特点是面层厚度较薄，可加大垫层厚度以满足承载力要求。面层材料有水泥砂浆、水磨石、沥青混凝土、水玻璃混凝土、菱苦土等，如图 15.72～图 15.76 所示。

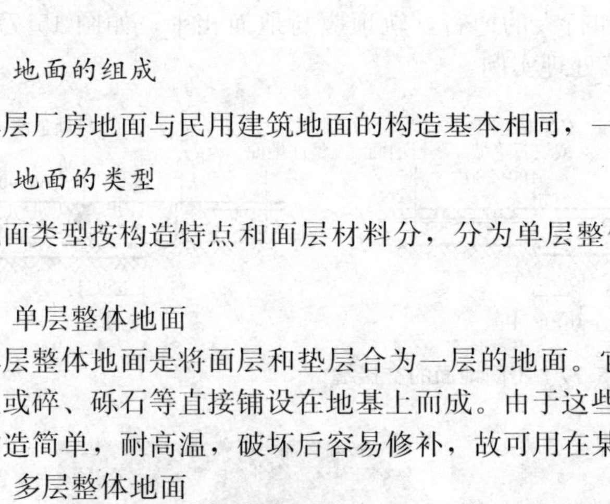

图 15.72　混凝土地面

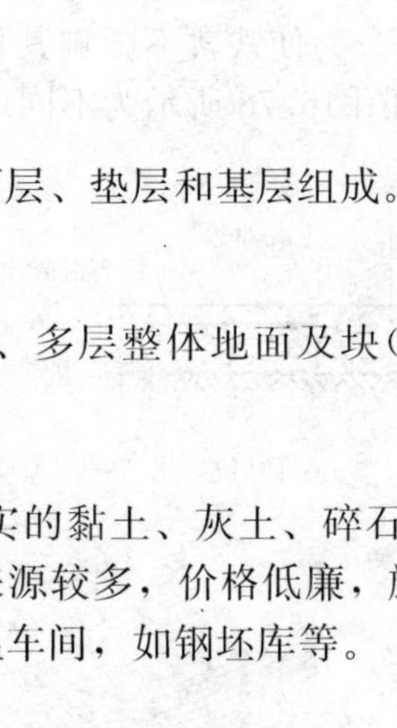

图 15.73　沥青砂浆地面

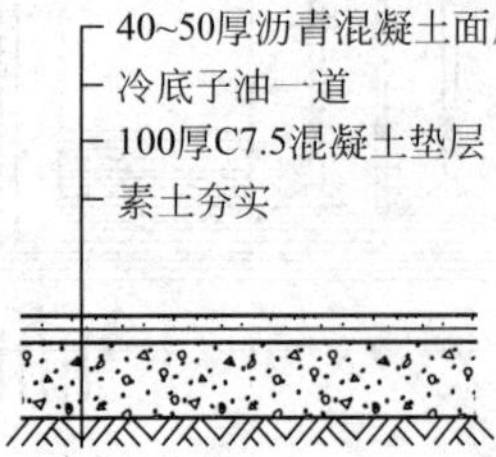

图 15.74　沥青混凝土地面

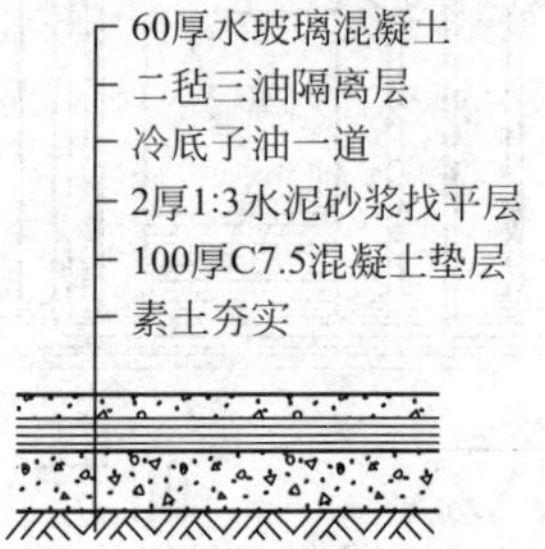

图 15.75　水玻璃混凝土地面

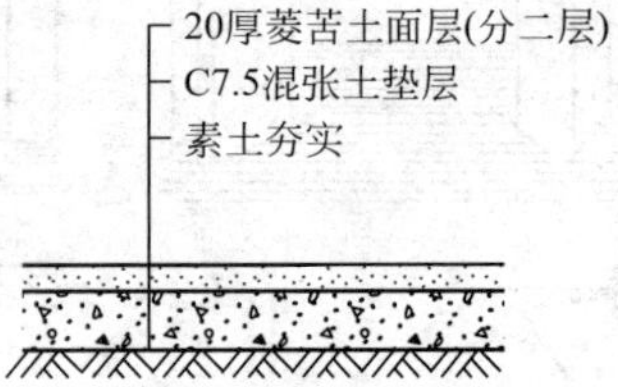

图 15.76　菱苦土地面

3）块材、板材地面

块材、板材地面系用块或板料，如各类砖块、石块、各种混凝土的预制块、陶板以及铸铁板等铺设而成。块(板)材地面一般承载力较大，且考虑面层变形后便于维修，所以常采用柔性垫层。

3. 地面细部构造

两种不同材料的地面，由于强度不同，接缝处极易破坏，一般可在交界处的垫层中预埋钢板焊接角钢嵌边，或用混凝土预制板加固，如图 15.77(a)、(b)所示。当厂房内铺设有铁轨时，应考虑道渣及枕木安装方便，在距铁轨两侧不小于 850mm 的地带采用板、块材地面。为使铁轨不影响其他车辆和行人的通行，轨顶应与地面相平，如图 15.77(c)所示。如图 15.78 所示为不同地面交接处理实例。

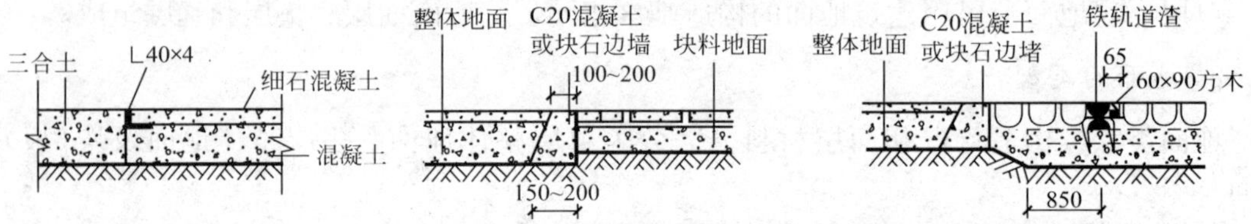

(a) 平头缝　(b) 企口缝　(c) 假缝

图 15.77　不同地面的交接缝

图 15.78　不同地面交接处理实例

15.6 钢结构厂房构造

钢结构厂房是以钢材作为主要结构材料，以砌块或者压型钢板外墙板等作为主要围护构件材料建成的厂房建筑。由于其建设速度快、适应条件广泛等特点，建造的数量越来越多，其特有的构造形式也越来越受关注。

钢结构厂房按照其承重结构的类型可以分为普通钢结构厂房和轻型钢结构厂房两种，在构造组成上与钢筋混凝土结构厂房大同小异。其主要差别为，钢结构厂房因使用钢结构压型钢板外墙和屋面板，在构造上增设墙梁和屋面檩条等构件，从而产生了相应的变化。

15.6.1　压型钢板外墙

压型钢板是指将厚度为 0.4～1.6mm 的薄板经成型机辊压冷弯加工成波形、V 形、U 形、W 形及其他形状的轻型的建筑板材。钢结构厂房中广泛地使用彩色涂层压型钢板来做墙板和屋面板。彩色涂层压型钢板除自身较轻和施工方便外还具有较高的耐温性和耐腐蚀性，一般使用寿命可达 20 年左右。压型钢板按照材料的热工性能可分为非保温的等层压型钢板和保温复合压型钢板，前者用于没有保温要求的建筑，后者可以结合保温材料形成具有保温效果的外墙板。压型钢板外墙实例如图 15.80 所示。

图 15.79　压型钢板外墙

板墙体的构造形式：当抗震烈度为 7～8 度时，不宜采用柱间嵌砌砖墙；9 度时，宜采用与柱子柔性连接的压型钢板墙体。

压型钢板外墙力求构造简单，施工方便，与墙梁连接可靠，转角等细节部分的构造应有足够的搭接长度，以保证防水效果。如图 15.80 和图 15.81 所示分别为非保温型(单层板)和保温型外墙压型钢板墙梁、墙板及包角板的构造图。如图 15.82 所示为窗侧、窗顶、窗台包角构造。如图 15.83～图 15.86 所示为钢结构厂房构造实例。如图 15.87 所示为山墙与屋面处泛水构造。如图 15.88 所示为彩板与砖墙节点构造。

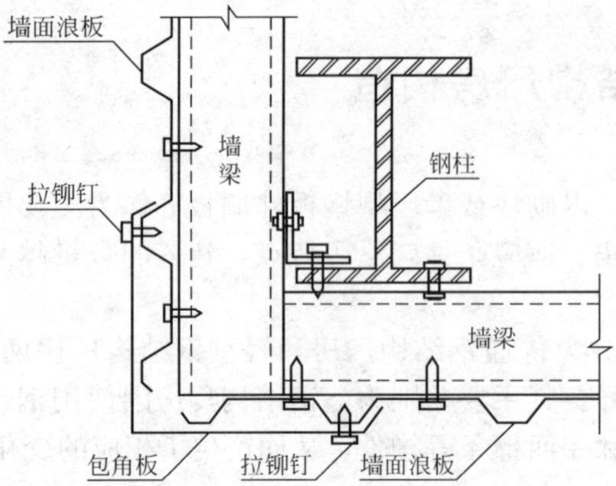

图 15.80　非保温外墙转角构造

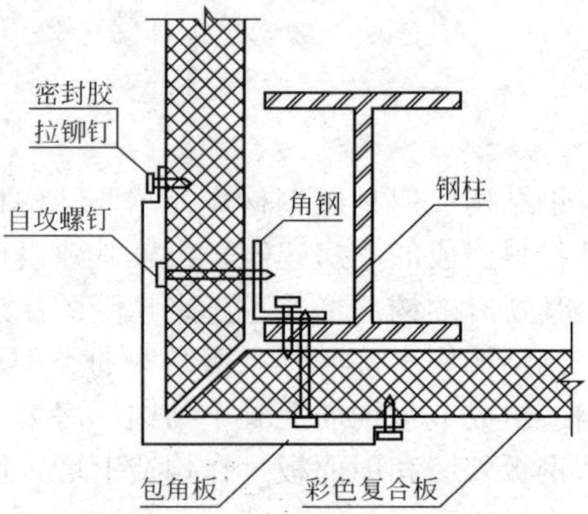

图 15.81　保温外墙转角构造

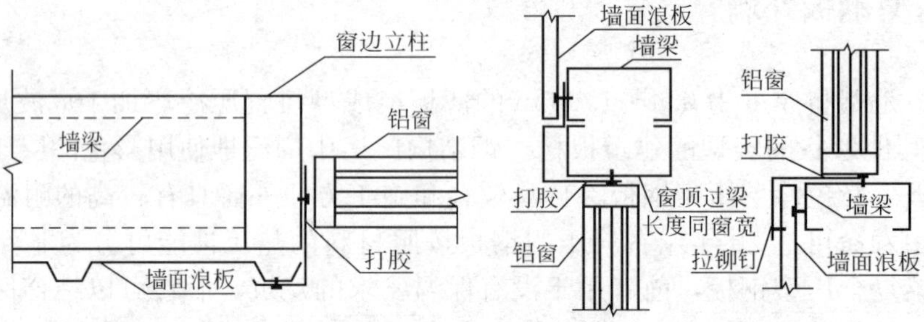

图 15.82　窗户包角构造

图 15.83　外墙转角构造实例

图 15.84　压型钢板外墙勒脚实例

图 15.85　窗户上口构造实例

图 15.86　墙板与柱连接实例

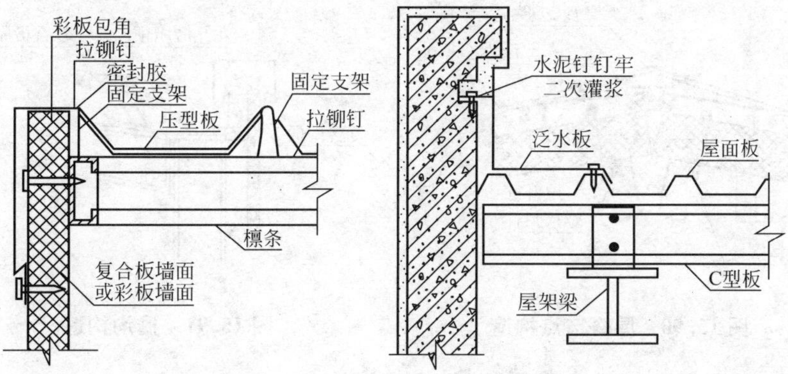

图 15.87 山墙与屋面处泛水构造

15.6.2 压型钢板屋顶

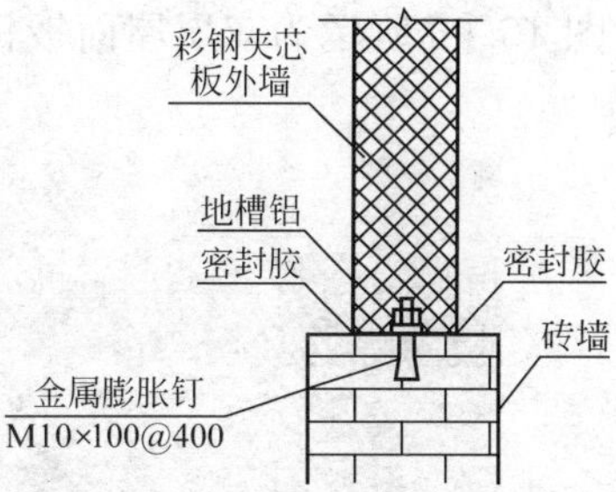

图 15.88 彩板与砖墙节点构造

厂房屋顶应满足防水、保温、隔热等基本围护要求。同时，根据厂房需要设置天窗，以解决厂房采光问题。

钢结构厂房屋面采用压型钢板有檩体系，即在钢架斜梁上设置C形或Z形冷轧薄壁钢檩条，再铺设压型钢板屋面。彩色压型钢板屋面施工速度快，重量轻，表面带有色彩涂层，防锈、耐腐、美观，并可根据需要设置保温、防结露涂层等。

压型钢板屋面构造做法与墙体做法有相似之处。如图 15.89 所示为压型钢板屋面及檐沟构造做法，如图 15.90 所示为屋脊节点构造，如图 15.91 所示为檐沟构造，如图 15.92 所示为屋脊实例，如图 15.93 所示为板屋面板搭接实例。

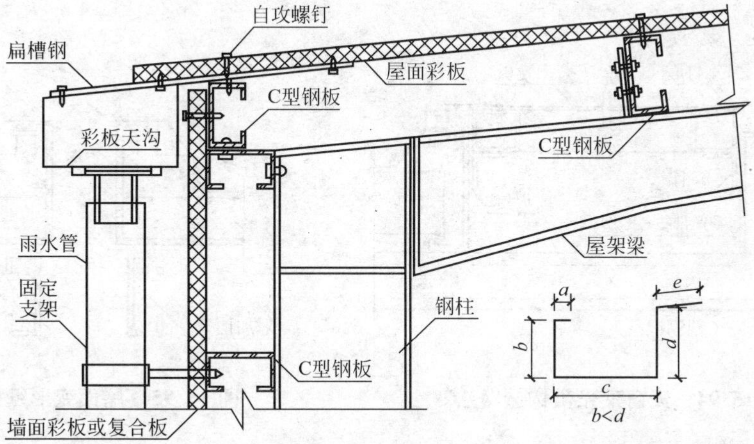

图 15.89 压型钢板屋面及檐沟构造做法

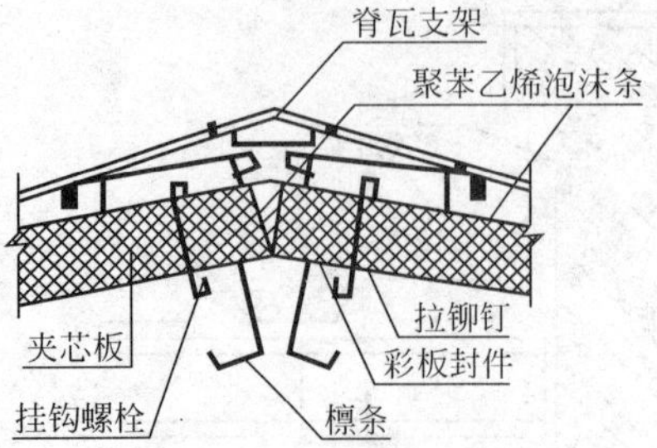

图 15.90　屋脊节点构造

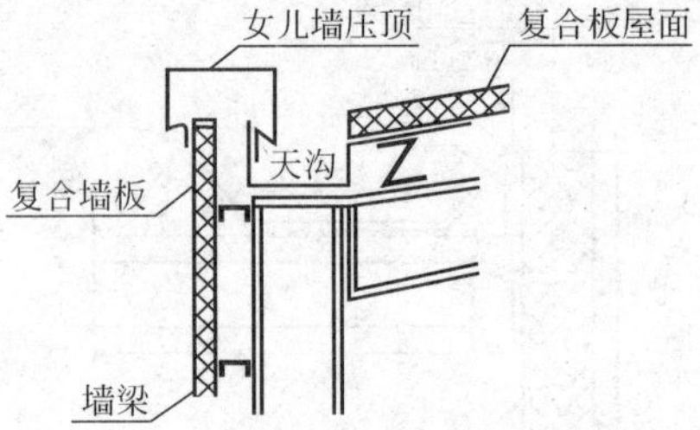

图 15.91　檐沟构造

屋面采光一般采用平天窗，其构造简单，但天窗采光板与屋面板相接处防水处理要可靠。如图 15.94 所示为天窗采光带构造做法，如图 15.95 所示为屋面变形缝构造做法，如图 15.96 所示为双层屋面板构造。

图 15.92　屋脊实例

图 15.93　屋面板搭接实例

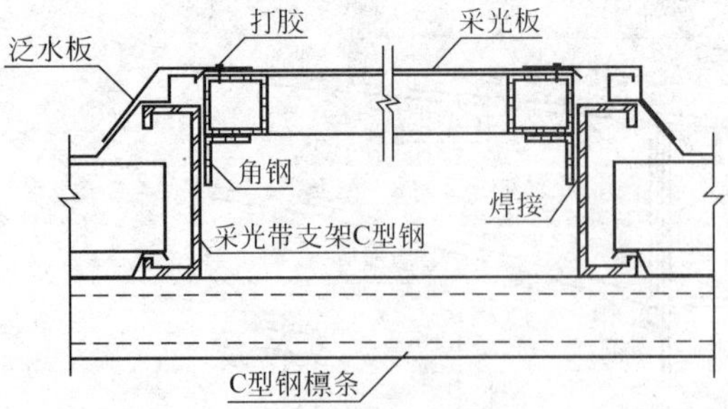

图 15.94　天窗采光带构造做法

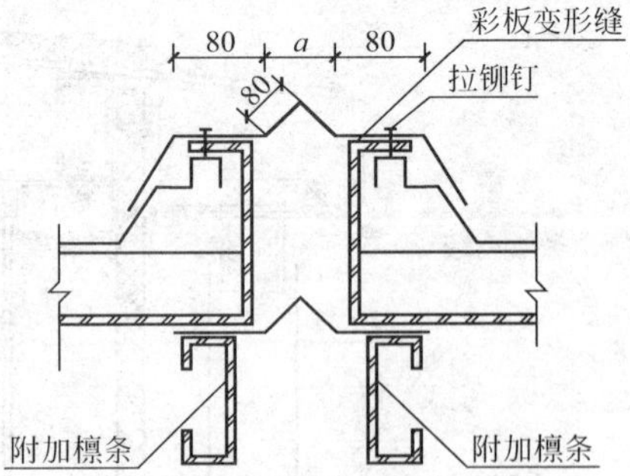

图 15.95　屋面变形缝构造做法

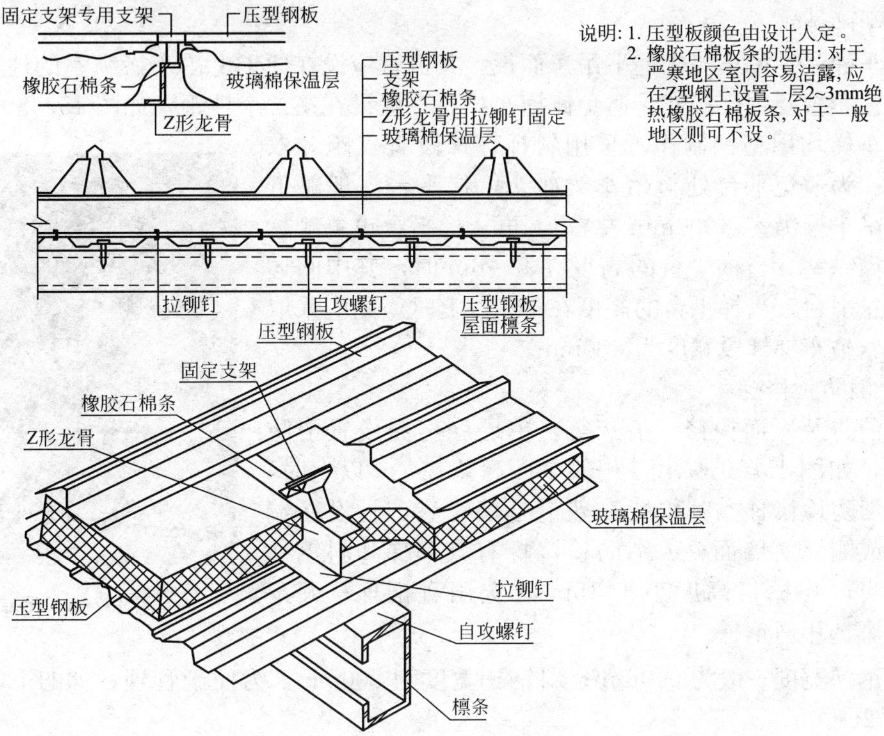

图 15.96 双层板屋面构造

15.6.3 其他钢结构构造

1. 金属梯

在厂房中由于使用的需要，常设置各种铁梯，如从地面到工作平台的工作梯，到吊车操纵室的吊车梯，以及室外到屋面去的消防检修梯等。它们的宽度一般为 600～800mm，梯级每步高为 300mm，其形式有直梯和斜梯两种。

1）作业平台梯

作业平台梯多用钢梯，为节约钢材及减少占地，作业平台梯的坡度有 45°、59°、73°及 90°等，前三种均为斜梯，后一种为直梯。作业钢梯的形式如图 15.97 所示。

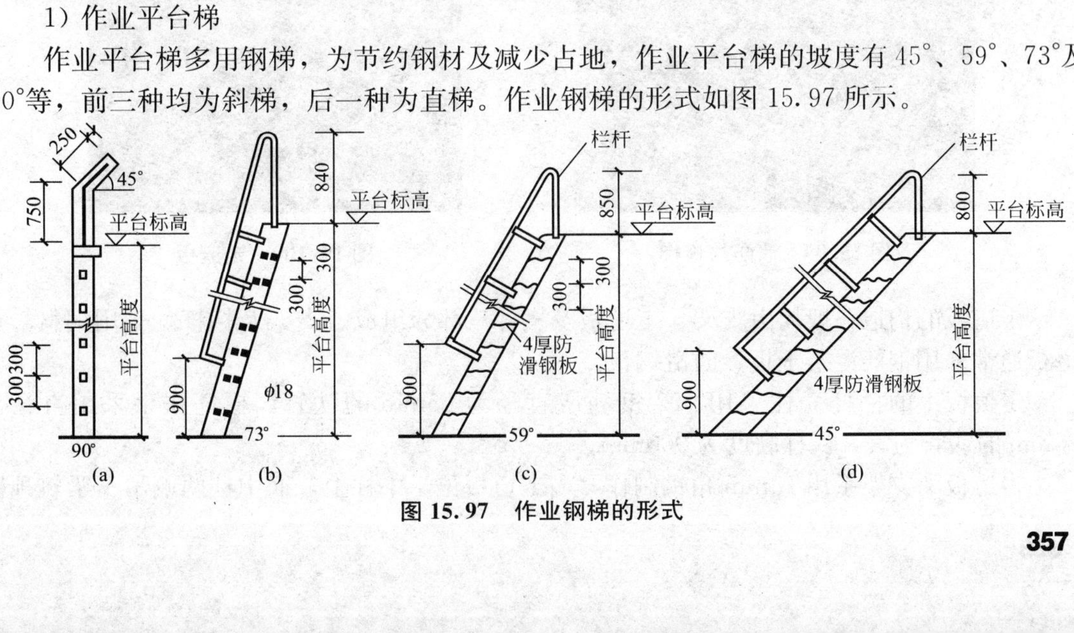

图 15.97 作业钢梯的形式

2）吊车梯

吊车梯是为吊车司机上下吊车而设，其位置应设在便于上吊车操纵室的地方，考虑不妨碍工艺布置及生产操作，避免碰撞车挡，一般设在第二个柱距，如图 15.98 所示。

吊车梯均用型钢制作，采用斜梯，梯段有直跑和双跑两种。为避免平台处与吊车梁碰头，梯平台一般略低于桥式吊车操纵室(1000mm 左右)，再从梯平台设置爬梯上吊车操纵室。当梯平台的高度在 5～6m 时，其中间还须设休息平台。当梯平台的高度在 7m 以上时，则应采取双跑梯。吊车梯梯段宽度为 600mm。

图 15.98　吊车梯

3）消防检修梯

为消防及屋面检修、清灰等，单层厂房需设置消防检修梯，如图 15.99 所示。相邻屋面高差在 2m 以上时，应设置消防检修梯。其位置一般沿外墙设置，且设在端部山墙或侧墙实墙面处。消防检修梯有直钢梯和斜钢梯两种。当厂房檐口高度小于 15m 时选用直钢梯；大于 15m 时宜选用斜钢梯。

直钢梯宽度一般为 600mm；斜钢梯宽度为 800mm。为便于管理，梯的下端距室外地面宜≥ 2m。

2. 走道板

走道板又称安全走道板，如图 15.100 所示，是为维修吊车轨道和检修吊车而设。走道板均沿吊车梁顶面铺设。

图 15.99　消防检修梯

图 15.100　走道板

走道板的构造一般均由支架、走道板及栏杆三部分组成。支架及栏杆均采用钢材。走道板通常采用钢筋混凝土板、防滑钢板。

走道板上的栏杆立柱采用 ϕ22 钢筋或直径为 25mm 的铁管，栏杆扶手采用直径为 25mm 的铁管为宜，栏杆高度为 900mm。

走道板的支架系用 75mm 角钢制作，当走道板位于中柱上，而中柱两侧吊车梁轨顶同高时，走道板直接放在两个吊车梁上，可不用支架。

本章小结

本章主要讲述单层工业建筑各个组成部分的构造原理和构造方法。单层工业建筑的各个组成部分，包括墙体、天窗、屋面、地面等，由于采用的结构形式和所选的材料不同而形成不同的构造形式，本章通过大量的照图和细部详图，系统地讲解了这些组成部分的不同的构造形式。本章还简单地介绍了钢结构厂房的结构特点和细部构造。

本章的重点是墙体构造做法和天窗构造做法。

习　　题

一、简答题

1. 简述砖墙与柱、屋架的连接方法。
2. 简述墙板与柱的连接方法。
3. 简述单层厂房的结构组成，理解厂房结构主要荷载的传递路线。
4. 简述基础梁设置的位置、断面形式。
5. 简述圈梁、联系梁的作用及与柱的连接。
6. 屋盖结构的种类有哪些？简述其特点及适用范围。
7. 简述卷材防水屋面的基本做法。
8. 简述天窗的作用与类型。
9. 什么叫矩形通风天窗(避风天窗)？下沉式通风天窗有哪几种形式？
10. 简述井式天窗的构造。
11. 简述厂房侧窗的形式及适用范围。
12. 简述厂房地面的要求及组成。
13. 简述金属梯的种类、设置要求及构造。

二、填空题

1. 矩形天窗主要由________、________、________、________及________等构件组成。
2. 厂房横向排架是由________、________和________组成。
3. 矩形通风天窗不设窗扇时，需设置挡雨设施，挡雨设施有________、________和________三种。
4. 单厂板材外墙与柱连接方式有两大类，即________和________。其中________不适用于厂房有振动的情况。
5. 联系梁的作用是________和________。它的长度与柱距的关系是________。
6. 屋架之间的支撑包括________、________、________和________。
7. 柱间支撑按其位置可分为________和________。
8. 厂房柱牛腿的类型有________________和________________两种。

9. 由荷载传力路径可知：水平荷载中的吊车纵向制动力通过吊车梁传给____________。

三、选择题

1. 单层厂房墙与柱和屋架必须有可靠的连接，应在柱内预埋拉接筋，其直径、根数、间距为(　　)。

A. $\phi 10@500$　　B. $2\phi 6@500$　　C. $2\phi 12@1000$　　D. $\phi 12@1000$

2. 单层厂房大型屋面板标志尺寸的宽和长分别为(　　)。

A. 1500mm 和 6000mm　　B. 1490mm 和 5970mm

C. 600mm 和 3300mm　　D. 600mm 和 6000mm

3. 由荷载传力路径可知：竖向荷载中屋面板上的雪荷载、屋面荷载通过(　　)传给柱子。

A. 屋架　　B. 屋盖　　C. 支撑　　D. 吊车梁

4. 矩形天窗的跨度一般应为厂房跨度的(　　)。

A. $\frac{1}{4} \sim \frac{1}{3}$　　B. $\frac{1}{3} \sim \frac{1}{2}$　　C. $\frac{1}{5} \sim \frac{1}{4}$　　D. $\frac{1}{5} \sim \frac{1}{2}$

5. 矩形天窗的天窗扇高为 2×900mm，它的天窗架高应取(　　)。

A. 2400mm　　B. 2670mm　　C. 2700mm　　D. 1800mm

6. 通长天窗扇的开启方式应选择(　　)式。

A. 上悬　　B. 中悬　　C. 下悬　　D. 平开

7. 在下列几种天窗中，采光效率最高的是(　　)。

A. 矩形天窗　　B. 下沉式天窗　　C. 平天窗　　D. 梯形天窗

8. 在下列几种天窗中，通风效果最好的是(　　)。

A. 矩形天窗　　B. 下沉式天窗　　C. 平天窗　　D. 梯形天窗

9. 矩形避风天窗挡风板支架的两种支承方式为(　　)。

A. 垂直式和倾斜式　　B. 立柱式和悬挑式

C. 垂直式和悬挑式　　D. 倾斜式和悬挑式

10. 下列关于装配式单厂的构造说法正确的是(　　)。

A. 基础梁下的回填土应夯实

B. 柱距为 12m 时必须采用托架来代替柱子承重

C. 矩形避风天窗主要用于热加工车间

D. 矩形天窗的采光效率比平天窗高

11. 无檩体系屋盖结构的缺点是(　　)。

A. 整体性差　　B. 屋盖自重大　　C. 抗震性能差　　D. 构造复杂

12. 有檩体系屋盖结构的优点是(　　)。

A. 整体性好　　B. 构造简单　　C. 抗震性能好　　D. 构件重量轻

参考文献

[1] 《建筑设计资料集》编委会. 建筑设计资料集 [M]. 2版. 北京：中国建筑工业出版社，1994.
[2] 李必喻. 房屋建筑学 [M]. 武汉：武汉理工大学出版社，2005.
[3] 同济大学，西安建筑科技大学，东南大学，等. 房屋建筑学 [M]. 北京：中国建筑工业出版社，2005.
[4] 彭一刚. 建筑空间组合论 [M]. 北京：中国建筑工业出版社，1998.
[5] 张文忠. 公共建筑设计原理 [M]. 北京：中国建筑工业出版社，2001.
[6] 刘云月. 公共建筑设计原理 [M]. 南京：东南大学出版社，2004.
[7] 朱昌廉. 住宅建筑设计原理 [M]. 北京：中国建筑工业出版社，2009.
[8] 李必喻. 建筑构造(上册) [M]. 北京：中国建筑工业出版社，2000.
[9] 刘建荣. 建筑构造(下册) [M]. 北京：中国建筑工业出版社，2000.
[10] 中华人民共和国国家标准. 建筑设计防火规范(GB 50016—2006) [S]. 北京：中国计划出版社，2006.
[11] 中华人民共和国国家标准. 高层民用建筑设计防火规范(GB 50045—1995) [S]. 北京：中国计划出版社，2005.
[12] 中华人民共和国国家标准. 民用建筑设计通则(GB 50352—2005) [S]. 北京：中国计划出版社，2005.
[13] 中华人民共和国国家标准. 建筑抗震设计规范(GB 50011—2010) [S]. 北京：中国建筑工业出版社，2010.
[14] 中华人民共和国国家标准. 房屋建筑制图统一标准(GB/T 50001—2010) [S]. 北京：中国计划出版社，2010.
[15] 刘昭如. 建筑构造设计基础 [M]. 北京：科学出版社，2000.
[16] 韩建新. 建筑装饰构造 [M]. 北京：中国建筑工业出版社，2004.
[17] 张建荣. 建筑结构选型 [M]. 2版. 北京：中国建筑工业出版社，2011.
[18] 颜宏亮. 建筑构造设计 [M]. 上海：同济大学出版社，2001.
[19] 姚自君，徐淑常，王玉生. 建筑新技术、新构造、新材料 [M]. 北京：中国建筑工业出版社，1991.
[20] 房志勇，林川. 建筑装饰：原理、材料、构造、工艺 [M]. 北京：中国建筑工业出版社，1992.
[21] 付祥钊. 夏热冬冷地区建筑节能技术 [M]. 北京：中国建筑工业出版社，2004.
[22] 赵建国，程静波，蒲爱华. 环境·材料·构造 [M]. 重庆：重庆大学出版社，2005.
[23] 邵旭，董海荣. 村镇建筑设计 [M]. 北京：中国建材工业出版社，2008.
[24] 陈有川，张军民.《城市居住区规划设计规范》图解 [M]. 北京：机械工业出版社，2010.
[25] 杨善勤. 民用建筑节能设计手册 [M]. 北京：中国建筑工业出版社，1997.
[26] 宋德萱. 节能建筑设计与技术 [M]. 上海：同济大学出版社，2003.
[27] 聂宏达. 房屋建筑学 [M]. 2版. 北京：北京大学出版社，2012.
[28] 中国建筑标准设计研究院. 墙体节能建筑构造(06J 123) [S]. 北京：中国计划出版社，2006.
[29] 中华人民共和国国家标准. 公共建筑节能设计标准(GB 50189—2005) [S]. 北京：中国计划出版社，2006.
[30] 中国建筑标准设计研究院. 坡屋面建筑构造(一)(09J 202-1) [S]. 北京：中国计划出版

社，2009.
[31] 中国建筑标准设计研究院. 坡屋面建筑构造(二)(09J 202－2)[S]. 北京：中国计划出版社，2009.
[32] 中国建筑标准设计研究院. 平屋面建筑构造(一)(03J 201－1)[S]. 北京：中国计划出版社，2007.
[33] 中国建筑标准设计研究院. 平屋面建筑构造(二)(03J 201－2)[S]. 北京：中国计划出版社，2007.
[34] 中华人民共和国国家标准. 铝合金门(GB/T 8478—2003)[S]. 北京：中国计划出版社，2003.
[35] 中华人民共和国国家标准. 铝合金窗(GB/T 8479—2003)[S]. 北京：中国计划出版社，2003.
[36] 中华人民共和国行业标准. PVC塑料门(JG/T 03017—1994)[S]. 北京：中国计划出版社，1994.
[37] 中华人民共和国行业标准. PVC塑料窗(JG/T 03018—1994)[S]. 北京：中国计划出版社，1994.
[38] 中国建筑标准设计研究院. 楼地面建筑构造(12J304)[S]. 北京：中国计划出版社，2012.
[39] 《轻型钢结构设计指南：实例与图集》编辑委员会. 轻型钢结构设计指南：实例与图集[M]. 2版. 北京：中国建筑工业出版社，2005.

北京大学出版社土木建筑系列教材(已出版)

序号	书名	主编	定价	序号	书名	主编	定价
1	工程项目管理	董良峰　张瑞敏	43.00	50	工程财务管理	张学英	38.00
2	建筑设备(第2版)	刘源全　张国军	46.00	51	土木工程施工	石海均　马　哲	40.00
3	土木工程测量(第2版)	陈久强　刘文生	40.00	52	土木工程制图(第2版)	张会平	45.00
4	土木工程材料(第2版)	柯国军	45.00	53	土木工程制图习题集(第2版)	张会平	28.00
5	土木工程计算机绘图	袁　果　张渝生	28.00	54	土木工程材料(第2版)	王春阳	50.00
6	工程地质(第2版)	何培玲　张　婷	26.00	55	结构抗震设计(第2版)	祝英杰	37.00
7	建设工程监理概论(第3版)	巩天真　张泽平	40.00	56	土木工程专业英语	霍俊芳　姜丽云	35.00
8	工程经济学(第2版)	冯为民　付晓灵	42.00	57	混凝土结构设计原理(第2版)	邵永健	52.00
9	工程项目管理(第2版)	仲景冰　王红兵	45.00	58	土木工程计量与计价	王翠琴　李春燕	35.00
10	工程造价管理	车春鹂　杜春艳	24.00	59	房地产开发与管理	刘　薇	38.00
11	工程招标投标管理(第2版)	刘昌明	30.00	60	土力学	高向阳	32.00
12	工程合同管理	方　俊　胡向真	23.00	61	建筑表现技法	冯　柯	42.00
13	建筑工程施工组织与管理(第2版)	余群舟　宋会莲	31.00	62	工程招投标与合同管理(第2版)	吴　芳　冯　宁	43.00
14	建设法规(第2版)	肖　铭　潘安平	32.00	63	工程施工组织	周国恩	28.00
15	建设项目评估	王　华	35.00	64	建筑力学	邹建奇	34.00
16	工程量清单的编制与投标报价	刘富勤　陈德方	25.00	65	土力学学习指导与考题精解	高向阳	26.00
17	土木工程概预算与投标报价(第2版)	刘　薇　叶　良	37.00	66	建筑概论	钱　坤	28.00
18	室内装饰工程预算	陈祖建	30.00	67	岩石力学	高　玮	35.00
19	力学与结构	徐吉恩　唐小弟	42.00	68	交通工程学	李　杰　王　富	39.00
20	理论力学(第2版)	张俊彦　赵荣国	40.00	69	房地产策划	王直民	42.00
21	材料力学	金康宁　谢群丹	27.00	70	中国传统建筑构造	李合群	35.00
22	结构力学简明教程	张系斌	20.00	71	房地产开发	石海均　王　宏	34.00
23	流体力学(第2版)	章宝华	25.00	72	室内设计原理	冯　柯	28.00
24	弹性力学	薛　强	22.00	73	建筑结构优化及应用	朱杰江	30.00
25	工程力学(第2版)	罗迎社　喻小明	39.00	74	高层与大跨建筑结构施工	王绍君	45.00
26	土力学(第2版)	肖仁成　俞　晓	25.00	75	工程造价管理	周国恩	42.00
27	基础工程	王协群　章宝华	32.00	76	土建工程制图	张黎骅	29.00
28	有限单元法(第2版)	丁　科　殷水平	30.00	77	土建工程制图习题集	张黎骅	26.00
29	土木工程施工	邓寿昌　李晓目	42.00	78	材料力学	章宝华	36.00
30	房屋建筑学(第2版)	聂洪达　郄恩田	48.00	79	土力学教程(第2版)	孟祥波	34.00
31	混凝土结构设计原理	许成祥　何培玲	28.00	80	土力学	曹卫平	34.00
32	混凝土结构设计	彭　刚　蔡江勇	28.00	81	土木工程项目管理	郑文新	41.00
33	钢结构设计原理	石建军　姜　袁	32.00	82	工程力学	王明斌　庞永平	37.00
34	结构抗震设计	马成松　苏　原	25.00	83	建筑工程造价	郑文新	39.00
35	高层建筑施工	张厚先　陈德方	32.00	84	土力学(中英双语)	郎煜华	38.00
36	高层建筑结构设计	张仲先　王海波	23.00	85	土木建筑 CAD 实用教程	王文达	30.00
37	工程事故分析与工程安全(第2版)	谢征勋　罗　章	38.00	86	工程管理概论	郑文新　李献涛	26.00
38	砌体结构(第2版)	何培玲　尹维新	26.00	87	景观设计	陈玲玲	49.00
39	荷载与结构设计方法(第2版)	许成祥　何培玲	30.00	88	色彩景观基础教程	阮正仪	42.00
40	工程结构检测	周　详　刘益虹	20.00	89	工程力学	杨云芳	42.00
41	土木工程课程设计指南	许　明　孟茁超	25.00	90	工程设计软件应用	孙香红	39.00
42	桥梁工程(第2版)	周先雁　王解军	37.00	91	城市轨道交通工程建设风险与保险	吴宏建　刘宽亮	75.00
43	房屋建筑学(上：民用建筑)	钱　坤　王若竹	32.00	92	混凝土结构设计原理	熊丹安	32.00
44	房屋建筑学(下：工业建筑)	钱　坤　吴　歌	26.00	93	城市详细规划原理与设计方法	姜　云	36.00
45	工程管理专业英语	王竹芳	24.00	94	工程经济学	都沁军	42.00
46	建筑结构 CAD 教程	崔钦淑	36.00	95	结构力学	边亚东	42.00
47	建设工程招投标与合同管理实务(第2版)	崔东红	49.00	96	房地产估价	沈良峰	45.00
48	工程地质(第2版)	倪宏革　周建波	30.00	97	土木工程结构试验	叶成杰	39.00
49	工程经济学	张厚钧	36.00	98	土木工程概论	邓友生	34.00

序号	书名	主编	定价	序号	书名	主编	定价
99	工程项目管理	邓铁军　杨亚频	48.00	130	土工试验原理与操作	高向阳	25.00
100	误差理论与测量平差基础	胡圣武　肖本林	37.00	131	理论力学	欧阳辉	48.00
101	房地产估价理论与实务	李　龙	36.00	132	土木工程材料习题与学习指导	鄢朝勇	35.00
102	混凝土结构设计	熊丹安	37.00	133	建筑构造原理与设计(上册)	陈玲玲	34.00
103	钢结构设计原理	胡习兵	30.00	134	城市生态与城市环境保护	梁彦兰　阎　利	36.00
104	钢结构设计	胡习兵　张再华	42.00	135	房地产法规	潘安平	45.00
105	土木工程材料	赵志曼	39.00	136	水泵与水泵站	张　伟　周书葵	35.00
106	工程项目投资控制	曲　娜　陈顺良	32.00	137	建筑工程施工	叶　良	55.00
107	建设项目评估	黄明知　尚华艳	38.00	138	建筑学导论	裘　鞠　常　悦	32.00
108	结构力学实用教程	常伏德	47.00	139	工程项目管理	王　华	42.00
109	道路勘测设计	刘文生	43.00	140	园林工程计量与计价	温日琨　舒美英	45.00
110	大跨桥梁	王解军　周先雁	30.00	141	城市与区域规划实用模型	郭志恭	45.00
111	工程爆破	段宝福	42.00	142	特殊土地基处理	刘起霞	50.00
112	地基处理	刘起霞	45.00	143	建筑节能概论	余晓平	34.00
113	水分析化学	宋吉娜	42.00	144	中国文物建筑保护及修复工程学	郭志恭	45.00
114	基础工程	曹　云	43.00	145	建筑电气	李　云	45.00
115	建筑结构抗震分析与设计	裴星洙	35.00	146	建筑美学	邓友生	36.00
116	建筑工程安全管理与技术	高向阳	40.00	147	空调工程	战乃岩　王建辉	45.00
117	土木工程施工与管理	李华锋　徐　芸	65.00	148	建筑构造	宿晓萍　隋艳娥	36.00
118	土木工程试验	王吉民	34.00	149	城市与区域认知实习教程	邹　君	30.00
119	土质学与土力学	刘红军	36.00	150	幼儿园建筑设计	龚兆先	37.00
120	建筑工程施工组织与概预算	钟吉湘	52.00	151	房屋建筑学	董海荣	47.00
121	房地产测量	魏德宏	28.00	152	园林与环境景观设计	董　智　曾　伟	46.00
122	土力学	贾彩虹	38.00	153	中外建筑史	吴　薇	36.00
123	交通工程基础	王富	24.00	154	建筑构造原理与设计(下册)	梁晓慧　陈玲玲	38.00
124	房屋建筑学	宿晓萍　隋艳娥	43.00	155	建筑结构	苏明会　赵　亮	50.00
125	建筑工程计量与计价	张叶田	50.00	156	工程经济与项目管理	都沁军	45.00
126	工程力学	杨民献	50.00	157	土力学试验	孟云梅	32.00
127	建筑工程管理专业英语	杨云会	36.00	158	土力学	杨雪强	40.00
128	土木工程地质	陈文昭	32.00	159	建筑美术教程	陈希平	45.00
129	暖通空调节能运行	余晓平	30.00				

如您需要更多教学资源如电子课件、电子样章、习题答案等，请登录北京大学出版社第六事业部官网www.pup6.cn 搜索下载。

如您需要浏览更多专业教材，请扫下面的二维码，关注北京大学出版社第六事业部官方微信（微信号：pup6book)，随时查询专业教材、浏览教材目录、内容简介等信息，并可在线申请纸质样书用于教学。

感谢您使用我们的教材，欢迎您随时与我们联系，我们将及时做好全方位的服务。联系方式：010-62750667，donglu2004@163.com，pup_6@163.com，lihu80@163.com，欢迎来电来信。客户服务 QQ 号：1292552107，欢迎随时咨询。